现代水利工程建设与项目规划设计

王 兵　刘 芳　王民侠 / 著

吉林科学技术出版社

图书在版编目（CIP）数据

现代水利工程建设与项目规划设计 / 王兵, 刘芳,
王民侠著. -- 长春 : 吉林科学技术出版社, 2023.6
ISBN 978-7-5744-0685-8

Ⅰ. ①现… Ⅱ. ①王… ②刘… ③王… Ⅲ. ①水利建
设—研究②水利工程—水利规划—研究 Ⅳ. ①TV

中国国家版本馆CIP数据核字(2023)第136485号

现代水利工程建设与项目规划设计

著　　王　兵　刘　芳　王民侠
出 版 人　宛　霞
责任编辑　王天月
封面设计　古　利
制　　版　长春美印图文设计有限公司
幅面尺寸　185mm × 260mm
开　　本　16
字　　数　301 千字
印　　张　25.5
印　　数　1-1500 册
版　　次　2023年6月第1版
印　　次　2024年2月第1次印刷

出　　版　吉林科学技术出版社
发　　行　吉林科学技术出版社
地　　址　长春市福祉大路5788号
邮　　编　130118
发行部电话/传真　0431-81629529 81629530 81629531
81629532 81629533 81629534
储运部电话　0431-86059116
编辑部电话　0431-81629518
印　　刷　三河市嵩川印刷有限公司

书　　号　ISBN 978-7-5744-0685-8
定　　价　150.00元

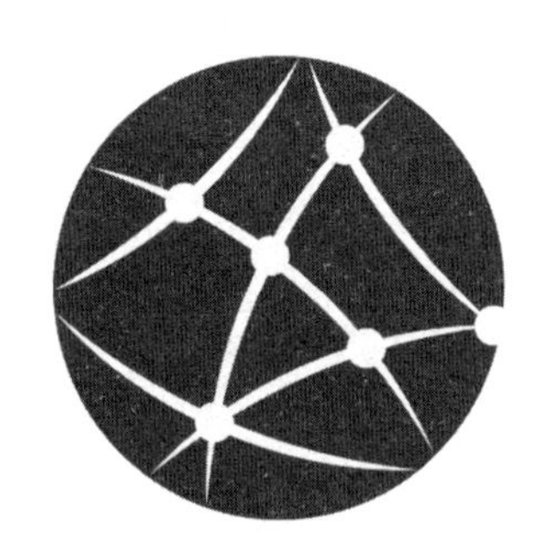

前言
PREFACE

水利工程在当今的生产和生活中都得到了广泛应用，水利建设也成了经济建设中的一个重要增长点，同时我国在很多领域的发展中都需要水利工程的支持。所以，水利工程在社会的发展中占据着越来越重要的地位。

通常所说的现代水利建设，就是指利用现代化的技术手段，在工作中采用先进的理念进行规划和管理，同时在治水、用水等方面都要进行全方位的规划和设计，这样就能够很好地保证用水的科学性和合理性。在实际的建设过程中，其工作的流程相对比较复杂，经历的时间也比较长，所以在实践中要不断总结经验，做好现代水利工程的规划和设计工作。

水利工程是推动我国社会经济发展和壮大的一个重要的因素，水利工程项目的规划和设计水平直接影响到其建设的质量，进而也就影响到工程功能的正常发挥，所以在工程设计和规划的过程中，一定要以先进的设计理念来指导实践，以促进水利工程建设行业的发展和进步。

本书主要研究现代水利工程建设与项目规划设计。本书从水利工程的基础介绍入手，针对水利工程建设、水利工程施工安全管理以及水利工程质量管理进行了分析研究。另外，对水利工程合同管理、大型跨流域调水运行管理、水利工程建设项目管理及水利工程建设项目环境保护管理做了一定的介绍，对水利工程设计包括水利施工组织总设计、防洪工程与农田水利工程设计、泵站工程规划与设计以及对土石坝枢纽设计、重力坝设计、河道生态治理设计进行了分析。本书层次分明有序，内容详细，使读者确切感受到水利工程与人民生活质量的提升和改善息息相关。

本书由王兵、刘芳、王民侠所著，具体分工如下：王兵（山东省调水工程运行维护中心莱州管理站）负责第一章至第六章内容撰写，计10万字；刘芳（唐山市水利规划设计研究院）负责第七章至第十二章内容撰写，计10.1万字；王民侠（陕西省水利电力勘测设计研究院）负责第十三章至第十五章内容撰写，计10万字。

在本书撰写的过程中，笔者参考了许多资料以及其他学者的相关研究成果，在此表示由衷的感谢！鉴于时间较为仓促，水平有限，书中难免出现一些不足之处，在此恳请广大读者、专家学者予以谅解并指正，以便后续对本书做进一步的修改与完善。

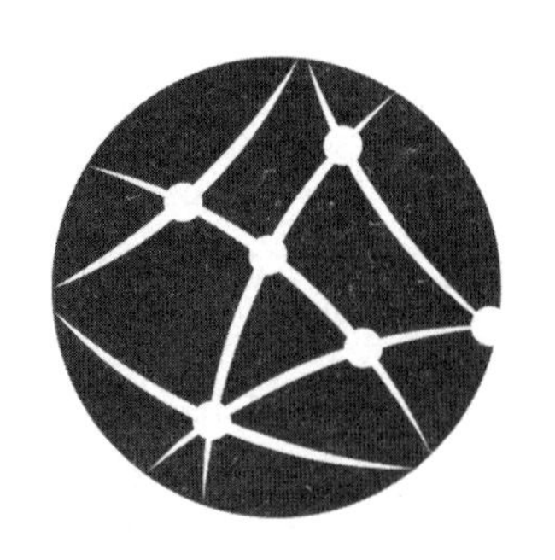

目　录
CONTENTS

第一章

水利工程的基础知识

第一节　水利枢纽及水利工程

一、水利工程和水工建筑物的分类

（一）水利工程的分类

水利工程一般按照它所承担的任务进行分类，例如防洪治河工程、农田水利工程、水力发电工程、供水工程、排水工程、水运工程、渔业工程等。一个工程如果包含多种任务，则称为综合利用工程。

水利枢纽常按其主要作用可分为蓄水枢纽、发电枢纽、引水枢纽等。

蓄水枢纽是在河道来水年际、年内变化较大，不能满足下游防洪、灌溉、引水等用水要求时，通过修建大坝挡水，利用水库拦洪蓄水，用于枯水期灌溉、城镇引水等。

发电枢纽是以发电为水库的主要任务，利用河道中丰富的水量和水库形成的落差，安装水力发电机组，将水能转变为电能。

引水枢纽是在天然河道来水量或河水位较低不能满足引水需要时，在河道上修建较低的拦河闸（坝）等水工建筑物，来调节水位和流量，以保证引水的质量和数量。

（二）水工建筑物的分类

水工建筑物按其作用可分为以下几种。

1.挡水建筑物

用于拦截江河水流，抬高上游水位以形成水库，如各种坝、闸等。

2.泄水建筑物

用于在洪水期河道入库洪量超过水库调蓄能力时，宣泄多余的洪水，以保证大坝及有关建筑物的安全，如溢洪道、泄洪洞、泄水孔等。

3.输水建筑物

用于满足发电、供水和灌溉的需求，从上游向下游输送水量，如输水渠道、引水管道、水工隧洞、渡槽、倒虹吸管等。

4.取水建筑物

一般布置在输水系统的源头，用以控制水位、引入水量或人为提高水位，如进水闸、扬水泵站等。

5.河道整治建筑物

用以改善河道的水流条件，防治河道冲刷变形及险工的整治，如顺坝、导流堤、丁坝、潜坝、护岸等。

6.专门建筑物

为水力发电、过坝、量水而专门修建的建筑物，如调压室、电站厂房、船闸、升船机、筏道、鱼道、各种量水堰等。

需要指出的是，有些建筑物的作用并非单一的，在不同的状况下，有不同的功能。如拦河闸，既可挡水又可泄水；泄洪洞，既可泄洪又可引水。

二、水工建筑物的特点

水工建筑物与一般工业和民用建筑、交通土木建筑物相比，除具有土木工程的一般属性外，还具有以下特点。

（一）工作条件复杂

水工建筑物在水中工作，由于受水的作用，其工作条件较复杂，主要表现在：水工建筑物将受到静水压力、风浪压力、冰压力等推力作用，会对建筑物的稳定性产生不利影响；在水位差的作用下，水将通过建筑物及地基向下游渗透，产生渗透压力和浮托力，可能产生渗透破坏而导致工程失事。另外，对泄水建筑物，下泄水流集中且流速高，将对建筑物和下游河床产生冲刷，高速水流还容易使建筑物产生振动和空蚀破坏。

（二）施工条件艰苦

水工建筑物的施工比其他土木工程困难和复杂得多，主要表现在：第一，水工建筑物多在深山峡谷的河流中建设，必须进行施工导流；第二，由于水利工程规模较大，施工技术复杂，工期比较长，且受截流、度汛的影响，工程进度紧迫，施工强度高、速度快；第三，施工受气候、水文地质、工程地质等方面的影响较大，如冬雨季施工、地下水排出以及重大复杂的地质等。

（三）建筑物独特

水工建筑物的型式、构造及尺寸与当地的地形、地质、水文等条件密切相关，特别是地质条件的差异对建筑物的影响更大。由于自然界的千差万别，形成各式各样的水工建筑物，除一些小型渠依附建筑物外，一般都应根据其独特性，进行单独设计。

（四）与周围环境相关

水利工程可防止洪水灾害，并能发电、灌溉、供水，但同时其对周围自然环境和社会环境也会产生一定影响。工程的建设和运用将改变河道的水文和小区域气候，对河中水生生物和两岸植物的繁殖和生长产生一定影响，即对沿河的生态环境产生影响。另外，由于占用土地、开山破土、库区淹没等而必须迁移村镇及人口，会对人群健康、文物古迹、矿产资源等产生不利影响。

（五）对国民经济影响巨大

水利工程建设项目规模大、综合性强、组成建筑物多，因此，其本身的投资巨大。尤其是大型水利工程，大坝高、库容大，担负着重要防洪、发电、供水等任务，一旦出现堤坝决溃等险情，将对下游工农业生产造成极大损失，甚至对下游人民群众的生命财产带来灭顶之灾。所以，必须高度重视主要水工建筑物的安全性。

三、水利工程等级划分

为了使水利工程建设达到既安全又经济的目的，遵循水利工程建设的基本规律，应对规模、效益不同的水利工程进行区分开。

（一）水利工程分等

根据《水利水电工程等级划分及洪水标准》规定，水利工程按其工程规模、效益及在国民经济中的重要性划分为五个等级。对综合利用的水利工程，当按其不同项目的分等指标确定的等别不同时，其工程的等别应按其中最高等别确定。

（二）水工建筑物分级

水利工程中长期使用的建筑物称为永久性建筑物，施工及维修期间使用的建筑物称临时性建筑物。在永久性建筑物中，起主要作用及失事后影响很大的建筑物称主要建筑物，否则称次要建筑物。水利水电工程的永久性水工建筑物的级别应根据工程的等别及其重要性来确定。

对失事后损失巨大或影响十分严重的（2~4级）主要永久性水工建筑物，经过论证并报主管部门批准后，其标准可提高一级；失事后损失较轻的主要永久性建筑物，经论证并报主管部门批准后，可降低一级标准。

临时性挡水和泄水的水工建筑物的级别，应根据其规模和保护对象、失事后果、使用年限确定其级别。

当分属不同级别时，其级别按最高级别确定；但对3级临时性水工建筑物，符合该级别规定的指标不得少于两项，如利用临时性水利建筑物挡水发电、通航时，经技术经济论证，3级以下临时性水工建筑物的级别可提高一级。

不同级别的水工建筑物在以下几个方面应有不同的要求。

（1）抗御洪水能力：如建筑物的设计洪水标准、坝（闸）顶安全超高等。

（2）稳定性及控制强度：如建筑物的抗滑稳定、强度安全系数，混凝土材料的变形及裂缝的控制要求等。

（3）建筑材料的选用：如不同级别的水工建筑物中选用材料的品种、质量、标号及耐久性等。

第二节　水资源与水利工程

一、水与水资源

（一）水的作用

在地球表面上，从浩瀚无际的海洋、奔腾不息的江河、碧波荡漾的湖泊，到白雪皑皑的冰山，到处都蕴藏着大量的水。水是地球上最为普通也是至关重要的一种天然物质。

水是生命之源：水是世界上所有生物的生命的源泉。考古研究表明，人类自古就是逐水而徙，择水而居，因水而兴，人类发展史与水是密不可分的。

水是农业之本：水是世间各种植物生长不可或缺的物质。在农业生产中，水更是至关重要。正如俗话所说："有收无收在于水，多收少收在于肥。"一般植物绿叶中，水的含量占80%左右，苹果的含水量为85%。水不但是植物的主要组成部分，也是植物光合作用和维持其生命活动的必需物质。在现代农业生产中，对灌溉的依赖程度更高，农业灌溉用水量巨大。据统计，当今世界上农业灌溉用水量占世界总用水量的65%~70%。因此，农业灌溉节水具有广泛而深远的意义。

水是工业的血液：水在工业上的用途非常广泛。从电力、煤炭、石油、钢铁生产，到造纸、纺织、酿造、食品、化工等行业，各种工业产品均需要大量的水。如炼1.0 t钢或石油，需水200 t；生产1.0 t纸，需水约250 t；而生产1.0 t人造纤维，则需耗水1500 t左右。在某些工业生产中，水是不可替代的物质。

水是自然生态的美容师：地球上由于水的存在、运动和变化而形成了许多赏心悦目的自然景观，如变幻莫测的彩虹、雾凇、海市蜃楼；因雨水冲淤而成的奇沟险壑、九曲黄河；水在地下的运动作用塑造了千姿百态的喀斯特地貌，从而有了云南石林、桂林山水等美景。另外，水的流动与自然地貌相结合形成了潺潺细流的小溪、波涛汹涌的江河、美丽无比的湖泊、奔流直下的瀑布等。这些自然景观丰富了人类的精神文明生活。

（二）水资源及其特性

1.水资源

水对人类社会的产生和发展起到了巨大的作用。所以人们认识到，水是人类赖以生存和发展的基本的生产、生活资料，水是一种不可或缺、不可替代的自然资源，水是一种可再生的有限的宝贵资源。

广义上的水资源，是指地球上所有能直接利用或间接利用的各种水及水中物质，包括海洋水、极地冰盖的水、河流湖泊的水、地下及土壤水。目前，部分高含盐量的咸水，还很难直接用于工农业生产。

陆地淡水存储量约为0.35亿 km^3，而能直接利用的淡水只有0.1065亿 km^3。这部分水资源常称为狭义的水资源。

一般来讲，当前可供利用或可能被利用，且有一定数量和可用质量，并在某一地区能够长期满足某种用途的并可循环再生的水源，称为水资源。

水资源是实现社会与经济可持续发展的重要物质基础。随着科学技术的进步和社会的发展，可利用的水资源范围将逐步扩大，水资源的数量也可能会逐渐增加，但是，其数量还是很有限的。同时，伴随人口增长和人类生活水平的提高，随着工农业生产的发展，对水资源的需求会越来越多，再加上水质污染和不合理开发利用，使水资源日渐贫乏，水资源紧缺现象也会越加突出。

2.水资源的特性

一般情况下，陆地上的淡水资源具有以下特性。

（1）再生性

在太阳能的作用下，水在自然界形成周而复始的循环。即太阳辐射到海洋、湖泊水面，将部分水汽蒸发到空中。水汽随风漂流上升，遇冷空气后，则以雨、雪、霜等形式降落到地表。降水形成径流，在重力作用下又流回到海洋、湖泊，年复一年地循环。因此，一般认为，水循环为每年一次。

（2）时间和空间分布的不均匀性

在地球表面，受经纬度、气候、地表高程等因素的影响，降水在空间分布上极为不均，如热带雨林和干旱沙漠、赤道两侧与南北两极、海洋和内地差距很大。在年内和年际，水资源分布也存在很大差异。如冬季和夏季，降雨量变化较大。另外，往往丰水年形成洪水泛滥而枯水年则干旱成灾。

（3）水资源的稀缺性

地球上淡水资源总量是有限的，但随着世界人口急剧增长，工农业生产进一步发展，城市的不断膨胀，对淡水资源的需求量在快速增加，再加之水体污染和水资源的浪费现象，使某些地区的水资源日趋紧缺。

（4）水的利、害双面性

水用于灌溉、航运、动力、发电等，为人类造福，为生活、生产做出了很大贡献。但是，暴雨及洪水也可能冲毁农田、淹没家园、夺人生命。如果对水的利用、管理不当，还会造成土地的盐碱化、污染水体、破坏自然生态环境等，也会给人类造成灾难，正所谓："水能载舟，亦能覆舟。"

（三）我国的水资源

1.水资源相对缺乏

虽然我国水资源总量较丰富，但我国人口占世界总人口的22%，人均水资源占有量仅为2163m^3，是世界人均水资源占有量的1/4，居世界第121位，属于严重的贫水国家。

2.水资源时空分布严重不均

从空间分布上，我国幅员辽阔，南北气候悬殊，东南沿海地区雨水充沛，水资源丰富；而华北、西北地区干旱少雨，水资源严重缺乏。

在时间分布上，降水多集中在汛期的几个月，汛期降雨量占全年的70%~80%，往往是汛期抗洪、非汛期抗旱。同时，年际变化很大，丰水年洪水泛滥，而枯水年则干旱成灾。

3.水资源分布与耕地人口的布局严重失调

长江以南地区水资源总量占全国的82%，人口占全国的54%，人均水量4170m^3，是全国平均值的1.9倍，亩均水资源量为4134m^3，是全国平均值的2.3倍；而淮河以北地区人口占全国的43.2%，水资源总量占全国的14.4%，人均水量仅为全国平均值的1/3，亩均水资源量为全国平均值的1/4，这种水土资源与人口分布的不合理，加剧了水资源短缺，更进一步恶化了水环境，特别是西北、华北的广大地区，已形成严重的水危机。

4.水质污染和水土流失严重

近年来，水污染在全国各地普遍发生，特别是淮河、海河流域，污染尤为严重，使原本紧缺的水资源雪上加霜，曾一度导致沿岸部分城镇饮水困难，影响了社会的和谐及稳定。长江、黄河、珠江、松花江等流域，虽然水质污染尚未超过其自身的净化能力，但某些河段或支流的水质也受到不同程度的污染，水质状况令人担忧。

由于西北地区水土流失严重，地面植被覆盖率低，风沙较大，使黄河成为世界上罕见的多泥沙河流，年含沙量和年输沙量均为世界第一。每年大量泥沙淤积，使河床抬高影响泄洪，严重时则会造成洪水泛滥。因此，必须加强对黄河及相关流域的水土保持，退耕还草、植树造林，减少水土流失，保证河道防洪安全。

二、水利工程与水利事业

为防止洪水泛滥成灾，扩大灌溉面积，充分利用水能发电等，需采取各种工程措施对河流的天然径流进行控制和调节，合理使用和调配水资源。这些措施中，需修建一些工程建筑物，这些工程统称水利工程。为达到除水害、兴水利的目的，相关部门从事的事业统称为水利事业。

水利事业的首要任务是消除水旱灾害，防止大江大河的洪水泛滥成灾，保障广大人民群众的生命财产安全：其次是利用河水发展灌溉，增加粮食产量，减少旱涝灾害对粮食安全的影响；最后是利用水力发电、城镇供水、交通航运、旅游、恢复生态和保护环境等。

（一）防洪治河

洪水泛滥可使农业大量减产，工业、交通、电力等正常生产遭到破坏。严重时，则会造成农业绝收、工业停产、人员伤亡等。在水利上，常采取相应的措施控制和减少洪水灾害，一般主要采取以下几种工程措施及非工程措施。

1.工程措施

（1）拦蓄洪水控制泄量

利用水库、湖泊的巨大库容，蓄积和滞留大量洪水，削减下泄洪峰流量，从而减轻和消除下游河道可能发生的洪水灾害。在利用水库来蓄洪水的同时，还应充分利用天然湖泊的空间，囤积、蓄滞洪水，降低洪水位。当前，由于长江等流域的天然湖泊的面积减少，使湖泊蓄滞洪水的能力降低。另外，拦蓄的洪水还可以用于枯水期的灌溉、发电等，提高水资源的综合利用效益。

（2）疏通河道，提高行洪能力

对一般的自然河道，由于冲淤变化，常常使其过水能力减小。因此，应经常对河道进行疏通清淤和清除障碍物，保持足够的断面，保证河道的设计过水能力。近年来，由于人为随意侵占河滩地，形成阻水障碍、壅高水位，威胁堤防安全甚至造成漫堤等洪水灾害。

2.非工程措施

（1）蓄滞洪区分洪减流

利用有利地形，规划分洪（蓄滞洪）区；在江河大堤上设置分洪闸，当洪水超过河道行洪能力时，将一部分洪水引入蓄滞洪区，减小主河道的洪水量，保障大堤不决口。通过全面规划，合理调度，总体上可以减小洪水灾害损失，可有效保障下游城镇及人民群众的生命、财产安全。

（2）加强水土保持，减小洪峰流量和泥沙淤积

地表草丛、树木可以有效拦蓄雨水，减缓坡面上的水流速度，减小洪水流量和延缓洪水形成过程。另外，良好的植被还能防止地表土壤的水土流失，有效减少水中泥沙含量。因此，水土保持对减小洪水灾害有明显效果。

（3）建立洪水预报、预警系统和洪水保险制度

根据河道的水文特性，建立一套自动化的洪水预测、预报信息系统。根据及时准确的降雨、径流量、水位、洪峰等信息的预报预警，可快速采取相应的抗洪抢险措施，减小洪水灾害损失。另外，我国应参照国外经验，利用现代保险机制，建立洪水保险制度，分散洪水灾害的风险和损失。

（二）农田水利

在我国的总用水量中约70%的是农业灌溉用水。农业现代化对农田水利提出了更艰巨的任务要求：一是通过修建水库、泵站、渠道等工程措施提高农业生产用水保障；二是利用各种节水灌溉方法，按作物的需求规律输送和分配水量，补充农田水分不足，改变土壤的养料、通气等状况，进一步提高粮食产量。

（三）水力发电

水能资源是一种洁净能源，具有运行成本低、不消耗水量、生态环保、可循环再生等特点，是其他能源所无法比拟的。

水力发电，即在河流上修建大坝，拦蓄河道来水，抬高上游水位并形成水库，集中河段落差获得水头和流量。将具有一定水头差的水流引入发电站厂房中的水轮机，推动水轮

机转动，水轮机带动同轴的发电机组发电。然后，通过输变电线路，将电能输送到电网的用户。

（四）城镇供、排水

随着城镇化进程的加快，对城镇生活供水和工业用水的数量、质量的要求在不断提高，城市供水和用水矛盾日益突出。由于供水水源不足，一些重要城市只好进行跨流域引水，如引滦入津、引碧入连、京密引水、引黄济青等工程。特别是南水北调工程，引水干渠全长1300 km，投资近2000亿元人民币，每年可为华北地区的河北、山东、天津、北京等省市供水200亿m^3。由于城市地面硬化率高，当雨水较大时，在城镇的一些低洼处容易形成积水，如不及时排放，则会影响工、商业生产及人民群众的正常生活，因此，城市降雨积水和渍水的排放，是城市防洪的一部分，必须引起高度重视。

（五）航运及渔业

自古以来，人类就利用河道进行水运。如全长1794 km，贯通浙江、江苏、山东、河北、北京的大运河，把海河、淮河、黄河、长江、钱塘江等流域连接起来，形成一个杭州到北京的水运网络。在古代，京杭大运河是南北交通的主动脉，为南北方交流和沿岸经济繁荣做出了巨大贡献。

对内河航运，要求河道水深、水位比较稳定，水流流速较小。必要时应采取工程措施，进行河道疏浚，修建码头、航标等设施。当河道修建大坝后，船只不能正常通行，需修建船闸、升船机等建筑物，使船只顺利通过大坝。如三峡工程中，修建了双线五级船闸及升船机，可同时使万吨客轮及船队过坝，保证长江的正常通航。

由于水库大坝的建设，改变了天然的水中生态系统，破坏了某些洄游性鱼类的生存环境。因此，需采取一定的工程措施，帮助鱼类生存、发展，防止其种群的减少和灭绝，常用的工程措施有鱼道、鱼闸等。

（六）水土保持

由于人口的增加和人类活动的影响，地球表面的原始森林被大面积砍伐，天然植被遭到破坏，水分涵养条件差，降雨时雨水直接冲蚀地表土壤，造成地表土壤和水分流失。这种现象称为水土流失。

水土流失会将地表的肥沃土壤冲走，使土地贫瘠，形成丘陵沟壑，减少产量乃至不能耕种；而雨水集中且很快流走，往往形成急骤的山洪，随山洪而下的泥沙则淤积河道和压占农田，还易形成泥石流等地质灾害。

为有效防止水土流失，则应植树种草，培育有效植被，退耕还林还草，合理利用坡地并结合修建埂坝、蓄水池等工程措施，进行以水土保持为目的的综合治理。

（七）水污染及防治

水污染是指由于人类活动，排放污染物到河流、湖泊、海洋的水体中，使水体的有害物质超过了水体的自身净化能力，以致水体的性质或生物群落组成发生变化，降低了水体的使用价值和原有用途。

水污染的原因很复杂，污染物质较多，一般有耗氧有机物、难降解有机物、植物性营养物、重金属、无机悬浮物、病原体、放射性物质、热污染等。污染的类型有点污染和面污染等。

水污染的危害严重并影响久远。轻者造成水质变坏，不能饮用或灌溉，水环境恶化，破坏自然生态景观；重者造成水生生物、水生植物灭绝，污染地下水，城镇居民饮水危险，而长期饮用污染水源，会造成人体伤害，染病致死并遗传后代。

水污染的防治任务艰巨：一是动员全社会，提高对水污染危害的认识，自觉抵制水污染的一切行为，全社会、全民、全方位控制水污染；二是加强水资源的规划和水源地的保护，预防为主、防治结合；三是做好废水的处理和应用，废水利用、变废为宝，花大力气采取切实可行的污水处理措施，真正做到达标排放，造福后代。

（八）水生态及旅游

1.水生态

水生态系统是天然生态系统的主要组成部分。维护正常的水生生态系统，可使水生生物系统、水生植物系统、水质水量、周边环境良性循环：一旦水生态遭到破坏，其后果是非常严重的，其影响是久远的。水生态破坏后的主要现象为：水质变色变味，水生生物、水生植物灭绝；坑塘干涸，河流断流；水土流失，土地荒漠化；地下水位下降，沙尘暴增加等。

水利水电工程的建设，对自然生态具有一定的影响。建坝后河流的水文状态发生一定的改变，可能会造成河口泥沙淤积减少而加剧侵蚀，污染物滞留，改变水质。对库区，因水深增加、水面扩大，流速减小，产生淤积。水库蒸发量增加，对局部小气候有所调节。筑坝对洄游性鱼类影响较大，如长江中的中华鲟、胭脂鱼等。在工程建设中，应采取一些可能的工程措施（如鱼道、鱼闸等），尽量减小对生态环境的影响。

另外，水库移民问题也会对社会产生一定的影响。由于农民失去了土地，迁移到新的环境里，生活、生产方式发生变化，如解决不好，也会引起一系列社会问题。

2.水与旅游

自古以来，水环境与旅游业一直有着密切的联系。从湖南的张家界、贵州的黄果树瀑布、桂林山水、长江三峡、黄河壶口瀑布、杭州西湖，到北京颐和园之昆明湖，无不因水而美丽，因水而名扬天下。清洁、幽静的水环境可造就秀丽的旅游景观，给人们带来美好的精神享受。水环境是一种不可多得的旅游、休闲资源。

水利工程建设，可造就一定的水环境，形成有山有水的美丽景色，形成新的旅游景点，如浙江新安江水库的千岛湖、北京的青龙峡等。但如处理不当，也会破坏当地的水环境，造成自然景观乃至旅游资源的恶化和破坏。

第三节　水利工程的建设与发展

一、我国古代水利建设

几千年来，广大劳动人民为开发水利资源，治理洪水灾害，发展农田灌溉，进行了长期大量的水利工程建设，积累了宝贵的经验，建设了一批成功的水利工程。大禹用堵、疏结合的办法治水获得成功，并有“三过家门而不入”的佳话流传于世。

我国古代建设的水利工程有很多，下面主要介绍几个典型的工程。

（一）四川都江堰灌溉工程

都江堰坐落在四川省都江堰市的岷江上，是当今世界上历史最悠久的无坝引水工程。公元前250年，由秦代蜀郡太守李冰父子主持兴建，历经各朝代维修和管理，其主体现今基本保持历史原貌；虽经历2200多年的使用，至今仍是我国灌溉面积最大的灌区，有1000多万亩。

都江堰工程巧妙地利用了岷江出山口处的地形和水势，因势利道，使堤防、分水、泄洪、排沙相互依存，共为一体，孕育了举世闻名的“天府之国”。枢纽主要由鱼嘴、飞沙堰、宝瓶口、金刚堤、人字堤等组成。鱼嘴将岷江分成内江和外江，合理导流分水，并促成河床稳定。飞沙堰是内江向外江溢洪排沙的坝式建筑物，洪水期泄洪排沙，枯水期挡水，保证宝瓶口取水流量。宝瓶口形如瓶颈，是人工开凿的窄深型引水口，既能引水，又能控制水量，处于河道凹岸的下方，符合无坝取水的弯道环流原理，引水不引沙。2200多年来，工程发挥了极大的社会效益和经济效益，史书上记载：“水旱从人，不知饥馑，时无荒年，天下谓之天府也。”中华人民共和国成立后，对都江堰灌区进行了维修、改建，增加了一些闸坝和堤防，扩大了灌区的面积，现正朝着可持续发展的特大型现代化灌区迈进。

（二）灵渠

灵渠位于广西兴安县城东南，建于公元前214年。灵渠沟通了珠江和长江两大水系，成为当时南北航运的重要通道。灵渠由大天平、小天平、南渠、北渠等建筑物组成，大、小天平为高3.9m、长近500m的拦河坝，用以抬高湘江水位，使江水流入南、北渠（漓江），多余洪水从大小天平顶部溢流进入湘江原河道，大、小天平用鱼鳞石结构砌筑，抗冲性能好。整个工程，顺势而建，至今保存完好。灵渠与都江堰一南一北，异曲同工，相互媲美。

另外，还有陕西引泾水的郑国渠，安徽寿县境内的芍陂灌溉工程，引黄河水的秦渠、汉渠，河北的引漳十二渠等。这些古老的水利工程都取得过良好的社会效益和巨大的经济效益，有些工程至今仍在发挥作用。

在水能利用方面，自汉晋时期开始，劳动人民就已开始用水作为动力，带动水车、水碾、水磨等，用以浇灌农田、碾米、磨面等。

但是，由于我国长期处于封建社会，特别是近代以来，遭受帝国主义、封建主义、官僚资本主义的三重剥削和压迫，再加上贫穷、技术落后等原因，丰富的水资源没有得到较好的开发利用，而水旱灾害时常威胁着广大劳动人民的生命、财产安全，我国的水利水电事业发展非常缓慢。

二、现代水利工程建设

自中华人民共和国成立以来，在中国共产党的领导下，我国的水利事业得到了空前的发展。在“统一规划、蓄泄结合、统筹兼顾、综合治理”的方针指导下，全国的水资源得到了合理有序的开发利用，经过多年的艰苦奋斗，水利工程建设取得了巨大的成就，其主要表现在以下几个方面。

（一）大江大河的治理

黄河是中华民族的母亲河，其水患胜于长江。中华人民共和国成立以来，在黄河干流上修建了龙羊峡、刘家峡、青铜峡、万家寨、三门峡、小浪底等大型拦蓄洪水的水库工程，并加固了黄河下游大堤，保证了黄河“伏秋大汛不决口，大河上下保安澜”。

对淮河进行了大力整治，兴建了佛子岭、梅山、响洪甸等一批水库和三河闸等排滞洪工程，并在2003年新修了淮河入海通道，使淮河流域“大雨大灾、小雨小灾、无雨旱灾”的局面得到彻底改变。

自1963年海河流域发生大洪水后，开始了对海河流域的治理，通过上游修水库，中游建防洪除涝系统，下游疏畅和新增入海通道，根治了海河流域的洪水涝灾。

在长江上游的支流上，建成了安康、丹江口、乌江渡、东江、江坯、隔河岩、二滩等一大批骨干防洪兴利工程，并在长江干流上修建了葛洲坝和三峡水电工程，整治加固了荆江大堤，使长江中、下游防洪能力由原来的10年一遇提高到500年一遇的标准。

同时，对珠江流域、东北三江流域等大江大河也进行了综合治理，使其防洪能力大大提高。

（二）水电建设

我国正在开发建设十大水电基地，开发西部及西南地区丰富的水电资源，进行西电东送，将大大缓解华南、华东地区电力紧缺的矛盾，为我国经济可持续发展提供强有力的能源支撑。

（三）农田灌溉和城镇供水

几十年来，通过修建水库、塘坝，建成万亩以上灌区5000多处，百万亩灌区30处，如四川都江堰灌区、内蒙古河套灌区、新疆石河子灌区等，灌溉农田面积达7亿亩。大大提高了粮食亩产和总产量，为国家粮食安全提供了有力保障，

当前，由于大部分地区水资源紧缺，城镇供水矛盾凸显，为保障工业和人民生活用水，投入了大量的人力、财力，建设了一批专门的引水和供水工程，这些工程的建设，大大缓解了一些大中城市的供水矛盾，为我国工农业生产的发展、保障和提高人民群众的生活水平做出了巨大的贡献。

但是，我国大江大河的防洪仍存在问题：西北、华北地区干旱及供水矛盾仍较突出，水资源短缺问题十分严重，水环境恶化的趋势尚未得到有效控制，干旱缺水、洪水灾害和水污染严重制约着经济的发展。

因此，在21世纪必须加快大型水利工程建设步伐，坚持综合规划、防治结合、标本兼治、和谐统一的原则，需建设一批关键性控制工程，调蓄水量、提供能源，必须对宝贵的水资源进行合理开发、高效利用、优化配置并要有效保护。

三、我国水利事业的发展前景

（一）我国水利水电建设前景远大

随着我国现代化建设进程的加快和社会经济实力的不断提高，我国的水利水电建设将迎来一个快速发展的阶段。随着西部大开发战略的实施，西南地区的水电能源将得以开发，并通过西电东送，使我国的能源结构更趋合理。

为了有效控制大江大河的洪水，减轻洪涝灾害，开发水利水电资源，将建设一批大型水利水电枢纽工程。可以预见，在掌握高拱坝、高面板堆石坝、碾压混凝土坝等建坝新技术的基础上，在建设三峡、二滩、小浪底等世界特大型水利水电工程的经验的指导下，将建设一批水平更高、更先进的水电工程。

（二）人水和谐相处

为进一步搞好水利水电工程建设，在总结过去治水经验、深入分析研究当前社会经济发展需求的基础上，要更新观念，从工程水利向资源水利转变，从传统水利向现代水利转变，树立可持续发展观，以水资源的可持续利用保障社会经济的可持续发展。

要转变对水及大自然的认识，在防止水对人类侵害的同时，也应注意人对水的侵害，人与自然、人与水要和谐共处。社会经济发展要与水资源的承载力相协调，水利发展目标要与社会发展和国民经济的总体目标结合，水利建设的规模和速度要与国民经济发展相适应，为经济和社会发展提供支撑和保障条件，应客观地根据水资源状况确定产业结构和发展规模，并通过调整产业结构和推进节约用水，来提高水资源的承载能力，使水资源的开发利用既满足生产、生活用水，也充分考虑环境用水、生态用水，真正做到计划用水、节约用水、科学用水。

要提高水资源的利用效率，进行水资源统一管理，促进水资源优化配置。不论是农业、工业，还是生活用水，都要坚持节约用水，高效用水。真正提高水资源的利用水平，要大力发展节水灌溉，发展节水型工业，建设节水型社会。逐步做到水资源的统一规划、统一调度、统一管理。统筹考虑城乡防洪、排涝灌溉、蓄水供水、用水节水、污水处理、中水利用等涉水问题，真正做到水资源的高效综合利用。

需确立合理的水价形成机制，利用价格杠杆作用，遵循经济发展规律，试行水权交易、水权有偿使用转让，逐步形成合理的水市场。促进水资源向高效率、高效益方面流动，使水资源达到最大限度的优化配置。

第四节　水利工程建设程序

一、建设程序及作用

工程项目建设程序是指工程建设的全过程中，各建设环节及其所应遵循的先后次序法则。建设程序是多年工程建设实践经验、教训的总结，是项目科学决策及顺利实现最终建设目标的重要保证。

建设程序体现工程项目自身建设、发展的科学规律，工程建设工作应按程序规定的相应阶段，逐步深入地进行。建设程序的各阶段及步骤不能随意颠倒和违反，否则，将可能造成不利的严重后果。

建设程序是为了约束建设者的随意行为，对缩短工程的建设工期，保证工程质量，节约工程投资，提高经济效益和保障工程项目顺利实施，具有一定的现实意义。

另外，建设程序加强水利建设市场管理，进一步规范水利工程建设行为，推进项目法人责任制、建设监理制、招标投标制的实施，促进水利建设实现经济体制和经济增长方式的两个根本性转变，具有积极的推动作用。

二、我国水利工程建设程序及主要内容

对江河进行综合开发治理时，首先根据国家（区域、行业）经济发展的需要确定优先开发治理的河流。然后，按照统一规划、综合治理的原则，对选定河流进行全流域规划，确定河流的梯级开发方案，提出分期兴建的若干个水利工程项目。规划经批准后，方可对拟建的水利枢纽进行进一步建设。

按我国《水利工程建设项目管理规定》，水利工程建设程序一般分为：项目建议书、可行性研究报告、设计阶段、施工准备（包括招标设计）、建设实施、生产准备、竣工验收、后评价等阶段。

（一）项目建议书

项目建议书应根据国民经济和社会发展长远规划、流域及区域综合规划，按照国家产业政策和国家有关投资建设方针进行编制，是对拟进行建设项目的初步说明。

项目建议书应按照《水利水电工程项目建议书编制暂行规定》编制。项目建议书编制一般由政府委托有相应资格的工程咨询、设计单位承担，并按国家现行规定权限向主管部门申报审批项目建议书，被批准后，由政府向社会公布，若有投资建设意向，应及时组建项目法人筹备机构，按相关要求展开工作。

（二）可行性研究报告

阶段可行性研究报告，由项目法人组织编制。经过批准的可行性研究报告，是项目决策和进行初步设计的依据。

可行性研究的主要任务是：根据国民经济、区域和行业规划的要求，在流域规划的基础上通过对拟建工程的建设条件做进一步调查、勘测、分析和方案比较等工作，进而论证该工程在近期兴建的必要性、技术上的可行性及经济上的合理性。

可行性研究的工作内容是：基本选定工程规模，选定坝址，初步选定基本坝型和枢纽

布置方式，估算出工程总投资及总工期，对工程经济合理性和兴建必要性做出定性评价。该阶段的设计工作可采用简略方法，成果必须具有一定的可靠性，以利于上级主管部门决策。

可行性研究报告的审批：按国家现行规定的审批权限报批。申报项目可行性研究报告，必须同时提出项目法人组建方案及运行机制、资金筹措方案、资金结构及回收资金的办法，并依照有关规定出示具有管辖权的水行政主管部门或流域机构签署的规划同意书、对取水许可预申请的书面审查意见。审批部门要委托有项目相应资质的工程咨询机构对可行性研究报告做出评估，并综合行业归口主管部门、投资机构等方面的意见进行审批项目的可行性报告。批准后，应正式成立项目法人，并按项目法人责任制实行项目管理。

（三）设计阶段

1.初步设计

根据已批准的可行性研究报告和必要的设计基础资料，对设计对象进行通盘研究，确定建筑物的等级；选定合理的坝址、枢纽总体布置、主要建筑物型式和控制性尺寸；选择水库的各种特征水位；选择电站的装机容量，电气主结线方式及主要机电设备；提出水库移民安置规划；选择施工导流方案和进行施工组织设计；编制项目的总概算。

初步设计报告应按照《水利水电工程初步设计报告编制规程》的有关规定编制。初步设计文件报批前，应由项目法人委托有关专家进行咨询，设计单位根据咨询论证意见，对初步设计文件进行补充、修改、优化。初步设计按国家现行规定权限向主管部门申报审批。经批准后的初步设计文件主要内容不得随意修改、变更，并作为项目建设实施的技术文件基础。如有重要修改、变更，须经原审批机关复审同意。

2.技术设计或招标设计

对重要的或技术条件复杂的大型工程，在初步设计和施工详图设计之间增加技术设计，其主要任务是：在深入细致的调查、勘测和试验研究的基础上，全面加深初步设计的工作，解决初步设计尚未解决或未完善的具体问题，确定或改进技术方案，编制修正概算。技术设计的项目内容同初步设计相比，更为深入详尽。审批后的技术设计文件和修正概算是建设工程拨款和施工详图设计的依据。

3.施工详图设计

该阶段的主要任务是：以经过批准的初步设计或技术设计为依据，最后确定地基开挖、地基处理方案，进行细节措施设计；对各建筑物进行结构及细部构造设计，并绘制施工详图；进行施工总体布置及确定施工方法，编制施工进度计划和施工预算等。施工详图预算是工程承包或工程结算的依据。

（四）施工准备阶段

项目在主体工程开工之前，必须完成各项施工准备工作。其主要内容包括：施工现场的征地、移民、拆迁，完成施工用水、用电、通信、道路和场地平整等工程，修建生产、生活必需的临时建筑工程，组织监理、施工、设备和物资采购招标等工作，择优确定建设监理单位和施工承包队伍。

工程项目必须满足以下条件，施工准备方可进行：初步设计已经批准；项目法人已经建立；项目已列入国家或地方水利建设投资计划，筹资方案已经确定；有关土地使用权已经批准；已办理报建手续。

（五）建设实施阶段

建设实施阶段是指主体工程的建设实施，项目法人按照批准的建设文件，组织工程建设，保证项目建设目标的实现。

项目法人或其代理机构必须按审批权限，向主管部门提出主体工程开工申请报告，经批准后，主体工程方能正式开工。主体工程开工须具备的条件是：前期工程各阶段文件已按规定批准，施工详图设计可以满足初期主体工程施工需要；工程项目建设资金已落实；主体工程已决标并签订工程承包合同；现场施工准备和征地移民等建设外部条件能够满足主体工程开工需要。

按市场经济机制，实行项目法人责任制，主体工程开工还须具备以下条件：项目法人要充分授权监理工程师，使之能独立负责项目的建设工期、质量、投资的控制和现场施工的组织协调，要按照“政府监督、项目法人负责、社会监理、企业保证”的要求，建立健全质量管理体系；重大建设项目，还必须设立项目质量监督站，行使政府对项目建设的监督职能；水利工程的兴建必须遵循先勘测、后设计，在做好充分准备的条件下再施工的建设程序，否则就很可能会设计失误，造成巨大经济损失乃至灾难性的后果。

（六）生产准备阶段

生产准备应根据不同工程类型的要求确定，一般应包括如下主要内容。

1.生产组织准备

建立生产经营的管理机构及相应管理制度，招收和培训人员。按生产运营的要求，配备生产管理人员。

2.生产技术准备

主要包括技术资料的汇总、运行技术方案的制订、岗位操作规程制订和新技术准备。

3.生产物资准备

主要是落实投产运营所需要的原材料、协作产品、工器具、备品备件和其他协作配合条件的准备。

4.运营销售准备

及时具体落实产品销售协议的签订，提高生产经营效益，为偿还债务和资产的保值增值创造条件。

（七）竣工验收

竣工验收是工程完成建设目标的标志，是全面考核基本建设成果、检验设计和工程质量的重要步骤。竣工验收合格的项目即从基本建设转入生产或使用。

当建设项目的建设内容全部完成，并经过单位工程验收、完成竣工报告、竣工决算等文件后，项目法人向主管部门提出申请，根据相关验收规程，组织竣工验收。

竣工决算编制完成后，须由审计机关组织竣工审计，其审计报告作为竣工验收的基本资料。另外，工程规模较大、技术较复杂的建设项目可先进行初步验收。

（八）项目后评价

建设项目经过1~2年生产运营后，进行系统评价，称为后评价。其主要内容包括以下几点。

1.影响评价

项目投产后对政治、经济、生活等方面的影响进行评价。

2.经济效益评价

对国民经济效益、财务效益、技术进步和规模效益等进行评价。

3.过程评价

对项目的立项、设计、施工、建设管理、生产运营等全过程进行评价。

项目后评价工作必须遵循客观、公正、科学的原则，做到分析合理、评价公正。通过后评价，达到肯定成绩、总结经验、研究问题、吸取教训、提出建议、改进工作的目的。

第二章

水利工程建设

第一节 水利工程规划设计

一、水利勘测

水利勘测是为水利建设而进行的地质勘察和测量，它是水利科学的组成部分。其任务是对拟定开发的江河流域或地区，就有关的工程地质、水文地质、地形地貌、灌区土壤等条件开展调查与勘测，分析研究其性质、作用及内在规律，评价预测各项水利设施与自然环境可能产生的相互影响和出现的各种问题，为水利工程规划、设计与施工运行提供基本资料和科学依据。

水利勘测是水利建设基础工作之一，与工程的投资和安全运行关系十分密切；有时由于对客观事物的认识和未来演化趋势的判断不同，造成决策失误，往往发生事故或失误。水利勘测需反复调查研究，必须密切配合水利基本建设程序，分阶段逐步深入进行，达到利用自然和改造自然的目的。

（一）水利勘测内容

1.水利工程测量

包括平面高程控制测量，地形测量（含水下地形测量），纵横断面测量，定线、放线测量和变形观测等。

2.水利工程地质勘察

包括地质测绘、开挖作业、遥感、钻探、水利工程地球物理勘探、岩土试验和观测监测等。用以查明：区域构造稳定性、水库地震；水库渗漏、浸没、塌岸、渠道渗漏等环境地质问题；水工建筑物地基的稳定和沉陷；洞室围岩的稳定；天然边坡和开挖边坡的稳定，以及天然建筑材料状况等。随着实践经验的丰富和勘测新技术的发展，环境地质、系统工程地质、工程地质监测和数值分析等，均有较大进展。

3.地下水资源勘察

已由单纯的地下水调查、打井开发，向全面评价、合理开发利用地下水发展，如渠灌井灌结合、盐碱地改良、动态监测预报、防治水质污染等。此外，对环境水文地质和资源量计算参数的研究，也有较大提高。

4.灌区土壤调查

包括自然环境、农业生产条件对土壤属性的影响，土壤剖面观测，土壤物理性质测定，土壤化学性质分析，土壤水分常数测定以及土壤水盐动态观测。通过调查，研究土壤形成、分布和性状，掌握在灌溉、排水、耕作过程中土壤水、盐、肥力变化的规律。

除上述内容外，水文测验、调查和实验也是水利勘测的重要组成部分，但中国的学科划分现多将其列入水文学体系之内。

水利勘测也是水利建设的一项综合性基础工作。世界各国在兴修水利工程中，由于勘测工作不够全面、深入，曾相继发生过不少事故，带来了严重灾害。

水利勘测要密切配合水利工程建设程序，按阶段要求逐步深入进行；工程运行期间，还要开展各项观测、监测工作，以策安全。勘测中，既要注意区域自然条件的调查研究，又要着重水工建筑物与自然环境相互作用的勘探试验，使水利设施起到利用自然和改造自然的作用。

（二）水利勘测特点

水利勘测是应用性很强的学科，大致具有如下三点特性。

1.实践性

即着重现场调查、勘探试验及长期观测、监测等一系列实践工作，以积累资料、掌握规律，为水利建设提供可靠依据。

2.区域性

即针对开发地区的具体情况，运用相应的有效勘测方法，阐明不同地区的各自特征。如山区、丘陵与平原等地形地质条件不同的地区，其水利勘测的任务要求与工作方法，往往大不相同，不能千篇一律。

3.综合性

即充分考虑各种自然因素之间及其与人类活动相互作用的错综复杂关系，掌握开发地区的全貌及其可能出现的主要问题，为采取较优的水利设施方案提供依据。因此，水利勘测兼有水利科学与地学（测量学、地质学与土壤学等）以及各种勘测、试验技术相互渗透、融合的特色。但通常以地理学或地质学为学科基础，以测绘制图和勘探试验成果的综合分析作为基本研究途径，是一门综合性的学科。

二、水利工程规划设计的基本原则

水利工程规划是以某一水利建设项目为研究对象的水利规划。水利工程规划通常是在编制工程可行性研究或工程初步设计时进行的。

改革开放以来，随着社会主义市场经济的飞速发展，水利工程对我国国民经济增长具有非常重要的作用。无论是城市水利还是农村水利，它不仅可以保护当地免遭灾害的发生，更有利于当地的经济建设。因此必须严格坚持科学的发展理念，确保水利工程的顺利实施。在水利工程规划设计中，要切合实际，严格按照要求，以科学的施工理念完成各项任务。

随着经济社会的快速发展，水利事业对于国民经济的增长发挥着越来越重要的作用，无论是对于农村水利，还是城市水利，其不仅会影响到地区的安全，防止灾害发生，而且也能够为地区的经济建设提供足够的帮助。鉴于水利事业的重要性，水利工程的规划设计就必须严格按照科学的理念开展，从而确保各项水利工程能够起到良好的作用。对于科学理念的遵循就是要求在设计当中严格按照相应的原则，从而很好地完成相应的水利工程。总的来说，水利工程规划设计的基本原则包括如下几个部分。

（一）确保水利工程规划的经济性和安全性

就水利工程自身而言，其所包含的要素众多，是一项较为复杂与庞大的工程，不仅包括防止洪涝灾害、便于农田灌溉、支持公民的饮用水等要素，也包括保障电力供应、物资运输等方面的要素，因此对于水利工程的规划设计应该从总体层面入手。在科学的指引下，水利工程规划除了要发挥出其最优的效应，也需要将水利科学及工程科学的安全性要求融入规划当中，从而保障所修建的水利工程项目具有足够的安全性保障，在抗击洪涝灾害、干旱、风沙等方面都具有较为可靠的效果。对于河流水利工程而言，由于涉及河流侵蚀、泥沙堆积等方面的问题，水利工程就更需采取必要的安全性措施。除了安全性的要求之外，水利工程的规划设计也要考虑到建设成本的问题，这就要求水利工程构建组织对于成本管理、风险控制、安全管理等都具有十分清晰的了解，从而将这些要素进行整合，得到一个较为完善的经济成本控制方法，使得水利工程的建设资金能够投放到最需要的地方，杜绝资金浪费的状况出现。

（二）保护河流水利工程的空间异质的原则

河流水利工程的建设也需要将河流的生物群体进行考虑，而对于生物群体的保护也就构成了河流水利工程规划的空间异质原则。所谓的生物群体，也就是指在水利工程所涉及的河流空间范围内所具有的各类生物，其彼此之间的互相影响，并在同外在环境形成默契的情况下进行生活，最终构成了较为稳定的关系。河流作为外在的环境，实际上其存在也必须与内在的生物群体的存在相融合，具有系统性的特征，只有维护好这一系统，水利工程项目的建设才能够实现其有效性。作为一种人类的主观性活动，水利工程建设不可避免地会对整个生态环境造成一定的影响，使得河流出现非连续性，最终可能带来破坏。因此，在进行水利工程规划的时候，有必要对空间异质加以关注。尽管多数水利工程建设并非聚焦于生态目标，而是为了促进经济社会的发展，但在建设当中同样要注意对生态环境的保护，从而确保所构建的水利工程符合可持续发展的道路。当然，这种对于异质空间保护的思考，有必要对河流的特征及地理面貌等状况进行详细的调查，从而确保所确定的具体水利工程规划能够切实满足当地的需要。

（三）水利工程规划要注重自然力量的自我调节原则

就传统意义上的水利工程而言，对于自然在水利工程中的作用力的关注是极大的，很多项目的开展得益于自然力量，而并非人力。伴随着现代化机械设备的使用，不少水利项目的建设都寄希望于使用先进的机器设备来对整个工程进行控制，但效果往往并非很好。因此，在具体的水利工程建设中，必须将自然的力量结合到具体的工程规划当中，从而在最大限度地维护原有地理、生态面貌的基础上，进行水利工程建设。当然，对于自然力量的运用也需要进行大量的研究，不仅需要对当地的生态面貌等状况进行较为彻底的研究，而且也要在建设过程中竭力维护好当地的生态情况，并且防止外来物种对原有生态进行入侵。事实上，大自然都有自我恢复功能，而水利工程作为一项人为的工程项目，其对于当地的地理面貌进行的改善也必然会通过大自然的力量进行维护，这就要求所建设的水利工程必须将自身的一系列特质与自然进化要求相融合，从而在长期的自然演化过程中，将自身也逐步融合成为大自然的一部分，有利于水利项目长期为当地的经济社会发展服务。

（四）对地域景观进行必要的维护与建设

地域景观的维护与建设也是水利工程规划的重要组成部分，而这也要求所进行的设计必须从长期性角度入手，将水利工程的实用性与美观性加以结合。事实上，在建设过程中，不可避免会对原有景观进行一定的破坏，在注意破坏的度的同时，也需要与水利工程的后期完善策略相结合，即在工程建设后期或使用过程中，对原有的景观进行必要的恢复。当然，整个水利工程的建设应该在尽可能不破坏原有景观的基础之上开展，但不可避免的破坏也要写入建设规划当中。另外，水利工程建设本身要具有较好的美观性，而这也能够为地域景观提供一定的作用。总的来说，对于景观的维护应该尽可能从较小的角度入手，这样既能保障所建设的水利工程具备详尽性的特征，而且也可以确保每一项小的工程获得很好的完工。值得一提的是，整个水利工程所涉及的景观维护与补充问题都需要进行严格的评价，从而确保所提供的景观不会对原有的生态、地理面貌发生破坏，而这种评估工作也需要涵盖整个水利工程范围，并有必要向外进行拓展，确保评价的完备性。

（五）水利工程规划应遵循一定的反馈原则

水利工程设计主要是模仿成熟的河流水利工程系统的结构，力求最终形成一个健康、可持续的河流水利系统。在河流水利工程项目执行以后，就开始了一个自然生态交替的动态过程。这个过程并不一定按照设计的预期目标发展，可能出现多种可能性。针对具体一项生态修复工程实施以后，一种理想的可能是监测到的各变量是现有科学水平可能达到的最优值，表示水利工程能够获得较为理想的使用与演进效果；另一种差的情况是，监测到的各生态变量是人们可接受的最低值。在这两种极端状态之间，形成了一个包络图。

三、水利工程规划设计的发展与需求

目前在城市水利工程建设当中，把改善水域环境和生态系统作为主要建设目标，同时也是水利现代化建设的重要内容，所以按照现代城市的功能来对流经市区的河流进行归类，大致有两类要求。

对河中水流的要求是：水质清洁、生物多样性、生机盎然和优美的水面规划。

对滨河带的要求是：其规划不仅要使滨河带能充分反映当地的风俗习惯和文化底蕴，同时还要有一定的人工景观，供人们休闲、娱乐和活动，另外在规划上还要注意文化氛围的渲染，所形成的景观不仅要有现代的气息，还要注意与周围环境的协调性，达到自然环境、山水、人的和谐统一。

这些要求充分体现经济的快速发展以及社会的进步，这也是水利工程建设发展的必然趋势。这就对水利建设者提出了更高的要求，水利建设者在满足人们的要求的同时，还要在设计、施工和规划方面进行更好的调整和完善，从而使水利工程建设具有更多的人文、艺术和科学气息，使工程不仅起到美化环境的作用，还具有一定的欣赏价值。

水利工程不仅实现了人工对山河的改造，同时也起到了防洪抗涝，实现了对水资源的合理保护和利用，从而使之更好地服务于人类。水利工程对周围的自然环境和社会环境起到了明显的改善作用。现在人们越来越重视到环境的重要性，所以对环境保护的力度不断提高，对资源开发、环境保护和生态保护协调发展加大力度，在这种大背景下，水利工程设计时在强调美学价值的同时，则更注重生态功能的发挥。

四、水利工程设计中对环境因素的影响

（一）水利工程与环境保护

水利工程有助于改善和保护自然环境。水利工程建设主要以水资源的开发利用和防

止水害为主，其基本功能是改善自然环境，如除涝、防洪，为人们的日常生活提供水资源，保障社会经济健康有序地发展，还可以减少大气污染。另外，水利工程项目可以调节水库，改善下游水质等。水利工程建设将有助于改善水资源分配，满足经济发展和人类社会的需求，同时，水资源也是维持自然生态环境的主要因素。如果在水资源分配过程中，忽视自然环境对水资源的需求，将会引发环境问题。水利工程对环境工程的影响主要表现在对水资源方面的影响，如河道断流、土地退化、下游绿洲消失、湖泊萎缩等生态环境问题，甚至会导致下游环境恶化。工程的施工同样会给当地环境带来影响。若这些问题不能及时解决，将会限制社会经济的发展。

水利工程既能改善自然环境又能对环境产生负面效应，因此在实际开发建设过程中，要最大限度地保护环境，改善水质，维持生态平衡，将工程效益发挥到最大。要将环境保护纳入实际规划设计工作中去，并实现可持续发展。

（二）水利工程建设的环境需求

从环境需求的角度分析建设水利工程项目的可行性和合理性，具体表现在如下几个方面。

1.防洪的需要

兴建防洪工程为人类生存提供基本的保障，这是构建水利工程项目的主要目的。从环境的角度分析，洪水是湿地生态环境的基本保障，如河流下游的河谷生态、新疆的荒漠生态等，都需要定期的洪水泛滥以保持生态平衡。因此，在兴建水利工程时必须考虑防洪工程对当地生态环境造成的影响。

2.水资源的开发

水利工程的另一功能是开发利用水资源。水资源不仅是维持生命的基本资源，也是推动社会经济发展的基本保障。水资源的超负荷利用，会造成一系列的生态环境问题。因此在水资源开发过程中强调水资源的合理利用。

（三）开发土地资源

土地资源是人类赖以生存的保障，通过开发土地，以提高其使用率。针对土地开发利用根据需求和提法的不同分为移民专业和规划专业。移民专业主要是从环境容量、土地的承受能力以及解决的社会问题方面进行考虑，而规划专业的重点则是从开发技术的可行性角度进行分析。改变土地的利用方式多种多样，在前期规划设计阶段要充分考虑环境问题，并制订多种可行性方案，择优进行。

第二节　水利枢纽

一、水利枢纽概述

水利枢纽是为满足各项水利工程兴利除害的目标，在河流或渠道的适宜地段修建的不同类型水工建筑物的综合体。水利枢纽常以其形成的水库或主体工程——坝、水电站的名称来命名，如三峡大坝、密云水库、罗贡坝、新安江水电站等；也有直接称水利枢纽的，如葛洲坝水利枢纽。

（一）类型

水利枢纽按承担任务的不同，可分为防洪枢纽、灌溉（或供水）枢纽、水力发电枢纽和航运枢纽等。多数水利枢纽承担多项任务，称为综合性水利枢纽。

影响水利枢纽功能的主要因素是选定合理的位置和最优的布置方案。水利枢纽工程的位置一般通过河流流域规划或地区水利规划确定。具体位置须充分考虑地形、地质条件、使各个水工建筑物都能布置在安全可靠的地基上，并能满足建筑物的尺度和布置要求以及施工的必需条件。

水利枢纽工程的布置，一般通过可行性研究和初步设计确定。枢纽布置必须使各个不同功能的建筑物在其位置上各得其所，在运用中相互协调，充分有效地完成所承担的任务；各个水工建筑物单独使用或联合使用时水流条件良好，上下游的水流和冲淤变化不影响或少影响枢纽的正常运行，总之技术上要安全可靠；在满足基本要求的前提下，要力求建筑物布置紧凑，一个建筑物能发挥多种作用，减少工程量和工程占地，以减小投资；同时要充分考虑管理运行的要求和施工便利，工期短。一个大型水利枢纽工程的总体布置是一项复杂的系统工程，需要按系统工程的分析研究方法进行论证确定。

（二）枢纽组成

水利枢纽主要由挡水建筑物、泄水建筑物、取水建筑物和专门性建筑物组成。

1.挡水建筑物

在取水枢纽和蓄水枢纽中，为拦截水流、抬高水位和调蓄水量而设的跨河道建筑物，分为溢流坝（闸）和非溢流坝两类。溢流坝（闸）兼做泄水建筑物。

2.泄水建筑物

为宣泄洪水和放空水库而设。其形式有岸边溢洪道、溢流坝（闸）、泄水隧洞、闸身泄水孔或坝下涵管等。

3.取水建筑物

为灌溉、发电、供水和专门用途的取水而设。其形式有进水闸、引水隧洞和引水涵管等。

4.专门性建筑物

为发电的厂房、调压室，为扬水的泵房、流道，为通航、过木、过鱼的船闸、升船机、筏道、鱼道等。

（三）枢纽位置选择

在流域规划或地区规划中，某一水利枢纽所在河流中的大体位置已基本确定，但其具体位置还需在此范围内通过不同方案在经济以及技术方面来比较而进行选择。水利枢纽的位置常以其主体——坝（挡水建筑物）的位置为代表。因此，水利枢纽位置的选择常称为坝址选择。有的水利枢纽，只需在较狭的范围内进行坝址选择；有的水利枢纽，则需要先在较宽的范围内选择坝段，然后在坝段内选择坝址。例如三峡水利枢纽，就曾先在三峡出口的南津关坝段及其上游30~40 km处的美人坨坝段进行比较。前者的坝轴线较短，坝的工程量较小，发电量稍大，但地下工程较多，特别是地质条件、水工布置和施工条件远较后者差，因而选定了美人坨坝段。在这一坝段中，又选择了太平溪和三斗坪两个坝址进行比较。两者的地质条件基本相同，前者坝体工程量较小，但后者便于枢纽布置，特别是便于施工，最后，选定了三斗坪坝址。

（四）水利枢纽工程

指水利枢纽建筑物（含引水工程中的水源工程）和其他大型独立建筑物。包括挡水工程、泄洪工程、引水工程、发电厂工程、升压变电站工程、航运工程、鱼道工程、交通工程、房屋建筑工程和其他建筑工程。其中挡水工程等前七项为主体建筑工程。

1.挡水工程

包括挡水的各类坝（闸）工程。

2.泄洪工程

包括溢洪道、泄洪洞、冲砂孔（洞）、放空洞等工程。

3.引水工程

包括发电引水明渠、进水口、隧洞、调压井、高压管道等工程。

4.发电厂工程

包括地面、地下各类发电厂工程。

5.升压变电站工程

包括升压变电站、开关站等工程。

6.航运工程

包括上下游引航道、船闸、升船机等工程。

7.鱼道工程

根据枢纽建筑物布置情况，可独立列项。与拦河坝相结合的，也可作为拦河坝工程的组成部分。

8.交通工程

包括上坝、进厂、对外等场内外永久公路、桥涵、铁路、码头等交通工程。

9.房屋建筑工程

包括为生产运行服务的永久性辅助生产建筑、仓库、办公、生活及文化福利等房屋建筑和室外工程。

10.其他建筑工程

包括内外部观测工程，动力线路（厂坝区），照明线路，通信线路，厂坝区及生活区供水、供热、排水等公用设施工程，厂坝区环境建设工程，水情自动测报工程及其他。

二、拦河坝水利枢纽布置

拦河坝水利枢纽是为解决来水与用水在时间和水量分配上存在的矛盾而修建的，以挡水建筑物为主体的建筑物综合运用体，又称水库枢纽，一般由挡水、泄水、放水及某些专门性建筑物组成。将这些作用不同的建筑物相对集中布置，并保证它们能够良好运行，就是拦河水利枢纽布置。

拦河水利枢纽布置应根据国家水利建设的方针，依据流（区）域规划，从长远着眼，结合近期的发展需要，对各种可能的枢纽布置方案进行综合分析、比较，选定最优方案，然后严格按照水利枢纽的基建程序，分阶段有计划地进行规划设计。

拦河水利枢纽布置的主要工作内容有坝址、坝型选择和枢纽工程布置等。

（一）坝址及坝型选择

坝址及坝型选择的工作贯穿于各设计阶段之中，并且是逐步优化的。

在可行性研究阶段，一般是根据开发任务的要求，分析地形、地质及施工等条件，初选几个可能筑坝的地段（坝段）和若干条有代表性的坝轴线，通过枢纽布置进行综合比较，选择其中最有利的坝段和相对较好的坝轴线，进而提出推荐坝址。开在推荐坝址上进行枢纽工程布置，再通过方案比较，初选基本坝型和枢纽布置方式。

在初步设计阶段，要进一步进行枢纽布置，通过技术经济比较，选定最合理的坝轴线，确定坝型及其他建筑物的形式和主要尺寸，并进行具体的枢纽工程布置。

在施工详图阶段，随着地质资料和试验资料的进一步深入和完善，对已确定的坝轴线、坝型和枢纽布置做最后的修改和定案，并且作出能够依据施工的详图。

坝轴线及坝型选择是拦河水利枢纽设计中的一项主要工作，具有重大的技术经济意义，两者是相互关联的，影响因素也是多方面的，不仅要研究坝址及其周围的自然条件，还需考虑枢纽的施工、运用条件、发展远景和投资指标等。需进行全面论证和综合比较后，才能做出正确的判断和选择合理的方案。

1.坝址选择

选择坝址时，应综合考虑下述条件。

（1）地质条件

地质条件是建库建坝的基本条件，是衡量坝址优劣的重要条件之一，在某种程度上决定着兴建枢纽工程的难易。工程地质和水文地质条件是影响坝址、坝型选择的重要因素，且往往起决定性作用。

选择坝址，首先要清楚有关区域的地质情况。坚硬完整、无构造缺陷的岩基是最理想的坝基；但如此理想的地质条件很少见，天然地基总会存在这样或那样的地质缺陷，要看能否通过合宜的地基处理措施使其达到筑坝的要求。在该方面必须注意的是：不能疏漏重大地质问题，对重大地质问题要有正确的定性判断，以便决定坝址的取舍或制定出防护处理的措施，或在坝利选择和枢纽布置上设法适应坝址的地质条件。对存在破碎带、断层、裂隙、喀斯特溶洞、软弱夹层等坝基条件较差的，还有地震地区，应作充分的论证和可靠的技术措施。坝址选择还必须对区域地质稳定性和地质构造复杂性以及水库区的渗漏、库岸塌滑、岸坡及山体稳定等地质条件做出评价和论证。各种坝型及坝高对地质条件有不同的要求，如拱坝对两岸坝基的要求很高，支墩坝对地基要求也高，次之为重力坝，土石坝要求最低。一般较高的混凝土坝多要求建在岩基上。

（2）地形条件

坝址地形条件必须满足开发任务对枢纽组成建筑物的布置要求。通常，河谷两岸有适宜的高度和必需的挡水前缘宽度时，则对枢纽布置有利。一般来说，坝址河谷狭窄，坝轴线较短，坝体工程量较小，但河谷太窄则不利于泄水建筑物、发电建筑物、施工导流及施工场地的布置，有时反不如河谷稍宽处有利。除考虑坝轴线较短外，对坝址选择还应结合泄水建筑物、施工场地的布置和施工导流方案等综合考虑。枢纽上游最好有开阔的河谷，使在淹没损失尽量小的情况下，能获得较大的库容。

坝址地形条件还必须与坝型相互适应，拱坝要求河谷窄狭；土石坝适应河谷宽阔、岸坡平缓、坝址附近或库区内有高程合适的天然垭口，并且方便归河，以便布置河岸式溢洪道。岸坡过陡，会使坝体与岸坡接合处削坡量过大。对于通航河道，还应注意通航建筑的布置、上河及下河的条件是否有利。对有暗礁、浅滩或陡坡、急流的通航河流，坝轴线宜选在浅滩稍下游或急流终点处，以改善通航条件。有瀑布的不通航河流，坝轴线宜选在瀑布稍上游处以节省大坝工程量。对于多泥沙河流及有漂木要求的河道，应注意坝址位段对取水防沙及漂木是否有利。

（3）建筑材料

在选择坝址、坝型时，当地材料的种类、数量及分布往往起决定性影响。对土石坝，坝址附近应有数量足够、质量能符合要求的土石料场；如为混凝土坝，则要求坝址附近有良好级配的砂石骨料。料场应便于开采、运输，且施工期间料场不会因淹没而影响施工。所以对建筑材料的开采条件、经济成本等，应进行认真的调查和分析。

（4）施工条件

从施工角度来看，坝址下游应有较开阔的滩地，以便布置施工场地、场内交通和进行导流。应对外交通方便，附近有廉价的电力供应，以满足照明及动力的需要。从长远利益来看，施工的安排应考虑为今后运用、管理提供方便。

（5）综合效益

坝址选择要综合考虑防洪、灌溉、发电、通航、过木、城市和工业用水、渔业以及旅游等各部门的经济效益，还应考虑上游淹没损失以及蓄水枢纽对上、下游生态环境的各方面的影响。兴建蓄水枢纽将形成水库，使大片原来的陆相地表和河流型水域变为湖泊型水域，改变了地区自然景观，对自然生态和社会经济产生多方面的环境影响。其有利影响是发展了水电、灌溉、供水、养殖、旅游等水利事业和解除洪水灾害、改善气候条件等，但是，也会给人类带来诸如淹没损失、浸没损失、土壤盐碱化或沼泽化、水库淤积、库区塌岸或滑坡、诱发地震、使水温水质及卫生条件恶化、生态平衡受到破坏以及造成下游冲刷、河床演变等不利影响。虽然水库对环境的不利影响与水库带给人类的社会经济效益相比，一般说来居次要地位，但处理不当也会造成严重的危害，故在进行水利规划和坝址选择时，必须对生态环境影响问题进行认真研究，并作为方案比较的因素之一加以考虑。不同的坝址、坝型对防洪、灌溉、发电、给水、航运等要求也不相同。至于是否经济，要根据枢纽总造价来衡量。

归纳上述条件，优良的坝址应是：地质条件好、地形有利、位置适宜、方便施工、造价低、效益好。所以应全面考虑、综合分析，进行多种方案比较，合理解决矛盾，选取最优成果。

2.坝型选择

常见的坝型有土石坝、重力坝及拱坝等。坝型选择仍取决于地质、地形、建材及施工、运用等条件。

（1）土石坝

在筑坝地区，若交通不便或缺乏钢材、水泥、木材，而当地又有充足实用的土石料，地质方面无大的缺陷，又有适宜的布置河岸式溢洪道的有利地形时，则可就地取材，优先选用土石坝。随着设计理论、施工技术和施工机械方面的发展，近年来土石坝比重修建的数量已有明显的增长，而且其施工期较短，造价远低于混凝土坝。我国在中小型工程中，土石坝占有很大的比重。目前，土石坝是世界坝工建设中应用最为广泛和发展最快的一种坝型。

（2）重力坝

有较好的地质条件，当地有大量的砂石骨料可以利用，交通又比较方便时，一般多考虑修筑混凝土重力坝。可直接由坝顶溢洪，而不需另建河岸溢洪道，抗震性能也较好。

（3）拱坝

当坝址地形为 V形或U形狭窄河谷，且两岸坝肩岩基良好时，则可考虑选用拱坝。它工程量小，比重力坝节省混凝土量1/2~2/3，造价较低，工期短，也可从坝顶或坝体内开孔泄洪，因而也是近年来发展较快的一种坝型。

（二）枢纽的工程布置

拦河筑坝以形成水库是拦河蓄水枢纽的主要特征。其组成建筑物除拦河坝和泄水建筑物外，根据枢纽任务还可能包括输水建筑物、水电站建筑物和过坝建筑物等。枢纽布置主要是研究和确定枢纽中各个水工建筑物的相互位置。该项工作涉及泄洪、发电、通航、导流等各项任务，并与坝址、坝型密切相关，需统筹兼顾，全面安排，认真分析，全面论证，最后通过综合比较，从若干个比较方案中选出最优的枢纽布置方案。

1.枢纽布置的原则

进行枢纽布置时，一般可遵循下述原则。

（1）为使枢纽能发挥最大的经济效益，进行枢纽布置时，应综合考虑防洪、灌溉、发电、航运、渔业、林业、交通、生态及环境等各方面的要求。应确保枢纽中各主要建筑物，在任何工作条件下都能协调地、无干扰地进行正常工作。

（2）为方便施工、缩短工期和能使工程提前发挥效益，枢纽布置应考虑一边选择施工导流的方式、程序和标准，一边选择主要建筑物的施工方法，与施工进度计划等进行综合分析研究。工程实践证明，统筹不仅能方便施工，还能使部分建筑物提前发挥效益。

枢纽布置应做到在满足安全和运用管理要求的前提下，尽量降低枢纽总造价和年运行费用；如有可能，应考虑使一个建筑物能发挥多种作用。

（3）在不过多增加工程投资的前提下，枢纽布置应与周围自然环境相协调，应注意建筑艺术，力求造型美观，加强绿化环保，因地制宜地将人工环境和自然环境有机地结合起来，创造出一个优美的、多功能的宜人环境。

2.枢纽布置方案的选定

水利枢纽设计需通过论证比较，从若干个枢纽布置方案中选出一个最优方案。最优方案应该是技术上先进和可行、经济上合理、施工期短、运行可靠以及管理维修方便的方案。需论证比较的内容如下。

（1）主要工程量。如土石方、混凝土和钢筋混凝土、砌石、金属结构、机电安装、帷幕和固结灌浆等工程量。

（2）主要建筑材料数量。如木材、水泥、钢筋、钢材、砂石和炸药等用量。

（3）施工条件。如施工工期、发电日期、施工难易程度、所需劳动力和施工机械化水平等。

（4）运行管理条件。如泄洪、发电、通航是否相互干扰，建筑物及设备的运用操作和检修是否方便，对外交通是否便利等。

（5）经济指标。指总投资、总造价、年运行费用、电站单位千瓦投资、发电成本、单位灌溉面积投资、通航能力、防洪以及供水等综合利用效益等。

（6）其他。根据枢纽具体情况，需专门进行比较的项目。如在多泥沙河流上兴建水利枢纽时，应注重泄水和取水建筑物的布置对水库淤积、水电站引水防沙和对下游河床冲刷的影响等。

上述项目有些可定量计算，有些则难以定量计算，这就给枢纽布置方案的选定增加了难度，因而，必须以国家研究制订的技术政策为指导，在充分掌握基本资料的基础上，以科学的态度，实事求是地全面论证，通过综合分析和技术经济比较选出最优方案。

第三节　水库施工

一、水库施工的要点

（一）做好前期设计工作

水库工程设计单位必须明确设计的权利和责任，对于设计规范，由设计单位在设计过程中实施质量管理。设计的流程和设计文件的审核，设计标准和设计文件的保存和发布等一系列工作都必须依靠工程设计质量控制体系。

在设计交接时，由设计单位派出设计代表，做好技术交接和技术服务工作。在交接过程中，要根据现场施工的情况，对设计进行优化，进行必要的调整和变更。对于项目建设过程中确有需要的重大设计变更、子项目调整、建设标准调整、概算调整等，必须组织开展充分的技术论证，由业主委员会提出编制相应文件，报上级部门审查，并报请项目原复核、审批单位履行相应手续；一般设计变更，项目主管部门和项目法人等也应及时履行相应审批程序，由监理审查后报总工批准。对设计单位提交的设计文件，先由业主总工审核后交监理审查，不经监理工程师审查批准的图纸，不能交付施工。坚决杜绝以“优化设计”为名，人为擅自降低工程标准、减少建设内容，造成安全隐患。

（二）强化施工现场管理

严格进行工程建设管理，认真落实项目法人责任制、招标投标制、建设监理制和合同管理制，确保工程建设质量、进度和安全。业主与施工单位签订的施工承包合同条款中的质量控制、质量保证、要求与说明，承包商根据监理指示，必须遵照执行。承包商在施工过程中必须坚持“三检制”的质量原则，在工序结束时必须经业主现场管理人员或监理工程师值班人员检查、认可，未经认可不得进入下道工序施工；对关键的施工工序，均建立有完整的验收程序和签证制度，甚至监理人员跟班作业。施工现场值班人员采用旁站形式跟班监督承包商按合同要求进行施工，把握住项目的每一道工序，坚持做到“五个不准”。为了掌握和控制工程质量，及时了解工程质量情况，对施工过程的要素进行核查，并作出施工现场记录，换班时经双方人员签字，值班人员对记录的完整性和真实性负责。

（三）加强管理人员协商

为了协调施工各方关系，业主进驻现场工程处每日召开工程现场管理人员碰头会，检查每日工程进度情况、施工中存在的问题，提出改进工作的意见。监理部每月五日、二十五日召开施工单位生产协调会议，由总监主持，重点解决急需解决的施工干扰问题，会议形成纪要文件，结束后承包商按工程师的决定执行。根据《工程质量管理实施细则》，施工质量责任按“谁施工谁负责”的原则，承包商加强自检工作，并对施工质量终身负责，坚决执行“质量一票否决权”制度，出现质量事故严格按照事故处理“三不放过”的原则严肃处理。

（四）构建质量监督体系

水库工程质量监督可通过查、看、问、核的方式实施。查，即抽查，严格地对参建各方有关资料的抽查，如抽查监理单位的监理实施细则、监理日志，抽查施工单位的施工组织设计、施工日志、监测试验资料等。看，即查看工程实物，通过对工程实物质量的查看，可以判断有关技术规范、规程的执行情况，一旦发现问题，应及时提出整改意见。问，即查问参建对象，通过对不同参建对象的查问，了解相关方的法律、法规及合同的执行情况，一旦发现问题，及时处理。核，即核实工程质量，工程质量评定报告体现了质量监督的权威性，同时对参建各方的行为也起到监督作用。

（五）选取泄水建筑物

水库工程泄水建筑物类型有两种，即表面溢洪道和深式泄水洞，其主要作用是输砂和泄洪。不管属于哪种类型，其底板高程的确定是重点，具体有两方面要求应考虑以下几点。

第一，根据国家防洪标准的要求，我国现阶段防洪标准与30年前相比，有所降低。在调洪演算过程中，若以原底板高程为准确定的坝顶高程，低于现状坝顶高程，会造成现状坝高的严重浪费。因此在满足原库区淹没线前提下，除险加固底板高程应适当加高，同时对底板抬高前后进行经济和技术对比，确保现状坝高充分利用。

第二，对泄水建筑物进口地形的测量应做到精确无误，并根据实测资料分析泄洪洞进口淤积程度，有无阻死进口现象，是否会影响水库泄洪，对抬高底板的多少应进行经济分析，同时分析下游河道泄流能力。

（六）合理确定限制水位

通常一些水库防洪标准是否应降低须根据坝高以及水头高度而定。若15m以下坝高土坝且水头小于10m，应采用平原区标准，此类情况水库防洪标准相应降低，调洪时保证起调水位合理性应分析考虑两点：第一，若原水库设计中无汛期限制水位，仅存在正常蓄水位时，在调洪时应以正常蓄水位作为起调水位。第二，若原计划中存在汛期限制水位，则应该把原汛期限制水位当作参考依据，同时对水库汛期后蓄水情况应做相应的调查，分析水库管理积累的蓄水资料，总结汛末规律。径流资料从水库建成至今，汛末至第二年灌溉用水止，若蓄至正常蓄水位年份占水库运行年限比例小于20%，应利用水库多年来的水量进行适当插补延长，重新确定汛期限制水位，对水位进行起调；若蓄至正常蓄水位的年份占水库运行年限的比例大于20%，应采用原汛期限制水位为起调水位。

（七）精细计算坝顶高程

近年来我国防洪标准有所降低，若采用起调水位进行调洪，坝顶高程与原坝顶高程会在计算过程中产生较大误差，因此确定坝顶高程应利用现有水利资源，以现有坝顶高程为准进行调洪，直至计算坝顶高程接近现状坝顶高程为止。这种做法的优点是利用现有水利资源，相对提高了水库的防洪能力。

二、水库工程大坝施工

（一）上游平台以下施工工艺流程

浆砌石坡脚砌筑和坝坡处理→粗砂铺筑→土工布铺设→筛余卵砾石铺筑和碾压→碎石垫层铺筑→砼砌块护坡砌筑→砼锚固梁浇筑→工作面清理。

（二）上游平台施工工艺流程

平台面处理→粗砂铺筑→天然沙砾料铺筑和碾压→平台砼锚固梁浇筑→砌筑十字波浪砖→工作面清理。

（三）上游平台以上施工工艺流程

坝坡处理→粗砂铺筑→天然沙砾料铺筑碾压→筛余卵砾石铺筑和碾压→碎石垫层铺筑→砼预制砌块护坡砌筑→砼锚固梁及坝顶砼封顶浇注→工作面清理。

（四）下游坝脚排水体处施工工艺流程

浆砌石排水沟砌筑和坝坡处理→土工布铺设→筛余卵砾石分层铺筑和碾压→碎石垫层铺筑→水工砼护坡砌筑工作面清理。

（五）下游坝脚排水体以上施工工艺流程

坝坡处理→天然沙砾料铺筑和碾压→砼预制砌块护坡砌→工作面清理。

三、水库除险加固

土坝需要检查是否有上下游贯通的孔洞，防渗体是否有破坏、裂缝，是否有过大的变形导致垮塌的迹象。混凝土坝需要检查混凝土的老化、钢筋的锈蚀程度等，是否存在大幅度的裂缝。还有进、出水口的闸门、渠道、管道是否需要更换、修复等。库区范围内是否有滑坡体、山坡蠕变等问题。

（一）治理病险水库，提高质量

第一，继续加强病险水库除险加固建设进度必须半月报制度，按照“分级管理，分级负责”的原则，各级政府都应该预留相应的专项治理资金。每月对地方的配套资金应该到位，对投资的完成情况、完工情况、验收情况等进行排序，采取印发文件和网站公示等方式向全国通报。通过信息报送和公示，实时掌握各地进展情况，动态监控，及时研判，分析制约年底完成3年目标任务的不利因素，为下一步工作提供决策参考。同时，结合病险水库治理的进度，积极稳妥地搞好小型水库的产权制度改革。有除险加固任务的地方也要层层建立健全信息报送制度，指定熟悉业务、认真负责的人员具体负责，保证数据报送及时、准确；同时，对全省、全市所有正在进行的项目进展情况进行排序，与项目的政府主管部门责任人和建设单位责任人名单一并公布，以便接受社会监督。病险水库加固规划时，应考虑增设防汛指挥调度网络及水文水情测报自动化系统、大坝监测自动化系统等先进的管理设施，而且要对不能满足需要的防汛道路及防汛物资仓库等管理设施一并予以改造。

第二，加强管理，确保工程的安全进行，督促各地进一步地加强对病险水库除险加固的组织实施和建设管理，强化施工过程的质量与安全监管，以确保工程质量和施工的安全，确保目标任务全面完成。一是要狠抓建设管理，认真地执行项目法人的责任制、招标投标制、建设监理制，加强对施工现场组织和建设管理，科学调配施工力量，努力调动参建各方积极性，切实地把项目组织好、实施好。二是狠抓工作重点，把任务重、投资多、工期长的大中型水库项目作为重点，把项目多的市县作为重点，有针对性地开展重点指导、重点帮扶。三是狠抓工程验收，按照项目验收计划，明确验收责任主体，科学组织，严格把关，及时验收，确保项目年底前全面完成竣工验收或投入使用验收。四是狠抓质量与安全关，强化施工过程中的质量与安全监管，建立完善的质量保证体系，真正做到建设单位认真负责、监理单位有效控制、施工单位切实保证、政府监督务必到位，确保工程质量和施工一切安全。

（二）水库除险加固的施工

加强对施工人员的文明施工宣传，加强教育，统一思想，使广大干部职工认识到文明施工是企业形象、队伍素质的反映，是安全生产的必要保证，增强现场管理和全体员工文明施工的自觉性。在施工过程中协调好与当地居民、当地政府的关系，共建文明施工窗口。明确各级领导及有关职能部门和个人的文明施工的责任和义务，从思想上、管理上、行动上、计划上和技术上重视起来，切实地提高现场文明施工的质量和水平。健全各项文明施工的管理制度，如岗位责任制、会议制度、经济责任制、专业管理制度、奖罚制度、检查制度和资料管理制度。对不服从统一指挥和管理的行为，要按条例严格执行处罚。在开工前，全体施工人员认真学习水库文明公约，遵守公约的各种规定。在现场施工过程中，施工人员的生产管理符合施工技术规范和施工程序要求，不违章指挥，不蛮干。对施工现场不断进行整理、整顿、清扫、清洁，有效地实现文明施工。合理布置场地，各项临时施工设施必须符合标准要求，做到场地清洁、道路平顺、排水通畅、标志醒目，生产环境达到标准要求。按照工程的特点，加强现场施工的综合管理，减少现场施工对周围环境的干扰和影响。自觉接受社会监督。要求施工现场坚持做到工完料清，垃圾、杂物集中堆放整齐，并及时处理；坚持做到生产环境标准化，严禁施工废水乱排放，施工废水严格按照有关要求经沉淀处理后用于洒水降尘。加强施工现场的管理，严格按照有关部门审定批准的平面布置图进行场地建设。临时建筑物、构成物要求稳固、整洁、安全，并且满足消防要求。施工场地采用全封闭的围挡形成，施工场地及道路按规定进行硬化，其厚度和强度要满足施工和行车的需要。按设计架设用电线路，严禁任意拉线接电，严禁使用所有的电炉和明火烧煮食物。施工场地和道路要平坦、通畅并设置相应的安全防护设施及安全标志。按要求在工地主要出入口设置交通指令标志和警示灯，安排专人疏导交通，保证车辆和行人的安全。工程材料、制品构件分门别类、有条有理地堆放整齐；机具设备定机、定人保养，并保持运行正常，机容整洁。同时在施工中严格按照审定的施工组织设计实施各道工序，做到工完料清，场地上无淤泥积水，施工道路平整畅通，以实现文明施工。合理安排施工，尽可能使用低噪声设备严格控制噪声，对于特殊设备要采取降噪声措施，以尽可能减少噪声对周边环境的影响。现场施工人员要统一着装，一律佩戴胸卡和安全帽，遵守现场各项规章和制度，非施工人员严禁进入施工现场。加强土方施工管理。弃渣不得随意堆放，并运至规定的弃渣场。外运和内运土方时不准超高，并采取遮盖维护措施，防止泥土沿途散落到马路。

第四节　堆防施工

一、水利工程堤防施工

（一）堤防工程的施工准备工作

1.施工注意事项

施工前应注意施工区内埋于地下的各种管线、建筑物废基、水井等各类应拆除的建筑物，并与有关单位一起研究处理措施方案。

2.测量放线

测量放线非常重要，因为它贯穿于施工的全过程，从施工前的准备，到施工中，到施工结束以后的竣工验收，都离不开测量工作。如何把测量放线做快做好，是对测量技术人员一项基本技能的考验和基本要求。目前堤防施工中一般都采用全站仪进行施工控制测量，另外配置水准仪、经纬仪，进行施工放样测量。

（1）测量人员依据监理提供的基准点、基线、水准点及其他测量资料进行核对、复测，监理施工测量控制网，报请监理审核，批准后予以实施，以利于施工中随时校核。

（2）精度的保障。工程基线相对于相邻基本控制点，平面位置误差不超过±（30~50）mm，高程误差不超过±30mm。

（3）施工中对所有导线点、水准点进行定期复测，对测量资料进行及时、真实的填写，由专人保存，以便归档。

3.场地清理

场地清理包括植被清理和表土清理。其方位包括永久和临时工程、存弃渣场等施工用地需要清理的全部区域的地表。

（1）植被清理

用推土机清除开挖区域内的全部树木、树根、杂草、垃圾及监理人指明的其他有碍物，运至监理工程师指定的位置。除监理人另有指示外，主体工程施工场地地表的植被清理，必须延伸至施工图所示最大开挖边线或建筑物基础边线（或填筑边脚线）外侧至少5m距离。

（2）表土清理

用推土机开挖区域内的全部含细根、草本植物及覆盖草等植物的表层有机土壤，按照监理人指定的表土开挖深度进行开挖，并将开挖的有机土壤运至指定地区存放待用，防止土壤被冲刷流失。

（二）堤防工程施工放样与堤基清理

在施工放样中，首先沿堤防纵向定中心线和内外边脚，同时钉以木桩，要把误差控制在规定值内。当然根据不同堤形，可以在相隔一定距离内设立一个堤身横断面样架，以便能够为施工人员提供参照。堤身放样时，必须要按照设计要求来预留堤基、堤身的沉降量。而在正式开工前，还需要进行堤基清理，清理的范围主要包括堤身、铺盖、压载的基面，其边界应在设计基面边线外30~50cm。如果堤基表层出现不合格土、杂物等，就必须及时清除，针对堤基范围内的坑、槽、沟等部分，需要按照堤身填筑要求进行回填处理。同时需要耙松地表，这样才能保证堤身与基础结合。当然，假如堤线必须通过透水地基或软弱地基，就必须要对堤基进行必要的处理，处理方法可以按照土坝地基处理的方法进行。

（三）堤防工程度汛与导流

堤防工程施工期跨汛期施工时，度汛、导流方案应根据设计要求和工程需要编制，并报有关单位批准。挡水堤身或围堰顶部高程，按照度汛洪水标准的静水位加波浪爬高与安全加高确定。当度汛洪水位的水面吹程小于500m、风速在5级（10m/s）以下时，堤顶高程可仅考虑安全加高。

（四）堤防工程堤身填筑要点

1.常用筑堤方法

（1）土料碾压筑堤

土料碾压筑堤是应用最多的一种筑堤方法，也是极为有效的一种方法，其主要是通过把土料分层填筑碾压，用于填筑堤防的一种工程措施。

（2）土料吹填筑堤

土料吹填筑堤主要是通过把浑水或人工拌制的泥浆，引到人工围堤内，通过降低流速，最终能够沉沙落淤，其主要是用于填筑堤防的一种工程措施。吹填的方法有许多种，包括提水吹填、自流吹填、吸泥船吹填、泥浆泵吹填等。

（3）抛石筑堤

抛石筑堤通常是在软基、水中筑堤或地区石料丰富的情况下使用的，其主要是利用抛投块石填筑堤防。

（4）砌石筑堤

砌石筑堤是采用块石砌筑堤防的一种工程措施。其主要特点是工程造价高，在重要堤防段或石料丰富地区使用较为广泛。

（5）混凝土筑堤

混凝土筑堤主要用于重要堤防段，是采用浇筑混凝土填筑堤防的一种工程措施，其工程造价较高。

2.土料碾压筑堤

（1）铺料作业

铺料作业是筑堤的重要组成部分，因此需要根据要求把土料铺至规定部位，禁止把砂

（砾）料或者其他透水料与黏性土料混杂。当然在上堤土料的过程中，需要把杂质清除干净，这主要是考虑到黏性土填筑层中包裹成团的砂（砾）料，可能会造成堤身内积水囊，这将会大大影响到堤身安全；如果是土料或砾质土，就需要选择进占法或后退法卸料，如果是沙砾料，则需要选择后退法卸料。当出现沙砾料或砾质土卸料发生颗粒分离的现象，就需要将其拌和均匀；需要按照碾压试验确定铺料厚度和土块直径的限制尺寸；如果铺料到堤边，那就需要在设计边线外侧各超填一定余量，人工铺料宜为100cm，机械铺料宜为30cm。

（2）填筑作业

为了更好地提高堤身的抗滑稳定性，需要严格控制技术要求，在填筑作业中如果遇到地面起伏不平的情况，就需要根据水分分层，按照从低处开始逐层填筑的原则，禁止顺坡铺填；如果堤防横断面上的地面坡度陡于1∶5，则需要把地面坡度削至缓于1∶5。

如果是土堤填筑施工接头，那很可能会出现质量隐患，这就要求分段作业面的最小长度要大于100m，如果人工施工时段长，那可以根据相关标准适当减短。如果是相邻施工段的作业面宜均衡上升，在段与段之间出现高差时，就需要以斜坡面相接。不管选择哪种包工方式，填筑作业面都严格按照分层统一铺土、统一碾压的原则进行，同时还需要配备专业人员，或者用平土机具参与整平作业，避免出现乱铺乱倒、出现界沟的现象；为了使填土层间结合紧密，尽可能减少层间的渗漏，如果已铺土料表面在压实前已经被晒干，此时就需要洒水湿润。

（3）防渗工程施工

黏土防渗对于堤防工程来说，主要是用在黏土铺盖上，而黏土心墙、斜墙防渗体方式在堤防工程中应用较少。黏土防渗体施工，应在清理的无水基底上进行，并与坡脚截水槽和堤身防渗体协同铺筑，尽量减少接缝；分层铺筑时，上下层接缝应错开，每层厚度以15~20cm为宜，层面间应刨毛、洒水，以保证压实的质量；分段、分片施工时，相邻工作面搭接碾压应符合压实作业规定。

（4）反滤、排水工程施工

在进行铺反滤层施工之前，需要对基面进行清理，同时针对个别低洼部分，则需要通过采用与基面相同土料，或者反滤层第一层滤料填平。而在反滤层铺筑的施工中，需要遵循以下几个要求。

①铺筑前必须设好样桩，做好场地排水，准备充足的反滤料。

②按照设计要求的不同，来选择粒径组的反滤料层厚。

③必须从底部向上按设计结构层要求，禁止逐层铺设，同时需要保证层次清楚，不能混杂，也不能从高处坡倾倒。

④分段铺筑时，应使接缝层次清楚，不能出现发生缺断、层间错位、混杂等现象。

二、堤防工程防渗施工技术

（一）堤防发生险情的种类

堤防发生险情包括开裂、滑坡和渗透破坏，其中，渗透破坏尤为突出。渗透破坏的类型主要有接触流土、接触冲刷、流土、管涌、集中渗透等。由渗透破坏造成的堤防险情主要有以下内容。

1.堤身险情

该类险情的造成原因主要是堤身填筑密实度以及组成物质的不均匀所致，如堤身土壤组成是砂壤土、粉细沙土壤，或者堤身存在裂缝、孔洞等。跌窝、漏洞、脱坡、散浸是堤身险情的主要表现。

2.堤基与堤身接触带险情

该类险情的造成原因是建筑堤防时，没有清基，导致堤基与堤身的接触带的物质复杂、混乱。

3.堤基险情

该类险情是由于堤基构成物质中包含了砂壤土和砂层，而这些物质的透水性又极强所致。

（二）堤防防渗措施的选用

在选择堤防工程的防渗方案时，应当遵循以下原则：首先，对于堤身防渗，防渗体可选择劈裂灌浆、锥探灌浆、截渗墙等。在必要情况下，可增加堤身厚度，或挖除、刨松堤身后，重新碾压并填筑堤身。其次，在进行堤防截渗墙施工时，为降低施工成本，要注意采用廉价、薄墙的材料。较为常用的造墙方法有开槽法、挤压法、深沉法，其中，深沉法的费用最低，对于小于20m的墙深最宜采用该方法。高喷法的费用要高些，但在地下障碍物较多、施工场地较狭窄的情况下，该方法的适应性较高。若地层中含有的砂卵砾石较多且颗粒较大时，应结合使用冲击钻和其他开槽法，该法的造墙成本会相应地提高不少。对于该类地层上堤段险情的处理，还可使用盖重、反滤保护、排水减压等措施。

（三）堤防堤身防渗技术分析

1.黏土斜墙法

黏土斜墙法，是先开挖临水侧堤坡，将其挖成台阶状，再将防渗黏性土铺设在堤坡上方，铺设厚度不小于2m，并要在铺设过程中将黏性土分层压实。对于堤身临水侧滩地足够宽且断面尺寸较小的情况，适宜采用该方法。

2.劈裂灌浆法

劈裂灌浆法，是指利用堤防应力的分布规律，通过灌浆压力在沿轴线方向将堤防劈裂，再灌注适量泥浆形成防渗帷幕，使堤身防渗能力加强。该方法的孔距通常设置为10m，但在弯曲堤段，要适当缩小孔距。对于沙性较重的堤防，不适宜使用劈裂灌浆法，这是因为沙性过重，会使堤身弹性不足。

3.表层排水法

表层排水法，是指在清除背水侧堤坡的石子、草根后，喷洒除草剂，然后铺设粗砂，铺设厚度在20cm左右，再一次铺设小石子、大石子，每层厚度都为20cm，最后铺设块石护坡，铺设厚度为30cm。

4.垂直铺塑法

垂直铺塑法，是指使用开槽机在堤顶沿着堤轴线开槽，开槽后，将复合土工膜铺设在槽中，然后使用黏土在其两侧进行回填，该方法对复合土工膜的强度和厚度要求较高。若将复合土工膜深入堤基的弱透水层中，还能起到堤基防渗的作用。

（四）堤基的防渗技术分析

1.加盖重技术

加盖重技术，是指在背水侧地面增加盖重，以减小背水侧的出流水头，从而避免堤基渗流破坏表层土，使背水地面的抗浮稳定性增强，降低其出逸比降。针对下卧透水层较深、覆盖层较厚的堤基，或者透水地基，都适宜采用该方法进行处理。在增加盖重的过程中，要选择透水性较好的土料，至少要等于或大于原地面的透水性。而且不宜使用沙性太大的盖重土体，因为沙性太大易造成土体沙漠化，影响周围环境。若盖重太长，要考虑联合使用减压沟或减压井。如果背水侧为建筑密集区或是城区，则不适宜使用该方法。对于盖重高度、长度的确定，要以渗流计算结果为依据。

2.垂直防渗墙技术

垂直防渗墙技术，是指在堤基中使用专用机建造槽孔，使用泥浆加固墙壁，再将混合物填充至槽孔中，最终形成连续防渗体。它主要包括了全封闭式、半封闭式和悬挂式三种结构类型。全封闭式防渗墙：是指防渗墙穿过相对强透水层，且底部深入相对弱透水层中，在相对弱透水层下方没有相对强透水层。通常情况下，该防渗墙的底部会深入深厚黏土层或弱透水性的基岩中。若在较厚的相对强透水层中使用该方法，会增加施工难度和施工成本。该方式会截断地下水的渗透径流，故其防渗效果十分显著，但同时也易发生地下水排泄、补给不畅的问题，所以会对生态环境造成一定的影响。

半封闭式防渗墙，是指防渗墙经过相对强透水层深入弱透水层中，在相对弱透水层下方有相对强透水层。该方法的防渗稳定性效果较好。影响其防渗效果的因素较多，主要有相对强透水层和相对弱透水层各自的厚度、连续性、渗透系数等。该方法不会对生态环境造成影响。

三、堤防绿化的施工

（一）堤防绿化在功能上下功夫

1.防风消浪，减少地面径流

堤防防护林可以降低风速、削减波浪，从而减小水对大堤的冲刷。绿色植被能够有效地抵御雨滴击溅，降低径流冲刷，减缓河水冲淘，起到护坡、固基、防浪等方面的作用。

2.以树养堤、以树护堤，改善生态环境

合理的堤防绿化能有效地改善堤防工程区域性的生态景观，实现养堤、护堤、绿化、美化的功能，实现堤防工程的经济、社会和生态三个效益相得益彰，为全面建设和谐社会提供和谐的自然环境。

3.缓流促淤、护堤保土，保护堤防安全

树木干、叶、枝有阻滞水流作用，干扰水流流向，使水流速度放缓，对地表的冲刷能力大大下降，从而使泥沉沙落。同时林带内树木根系纵横，使泥土形成整体，大大提高了土壤的抗冲刷能力，保护堤防安全。

4.净化环境，实现堤防生态效益

枝繁叶茂的林带，通过叶面的蒸腾作用，起到一定排水作用，可以降低地下水位，能在一定程度上防止由于地下水位升高而引起的土壤盐碱化现象。另外防护林还能储存大量的水资源，维持环境的湿度，改善局部循环，形成良好的生态环境。

（二）堤防绿化在植树上保成活

理想的堤防绿化是从堤脚到堤肩的绿化，是一条绿色的屏障，是一道天然的生态保障

线，它可以成为一条亮丽的风景线。不但要保证植树面积，而且要保证树木的存活率。

1.健全管理制度

领导班子要高度重视，成立专门负责绿化苗木种植管理领导小组，制定绿化苗木管理责任制、实施细则、奖惩办法等一系列规章制度。直接责任到人，真正实现分级管理、分级监督、分级落实，全面推动绿化苗木种植管理工作，为打造“绿色银行”起到保驾护航和良好的监督作用。

2.把好选苗关

近年来，有些堤防上的“劣质树”、“老头树”随处可见，成材缓慢，不仅无经济效益可言，还严重影响堤防环境的美化，制约经济的发展。要选择种植成材快、木质好，适合黄土地带生长的既有观赏价值又有经济效益的树种。

3.把好苗木种植关

堤防绿化的布局要严格按照规划，植树时把高低树苗分开，高低苗木要顺坡排开，既整齐美观，又能够使苗木采光充分，有利于生长。绿化苗木种植进程中，根据绿化计划和季节的要求，从苗木品种、质量、价格、供应能力等多方面入手，严格按照计划选择苗木。要严格按照三埋、两踩、一提苗的原则种植，认真按照专业技术人员指导植树的方法、步骤、注意事项完成，既保证整齐美观，又能确保成活率。

（1）三埋

所谓三埋，就是植树填土分3层，即挖坑时要将挖出的表层土1/3、中层土1/3、底层土1/3分开堆放。在栽植前先将表层土填于坑底，然后将树苗放于坑内，使中层土还原，底层土作为封口使用。

（2）两踩

所谓两踩，就是中层土填过后进行人工踩实，封堆后再进行一次人工踩实，可使根部周围土密实，保墙抗倒。

（3）一提苗

所谓一提苗，就是指有根系的树苗，待中层土填入后，在踩实前先将树苗轻微上提，使弯乱的树根舒展，便于扎根。

（三）堤防绿化在管理上下功夫

巍巍长堤，人、水、树相依，堤、树、河相伴，堤防变成绿色风景线，这需要堤防树木的“保护伞”的支撑。

1.加强法律法规宣传，加大对沿堤群众的护林教育

利用电视、广播、宣传车、散发传单、张贴标语等各种方式进行宣传，目的是使广大群众从思想上认识到堤防绿化对保护堤防安全的重要性和必要性，增强群众爱树、护树的自觉性，形成全员管理的社会氛围。对乱砍乱伐的违法乱纪行为进行严格查处，提高干部群众的守法意识，自觉做环境的绿化者。

2.加强树木呵护，组织护林专业队

根据树木的生长规律，时刻关注树木的生长情况，做好保墒、施肥、修剪等工作，满足树木不同时期生长的需要。

3.防治并举，加大对林木病虫害防治的力度

在沿堤设立病虫害观测站，并坚持每天巡查，一旦发现病虫害，及时除治，及时总结树木的常见病、突发病害，交流防治心得、经验，控制病虫害的泛滥。例如：杨树虽然生长快、材质好、经济价值高，但幼树有抗病虫害能力差的缺点，易发病虫害有：溃疡病、黑斑病、桑天牛、潜叶蛾等病害。针对溃疡病、黑斑病，主要通过施肥、浇水增加营养水分，使其缝壮；针对桑天牛害虫，主要采用清除构、桑树，断其食源，对病树虫眼插毒签，注射1605、氧化乐果50倍或者100倍溶液等办法；针对潜叶蛾等害虫，主要采用人工喷洒灭幼脲药液的办法。

（四）堤防防护林发展目标

1.抓树木综合利用，促使经济效益最大化

为创经济效益和社会效益双丰收，在路口、桥头等重要交通路段，种植一些既有经济价值，又有观赏价值的美化树种，以适应旅游景观的要求，创造美好环境，为打造水利旅游景观做基础。

2.乔灌结合种植，缩短成才周期

乔灌结合种植，树木成材快，经济效益明显。乔灌结合种植可以保护土壤表层的水土，有效防止水土流失，调节土壤水分。另外，灌木的叶子腐烂后，富含大量的腐殖质，既防止土壤板结，又改善土壤环境，促使植物快速生长，形成良性循环，缩短成才的周期。

3.坚持科技兴林，提升林业资源多重效益

在堤防绿化实践中，要勇于探索，大胆实践，科学造林；积极探索短周期速生丰产林

的栽培技术和管理模式；加大林木病虫害防治力度；管理人员的经常参加业务培训，实行走出去、引进来的方式，不断提高堤防绿化水准。

4.创建绿色长廊，打造和谐的人居环境

为了满足人民日益提高的物质文化生活的需要，在原来绿化、美化的基础上，建设各具特色的堤防公园，使其成为人们休闲娱乐的好去处，实现经济效益、社会效益的双丰收。

第五节　水闸施工

一、水闸工程地基开挖施工技术

开挖分为水上开挖和水下开挖。其中涵闸水上部分开挖、旧堤拆除等为水上开挖，新建堤基础面清理、围堰形成前水闸处淤泥清理开挖为水下开挖。

（一）水上开挖施工

水上开挖采用常规的旱地施工方法。施工原则为“自上而下，分层开挖”。水上开挖包括旧堤拆除、水上边坡开挖及基坑开挖。

1.旧堤拆除

旧堤拆除在围堰保护下干地施工。为保证老堤基础的稳定性和周边环境的安全性，旧堤拆除不采用爆破方式。干、砌块石部分采用挖掘机直接挖除，开挖渣料可利用部分装运至外海进行抛石填筑或用于石渣填筑，其余弃料装运至监理指定的弃渣场。

2.水上边坡开挖

开挖方式采取旱地施工，挖掘机挖除；水上开挖由高到低依次进行，均衡下降。待围堰形成和水上部分卸载开挖工作全部结束后，方可进行基坑抽水工作，以确保基坑的安全稳定。开挖料可利用部分用于堤身和内外平台填筑，其余弃料运至指定弃料场。

3.基坑开挖

基坑开挖在围堰施工和边坡卸载完毕后进行，开挖前首先进行开挖控制线和控制高程点的测量放样等。开挖过程中要做好排水设施的施工，主要有：开挖边线附近设置临时截水沟，开挖区内设干码石排水沟，干码石采用挖掘机压入作为脚槽。另设混凝土护壁集水井，配水泵抽排，以降低基坑水位。

（二）水下开挖施工

水下开挖施工主要为水闸基坑水下流溯状淤泥开挖。

1.水下开挖施工方法

（1）施工准备

水下开挖施工准备工作主要有弃渣场的选择、机械设备的选型等。

（2）测量放样

水下开挖的测量放样拟采用全站仪进行水上测量，主要测定开挖范围。浅滩可采用打设竹杆作为标记，水较深的地方用浮子做标记；为避免开挖时毁坏测量标志，标志可设在开挖线外10m处。

（3）架设吹送管、绞吸船就位

根据绞吸船的吹距（最大可达1000m）和弃渣场的位置，吹送管可架设在陆上，也可架设在水上或淤泥上。

（4）绞吸吹送施工

绞吸船停靠就位、吹送管架设牢固后，即可开始进行绞吸开挖。

2.涵闸基坑水下开挖

（1）涵闸水下基坑描述

涵闸前后河道由于长期双向过流，其表层主要为流塑状淤泥，对后期干地开挖有较大影响，因此须先采用水下开挖方式清除掉表层淤泥。

（2）施工测量

施工前，对涵闸现状地形实施详细的测量，绘制原始地形图，标注出各部位的开挖厚度。一般采用$50m^2$为分隔片，并在现场布置相应的标识指导施工。

（3）施工方法

在围堰施工前，绞吸船进入开挖区域，根据测量标识开始作业。

二、水闸混凝土施工

（一）施工准备工作

大体积混凝土的施工技术要求比较高，特别是在施工中要防止混凝土因水泥水化变热引起的温度差产生温度应力而裂缝。因此需要从材料选择、技术措施等有关环节上做好充分的准备工作，才能保证闸室底板大体积混凝土的施工质量。

1.材料选择

（1）水泥

考虑本工程闸室混凝土的抗渗要求及泵送混凝土的泌水小、保水性能好的要求，确定采用P·O 42.5级普通硅酸盐水泥，并通过掺加合适的外加剂以改善混凝土的性能，提高混凝土的抗裂和抗渗能力。

（2）粗骨料

采用碎石，粒径5~25mm，含泥量不大于1%。选用粒径较大、级配良好的石子配制混凝土，和易性较好，抗压强度较高，同时可以减少用水量及水泥用量，从而使水泥水化变热减少，降低混凝土温升。

（3）细骨料

采用机制混合中砂，平均粒径大于0.5mm，含泥量不大于5%。选用平均粒径较大的中、粗砂拌制的混凝土可比采用细砂拌制的混凝土减少用水量10%左右，同时相应减少水泥用量，使水泥水化热减少，降低混凝土温升，并可减少混凝土收缩。

（4）矿粉

采用金龙S95级矿粉，增加混凝土的和易性，同时相应减少水泥用量，使水泥水化热减少，降低混凝土温升。

（5）粉煤灰

由于混凝土的浇筑方式为泵送，为了改善混凝土的和易性以便于泵送，考虑掺加适量的粉煤灰。粉煤灰对降低水化热、改善混凝土和易性有利，但掺加粉煤灰的混凝土早期极限抗拉值均有所降低，对混凝土抗渗抗裂不利，因此要求粉煤灰的掺量控制在15%以内。

（6）外加剂

设计无具体要求，通过分析比较及过去在其他工程上的使用经验，混凝土确定采用微膨胀剂，每立方米混凝土掺入23 kg，对混凝土收缩有补偿功能，可提高混凝土的抗裂性。同时考虑到泵送需要，采用高效泵送剂，其减水率大于18%，可有效降低水化热峰值。

2.混凝土配合比

混凝土要求混凝土搅拌站根据设计混凝土的技术指标值、当地材料资源情况和现场浇筑要求，提前做好混凝土试配。

3.现场准备工作

（1）基础底板钢筋及闸墩插筋预先安装施工到位，并进行隐蔽工程验收。

（2）基础底板上的预留闸门门槽底槛采用木模，并安装好门槽插筋。

（3）将基础底板上表面标高抄测在闸墩钢筋上，并作明显标记，供浇筑混凝土时找平用。

（4）浇筑混凝土时，预埋的测温管及覆盖保温所需的塑料薄膜、土工布等应提前准备好。

（5）管理人员、现场人员、后勤人员、保卫人员等做好排班，确保混凝土连续浇灌过程中，坚守岗位，各负其责。

（二）混凝土浇筑

1.浇筑方法

底板浇筑采用泵送混凝土浇筑方法。浇筑顺序沿长边方向，采用台阶分层浇筑方式由右岸向左岸方向推进，每层厚0.4m，台阶宽度4.0m。每层每段混凝土浇筑量为$20.5 \times 0.4 \times 4.0 \times 3=98.4m^3$，现场混凝土供应能力为$75m^3/h$，循环浇筑间隔时间约1.31 h，未形成冷缝。

2.混凝土振捣

混凝土浇筑时，在每台泵车的出灰口处配置3台振捣器，因为混凝土的坍落度比较大，在1.2m厚的底板内可斜向流淌2m左右远，1台振捣器主要负责下部斜坡流淌处振捣密实，另外1~2台振捣器主要负责顶部混凝土振捣，为防止混凝土集中堆积，先振捣出料口处混凝土，形成自然流淌坡度，然后全面振捣。振捣时严格控制振动器移动的距离、插入深度、振捣时间，避免各浇筑带交接处的漏振。

3.混凝土中泌水的处理

混凝土浇筑过程中，上部的泌水和浆水顺着混凝土坡脚流淌，最后集中在基底面，用软管污水泵及时排除，表面混凝土找平后采用真空吸水机工艺脱去混凝土成型后多余的泌水，从而降低混凝土的原始水灰比，提高混凝土强度、抗裂性、耐磨性。

4.混凝土表面的处理

由于采用泵送商品混凝土坍落度比较大，混凝土表面的水泥砂浆较厚，易产生细小裂缝。为了防止出现这种裂缝，在混凝土表面进行真空吸水后、初凝前，用圆盘式磨浆机磨平、压实，并用铝合金长尺刮平；在混凝土预沉后、混凝土终凝前采取二次抹面压实措施。即用叶片式磨光机磨光，人工辅助压光，这样既能很好地避免干缩裂缝，又能使混凝土表面平整光滑、表面强度提高。

5.混凝土养护

为防止浇筑好的混凝土内外温差过大，造成温度应力大于同期混凝土抗拉强度而产生裂缝，养护工作极其重要。混凝土浇筑完成及二次抹面压实后立即进行覆盖保温，先在混凝土表面覆盖一层塑料薄膜，再加盖一层土工布。新浇筑的混凝土水化速度比较快，盖上塑料薄膜和土工布后可保温保湿，防止混凝土表面因脱水而产生干缩裂缝。根据外界气温条件和混凝土内部温升测量结果，采取相应的保温覆盖和减少水分蒸发等相应的养护措施，并适当延长拆模时间，控制闸室底板内外温差不超过25℃，保温养护时间超过14 d。

6.混凝土测温

闸室底板混凝土浇筑时设专人配合预埋测温管。测温管采用ф48×3.0钢管，预埋时测温管与钢筋绑扎牢固，以免出现位移或损坏。钢管内注满水，在钢管高、中、低三部位插入3根普通温度计，人工定期测出混凝土温度。混凝土测温时间，从混凝土浇筑完成后6 h开始，安排专人每隔2 h测1次，发现中心温度与表面温度超过允许温差时，及时报告技术部门和项目技术负责人，现场立即采取加强保温养护措施，从而减小温差，避免因温差过大产生的温度应力造成混凝土出现裂缝。随混凝土浇筑后时间延长测温间隔也可延长，测温结束时间以混凝土温度下降、内外温差在表面养护结束不超过15℃时为宜。

第三章

水利工程施工安全管理

第一节　水利工程施工概述

一、安全生产管理概念

安全生产是指生产过程处于避免人身伤害、设备损坏及其他不可接受的损害风险（危险）的状态。不可接受的损害风险（危险）是指超出了法律、法规和规章的要求，超出了方针、目标和企业规定的其他要求，超出了人们普遍接受的要求。建筑工程安全生产管理是指建设行政主管部门、建筑安全监督管理机构、建筑施工企业及有关单位对建筑安全生产过程中的安全工作，进行计划、组织、指挥、控制、监督、调节和改进等一系列致力于满足生产安全的管理活动。

（一）建筑工程安全生产管理的特点

1.安全生产管理涉及面广、涉及单位多

建筑工程规模大，生产工艺复杂、工序多，在建造过程中流动作业多、高处作业多，作业位置多变，遇到的不确定因素多，所以安全生产管理工作涉及范围大，控制面广。安全管理不仅是施工单位的责任，还包括建设单位、勘察设计单位、监理单位，这些单位也要为安全管理承担相应的责任和义务。

2.安全生产管理的动态性

①由于建筑工程项目的单件性，每项工程所处的条件不同，所面临的危险因素和防范也会有所改变。

②工程项目的分散性。施工人员在施工过程中，分散于施工现场的各个部位，当他们面对各种具体的生产问题时，一般依靠自己的经验和知识进行判断并作出决定，从而增加了施工过程中由不安全行为而导致事故的风险。

3.安全生产管理的交叉性

建筑工程项目是开放系统，受自然环境和社会环境影响很大，安全生产管理需要把工程系统和环境系统及社会系统相结合。

4.安全生产管理的严谨性

安全状态具有触发性，安全生产管理措施必须严谨，一旦失控，就会造成损失和伤害。

（二）建筑工程安全生产管理的方针

“安全第一”是建筑工程安全生产管理的原则和目标，“预防为主”是实现安全第一的最重要手段。

（三）建筑工程安全管理的原则

1.“管生产必须管安全”的原则

一切从事生产、经营的单位和管理部门都必须管安全，全面开展安全工作。

2.“安全具有否决权”的原则

安全管理工作是衡量企业经营管理工作好坏的一项基本内容，在对企业进行各项指标考核时，必须首先考虑安全指标的完成情况。安全生产指标事关重大。

3.职业安全卫生“三同时”的原则

“三同时”指建筑工程项目的劳动安全卫生设施必须符合国家规定的标准，必须与主体工程同时设计、同时施工、同时投入生产和使用。

（四）安全生产管理体制

根据《国务院关于进一步加强企业安全生产工作的通知》（国发〔2010〕23号），当前我国的安全生产管理体制是“企业负责、行业管理、国家监察和群众监督、劳动者遵章守法”。

（五）安全生产责任制度

安全生产责任制度是建筑生产中最基本的安全管理制度，是所有安全规章制度的核心。安全生产责任制度是指将各种不同的安全责任落实到具体安全管理的人员和具体岗位人员身上的一种制度。这一制度是安全第一、预防为主的具体体现，是建筑安全生产的基本制度。

（六）安全生产目标管理

安全生产目标管理就是根据建筑施工企业的总体规划要求，制订出在一定时期内安全生产方面所要达到的预期目标并组织实现此目标。其基本内容是：确定目标、目标分解、执行目标、检查总结。

（七）施工组织设计

施工组织设计是组织建设工程施工的纲领性文件，是指导施工准备和组织施工的全面性的技术、经济文件，是指导现场施工的规范性文件。施工组织设计必须在施工准备阶段完成。

（八）安全技术措施

安全技术措施是指为防止发生工伤事故和职业病的危害，从技术上采取的措施。在工程施工中，是指针对工程特点、环境条件、劳力组织、作业方法、施工机械、供电设施等制订的确保安全施工的措施。

安全技术措施也是建设工程项目管理实施规划或施工组织设计的重要组成部分。

（九）安全技术交底

安全技术交底是落实安全技术措施及安全管理事项的重要手段之一。重大安全技术措施及重要部位的安全技术由公司负责人向项目经理部技术负责人进行书面的安全技术交底；一般安全技术措施及施工现场应注意的安全事项由项目经理部技术负责人向施工作业班组、作业人员作出详细说明，并经双方签字认可。

（十）安全教育

安全教育是实现安全生产的一项重要基础工作，它可以提高职工搞好安全生产的自觉性、积极性和创造性，增强安全意识，掌握安全知识，提高职工的自我防护能力，使安全规章制度得到贯彻执行。安全教育培训的主要内容有：安全生产思想、安全知识、安全技能、安全操作规程标准、安全法规、劳动保护和典型事例。

（十一）班组安全活动

班组安全活动是指在上班前由班组长组织并主持，根据本班目前的工作内容，重点介绍安全注意事项、安全操作要点，以达到组员在班前掌握安全操作要领，提高安全防范意识，减少事故发生的活动。

（十二）特种作业

特种作业是指在劳动过程中容易发生伤亡事故，对操作者本人，尤其对他人和周围设施的安全有重大危害因素的作业。直接从事特种作业者，称特种作业人员。

（十三）安全检查

安全检查是指建设行政主管部门、施工企业安全生产管理部门或项目经理，对施工企业和工程项目经理部贯彻国家安全生产法律及法规的情况、安全生产情况、劳动条件、事故隐患等进行的检查。

（十四）安全事故

安全事故是人们在进行有目的的活动中，发生了出人意料的不幸事件，使其有目的的行动暂时或永久停止。重大安全事故，是指在施工过程中由于责任过失造成工程倒塌或废弃、机械设备破坏和安全设施失当而造成人身伤亡或者重大经济损失的事故。

（十五）安全评价

安全评价是采用系统科学方法，辨别和分析系统存在的危险性并根据其形成事故的风险大小，采取相应的安全措施，以达到系统安全的过程。安全评价的基本内容有：识别危险源、评价风险、采取措施，直到达到安全目标。

（十六）安全标志

安全标志由安全色、几何图形符号构成，以此表达特定的安全信息。其目的是引起人们对不安全因素的注意，预防事故的发生。安全标志分为禁止标志、警告标志、指令标志、提示性标志四类。

二、工程施工特点

建筑业的生产活动危险性大，不安全因素多，是事故多发行业。建筑工程施工的特点主要是：

①工程建设最大的特点就是产品固定，这是它不同于其他行业的根本点，建筑产品是固定的，体积大、生产周期长。建筑物一旦施工完毕就固定了，生产活动都是围绕着建筑物、构筑物来进行的，有限的场地上集中了大量的人员、建筑材料、设备零部件和施工机具等，这样的情况可以持续几个月或一年，有的甚至需要七八年，工程才能完成。

②高处作业多，工人常年在室外操作。一栋建筑物从基础、主体结构到屋面工程、室外装修等，露天作业约占整个工程的70%。现在的建筑物一般都在7层以上，绝大部分工人都在十几米或几十米的高处从事露天作业，工作条件差，且受到气候条件多变的影响。

③手工操作多，繁重的劳动消耗大量体力。建筑业是劳动密集型的传统行业之一，大多数工种需要手工操作。近年来，墙体材料有了改革，出现了大模、滑模、大板等施工工艺，但就全国来看，大多数墙体仍然是使用黏土砖、水泥空心砖和小砌块砌筑。

④现场变化大。每栋建筑物从基础、主体到装修，每道工序都不同，不安全因素也就不同，即使同一工序，由于施工工艺和施工方法不同，生产过程也不同。而随着工程进度的推进，施工现场的施工状况和不安全因素也随之变化。为了完成施工任务，要采取很多临时性措施。

⑤近年来，建筑任务已由以工业为主向以民用建筑为主转变，建筑物由低层向高层发展，施工现场由较为宽阔的场地向狭窄的场地变化。施工现场的吊装工作量增多，垂直运输的办法也多了，多采用龙门架（或井字架）、高大旋转塔吊等。随着流水施工技术和网络施工技术的运用，交叉作业也随之大量增加，木工机械如电平刨、电锯普遍使用。因施工条件变化，伤亡类别增多。过去是“钉子扎脚”等小事故较多，现在则是机械伤害、高处坠落、触电等事故较多。

建筑施工复杂，加上流动分散、工期不固定，思想上容易麻痹大意，若不采取可靠的安全防护措施，存在侥幸心理，伤亡事故必然频繁发生。

第二节 施工安全因素

一、安全因素地特点

安全是在人类生产过程中，将系统的运行状态对人类的生命、财产、环境可能产生的损害控制在人类能接受水平以下的状态。安全因素的定义就是在某一指定范围内与安全有关的因素。水利水电工程施工安全因素有以下特点。

①安全因素的确定取决于所选的分析范围，此处分析范围可以指整个工程，也可以针对具体工程的某一施工过程或者某一部分的施工，例如围堰施工、升船机施工等。

②安全因素的辨识依赖于对施工内容的了解、对工程危险源的分析以及运作安全风险评价的人员的安全工作经验。

③安全因素具有针对性，并不是对于整个系统事无巨细的考虑，安全因素的选取具有一定的代表性和概括性。

④安全因素具有灵活性，只要能对所分析的内容具有一定概括性，能达到系统分析的效果的，都可成为安全因素。

⑤安全因素是进行安全风险评价的关键点，是构成评价系统框架的节点。

二、安全因素的辨识过程

安全因素是进行风险评价的基础，人们在辨识出安全因素的基础上，进行风险评价框架的构建。在进行水利水电工程施工安全因素的辨识时，首先需对工程施工内容和施工危险源进行分析和了解，在危险源的认知基础上，以整个工程为分析范围，从管理、施工人员、材料、危险控制等各个方面，结合以往的安全分析危险，进行安全因素的辨识。

宏观安全因素辨识工作需要收集以下资料。

（一）工程所在区域状况

①本地区有无地震、洪水、浓雾、暴雨、雪害、龙卷风及特殊低温等自然灾害？

②工程施工期间如发生火药爆炸、油库火灾爆炸等对邻近地区有何影响？

③工程施工过程中如发生大范围滑坡、塌方及其他意外情况，对行船、导流、行车等有无影响？

④附近有无易燃、易爆、毒物泄漏的危险源，对本区域的影响如何？是否存在其他类型的危险源？

⑤工程过程中排土是否会形成公害或对本工程及友邻工程产生不良影响？

⑥公用设施如供水、供电等是否充足？重要设施有无备用电源？

⑦本地区消防设备和人员是否充足？

⑧本地区医院、救护车及救护人员等配置是否适当？有无现场紧急抢救措施？

（二）安全管理情况

①安全机构、安全人员设置满足安全生产要求与否？

②怎样进行安全管理的计划、组织协调、检查、控制工作？

③对施工队伍中各类用工人员是否实行了安全一体化管理？

④有无安全考评及奖罚方面的措施？

⑤如何进行事故处理？同类事故发生情况如何？

⑥隐患整改如何？

⑦是否制定切实有效且可操作性强的防灾计划？领导是否经常过问？关键性设备、设施是否定期进行试验、维护？

⑧整个施工过程是否制定完善的操作规程和岗位责任制？实施状况如何？

⑨程序性强的作业（如起吊作业）及关键性作业（如停送电、放炮）是否实行标准化作业？

⑩是否进行在线安全训练？职工是否掌握必备的安全抢救常识和紧急避险、互救知识？

（三）施工措施安全情况

①是否设置了明显的工程界限标识？

②有可能发生塌陷、滑坡、爆破飞石、吊物坠落等危险场所是否标定合适的安全范围

并设有警示标志或信号?

③友邻工程施工中在安全上相互影响的问题是如何解决的?

④特殊危险作业是否规定了严格的安全措施?能否强制实施?

⑤可能发生车辆伤害的路段是否设有警示的安全标志?

⑥作业场所的通道是否良好?是否有滑倒、摔伤的危险?

⑦所有用电设施是否按要求接地、接零?人员可能触及的带电部位是否采取有效的保护措施?

⑧可能遭受雷击的场所是否采取了必要的防雷措施?

⑨作业场所的照明、噪声、有毒有害气体浓度是否符合安全要求?

⑩所使用的设备、设施、工具、附件、材料是否具有危险性?是否定期进行检查确认?有无检查记录?

⑪作业场所是否存在冒顶片帮或坠井、掩埋的危险性?曾经采取了何等措施?

⑫登高作业是否采取了必要的安全措施（可靠的跳板、护栏、安全带等）?

⑬防、排水设施是否符合安全要求?

⑭劳动防护用品适应作业要求之情况，发放数量、质量、更换周期是否满足要求?

（四）油库、炸药库等易燃、易爆危险品

①危险品名称、数量、设计最大存放量?

②危险品化学性质及其燃点、闪点、爆炸极限、毒性、腐蚀性等了解与否?

③危险品存放方式（是否根据其用途及特性分开存放）?

④危险品与其他设备、设施等之间的距离、爆破器材分放点之间是否有殉爆的可能性?

⑤存放场所的照明及电气设施的防爆、防雷、防静电情况?

⑥存放场所的防火设施是否配置消防通道?有无烟、火自动检测报警装置?

⑦存放危险品的场所是否有专人24小时值班，有无具体岗位责任制和危险品管理制度?

⑧危险品的运输、装卸、领用、加工、检验、销毁是否严格按照交全规定进行?

⑨危险品运输、管理人员是否掌握火灾、爆炸等危险状况下的避险、自救、互救的知识?是否定期进行必要的训练?

（五）起重运输大型作业机械情况

①运输线路里程、路面结构、平交路口、防滑措施等情况如何?

②指挥、信号系统情况如何?信息通道是否存在干扰?

③人机系统匹配有何问题?

④设备检查、维护制度和执行情况如何？是否实行各层次的检查？周期多长？是否实行定期计划维修？周期多长？

⑤司机是否经过作业适应性检查？

⑥过去事故情况如何？

以上这些因素均是进行施工安全风险因素识别时需要考虑的主要因素。实际工程中需考虑的因素可能比上述因素还要多。

三、施工过程行为因素

采用HFACS框架对导致工程施工事故发生的行为因素进行分析。对标准的HFACS框架进行修订，以适应水电工程施工实际的安全管理、施工作业技术措施、人员素质等状况。框架的修改遵循4个原则。

①排除在事故案例分析中出现频率极少的因素，包括对工程施工影响较小和难以在事故案例中找到的潜在因素。

②对相似的因素进行合并，避免重复统计，从而无形之中提高类似因素在整个工程施工当中的重要性。

③针对水电工程施工的特点，对因素的定义、因素的解释和其涵盖的具体内容进行适当的调整。

④HFACS框架是从国外引进的，将部分因素的名称加以修改，以更贴近我国工程施工安全管理业务的习惯用语。

对标准HFACS框架修改如下。

（一）企业组织影响

企业（包括水电开发企业、施工承包单位、监理单位）组织层的差错属于最高级别的差错，它的影响通常是间接的、隐性的，因而常会被安全管理人员所忽视。在进行事故分析时，很难挖掘出企业组织层的缺陷；而一经发现，其改正的代价也很高，但是却更能加强系统的安全。一般而言，组织影响包括三个方面：

1.资源管理

主要指组织资源分配及维护决策存在的问题，如安全组织体系不完善、安全管理人员配备不足、资金设施等管理不当、过度削减与安全相关的经费（安全投入不足）等。

2.安全文化与氛围

可以定义为影响管理人员与作业人员绩效的多种变量，包括组织文化和政策，比如信息流通传递不畅、企业政策不公平、只奖不罚或滥奖、过于强调惩罚等都属于不良的文化与氛围。

3.组织流程

主要涉及组织经营过程中的行政决定和流程安排，如施工组织设计不完善、企业安全管理程序存在缺陷、制定的某些规章制度及标准不完善等。

其中，“安全文化与氛围”这一因素，虽然在提高安全绩效方面具有积极作用，但很难定性衡量，在事故案例报告中也未明确指明，而且在工程施工的各类人员成分复杂的结构当中，其传播较难有一个清晰的脉络。为了简化分析过程，将该因素去除。

（二）安全监管

①监督（培训）不充分：指监督者或组织者没有提供专业的指导、培训、监督等。若组织者没有提供充足的CRM培训，或某个管理人员、作业人员没有这样的培训机会，则班组协同合作能力将会大受影响，出现差错的概率必然增加。

②作业计划不适当：包括班组人员配备不当，如没有职工带班，没有提供足够的休息时间，任务或工作负荷过量；整个班组的施工节奏以及作业安排由于赶工期等安排不当，作业风险加大。

③隐患未整改：指的是管理者知道人员、培训、施工设施、环境等相关安全领域的不足或隐患之后，仍然允许其持续下去的情况。

④管理违规：指的是管理者或监督者有意违反现有的规章程序或安全操作规程，如允许没有资格、未取得相关特种作业证的人员作业等。

以上四项因素在事故案例报告中均有体现，虽然相互之间有关联，但各有差异，彼此独立，因此，均加以保留。

（三）不安全行为的前提条件

这一层级指出了直接导致不安全行为发生的主客观条件，包括作业人员状态、环境因素和人员因素。将“物理环境”改为“作业环境”，“施工人员资源管理”改为“班组管理”，“人员准备情况”改为“人员素质”。定义如下：

①作业环境：既指操作环境（如气象、高度、地形等），也指施工人员周围的环境，如作业部位的高温、振动、照明、有害气体等。

②技术措施：包括安全防护措施、安全设备和设施设计、安全技术交底的情况，以及作业程序指导书与施工安全技术方案等一系列情况。

③班组管理：属于人员因素，常为许多不安全行为的产生创造前提条件。未认真开展“班前会”及搞好“预知危险活动”；在施工作业过程中，安全管理人员、技术人员、施工人员等相互间信息沟通不畅、缺乏团队合作等问题属于班组管理不善。

④人员素质：包括体力（精力）差、不良心理状态与不良生理状态等生理心理素质，如精神疲劳，失去情境意识，工作中自满、安全警惕性差等属于不良心理状态；生病、身体疲劳或服用药物等引起生理状态差，当操作要求超出个人能力范围时会出现身体、智力局限，同时为安全埋下隐患，如视觉局限、休息时间不足、体能不适应等；没有遵守施工人员的休息要求、培训不足、滥用药物等属于个人准备情况的不足。

将标准HFACS的“体力（精力）限制”、“不良心理状态”与“不良生理状态”合并，是因为这三者可能互相影响和转换。“体力（精力）限制”可能会导致“不良心理状态”与“不良生理状态”，此处便产生了重复，增加了心理和生理状态在所有因素当中的比重。同时，“不良心理状态”与“不良生理状态”之间也可能相互转化，由于心理状态的失调往往会带来生理上的伤害，而生理上的疲劳等因素又会引起心理状态的变化，两者相辅相成，常常是共同存在的。此外，没有充分的休息、滥用药物、生病、心理障碍也可以归结为人员准备不足。因此，将“体力（精力）限制”“不良心理状态”与“不良生理状态”归结为“人员素质”。

（四）施工人员的不安全行为

人的不安全行为是系统存在问题的直接表现。将这种不安全行为分成三类：知觉与决策差错、技能差错以及操作违规。

1.知觉与决策差错

“知觉差错”和“决策差错”通常是并发的，由于对外界条件、环境因素以及施工器械状况等现场因素感知上产生的失误，进而导致做出错误的决定。决策差错指由于经验不足、缺乏训练或外界压力等造成，也可能理解问题不彻底，如紧急情况判断错误、决策失败等。知觉差错指一个人的感知觉和实际情况不一致，就像出现视觉划觉和空间定向障碍一样，可能是由于工作场所光线不足，或在不利地质、气象条件下作业等。

2.技能差错

包括漏掉程序步骤、作业技术差、作业时注意力分配不当等。不依赖于所处的环境，而是由施工人员的培训水平决定，而在操作当中不可避免地发生，因此应该作为独立的因素保留。

3.操作违规

故意或者主观不遵守确保安全作业的规章制度，分为习惯性的违章和偶然性的违规。前者是组织或管理人员常常能容忍和默许的，常造成施工人员习惯成自然。而后者偏离规章或施工人员通常的行为模式，一般会被立即禁止。

经过修订的新框架，根据工程施工的特点重新选择了因素。在实际的工程施工事故分析以及制定事故防范与整改措施的过程中，通常会成立事故调查组对某一类原因，比如施工人员的不安全行为进行调查，并给出处理意见及建议。应用HFACS框架的目的之一是尽快找到并确定在工程施工所有已经发生的事故当中，哪一类因素占相对重要的部分，可以集中人力和物力资源对该因素所反映的问题进行整改。对于类似的或者可以归为一类的因素整体考虑，科学决策，将结果反馈给整改单位，由他们完成一系列相关后续工作。因此，修订后的HFACS框架通过对标准框架因素的调整，加强了独立性和概括性，使得能更合理地反映水电工程施工的实际状况。

应用HFACS框架对行为因素导致事故的情况初步分类，在求证判别一致性的基础上，分析了导致事故发生的主要因素。但这种分析只是静态的，Dekker指出HFACS框架仅仅简单地将发生事故中的行为因素进行分类，没有指出上层因素是如何影响下层因素的，以及采取什么样的措施才能在将来尽量地避免事故发生。基于HFACS框架的静态分析只是将行为因素按照不同的层次进行了重新配置，没有寻求因素的发生过程和事故的解决之道。因此，有必要在此基础上，对HFACS框架当中相邻层次因素的联系进行分析，指出每个层次的因素如何被上一层次的因素影响，以及如何作用于下一次层次的因素，从而有利于针对某因素制定安全防范措施的时候，能够承上启下，进行综合考虑，使得从源头上避免该类因素的产生，并且能够有效抑制由于该因素的发生而产生的连锁反应。

采用统计性描述，揭示不良的企业组织影响如何通过组织流程等因素向下传递而造成安全监管的失误，安全监管的错误间接体现了安全检查与培训等力度、间接体现了是否严格执行安全管理规章制度等、间接体现了对隐患是否漠视等，这些错误造成了不安全行为的前提条件，进一步影响了施工人员的工作状态，最终导致事故的发生。进行统计学分析的目的是提供邻近层次的不同种类因素的概率数据，以用来确定框架当中高层次对底层次因素的影响程度。一旦确定了自上而下的主要途径，就可以量化因素之间的相互作用，也有利于制定针对性的安全防范措施与整改措施。

第三节 安全管理体系

一、安全管理体系内容

（一）建立健全安全生产责任制

安全生产责任制是安全管理的核心，是保障安全生产的重要手段，它能有效地预防事故的发生。

安全生产责任制是根据“管生产必须管安全”“安全生产人人有责”的原则。明确各级领导、各职能部门及各类人员在生产活动中应负的安全职责的制度。有些安全生产责任制，能把安全与生产从组织形式上统一起来，把“管生产必须管安全”的原则从制度上固定下来，从而增强了各级管理人员的安全责任心，使安全管理纵向到底、横向到边、专管成线、群管成网、责任明确、协调配合、共同努力，真正把安全生产工作落到实处。

安全生产责任制的内容要分级制定和细化，如企业、项目、班组都应建立各级安全生产责任制，按其职责分工，确定各自的安全责任，并组织实施和考评，保证安全生产责任制的落实。

（二）制定安全教育制度

安全教育制度是企业对职工进行安全法律、法规、规范、标准、安全知识和操作规程培训教育的制度，是提高职工安全意识的重要手段，是企业安全管理的一项重要内容。

安全教育制度内容应规定：定期和不定期安全教育的时间、应受教育的人员、教育的内容和形式，如新工人、外施队人员等进场前必须接受三级（公司、项目、班组）安全教育。从事危险性较大的特殊工种的人员必须经过专门的培训机构培训合格后持证上岗，每年还必须进行一次安全操作规程的训练和再教育。对采用新工艺、新设备、新技术和变换工种的人员应进行安全操作规程和安全知识的培训和教育。

（三）制定安全检查制度

安全检查是发现隐患、消除隐患、防止事故、改善劳动条件和环境的重要措施，是企业预防安全生产事故的一项重要手段。

安全检查制度内容应规定：安全检查负责人、检查时间、检查内容和检查方式。它包括经常性的检查、专业化的检查、季节性的检查、专项性的检查、群众性的检查等。对于检查出的隐患应进行登记，并采取定人、定时间、定措施的“三定”办法给予解决，同时对整改情况进行复查验收，彻底消除隐患。

（四）制定各工种安全操作规程

工种安全操作规程是消除和控制劳动过程中的不安全行为、预防伤亡事故、确保作业人员的安全和健康的需要的措施，也是企业安全管理的重要制度之一。

安全操作规程的内容应根据国家和行业安全生产法律、法规、标准、规范，结合施工现场的实际情况制定出各种安全操作规程。同时根据现场使用的新工艺、新设备、新技术，制定出相应的安全操作规程，并监督其实施。

（五）制定安全生产奖罚办法

企业制定安全生产奖罚办法的目的是不断提高劳动者进行安全生产的自觉性，调动劳动者的积极性和创造性，防止和纠正违反法律、法规和劳动纪律的行为，也是企业安全管理的重要制度之一。

安全生产奖罚办法规定奖罚的目的、条件、种类、数额、实施程序等。企业只有建立安全生产奖罚办法，做到有奖有罚、奖罚分明，才能鼓励先进、督促落后。

（六）制定施工现场安全管理规定

施工现场安全管理规定是施工现场安全管理制度的基础，目的是规范施工现场安全防护设施的标准化、定型化。

施工现场安全管理规定的内容包括：施工现场的一般安全规定、安全技术管理、脚手架工程安全管理（包括特殊脚手架、工具式脚手架等）、电梯井操作平台安全管理、马路搭设安全管理、大模板拆装存放安全管理、水平安全网和井字架龙门架安全管理、孔洞临边防护安全管理、拆除工程安全管理等。

（七）制定机械设备安全管理制度

机械设备是指目前建筑施工普遍使用的垂直运输和加工机具，由于机械设备本身存在一定的危险性，管理不当就可能造成机毁人亡。所以它是目前施工安全管理的重点对象。

机械设备安全管理制度应规定，大型设备应到上级有关部门备案，符合国家和行业的有关规定，还应设专人负责并且定期进行安全检查、保养，保证机械设备处于良好的状态，以及建立健全各种机械设备的安全管理制度。

（八）制定施工现场临时用电安全管理制度

施工现场临时用电是目前建筑施工现场离不开的一项操作，由于其使用广泛、危险性比较大，因此它牵涉到每个劳动者的安全，也是施工现场的一项重要安全管理制度。

施工现场临时用电管理制度的内容应包括：外电的防护、地下电缆的保护、设备的接地与接零保护、配电箱的设置及安全管理规定（总箱、分箱、开关箱）、现场照明、配电线路、电器装置、变配电装置、用电档案的管理等。

（九）制定劳动防护用品管理制度

使用劳动防护用品是为了减轻或避免劳动过程中劳动者受到的伤害和职业危害，保护劳动者安全的一项预防性辅助措施，是安全生产防止职业性伤害的需要，对于减少职业危害起着相当重要的作用。

劳动防护用品制度的内容应包括：安全网、安全帽、安全带、绝缘用品、防职业病用品等。

二、建立健全安全组织机构

施工企业一般都有安全组织机构，但必须建立健全项目安全组织机构，确定安全生产目标，明确参与各方对安全管理的具体分工，安全岗位责任与经济利益挂钩，根据项目的性质和规模不同，采用不同的安全管理模式。对于大型项目，必须安排专门的安全总负责人，并配以合理的班子，共同进行安全管理，建立安全生产管理的资料档案。实行单位领导对整个施工现场负责、专职安全员对部位负责、班组长和施工技术员对各自的施工区域负责、操作者对自己的工作范围负责的“四负责”制度。

三、安全管理体系建立步骤

（一）领导决策

最高管理者亲自决策，以便获得各方面的支持和在体系建立过程中所需的资源保证。

（二）成立工作组

最高管理者或授权管理者代表成立的工作小组负责建立安全管理体系。工作小组的成员要覆盖组织的主要职能部门，组长最好由管理者代表担任，以保证小组对人力、资金、信息的获取。

（三）人员培训

培训的目的是使有关人员了解建立安全管理体系的重要性，了解标准的主要思想和内容。

（四）初始状态评审

初始状态评审要对组织过去和现在的安全信息、状态进行收集、调查分析、识别和获取现有的、适用的法律、法规和其他要求，进行危险源辨识和风险评价，评审的结果将作为制定安全方针、管理方案、编制体系文件的基础。

（五）制定方针、目标、指标的管理方案

方针是组织对其安全行为的原则和意图的声明，也是组织自觉承担其责任和义务的承诺。方针不仅为组织确定了总的指导方向和行动准则，是评价一切后续活动的依据，而且为更加具体的目标和指标提供一个框架。

安全目标、指标的制定是组织为了实现其在安全方针中所体现出的管理理念及其对整体绩效的期许与原则，与企业的总目标相一致。

管理方案是实现目标、指标的行动方案。为保证安全管理体系的实现，需结合年度管理目标和企业客观实际情况，策划制定安全管理方案。该方案应明确旨在实现目标、指标的相关部门的职责、方法、时间表以及资源的要求。

第四节　施工安全控制

一、安全操作要求

（一）爆破作业

1.爆破器材的运输

气温低于10℃运输易冻的硝化甘油炸药时，应采取防冻措施；气温低于-15℃运输硝化甘油炸药时，也应采取防冻措施；禁止用翻斗车、自卸汽车、拖车、机动三轮车、人力三轮车、摩托车和自行车等运输爆破器材；运输炸药雷管时，装车高度要低于车厢10cm。车厢、船底应加软垫。雷管箱不许倒放或立放，层间也应垫软垫；水路运输爆破器材，停泊地点距岸上建筑物不得小于250m；汽车运输爆破器材，汽车的排气管宜设在车前下侧，并应设置防火罩装置；汽车在视线良好的情况下行驶时，时速不得超过20Km/h（工区内不得超过15Km/h）；在弯多坡陡、路面狭窄的山区行驶时，时速应保持在5Km/h以内。平坦道路行车间距应大于50m，上下坡应大于300m。

2.爆破

明挖爆破音响依次发出预告信号（现场停止作业，人员迅速撤离）、准备信号、起爆信号、解除信号。检查人员确认安全后，由爆破作业负责人通知警报室发出解除信号。在特殊情况下，如准备工作尚未结束，应由爆破负责人通知警报室延后发布起爆信号，并用广播器通知全体现场人员。装药和堵塞应使用木、竹制作的炮棍，严禁使用金属棍棒装填。

深孔、竖井、倾角大于30° 的斜井、有瓦斯和粉尘爆炸危险等工作面的爆破，禁止采用火花起爆；炮孔的排距较密时，导火索的外露部分不得超过1.0m，以防止导火索互相交错而起火；一人连续单个点火的火炮，暗挖不得超过5个，明挖不得超过10个；并应在爆破负责人的指挥下，做好分工及撤离工作；当信号炮响后，全部人员应立即撤出炮区，迅速到安全地点掩蔽；点燃导火索应使用专用点火工具，禁止使用火柴和打火机等。

用于同一爆破网路内的电雷管，电阻值应相同。网路中的支线、区域线和母线彼此连接之前，各自的两端应绝缘；装炮前工作面一切电源应切除，照明至少设于距工作面30m以外，只有确认炮区无漏电、感应电后，才可装炮；雷雨天严禁采用电爆网路；供给每个电雷管的实际电流应大于准爆电流，网路中全部导线应绝缘；有水时导线应架空；各接头应用绝缘胶布包好，两条线的搭接口禁止重叠，至少应错开0.1m；测量电阻只许使用经过检查的专用爆破测试仪表或线路电桥；严禁使用其他电气仪表进行量测；通电后若发生拒爆，应立即切断母线电源，将母线两端拧在一起，锁上电源开关箱进行检查；进行检查的时间：对于即发电雷管，至少在10min以后；对于延发电雷管，至少在15min以后。

导爆索只准用快刀切割，不得用剪刀剪断导火索；支线要顺主线传爆方向连接，搭接长度不应少于15cm，支线与主线传爆方向的夹角应不大于90°；起爆导爆索的雷管，其聚能穴应朝向导爆索的传爆方向；导爆索交叉敷设时，应在两根交叉爆索之间设置厚度不小于10cm的木质垫板；连接导爆索中间不应出现断裂破皮、打结或打圈现象。

用导爆管起爆时，应设计起爆网路，并进行传爆试验；网路中所使用的连接元件应经过检验合格；禁止导爆管打结，禁止在药包上缠绕；网路的连接处应牢固，两元件应相距2m；敷设后应严加保护，防止冲击或损坏；一个8号雷管起爆导爆管的数量不宜超过40根，层数不宜超过3层，只有确认网路连接正确，与爆破无关人员已经撤离，才准许接入引爆装置。

（二）起重作业

钢丝绳的安全系数应符合有关规定。根据起重机的额定负荷，计算好每台起重机的吊点位置，最好采用平衡梁抬吊。每台起重机所分配的荷重不得超过其额定负荷的75%~80%。应有专人统一指挥，指挥者应站在两台起重机司机都能看到的位置。重物应保持水平，钢丝绳应保持铅直且受力均衡。具备经有关部门批准的安全技术措施。起吊重物离地面10cm时，应停机检查绳扣、吊具和吊车的刹车可靠性，仔细观察周围有无障碍物。确认无问题后，方可继续起吊。

（三）脚手架拆除作业

拆脚手架前，必须将电气设备和其他管、线、机械设备等进行拆除或加以保护。拆脚手架时，应统一指挥，按顺序自上而下进行；严禁上下层同时拆除或自下而上进行。拆下的材料，禁止往下抛掷，应用绳索捆牢，用滑车、卷扬等方法慢慢放下来，集中堆放在指定地点。拆脚手架时，严禁采用将整个脚手架推倒的方法进行拆除。三级、特级及悬空高处作业使用的脚手架拆除时，必须事先制订安全可靠的措施才能进行拆除。拆除脚手架的区域内，无关人员禁止逗留和通过，在交通要道应设专人警戒。架子搭成后，未经有关人员同意，不得任意改变脚手架的结构和拆除部分杆子。

（四）常用安全工具

安全帽、安全带、安全网等施工生产使用的安全防护用具，应符合国家规定的质量标准，具有厂家安全生产许可证、产品合格证和安全鉴定合格证书，否则不得采购、发放和使用。高处临空作业应按规定架设安全网，作业人员使用的安全带应挂在牢固的物体上或可靠的安全绳上，安全带严禁低挂高用。挂安全带用的安全绳，不宜超过3m。在有毒有害气体可能泄漏的作业场所，应配置必要的防毒护具，以备急用，并及时检查维修更换，保证其处在良好待用状态。电气操作人员应根据工作条件，选用适当的安全电工用具和防护用品，电工用具应符合安全技术标准并定期检查，凡不符合技术标准要求的绝缘安全用具、登高作业安全工具、携带式电压和电流指示器以及检修中的临时接地线等，均不得使用。

二、安全控制要点

（一）一般脚手架安全控制要点

（1）脚手架搭设前应根据工程的特点和施工工艺要求确定搭设（包括拆除）施工方案。

（2）脚手架必须设置纵、横向扫地杆。

（3）高度在24m以下的单、双排脚手架均必须在外侧立面的两端各设置一道剪刀撑并应由底至顶连续设置中间各道剪刀撑。剪刀撑及横向斜撑搭设应与立杆、纵向和横向水平杆等同步搭设，各底层斜杆下端必须支撑在垫块或垫板上。

（4）高度在24m以下的单、双排脚手架宜采用刚性连墙件与建筑物可靠连接，亦可采用拉筋和顶撑配合使用的附墙连接方式，严禁使用仅有拉筋的柔性连墙件。24m以上的双排脚手架必须采用刚性连墙件与建筑物可靠连接，连墙件必须采用可承受拉力和压力的构造。50m以下（含50m）的脚手架连墙件，应按3步3跨进行布置，50m以上的脚手架连墙件应按2步3跨进行布置。

（二）一般脚手架检查与验收程序

脚手架的检查与验收应由项目经理组织项目施工、技术、安全、作业班组负责人等有关人员参加，按照技术规范、施工方案、技术交底等有关技术文件对脚手架进行分段验收，在确认符合要求后方可投入使用。

脚手架及其地基基础应在下列阶段进行检查和验收：

①基础完工后及脚手架搭设前。

②作业层上施加荷载前。

③每搭设完10~13m高度后。

④达到设计高度后。

⑤遇有六级及以上大风与大雨后。

⑥寒冷地区土层开冻后。

⑦停用超过一个月的，在重新投入使用之前。

（三）附着式升降脚手架、整体提升脚手架或爬架作业安全控制要点

附着式升降脚手架（整体提升脚手架或爬架）作业要针对提升工艺和施工现场作业条件编制专项施工方案，专项施工方案包括设计、施工、检查、维护和管理等全部内容。

安装搭设必须严格按照设计要求和规定程序进行，安装后经验收并进行荷载试验，确认符合设计要求后，方可正式使用。

进行提升和下降作业时，架上人员和材料的数量不得超过设计规定并应尽可能减少。

升降前必须仔细检查附着连接和提升设备的状态是否良好，发现异常应及时查找原因并采取措施解决。

升降作业应统一指挥、协调动作。

在安装、升降、拆除作业时，应划定安全警戒范围并安排专人进行监护。

（四）洞口、临边防护控制

1.洞口作业安全防护基本规定

（1）各种楼板与墙的洞口按其大小和性质应分别设置牢固的盖板、防护栏杆、安全网或其他防坠落的防护设施。

（2）坑槽、桩孔的上口柱形、条形等基础的上口以及天窗等处都要作为洞口，采取符合规范的防护措施。

（3）楼梯口、楼梯口边应设置防护栏杆或者用正式工程的楼梯扶手代替临时防护栏杆。

（4）井口除设置固定的栅门外还应在电梯井内每隔两层在不大于10m处设一道安全平网进行防护。

（5）在建工程的地面入口处和施工现场人员流动密集的通道上方应设置防护棚，防止因落物产生物体打击事故。

（6）施工现场大的坑槽、陡坡等处除需设置防护设施与安全警示标牌外，夜间还应设红灯示警。

2.洞口的防护设施要求

（1）楼板、屋面和平台等面上短边尺寸小于25cm，但大于25cm的孔口必须用坚实的盖板盖严，盖板要有防止挪动移位的固定措施。

（2）楼板面等处边长为25~50cm的洞口、安装预制构件时的洞口以及因缺件临时形成的洞口可用竹、木等做盖板盖住洞口，盖板要保持四周搁置均衡并有固定其位置不发生挪动移位的措施。

（3）边长为50~150cm的洞口必须设置一层以扣件连接钢管而成的网格栅，并在其上满铺竹篱笆或脚手板，也可采用贯穿于混凝土板内的钢筋构成防护网栅、钢盘网格，间距不得大于20cm。

（4）边长在150cm以上的洞口四周必须设防护栏杆，洞口下方设安全平网防护。

3.施工用电安全控制

（1）施工现场临时用电设备在5台及以上或设备总容量在50 kW及以上者应编制用电组织设计。临时用电设备在5台以下和设备总容量在50 kW以下者应制订安全用电和电气防火措施。

（2）变压器中性点直接接地的低压电网临时用电工程必须采用TN- s接零保护系统。

（3）当施工现场与外线路是同一供电系统时，电气设备的接地、接零保护应与原系统保持一致，不得一部分设备做保护接零，另一部分设备做保护接地。

（4）配电箱的设置

①施工用电配电系统应设置总配电箱配电柜、分配电箱、开关箱，并按照“总—分—开”顺序作分级设置形成“三级配电”模式。

②施工用电配电系统各配电箱、开关箱的安装位置要合理。总配电箱、配电柜要尽量靠近变压器或外电源处，以便于电源的引入。分配电箱应尽量安装在用电设备或负荷相对集中区域的中心地带，确保三相负荷保持平衡。开关箱安装的位置应视现场情况和工况，尽量靠近其控制的用电设备。

③为保证临时用电配电系统三相负荷平衡，施工现场的动力用电和照明用电应形成两个用电回路，动力配电箱与照明配电箱应该分别设置。

④施工现场所有用电设备必须有各自专用的开关箱。

⑤各级配电箱的箱体和内部设置必须符合安全规定，开关电器应标明用途，箱体应统一编号。停止使用的配电箱应切断电源、箱门上锁。固定式配电箱应设围栏并有防雨防砸措施。

（5）电器装置的选择与装配

在开关箱中作为末级保护的漏电保护器，其额定漏电动作电流不应大于30mA，额定漏电动作时间不应大于0.1 s。在潮湿、有腐蚀性介质的场所中，漏电保护器要选用防溅型的产品，其额定漏电动作电流不应大于15mA，额定漏电动作时间不应大于0.1 s。

（6）施工现场照明用电

①在坑、洞、井内作业，夜间施工或厂房、道路、仓库、办公室、食堂、宿舍、料具堆放场所及自然采光差的场所应设一般照明、局部照明或混合照明。一般场所宜选用额定电压220 V的照明器。

②隧道、人防工程、高温、有导电灰尘、比较潮湿或灯具离地面高度低于2.5m等场所的照明电源电压不得大于36 V。

③潮湿和易触及带电体场所的照明电源电压不得大于24 V。

④特别潮湿场所、导电良好的地面、锅炉或金属容器内的照明电源电压不得大于 12 V。

⑤照明变压器必须使用双绕组型安全隔离变压器，严禁使用自耦变压器。

⑥室外220 V灯具距地面不得低于3m，室内220 V灯具距地面不得低于2.5m。

4.垂直运输机械安全控制

（1）外用电梯安全控制要点

①外用电梯在安装和拆卸之前，必须针对其类型特点说明书的技术要求，结合施工现场的实际情况制订详细的施工方案。

②外用电梯的安装和拆卸作业必须由取得相应资质的专业队伍进行安装，经验收合格取得政府相关主管部门核发的《准用证》后方可投入使用。

③外用电梯在大雨、大雾和六级及六级以上大风天气时应停止使用。暴风雨过后应组织对电梯各有关安全装置进行一次全面检查。

（2）塔式起重机安全控制要点

①塔吊在安装和拆卸之前必须针对类型特点说明书的技术要求，结合作业条件制订详细的施工方案。

②塔吊的安装和拆卸作业必须由取得相应资质的专业队伍进行安装完毕，经验收合格取得政府相关主管部门核发的《准用证》后方可投入使用。

③遇六级及六级以上大风等恶劣天气应停止作业将吊钩升起。行走式塔吊要夹好轨钳。当风力达十级以上时，应在塔身结构上设置缆风绳或采取其他措施加以固定。

第五节 安全应急预案

应急预案，又称“应急计划”或“应急救援预案”，是针对可能发生的事故，为迅速、有序地开展应急行动、降低人员伤亡和经济损失而预先制定的有关计划或方案。

一、事故应急预案

为控制重大事故的发生、防止事故蔓延、有效地组织抢险和救援，政府和生产经营单位应对已初步认定的危险场所和部位进行风险分析。对认定的危险有害因素和重大危险源，应事先对事故后果进行模拟分析，预测重大事故发生后的状态、人员伤亡情况及设备破坏和损失程度，以及由于物料的泄漏可能引起的火灾、爆炸，有毒有害物质扩散对单位可能造成的影响。

依据预测，提前制定重大事故应急预案，组织、培训事故应急救援队伍，配备事故应急救援器材，以便在重大事故发生后，能及时按照预定方案进行救援，在最短时间内使事故得到有效控制。编制事故应急预案的主要目的有以下两个方面：

①采取预防措施使事故控制在局部，消除蔓延条件，防止突发性重大或连锁事故的发生。

②能在事故发生后迅速控制和处理事故，尽可能减轻事故对人员及财产的影响，保障人员生命和财产安全。

事故应急预案是事故应急救援体系的主要组成部分，是事故应急救援工作的核心内容之一，是及时、有序、有效地开展事故应急救援工作的重要保障。事故应急预案的作用体现在以下几个方面。

①事故应急预案确定了事故应急救援的范围和体系，使事故应急救援不再无据可依、无章可循，尤其是通过培训和演练，可以使应急人员熟悉自己的任务，具备完成指定任务所需的相应能力，并检验预案和行动程序，评估应急人员的整体协调性。

②事故应急预案有利于及时做出应急响应，降低事故后果。应急行动对时间的要求十分敏感，不允许有任何拖延。事故应急预案预先明确了应急各方的职责和响应程序，在应急救援等方面进行了先期准备，可以指导事故应急救援迅速、高效、有序地开展，将事故造成的人员伤亡、财产损失和环境破坏降到最低限度。

③事故应急预案是各类突发事故的应急基础。通过编制事故应急预案，可以对那些事先无法预料到的突发事故起到基本的应急指导作用，成为开展事故应急救援的“底线”。在此基础上，可以针对特定事故类别而编制专项事故应急预案，并有针对性地制定应急措施、进行专项应对准备和演习。

④事故应急预案建立了与上级单位和部门事故应急救援体系的衔接。通过编制事故应急预案可以确保当发生超过本级应急能力的重大事故时，与有关应急机构的联系和协调。

⑤事故应急预案有利于提高风险防范意识。事故应急预案的编制、评审、发布、宣传、推演、教育和培训，有利于各方了解可能面临的重大事故及其相应的应急措施，有利于促进各方提高风险防范意识和能力。

二、应急预案的编制

（一）成立事故预案编制小组

应急预案的成功编制需要有关职能部门和团体的积极参与，并达成一致意见，尤其是应寻求与危险直接相关的各方进行合作。成立事故应急预案编制小组是将各有关职能部门、各类专业技术有效结合起来的最佳方式，可有效地保证应急预案的准确性、完整性和实用性，而且为应急各方提供了一个非常重要的协作与交流机会，有利于统一应急各方的不同观点和意见。

（二）危险分析和应急能力评估

为了准确策划事故应急预案的编制目标和内容，应开展危险分析和应急能力评估工作。为有效开展此项工作，预案编制小组首先应进行初步的资料收集，包括相关法律法规、应急预案、技术标准、国内外同行业事故案例分析、本单位技术资料、重大危险源等。

1.危险分析

危险分析是应急预案编制的基础和关键过程。在危险因素辨识分析、评价及事故隐患排查、治理的基础上，确定本区域或本单位可能发生事故的危险源、事故的类型、影响范围和后果等，并指出事故可能产生的次生、衍生事故，形成分析报告，分析结果作为应急预案的编制依据。危险分析的主要内容为危险源的分析和危险度评估。危险源的分析主要包括有毒、有害、易燃、易爆物质的企事业单位的名称、地点、种类、数量、分布、产量、储存、危险度、以往事故发生情况和发生事故的诱发因素等。事故源潜在危险度的评估就是在对危险源进行全面调查的基础上，对企业单位的事故潜在危险性进行全面的科学评估，为确定目标单位危险度的等级找出科学的数据依据。

2.应急能力评估

应急能力评估就是依据危险分析的结果，对应急资源准备状况的充分性和从事应急救援活动所具备的能力进行评估，以明确应急救援的需求和不足，为事故应急预案的编制奠定基础。应急能力包括应急资源（应急人员、应急设施、装备和物资）、应急人员的技术、经验和接受的培训等，它将直接影响应急行动的快速、有效性。制定应急预案时应当在评估与潜在危险相适应的应急能力的基础上，选择最现实、最有效的应急策略。

（三）应急预案编制

针对可能发生的事故，结合危险分析和应急能力评估结果等信息，按照应急预案的相关法律法规的要求编制应急救援预案。应急预案编制的过程中，应注意编制人员的参与和培训，充分发挥他们各自的专业优势，使他们掌握危险分析和应急能力评估结果，明确应急预案的框架、应急过程的行动重点以及应急衔接、联系要点等。同时，编制的应急预案应充分利用社会应急资源，考虑与政府的应急预案、上级主管单位以及相关部门的应急预案相衔接。

（四）应急预案的评审和发布

1.应急预案的评审

为使预案切实可行、科学合理以及与实际情况相符，尤其是重点目标下的具体行动预案，编制前后需要组织有关部门、单位的专家、领导到现场进行实地勘察，如重点目标周围地形、环境、指挥所位置、分队行动路线、展开位置、人口疏散道路及流散地域等实地勘察、实地确定。经过实地勘察修改预案后，应急预案编制单位或管理部门还要依据我国有关应急方针、政策、法律、法规、规章、标准和其他有关应急预案编制的指南性文件与评审检查表，组织有关部门、单位的领导和专家进行评议，取得政府有关部门和应急机构的认可。

2.应急预案的发布

事故应急救援预案经评审通过后，应由最高行政负责人签署发布，并报送有关部门和应急机构备案。预案经批准发布后，应组织落实预案中的各项工作，如开展应急预案宣传、教育和培训，落实应急资源并定期检查，组织开展应急演习和训练，建立电子化的应急预案，对应急预案实施动态管理与更新，并不断完善。

三、事故应急预案主要内容

一个完整的事故应急预案主要包括以下六个方面的内容。

（一）事故应急预案概况

事故应急预案概况主要描述生产经营单位总工以及危险特性状况等，同时对紧急情况下事故应急救援紧急事件、适用范围提供简述并作必要说明，如明确应急方针与原则，将其作为开展应急的纲领。

（二）预防程序

预防程序是对潜在事故、可能的次生与衍生事故进行分析，并说明所采取的预防和控制事故的措施。

（三）准备程序

准备程序应说明应急行动前所需采取的准备工作，包括应急组织及其职责权限、应急队伍建设和人员培训、应急物资的准备、预案的演练、公众的应急知识培训、签订互助协议等。

（四）应急程序

在事故应急救援过程中，存在一些必需的核心功能和任务，如接警与通知、指挥与控制、警报和紧急公告、通信、事态监测与评估、警戒与治安、人群疏散与安置、医疗与卫生、公共关系、应急人员安全、消防和抢险、泄漏物控制等，无论何种应急过程都必须围绕上述功能和任务开展。应急程序主要指实施上述核心功能和任务的步骤。

1.接警与通知

准确了解事故的性质和规模等初始信息是决定启动事故应急救援的关键。接警作为应急响应的第一步，必须对接警处置作出明确规定，保证迅速、准确地向报警人员询问事故现场的重要信息。接警人员接受报警后，应按预先确定的通报程序，迅速向有关应急机构、政府及上级部门发出事故通知，以采取相应的行动。

2.指挥与控制

建立统一的应急指挥、协调和决策程序，便于对事故进行初始评估，确认紧急状态，从而迅速有效地进行应急响应决策，建立现场工作区域，确定重点保护区域和应急行动的优先原则，指挥和协调现场各救援队伍开展救援行动，合理高效地调配和使用应急资源等。

3.警报和紧急公告

当事故可能影响到周边地区、对周边地区的公众可能造成威胁时，应及时启动警报系统，向公众发出警报，同时通过各种途径向公众发出紧急公告，告知事故性质，对健康的影响、自我保护措施、注意事项等，以保证公众能够及时做出自我保护响应。决定实施疏散时，应通过紧急公告确保公众了解疏散的有关信息，如疏散时间、路线、随身携带物、交通工具及目的地等。

4.通信

通信是应急指挥、协调和与外界联系的重要保障，在现场指挥部、应急中心、各事故应急救援组织、新闻媒体、医院、上级政府和外部救援机构之间，必须建立完善的应急通信网络，在事故应急救援过程中应始终保持通信网络畅通，并设立备用通信系统。

5.事态监测与评估

在事故应急救援过程中必须对事故的发展势态及影响及时进行动态的监测，建立对事故现场及场外的监测和评估程序。事态监测在事故应急救援中起着非常重要的决策支持作用，其结果不仅是控制事故现场、制定消防、抢险措施的重要决策依据，也是划分现场工作区域、保障现场应急人员安全、实施公众保护措施的重要依据。即使在现场恢复阶段，也应当对现场和环境进行监测。

6.警戒与治安

为保障现场事故应急救援工作的顺利开展，在事故现场周围建立警戒区域，实施交通管制，从而维护现场治安秩序是十分必要的，其目的是要防止与救援无关的人员进入事故现场，保障救援队伍、物资运输和人群疏散等的交通畅通，并避免发生不必要的伤亡。

7.人群疏散与安置

人群疏散是防止扩大人员伤亡的关键，也是最基本的应急响应。应当对疏散的紧急情况和决策、预防性疏散准备、疏散区域、疏散距离、疏散路线、疏散运输工具、避难场所以及回迁等作出细致的规定和准备，应考虑疏散人群的数量、所需要的时间、风向等环境变化以及老弱病残等特殊人群的疏散等问题。对已实施临时疏散的人群，要做好临时生活安置，保障必要的水、电、卫生等基本条件。

8.医疗与卫生

对受伤人员采取及时、有效的现场急救，合理转送医院进行治疗，是减少事故现场人员伤亡的关键。医疗人员必须了解城市主要的危险，并经过培训掌握对受伤人员进行正确消毒和治疗的方法。

9.公共关系

事故发生后，不可避免地引起新闻媒体和公众的关注。应将有关事故的信息、影响、救援工作的进展等情况及时向媒体和公众公布，以消除公众的恐慌心理，避免公众的猜疑和不满。应保证事故和救援信息的统一发布，明确事故应急救援过程中对媒体和公众的发言人以及信息批准、发布的程序，避免信息的不一致性。同时，还应处理好公众的有关咨询，接待和安抚受害者家属。

10.应急人员安全

水利水电工程施工安全事故的应急救援工作危险性极大，必须对应急人员自身的安全问题进行周密的考虑，包括安全预防措施、个体防护设备、现场安全监测等，明确紧急撤离应急人员的条件和程序，保证应急人员免受事故的伤害。

11.抢险与救援

抢险与救援是事故应急救援工作的核心内容之一，其目的是尽快地控制事故的发展，防止事故的蔓延和进一步扩大，从而最终控制住事故，并积极营救事故现场的受害人员。尤其是涉及危险物质的泄漏、火灾事故，其消防和抢险工作的难度和危险性巨大，应对消防和抢险的器材和物资、人员的培训、方法和策略以及现场指挥等做好周密的安排和准备。

12.危险物质控制

危险物质的泄漏或失控，可能引发火灾、爆炸或中毒事故，对工人和设备等造成严重危险。而且，泄漏的危险物质以及夹带了有毒物质的灭火用水，都可能对环境造成重大影响，同时也会给现场救援工作带来更大的危险。因此，必须对危险物质进行及时有效的控制，如对泄漏物的围堵、收容和洗消，并进行妥善处置。

（五）恢复程序

恢复程序是说明事故现场应急行动结束后所需采取的清除和恢复行动。现场恢复是在事故被控制住后进行的短期恢复，从应急过程来说，这意味着事故应急救援工作的结束，并进入另一个工作阶段，即将现场恢复到一个基本稳定的状态。经验教训表明，在现场恢复的过程中往往仍存在潜在的危险，如余烬复燃、受损建筑物倒塌等，所以，应充分考虑现场恢复过程中的危险，制定恢复计划，防止事故再次发生。

（六）预案管理与评审改进

事故应急预案是事故应急救援工作的指导文件。应当对预案的制定、修改、更新、批准和发布作出明确的管理规定，保证定期或在应急演习、事故应急救援后对事故应急预案进行评审，针对各种变化的情况以及预案中所暴露出的缺陷，不断地完善事故应急预案体系。

第六节　安全健康管理体系认证

职业健康安全管理的目标使企业的职业伤害事故、职业病持续减少。实现这一目标的重要组织保证体系，是企业建立持续有效并不断改进的职业健康安全管理体系（Occupational Safety and Healthmanagement systems，简称OSHMS）。其核心是要求企业采用现代化的管理模式，使包括安全生产管理在内的所有生产经营活动科学、规范并有效，通过建立安全健康风险的预测、评价、定期审核和持续改进完善机制，从而预防事故发生和控制职业危害。

一、OSHMS简介

OSHMS具有系统性、动态性、预防性、全员性和全过程控制的特征。

OSHMS以“系统安全”思想为核心，将企业的各个生产要素组合起来作为一个系统，通过危险辨识、风险评价和控制等手段来达到控制事故发生的目的；OSHMS将管理重点放在对事故的预防上，在管理过程中持续不断地根据预先确定的程序和目标，定期审核和完善系统的不安全因素，使系统达到最佳的安全状态。

（一）标准的主要内涵

它包括五个一级要素，即：职业健康安全方针（4.2）；策划（4.3）；实施和运行（4.4）；检查和纠正措施（4.5）；管理评审（4.6）。显然，这五个一级要素中的策划、实施和运行、检查和纠正措施三个要素来自PDCA循环，其余两个要素即职业健康安全方针和管理评审，一个是总方针和总目标的明确，一个是为了实现持续改进的管理措施。其中心仍是PDCA循环的基本要素。

这五个一级要素，包括17个二级要素，即：职业健康安全方针；对危险源辨识、风险评价和风险控制的策划；法规和其他要求；目标；职业健康安全管理方案；结构和职责；培训、意识和能力；协商和沟通；文件；文件和资料控制；运行控制；应急准备和响应；绩效测量和监视；事故、事件、不符合、纠正和预防措施；记录和记录管理；审核；管理评审。这17个二级要素中的一部分是体现体系主体框架和基本功能的核心要素，包括：职业健康安全方针，对危险源辨识、风险评价和风险控制的策划，法规和其他要求，目标，职业健康安全管理方案，结构和职责，运行控制，绩效测量和监视，审核和管理评审。一部分是支持体系主体框架和保证实现基本功能的辅助要素，包括：培训、意识和能力，协商和沟通，文件和资料控制，应急准备和响应，事故、事件、不符合、纠正和预防措施，记录和记录管理。

职业健康安全管理体系的17个要素的目标和意图如下：

1.职业健康安全方针

（1）确定职业健康安全管理的总方向和总原则及职责和绩效目标；

（2）表明组织对职业健康安全管理的承诺，特别是最高管理者的承诺。

2.危险源辨识、风险评价和控制措施的确定

（1）对危险源辨识和风险评价，组织对其管理范围内的重大职业健康安全危险源获得一个清晰的认识和总的评价，并使组织明确应控制的职业健康安全风险；

（2）建立危险源辨识、风险评价和风险控制与其他要素之间的联系，为组织的整体职业健康安全体系奠定基础。

3.法律法规和其他要求

（1）促进组织认识和了解其所应履行的法律义务，并对其影响有一个明确的认识，并就此信息与员工进行沟通；

（2）识别对职业健康安全法规和其他要求的需求和获取途径。

4.目标和方案

（1）使组织的职业健康安全方针能够得到真正落实；

（2）保证组织内部对职业健康安全方针的各方面建立可测量的目标；

（3）寻求实现职业健康安全方针和目标的途径和方法；

（4）制订适宜的战略和行动计划，并实现组织所确定的各项目标。

5.资源、作用、职责和权限

（1）建立适宜职业健康安全管理体系的组织结构；

（2）确定管理体系实施和运行过程中有关人员的作用、职责和权限；

（3）确定实施、控制和改进管理体系的各种资源；

（4）建立、实施、控制和改进职业健康安全管理体系所需要的资源；

（5）对作用、职责和权限作出明确规定，形成文件并沟通；

（6）按照OSHMS标准建立、实施和保持职业健康安全管理体系；

（7）向最高管理者报告职业健康安全管理体系运行的绩效，以供评审，并作为改进职业健康安全管理体系的依据。

6.培训、意识和能力

（1）增强员工的职业健康安全意识；

（2）确保员工有能力履行相应的职责，完成影响工作场所内职业健康安全的任务。

7.沟通、参与和协商

（1）确保与员工和其他相关方就有关职业健康安全的信息进行相互沟通；

（2）鼓励所有受组织运行影响的人员参与职业健康安全事务，对组织的职业健康安全方针和目标予以支持。

8.文件

（1）确保组织的职业健康安全管理体系得到充分理解并有效运行；

（2）按有效性和效率要求，设计并尽量减少文件的数量。

9.文件控制

（1）建立并保持文件和资料的控制程序；

（2）识别和控制体系运行和职业健康安全的关键文件和资料。

10.运行控制

（1）制订计划和安排，确定控制和预防措施的有效实施；

（2）根据实现职业健康安全的方针、目标、遵守法规和其他要求的需要，使与危险有关的活动均处于受控状态。

11.应急准备和响应

（1）主动评价潜在的事故和紧急情况，识别应急响应要求；

（2）制订应急准备和响应计划，以减少和预防可能引发的病症和突发事件造成的伤害。

12.绩效测量和监视

持续不断地对组织的职业健康安全绩效进行监测和测量，以识别体系的运行状态，保证体系的有效运行。

13.合规性评价

（1）组织建立、实施并保持一个或多个程序，以定期评价对适用法律法规的遵守情况；

（2）评价对组织同意遵守的其他要求的遵守情况。

14.事件调查、不符合、纠正措施和预防措施

组织应建立、实施并保持一个或多个程序，用于记录、调查及分析事件，以便确定可能造成或引发事件的潜在职业健康安全管理的缺陷或其他原因；识别采取纠正措施的需求；识别采取预防措施的机会；识别持续改进的机会；沟通事件的调查结果。

（1）事件调查应及时进行。任何识别的纠正措施需求或预防措施的机会应该按照相关规定处理。

（2）不符合、纠正措施和预防措施。组织应建立、实施并保持一个或多个程序，用来处理实际或潜在的不符合，并采取纠正措施或预防措施。程序中应规定下列要求：

①识别并纠正不符合，并采取措施以减少对职业健康安全的影响；

②调查不符合情况，确定其原因，并采取措施以防止再度发生；

③评价采取预防措施的需求，实施所制订的适当预防措施，以预防不符合的发生；

④记录并沟通所采取纠正措施和预防措施的结果；

⑤评价所采取纠正措施和预防措施的有效性。

15.记录控制

（1）组织应根据需要，建立并保持所必需的记录，用以证实其职业健康安全管理体系达到OSHMS标准各项要求结果的符合性。

（2）组织应建立、实施并保持一个或多个程序，用于对记录的标识、存放、保护、检索、留存和处置。记录应保持字迹清楚、标识明确、易读，并具有可追溯性。

16.内部审核

（1）持续评估组织的职业健康安全管理体系的有效性；

（2）组织通过内部审核，自我评审本组织建立的职业健康安全体系与标准要求的符合性；

（3）确定对形成文件的程序的符合程度；

（4）评价管理体系是否有效满足组织的职业健康安全目标。

17.管理评审

（1）评价管理体系是否完全实施和是否持续保持；

（2）评价组织的职业健康安全方针是否需要调整；

为了组织的未来发展要求，重新制订组织的职业健康安全目标或修改现有的职业健康安全目标，并考虑为此是否需要修改有关的职业健康安全管理体系的要素。

（二）安全体系基本特点

建筑企业在建立与执行自身职业健康安全管理体系时，应注意充分体现建筑业的基本特点。

1.危害辨识、风险评价和风险控制策划的动态管理

建筑企业在实施职业健康安全管理体系时，应根据客观状况的变化，及时对危害辨识、风险评价和风险控制过程进行评审，并注意在发生变化前即采取适当的预防性措施。

2.强化承包方的教育与管理

建筑企业在实施职业健康安全管理体系时，应特别注意通过适当的培训与教育来提高承包方人员的职业安全健康意识与知识，并建立相应的程序与规定，确保他们遵守企业的各项安全健康规定与要求，并促进他们积极地参与体系实施和以高度责任感完成其相应的职责。

3.加强与各相关方的信息交流

建筑企业在施工过程中往往涉及多个相关方，如承包方、业主、监理方和供货方等。为了确保职业健康安全管理体系的有效实施与不断改进，必须依据相应的程序与规定，通过各种形式加强与各相关方的信息交流。

4.强化施工组织设计等设计活动的管理

必须通过体系的实施，建立和完善对施工组织设计、施工方案以及单项安全技术措施方案的管理，确保每一设计中的安全技术措施都根据工程的特点、施工方法、劳动组织和作业环境等提出有针对性的具体要求，从而促进建筑施工的本质安全。

5.强化生活区安全健康管理

每一承包项目的施工活动中都要涉及现场临建设施及施工人员住宿与餐饮等管理问题，这也是建筑施工队伍容易出现安全与中毒事故的关键环节。实施职业安全健康管理体系时，必须控制现场临建设施及施工人员住宿与餐饮管理中的风险，建立与保持相应的程序和规定。

6.融合

建筑企业应将职业安全健康管理体系作为其全面管理的一个组成部分，它的建立与运行应融合于整个企业的价值取向，包括体系内各要素、程序和功能与其他管理体系的

融合。

二、建筑业建立OSHMS的作用和意义

（一）有助于提高企业的职业安全健康管理水平

OSHMS概括了发达国家多年的管理经验。同时，体系本身具有一定的弹性，允许企业根据自身特点加以发挥和运用，结合企业自身的管理实践进行管理创新。OSHMS通过开展周而复始的策划、实施、检查和评审改进等活动，保持体系的持续改进与不断完善，这种持续改进、螺旋上升的运行模式，将不断地提高企业的职业安全健康管理水平。

（二）有助于推动职业安全健康法规的贯彻落实

OSHMS将政府的宏观管理和企业自身的微观管理结合起来，使职业安全健康管理成为组织全面管理的一个重要组成部分，突破了以强制性政府指令为主要手段的单一管理模式，使企业由消极被动地接受监督转变为主动地参与，有助于国家有关法律法规的贯彻落实。

（三）有助于降低经营成本，提高企业经济效益

OSHMS要求企业对各个部门的员工进行相应的培训，使他们了解职业安全健康方针及各自岗位的操作规程，提高全体职工的安全意识，预防及减少安全事故的发生，降低安全事故的经济损失和经营成本。同时，OSHMS还要求企业不断改善劳动者的作业条件，保障劳动者的身心健康，这有助于提高企业职工的劳动效率，并进而提高企业的经济效益。

（四）有助于提高企业的形象和社会效益

为建立OSHMS，企业必须对员工和相关方的安全健康提供有力的保证。这个过程体现了企业对员工生命和劳动的尊重，有利于改善企业的公共关系，提升社会形象，增强凝聚力，提高企业在金融、保险业中的信誉度和美誉度，从而增加获得贷款、降低保险成本的机会，增强其市场竞争力。

（五）有助于促进我国建筑企业进入国际市场

建筑业属于劳动密集型产业。我国建筑业由于具有低劳动力成本的特点，在国际市场中比较有优势。但当前不少发达国家为保护其传统产业采用了一些非关税壁垒（如安全健康环保等准入标准）来阻止发展中国家的产品与劳务进入本国市场。因此，我国企业要进入国际市场，就必须按照国际惯例规范自身的管理，冲破发达国家设置的种种准入限制。

OSHMS作为第三张标准化管理的国际通行证，它的实施将有助于我国建筑企业进入国际市场，并提高其在国际市场上的竞争力。

三、管理体系认证的重点

（一）建立健全组织体系

建筑企业的最高管理者应对保护企业员工的安全与健康负全面责任，并应在企业内设立各级职业安全健康管理的领导岗位，针对那些对其施工活动、设施（设备）和管理过程的职业安全健康风险有一定影响的从事管理、执行和监督的各级管理人员，规定其作用、职责和权限，以确保职业安全健康管理体系的有效建立、实施与运行并实现职业安全健康目标。

（二）全员参与及培训

建筑企业为了有效地开展体系的策划、实施、检查与改进工作，必须基于相应的培训来确保所有相关人员均具备必要的职业安全健康知识，熟悉有关安全生产规章制度和安全操作规程，正确使用和维护安全和职业病防护设备及个体防护用品，具备本岗位的安全健康操作技能，及时发现和报告事故隐患或者其他安全健康危险因素。

（三）协商与交流

建筑企业应通过建立有效的协商与交流机制，确保员工及其代表在职业安全健康方面的权利，并鼓励他们参与职业安全健康活动，促进各职能部门之间的职业安全健康信息交流，及时接收处理相关方关于职业安全健康方面的意见和建议，为实现建筑企业职业安全健康方针和目标提供支持。

（四）文件化

与ISO9000和ISO14000类似，职业安全健康管理体系的文件可分为管理手册（A层次）、程序文件（B层次）、作业文件（C层次，即工作指令、作业指导书、记录表格等）三个层次。

（五）应急预案与响应

建筑企业应依据危害辨识、风险评价和风险控制的结果、法律法规等的要求，还有以往事故、事件和紧急状况的经历以及应急响应演练及改进措施效果的评审结果，针对施工安全事故、火灾、安全控制设备失灵、特殊气候、突然停电等潜在事故或紧急情况，从预案与响应的角度建立并实施应急计划。

（六）评价

评价的目的是要求建筑企业定期或及时地发现其职业安全健康管理体系在运行过程或体系自身所存在的问题，并确定问题产生的根源或需要持续改进的地方。体系评价主要包括绩效测量与监测、事故和事件以及不符合的调查、审核、管理评审。

（七）改进措施

改进措施的目的是要求建筑企业针对组织职业安全健康管理体系绩效测量与监测、事故和事件，以及不符合的调查、审核以及管理评审活动所提出的纠正与预防措施的要求，制订具体的实施方案并予以保持，确保体系的自我完善功能，并依据管理评审等评价的结果，不断寻求方法来持续改进建筑企业自身职业安全健康管理体系及其职业安全健康绩效，从而不断消除、降低或控制各类职业安全健康危害和风险。职业安全健康管理体系的改进措施主要包括纠正与预防措施和持续改进两个方面。

第七节　安全事故处理

水利工程施工安全是指在施工过程中，工程组织方应该采取必要的安全措施和手段来保证，施工人员的生命和健康安全，降低安全事故的发生概率。

一、概述

（一）概念

工伤事故就是企业员工在为公司或工厂进行施工建设中因为某种原因造成的工伤亡事故。对于工伤事故，我国国务院早就做出过规定，《工人职员伤亡事故报告规程》指出“企业对于工人职员在生产区域中所发生的和生产有关的伤亡事故（包括急性中毒）必须按规定进行调查、登记统计和报告”。从目前的情况来看，除了施工单位的员工以外，工伤事故的发生群体还包括民工、临时工和参加生产劳动的学生、教师、干部等。

（二）伤亡事故的分类

一般来说，伤亡事故的分类都是根据受伤害者受到的伤害程度进行划分的。

1.轻伤

轻伤是职工受到伤害程度最低的一种工伤事故，按照相关法律的规定，员工如果受到轻伤而造成歇工一天或一天以上就应视为轻伤事故处理。

2.重伤事故

重伤的情况分为很多种，一般来说凡是有下列情况之一者，都属于重伤，作重伤事故处理。

①经医生诊断成为残废或可能成为残废的。

②伤势严重，需要进行较大手术才能挽救的。

③人体要害部位严重灼伤、烫伤或非要害部位，但灼伤、烫伤占全身面积1/3以上的；严重骨折，严重脑震荡等。

④眼部受伤较重，对视力产生影响，甚至有失明可能的。

⑤手部伤害：大拇指轧断一节的，食指、中指、无名指任何一只轧断两节或任何两只轧断一节的局部肌肉受伤严重，引起肌能障碍，有不能自由伸屈的残废可能的。

⑥脚部伤害：一脚脚趾轧断三只以上的，局部肌肉受伤甚剧，有不能行走自如的残废的可能的；内部伤害，内脏损伤、内出血或伤及腹膜等。

⑦其他部位伤害严重的：不属于以上情况的，经医师诊断后，认为受伤较重，根据实际情况由当地劳动部门审查认定。

3.多人事故

在施工过程中如果出现多人（3人或3人以上）受伤的情况，那么应认定为多人工伤事故处理。

4.急性中毒

急性中毒是指由于食物、饮水、接触物等造成的员工中毒。急性中毒会对受害者的机体造成严重的伤害，一般作为工伤事故处理。

5.重大伤亡事故

重大伤亡事故是指在施工过程中，由于事故造成一次死亡1~2人的，应作重大伤亡处理。

6.多人重大伤亡事故

多人重大伤亡事故是指在施工过程中，由于事故造成一次死亡3人或3人以上10人以下的重大工伤事故。

7.特大伤亡事故

特大伤亡事故是指在施工过程中，由于事故造成一次死亡 10 人或 10 人以上的伤亡事故。

二、事故处理程序

一般来说，如果在施工过程中发生重大伤亡事故，企业负责人员应在第一时间组织伤员的抢救，并及时将事故情况报告给各有关部门，具体来说主要分为以下三个主要步骤。

（一）迅速抢救伤员、保护好事故现场

在工伤事故发生之后，施工单位的负责人应迅速组织人员对伤员展开抢救，并拨打120急救电话，另外，还要保护好事故现场，帮助劳动责任认定部门进行劳动责任认定。

（二）组织调查组

轻伤、重伤事故，由企业负责人或其指定人员组织生产、技术、安全等部门及工会组成事故调查组，进行调查；伤亡事故，由企业主管部门会同同级行政安全管理部门、公安部门、监察部门、工会组成事故调查组，进行调查。死亡和重大死亡事故调查组应邀请人民检察院参加，还可邀请有关专业技术人员参加，与发生事故有直接利害关系的人员不得参加调查组。

（三）现场勘察

1.作出笔录

通常情况下，笔录的内容包括事发时间、地点以及气象条件等；现场勘察人员的姓名、单位、职务；现场勘察起止时间、勘察过程；能量逸散所造成的破坏情况、状态、程度；设施设备损坏情况及事故发生前后的位置；事故发生前的劳动组合；现场人员的具体位置和行动；重要物证的特征、位置及检验情况等。

2.实物拍照

包括方位拍照，反映事故现场周围环境中的位置；全面拍照，反映事故现场各部位之间的联系；中心拍照，反映事故现场中心情况；细目拍照，提示事故直接原因的痕迹物、致害物；人体拍照，反映伤亡者主要受伤和造成伤害的部位。

3.现场绘图

根据事故的类别和规模以及调查工作的需要应绘制：建筑物平面图、剖面图；事故发生时人员位置及疏散图；破坏物立体图或展开图；涉及范围图；设备或工、器具构造

图等。

4.分析事故原因、确定事故性质

分析的步骤和要求是:

①通过详细的调查，查明事故发生的经过。

②整理和仔细阅读调查资料，对受伤部位、受伤性质、起因物、致害物、伤害方法、不安全行为和不安全状态等七项内容进行分析。

③根据调查所确认的事实，从直接原因入手，逐渐深入间接原因。通过对原因的分析，确定出事故的直接责任者和领导责任者，根据在事故发生中的作用，找出主要责任者。

④确定事故的性质。如责任事故、非责任事故或破坏性事故。

5.写出事故调查报告

事故调查组应着重把事故发生的经过、原因、责任分析、处理意见、本次事故的教训和改进工作的建议等写成报告，调查组全体人员签字后报批。如内部意见不统一，应进一步弄清事实，对照政策法规反复研究，统一认识。个别同志仍持有不同意见的，可在签字时写明自己的意见。

6.事故的审理和结案

建设部对事故的审批和结案有以下几点要求:

①事故调查处理结论，应经有关机关审批后，方可结案。伤亡事故处理工作应当在90日内结案，特殊情况不得超过180天。

②事故案件的审批权限，同企业的隶属关系及人事管理权限一致。

③对事故责任人的处理，应根据其情节轻重和损失大小，谁有责任、主要责任、其次责任、重要责任、一般责任，还是领导责任等，按规定给予处分。

④要把事故调查处理的文件、图纸、照片、资料等记录长期完整地保存起来。

第四章

水利工程质量管理

第一节　水利工程质量管理及监督管理规定

一、水利工程质量管理

水利工程质量管理规定（节选）

（2023年1月12日水利部令第52号发布）

第一章　总则

第一条　为了加强水利工程质量管理，保证水利工程质量，推动水利工程建设高质量发展，根据《中华人民共和国建筑法》《建设工程质量管理条例》《建设工程勘察设计管理条例》等法律、行政法规，制定本规定。

第二条　从事水利工程建设（包括新建、扩建、改建、除险加固等）有关活动及其质量监督管理，应当遵守本规定。

第三条　水利工程建设应当严格执行基本建设程序，不得超越权限审批建设项目或者擅自简化基本建设程序。

第四条　水利部负责全国水利工程质量的监督管理。

水利部所属流域管理机构（以下简称流域管理机构）依照法律、行政法规规定和水利部授权，负责所管辖范围内水利工程质量的监督管理。县级以上地方人民政府水行政主管部门在职责范围内负责本行政区域水利工程质量的监督管理。

第五条　项目法人或者建设单位（以下统称项目法人）对水利工程质量承担首要责任。勘察、设计、施工、监理单位对水利工程质量承担主体责任，分别对工程的勘察质量、设计质量、施工质量和监理质量负责。检测、监测单位以及原材料、中间产品、设备供应商等单位依据有关规定和合同，分别对工程质量承担相应责任。

项目法人、勘察、设计、施工、监理、检测、监测单位以及原材料、中间产品、设备供应商等单位的法定代表人及其工作人员，按照各自职责对工程质量依法承担相应责任。

第六条　水利工程实行工程质量终身责任制。项目法人、勘察、设计、施工、监理、检测、监测等单位人员，依照法律法规和有关规定，在工程合理使用年限内对工程质量承担相应责任。

第七条　任何单位和个人对水利工程建设中发生的质量事故、质量缺陷和影响工程质量的行为均有权检举、控告、投诉。

第八条　鼓励水利工程项目法人、勘察、设计、施工、监理等参建单位采用先进的科学技术和管理方法，推行全面质量管理，提升工程质量水平，创建优质工程。

县级以上人民政府水利行政主管部门或者流域管理机构按照国家有关规定对提升水利工程质量做出突出贡献的单位和个人进行奖励。

第九条　水利工程各参建单位应当建立健全教育培训制度，对职工进行质量管理教育培训，按照规定开展上岗作业考核，强化质量意识，提高质量管理能力。

第七章　监督管理

第五十二条　县级以上人民政府水行政主管部门、流域管理机构在管辖范围内负责对水利工程质量的监督管理：

（一）贯彻执行水利工程质量管理的法律、法规、规章和工程建设强制性标准，并组织对贯彻落实情况实施监督检查；

（二）制定水利工程质量管理制度；

（三）组织实施水利工程建设项目的质量监督；

（四）组织、参与水利工程质量事故的调查与处理；

（五）建立举报渠道，受理水利工程质量投诉、举报；

（六）履行法律法规规定的其他职责。

第五十三条　县级以上人民政府水行政主管部门可以委托水利工程质量监督机构具体承担水利工程建设项目的质量监督工作。

县级以上人民政府水行政主管部门、流域管理机构可以采取购买技术服务的方式对水利工程建设项目实施质量监督。

第五十四条　县级以上人民政府水行政主管部门、流域管理机构、受委托的水利工程质量监督机构应当采取抽查等方式，对水利工程建设有关单位质量行为和工程实体质量进行监督检查。有关单位和个人应当支持与配合，不得拒绝或者阻碍质量监督检查人员依法执行职务。

水利工程质量监督工作主要包括以下内容：

（一）核查项目法人、勘察、设计、施工、监理、质量检测等单位和人员的资质或者资格；

（二）检查项目法人、勘察、设计、施工、监理、质量检测、监测等单位履行法律、法规、规章规定的质量责任情况；

（三）检查工程建设强制性标准执行情况；

（四）检查工程项目质量检验和验收情况；

（五）检查原材料、中间产品、设备和工程实体质量情况；

（六）实施其他质量监督工作。

质量监督工作不代替项目法人、勘察、设计、施工、监理及其他单位的质量管理工作。

第五十五条　县级以上人民政府水行政主管部门、流域管理机构、受委托的水利工程质量监督机构履行监督检查职责时，依法采取下列措施：

（一）要求被监督检查单位提供有关工程质量等方面的文件和资料；

（二）进入被监督检查工程现场和基地相关场所进行检查、抽样检测等。

第五十六条　县级以上人民政府水行政主管部门、流域管理机构、受委托的水利工程质量监督机构履行监督检查职责时，发现有下列行为之一的，责令改正，采取处理措施：

（一）项目法人质量管理机构和人员设置不满足工程建设需要，质量管理制度不健全，未组织编制工程建设执行技术标准清单，未组织或者委托监理单位组织勘察、设计交底，未按照规定履行设计变更手续，对发现的质量问题未组织整改落实的；

（二）勘察、设计单位未严格执行勘察、设计文件的校审、会签、批准制度，未按照规定进行勘察、设计交底，未按照规定在施工现场设立设计代表机构或者派驻具有相应技术能力的人员担任设计代表，未按照规定参加工程验收，未按照规定执行设计变更，对发现的质量问题未组织整改落实的；

（三）施工单位未经项目法人书面同意擅自更换项目经理或者技术负责人，委托不具有相应资质等级的水利工程质量检测单位对检测项目实施检测，单元工程（工序）施工质量未经验收或者验收不通过而擅自进行下一单元工程（工序）施工，隐蔽工程未经验收或者验收不通过擅自隐蔽，伪造工程检验或者验收资料，对发现的质量问题未组织整改落实的；

（四）监理单位未经项目法人书面同意擅自更换总监理工程师或者监理工程师，未对施工单位的施工质量管理体系、施工组织设计、专项施工方案、归档文件等进行审查，伪造监理记录和平行检验资料，对发现的质量问题未组织整改落实的；

（五）有影响工程质量的其他问题的。

第五十七条　项目法人应当将重要隐蔽单元工程及关键部位单元工程、分部工程、单位工程质量验收结论报送承担项目质量监督的水行政主管部门或者流域管理机构。

第二节　工程质量管理的基本概念

一、工程项目质量和质量控制的概念

（一）工程项目质量

质量是反映实体满足明确或隐含需要能力的特性之总和。工程项目质量是国家现行的

有关法律、法规、技术标准、设计文件及工程承包合同对工程的安全、适用、经济、美观等特征的综合要求。

从功能和使用价值来看，工程项目质量体现在适用性、可靠性、经济性、外观质量与环境协调等方面。由于工程项目是依据项目法人的需求而兴建的，各工程项目的功能和使用价值的质量应满足于不同项目法人的需求，并无一个统一的标准。

从工程项目质量的形成过程来看，工程项目质量包括工程建设各个阶段的质量，即可行性研究质量、工程决策质量、工程设计质量、工程施工质量、工程竣工验收质量。

工程项目质量具有两个方面的含义：一是指工程产品的特征性能，即工程产品质量；二是指参与工程建设各方面的工作水平、组织管理等，即工作质量。工作质量包括社会工作质量和生产过程工作质量。社会工作质量主要是指社会调查、市场预测、维修服务等。生产过程工作质量主要包括管理工作质量、技术工作质量、后勤工作质量等，最终将体现在工序质量上，而工序质量的好坏，直接受人、原材料、机具设备、工艺及环境等五方面因素的影响。因此，工程项目质量的好坏是各环节、各方面工作质量的综合反映，而不是单纯靠质量检验出来的。

（二）工程项目质量控制

质量控制是指为达到质量要求所采取的作业技术和活动，工程项目质量控制，实际上就是对工程在可行性研究、勘测设计、施工准备、建设实施、后期运行等各阶段、各环节、各因素的全过程、全方位的质量监督控制。工程项目质量有个产生、形成和实现的过程，控制这个过程中的各环节，以满足工程合同、设计文件、技术规范规定的质量标准。在我国的工程项目建设中，工程项目质量控制按其实施者的不同，包括如下三个方面。

1.项目法人的质量控制

项目法人方面的质量控制，主要是委托监理单位依据国家的法律、规范、标准和工程建设的合同文件，对工程建设进行监督和管理，其特点是外部的、横向的、不间断的控制。

2.政府方面的质量控制

政府方面的质量控制是通过政府的质量监督机构来实现的，其目的在于维护社会公共利益，保证技术性法规和标准的贯彻执行，其特点是外部的、纵向的、定期或不定期的抽查。

3.承包人方面的质量控制

承包人主要是通过建立健全质量保证体系，加强工序质量管理，严格施行“三检制”（即初检、复检、终检），避免返工，提高生产效率等方式来进行质量控制，其特点是内部的、自身的、连续的控制。

二、工程项目质量的特点

建筑产品位置固定、生产流动性、项目单件性、生产一次性、受自然条件影响大等特点，决定了工程项目质量具有以下特点。

（一）影响因素多

影响工程质量的因素是多方面的，如人的因素、机械因素、材料因素、方法因素、环境因素等均直接或间接地影响着工程质量。尤其是水利水电工程项目主体工程的建设，一般由多家承包单位共同完成，故其质量形式较为复杂，影响因素多。

（二）质量波动大

由于工程建设周期长，在建设过程中易受到系统因素及偶然因素的影响，产品质量产生波动。

（三）质量变异大

由于影响工程质量的因素较多，任何因素的变异均会引起工程项目的质量变异。

（四）质量具有隐蔽性

由于工程项目实施过程中，工序交接多，中间产品多，隐蔽工程多，取样数量受到各种因素、条件的限制，所以产生错误判断的概率增大。

（五）终检局限性大

由于建筑产品位置固定等自身特点，在质量检验时不能解体、拆卸，所以在工程项目终检验收时难以发现工程内在的、隐蔽的质量缺陷。

此外，质量、进度和投资目标三者之间既对立又统一的关系，使工程质量受到投资、进度的制约。因此，应针对工程质量的特点，严格控制质量，并将质量控制贯穿项目建设全过程。

三、工程项目质量控制的原则

在工程项目建设过程中，对其质量进行控制应遵循以下几项原则。

（一）质量第一原则

“百年大计，质量第一”，工程建设与国民经济的发展和人民生活的改善息息相关。

质量的好坏，直接关系到国家繁荣富强，关系到人民生命财产的安全，关系到子孙幸福，所以必须树立强烈的“质量第一”的思想。

要确立质量第一的原则，必须弄清并且摆正质量和数量、质量和进度之间的关系。不符合质量要求的工程，数量和进度都将失去意义，也没有任何使用价值，而且数量越多，进度越快，国家和人民遭受的损失也将越大。因此，好中求多，好中求快，好中求省，才是符合质量管理所要求的质量水平。

（二）预防为主原则

对于工程项目的质量，我们长期以来采取事后检验的方法，认为严格检查，就能保证质量，实际上这是远远不够的。应该从消极防守的事后检验变为积极预防的事先管理。因为好的建筑产品是好的设计、好的施工所产生的，不是检查出来的。必须在项目管理的全过程中，事先采取各种措施，消灭种种不符合质量要求的因素，以保证建筑产品质量。如果各质量因素（人、机、料、法、环）事先得到保证，工程项目的质量就有了可靠的前提条件。

（三）为用户服务原则

建设工程项目，是为了满足用户的要求，尤其要满足用户对质量的要求。真正好的质量是用户完全满意的质量。进行质量控制，就是要把为用户服务的原则，作为工程项目管理的出发点，贯穿到各项工作中去。同时，要在项目内部树立“下道工序就是用户”的思想。各个部门、各种工作、各种人员都有前、后的工作顺序，在自己这道工序的工作一定要保证质量，凡达不到质量要求不能交给下道工序，一定要使“下道工序”这个用户感到满意。

（四）用数据说话原则

质量控制必须建立在有效的数据基础之上，必须依靠能够确切反映客观实际的数字和资料，否则就谈不上科学的管理。一切用数据说话，就需要用数理统计方法，对工程实体或工作对象进行科学的分析和整理，从而研究工程质量的波动情况，寻求影响工程质量的主次原因，采取改进质量的有效措施，掌握保证和提高工程质量的客观规律。

在很多情况下，我们评定工程质量，虽然也按规范标准进行检测计量，也有一些数据，但是这些数据往往不完整、不系统，没有按数理统计要求积累数据，抽样选点，所以难以汇总分析，有时只能统计加估计，抓不住质量问题，既不能完全表达工程的内在质量状态，也不能有针对性地进行质量教育，提高企业素质。所以，必须树立起“用数据说话”的意识，从积累的大量数据中，找出控制质量的规律性，以保证工程项目的优质建设。

四、工程项目质量控制的任务

工程项目质量控制的任务就是根据国家现行的有关法规、技术标准和工程合同规定的工程建设各阶段质量目标实施全过程的监督管理。工程建设各阶段的质量目标不同，因此需要分别确定各阶段的质量控制对象和任务。

（一）工程项目决策阶段质量控制的任务

①审核可行性研究报告是否符合国民经济发展的长远规划、国家经济建设的方针政策。

②审核可行性研究报告是否符合工程项目建议书或业主的要求。

③审核可行性研究报告是否具有可靠的基础资料和数据。

④审核可行性研究报告是否符合技术经济方面的规范标准和定额等指标。

⑤审核可行性研究报告的内容、深度和计算指标是否达到标准要求。

（二）工程项目设计阶段质量控制的任务

①审查设计基础资料的正确性和完整性。

②编制设计招标文件，组织设计方案竞赛。

③审查设计方案的先进性和合理性，确定最佳设计方案。

④督促设计单位完善质量保证体系，建立内部专业交底及专业会签制度。

⑤进行设计质量跟踪检查，控制设计图纸的质量。在初步设计和技术设计阶段，主要检查生产工艺及设备的选型，总平面布置，建筑与设施的布置，采用的设计标准和主要技术参数；在施工图设计阶段，主要检查计算是否有错误，选用的材料和做法是否合理，标注的各部分设计标高和尺寸是否有错误，各专业设计之间是否有矛盾等。

（三）工程项目施工阶段质量控制的任务

施工阶段质量控制是工程项目全过程质量控制的关键环节。根据工程质量形成的时间，施工阶段的质量控制又可分为质量的事前控制、事中控制和事后控制，其中事前控制为重点控制。

1.事前控制

（1）审查承包商及分包商的技术资质。

（2）协助承建商完善质量体系，包括完善计量及质量检测技术和手段等，同时对承包商的实验室资质进行审核。

（3）督促承包商完善现场质量管理制度，包括现场会议制度、现场质量检验制度、质量统计报表制度和质量事故报告及处理制度等。

（4）与当地质量监督站联系，争取其配合、支持和帮助。

（5）组织设计交底和图纸会审，对某些工程部位应下达质量要求标准。

（6）审查承包商提交的施工组织设计，保证工程质量具有可靠的技术措施。审核工程中采用的新材料、新结构、新工艺、新技术的技术鉴定书；对工程质量有重大影响的施工机械、设备，应审核其技术性能报告。

（7）对工程所需原材料、构配件的质量进行检查与控制。

（8）对永久性生产设备或装置，应按审批同意的设计图纸组织采购或订货，到场后进行检查验收。

（9）对施工场地进行检查验收。检查施工场地的测量标桩、建筑物的定位放线以及高程水准点，重要工程还应复核，落实现场障碍物的清理、拆除等工作。

（10）把好开工关。对现场各项准备工作检查合格后，方可发开工令；停工的工程，未发复工令者不得复工。

2.事中控制

（1）督促承包商完善工序控制措施。工程质量是在工序中产生的，工序控制对工程质量起着决定性的作用。应把影响工序质量的因素都纳入控制状态中，建立质量管理点，及时检查和审核承包商提交的质量统计分析资料和质量控制图表。

（2）严格工序交接检查。主要工作作业包括隐蔽作业需按有关验收规定经检查验收后，方可进行下一工序的施工。

（3）重要的工程部位或专业工程（如混凝土工程）要做试验或技术复核。

（4）审查质量事故处理方案，并对处理效果进行检查。

（5）对完成的分项分部工程，按相应的质量评定标准和办法进行检查验收。

（6）审核设计变更和图纸修改。

（7）按合同行使质量监督权和质量否决权。

（8）组织定期或不定期的质量现场会议，及时分析、通报工程质量状况。

3.事后控制

（1）审核承包商提供的质量检验报告及有关技术性文件。

（2）审核承包商提交的竣工图。

（3）组织联动试车。

（4）按规定的质量评定标准和办法，进行检查验收。

（5）组织项目竣工总验收。

（6）整理有关工程项目质量的技术文件，并编目、建档。

（四）工程项目保修阶段质量控制的任务

（1）审核承包商的工程保修书。

（2）检查、鉴定工程质量状况和工程使用情况。

（3）对出现的质量缺陷，确定责任者。

（4）督促承包商修复缺陷。

（5）在保修期结束后，检查工程保修状况，移交保修资料。

五、工程项目质量影响因素的控制

在工程项目建设的各个阶段，对工程项目质量影响的主要因素就是“人、机、料、法、环”五大方面。为此，应对这五个方面的因素进行严格的控制，以确保工程项目建设的质量。

（一）对“人”的因素的控制

人是工程质量的控制者，也是工程质量的“制造者”。工程质量的好与坏，与人的因素是密不可分的。控制人的因素，即调动人的积极性、避免人的失误等，是控制工程质量的关键因素。

1.领导者的素质

领导者是具有决策权力的人，其整体素质是提高工作质量和工程质量的关键，因此在对承包商进行资质认证和选择时一定要衡量领导者的素质。

2.人的理论和技术水平

人的理论水平和技术水平是人的综合素质的表现，它直接影响工程项目质量，尤其是技术复杂、操作难度大、要求精度高、工艺新的工程对人员素质要求更高；否则，工程质量就很难保证。

3.人的生理缺陷

根据工程施工的特点和环境，应严格控制人的生理缺陷，如高血压、心脏病的人，不能从事高空作业和水下作业；反应迟钝、应变能力差的人，不能操作快速运行、动作复杂的机械设备等，否则将影响工程质量，引起安全事故。

4.人的心理行为

影响人的心理行为因素很多，而人的心理因素如疑虑、畏惧、抑郁等很容易使人产生愤怒、怨恨等情绪，使人的注意力转移，由此引发质量、安全事故。所以在审核企业的资质水平时，要注意企业职工的凝聚力如何，职工的情绪如何，这也是选择企业的一条标准。

5.人的错误行为

人的错误行为是指人在工作场地或工作中吸烟、打盹、错视、错听、误判断、误动作等，这些都会影响工程质量或造成质量事故。所以，在有危险的工作场所，应严格禁止吸烟、嬉戏等错误行为。

6.人的违纪违章

人的违纪违章是指人的粗心大意、注意力不集中、不履行安全措施等不良行为，会对工程质量造成损害，甚至引起工程质量事故。所以，在使用人的问题上，应从思想素质、业务素质和身体素质等方面严格控制。

（二）对材料、构配件的质量控制

1.材料质量控制的要点

①掌握材料信息，优选供货厂家。应掌握材料信息，优先选有信誉的厂家供货，对主要材料、构配件在订货前，必须经监理工程师论证同意后，才可订货。

②合理组织材料供应。应协助承包商合理地组织材料采购、加工、运输、储备。尽量加快材料周转，按质、按量、如期满足工程建设需要。

③合理地使用材料，减少材料损失。

④加强材料检查验收。用于工程上的主要建筑材料，进场时必须具备正式的出厂合格证和材质化验单。否则，应作补检。工程中所有各种构配件，必须具有厂家批号和出厂合格证。

凡是标志不清或质量有问题的材料，对质量保证资料有怀疑或与合同规定不相符的一般材料，应进行一定比例的材料试验，并需要追踪检验。对于进口的材料和设备以及重要工程或关键施工部位所用材料，则应进行全部检验。

⑤重视材料的使用认证，以防错用或使用不当。

2.材料质量控制的内容

（1）材料质量的标准

材料质量的标准是用以衡量材料标准的尺度，并作为验收、检验材料质量的依据。其具体的材料标准指标可参见相关材料手册。

（2）材料质量的检验、试验

材料质量的检验目的是通过一系列的检测手段，将取得的材料数据与材料的质量标准相比较，用以判断材料质量的可靠性。

①材料质量的检验方法。

A.书面检验。书面检验是通过对提供的材料质量保证资料、试验报告等进行审核，取得认可方能使用。

B.外观检验。外观检验是对材料从品种、规格、标志、外形尺寸等进行直观检查，看有无质量问题。

C.理化检验。理化检验是借助试验设备和仪器对材料样品的化学成分、机械性能等进行科学的鉴定。

D.无损检验。无损检验是在不破坏材料样品的前提下，利用超声波、X射线、表面探伤仪等进行检测。

②材料质量的检验程度。

材料质量检验程度分为免检、抽检和全部检查三种。

免检就是免去质量检验工序。对有足够质量保证的一般材料，以及实践证明质量长期稳定而且质量保证资料齐全的材料，可予以免检。

抽检是按随机抽样的方法对材料抽样检验。如对材料的性能不清楚，对质量保证资料有怀疑，或对成批生产的构配件，均应按一定比例进行抽样检验。

对进口的材料、设备和重要工程部位的材料，以及贵重的材料，应进行全部检验，以确保材料和工程质量。

③材料质量检验项目。材料检验项目一般可分为一般检验项目和其他检验项目。

④材料质量检验的取样。材料质量检验的取样必须具有代表性，也就是所取样品的质量应能代表该批材料的质量。在采取试样时，必须按规定的部位、数量及采选的操作要求进行。

⑤材料抽样检验的判断。抽样检验是对一批产品（个数为m）根据一次抽取n个样品进行检验，用其结果来判断该批产品是否合格。

材料的选择不当和使用不正确，会严重影响工程质量或造成工程质量事故。因此，在施工过程中，必须针对工程项目的特点和环境要求及材料的性能、质量标准、适用范围等多方面综合考察，慎重选择和使用材料。

（三）对方法的控制

对方法的控制主要是指对施工方案的控制，也包括对整个工程项目建设期内所采用的技术方案、工艺流程、组织措施、检测手段、施工组织设计等的控制。对一个工程项目而言，施工方案恰当与否，直接关系到工程项目质量，关系到工程项目的成败，所以应重视对方法的控制。这里说的方法控制，在工程施工的不同阶段，其侧重点也不相同，但都是围绕确保工程项目质量这个纲领。

（四）对施工机械设备的控制

施工机械设备是工程建设不可缺少的设施，目前，工程建设的施工进度和施工质量都与施工机械关系密切。因此，在施工阶段，必须对施工机械的性能、选型和使用操作等方面进行控制。

1.机械设备的选型

机械设备的选型应因地制宜，按照技术先进、经济合理、生产适用、性能可靠、使用安全、操作和维修方便等原则来选择施工机械。

2.机械设备的主要性能参数

机械设备的性能参数是选择机械设备的主要依据，为满足施工的需要，在参数选择上可适当留有余地，但不能选择超出需要很多的机械设备，否则，容易造成经济上的不合理。机械设备的性能参数很多，要综合各参数，确定合适的施工机械设备。在这方面，要结合机械施工方案，择优选择机械设备，要严格把关，对不符合需要和有安全隐患的机械，不准其进场。

3.机械设备的使用、操作要求

合理使用机械设备，正确地进行操行，是保证工程项目施工质量的重要环节，应贯彻“人机固定”的原则，实行定机、定人、定岗位的制度。操作人员必须认真执行各项规章制度，严格遵守操作规程，防止出现安全质量事故。

（五）对环境因素的控制

影响工程项目质量的环境因素很多，有工程技术环境、工程管理环境、劳动环境等。环境因素对工程质量的影响复杂而且多变，因此应根据工程特点和具体条件，对影响工程质量的环境因素进行严格控制。

第三节 质量体系建立与运行

一、施工阶段的质量控制

（一）质量控制的依据

施工阶段的质量管理及质量控制的依据，大体上可分为两类，即共同性依据及专门技术法规性依据。

共同性依据是指那些适用于工程项目施工阶段与质量控制有关的，具有普遍指导意义和必须遵守的基本文件。主要有工程承包合同文件，设计文件，国家和行业现行的有关质量管理方面的法律、法规文件。

工程承包合同中分别规定了参与施工建设的各方在质量控制方面的权利和义务，并据此对工程质量进行监督和控制。

有关质量检验与控制的专门技术法规性依据是指针对不同行业、不同的质量控制对象而制定的技术法规性的文件，主要包括以下内容。

①已批准的施工组织设计。它是承包单位进行施工准备和指导现场施工的规划性、指导性文件，详细规定了工程施工的现场布置，人员设备的配置，作业要求，施工工序和工艺，技术保证措施，质量检查方法和技术标准等，是进行质量控制的重要依据。

②合同中引用的国家和行业的现行施工操作技术规范、施工工艺规程及验收规范。它是维护正常施工的准则，与工程质量密切相关，必须严格遵守执行。

③合同中引用的有关原材料、半成品、配件方面的质量依据。如水泥、钢材、骨料等有关产品技术标准；水泥、骨料、钢材等有关检验、取样、方法的技术标准；有关材料验收、包装、标志的技术标准。

④制造厂提供的设备安装说明书和有关技术标准。这是施工安装承包人进行设备安装必须遵循的重要技术文件，也是进行检查和控制质量的依据。

（二）质量控制的方法

施工过程中的质量控制方法主要有旁站检查、测量、试验等。

1.旁站检查

旁站是指有关管理人员对重要工序（质量控制点）的施工所进行的现场监督和检查，以避免质量事故的发生。旁站也是驻地监理人员的一种主要现场检查形式。根据工程施工难度及复杂性，可采用全过程旁站、部分时间旁站两种方式。对容易产生缺陷的部位，或产生了缺陷难以补救的部位以及隐蔽工程，应加强旁站检查。

在旁站检查中，必须检查承包人在施工中所用的设备、材料及混合料是否符合已批准的文件要求，检查施工方案、施工工艺是否符合相应的技术规范。

2.测量

测量是对建筑物的尺寸进行控制的重要手段。应对施工放样及高程控制进行核查，不合格者不准开工。对模板工程、已完工程的几何尺寸、高程、宽度、厚度、坡度等质量指标，按规定要求进行测量验收，不符合规定要求的需进行返工。测量记录，均要事先经工程师审核签字后方可使用。

3.试验

试验是工程师确定各种材料和建筑物内在质量是否合格的重要方法。所有工程使用的材料，都必须事先经过材料试验，质量必须满足产品标准，并经工程师检查批准后，方可使用。材料试验包括水源、粗骨料、沥青、土工织物等各种原材料，不同等级混凝土的配合比试验，外购材料及成品质量证明和必要的试验鉴定，仪器设备的调校试验，加工后的成品强度及耐用性检验，工程检查等，没有试验数据的工程不予验收。

（三）工序质量监控

1.工序质量监控的内容

工序质量控制主要包括对工序活动条件的监控和对工序活动效果的监控。

（1）工序活动条件的监控

所谓工序活动条件监控，就是指对影响工程生产因素进行的控制。工序活动条件的控制是工序质量控制的手段。尽管在开工前对生产活动条件已进行了初步控制，但在工序活动中有的条件还会发生变化，使其基本性能达不到检验指标，这正是生产过程产生质量不稳定的重要原因。因此，只有对工序活动条件进行控制，才能达到对工程或产品的质量性能特性指标的控制。工序活动条件包括的因素较多，要通过分析，分清影响工序质量的主要因素，抓住主要矛盾，逐渐予以调节，以达到质量控制的目的。

（2）工序活动效果的监控

工序活动效果的监控主要反映在对工序产品质量性能的特征指标的控制上。通过对工序活动的产品采取一定的检测手段进行检验，根据检验结果分析、判断该工序活动的质量效果，从而实现对工序质量的控制，其步骤如下：首先是工序活动前的控制，主要要求人、材料、机械、方法或工艺、环境能满足要求；然后采用必要的手段和工具，对抽出的工序子样进行质量检验；应用质量统计分析工具（如直方图、控制图、排列图等）对检验所得的数据进行分析，找出这些质量数据所遵循的规律。根据质量数据分布规律的结果，判断质量是否正常；若出现异常情况，寻找原因，找出影响工序质量的因素，尤其是那些主要因素，采取对策和措施进行调整；再重复前面的步骤，检查调整效果，直到满足要求，这样便可达到控制工序质量的目的。

2.工序质量监控实施要点

对工序活动质量监控，首先应确定质量控制计划，它是以完善的质量监控体系和质量检查制度为基础：一方面，工序质量控制计划要明确规定质量监控的工作程序、流程和质量检查制度；另一方面，需进行工序分析，在影响工序质量的因素中，找出对工序质量产生影响的重要因素，进行主动的、预防性的重点控制。例如，在振捣混凝土这一工序中，振捣的插点和振捣时间是影响质量的主要因素，为此，应加强现场监督并要求施工单位严格予以控制。

同时，在整个施工活动中，应采取连续的动态跟踪控制，通过对工序产品的抽样检验，判定其产品质量的稳定性，若工序活动处于异常状态，则应查出影响质量的原因，采取措施排除系统性因素的干扰，使工序活动恢复到正常状态，从而保证工序活动及其产品质量。此外，为确保工程质量，应在工序活动过程中设置质量控制点，进行预控。

3.质量控制点的设置

质量控制点的设置是进行工序质量预防控制的有效措施。质量控制点是指为保证工程质量而必须控制的重点工序、关键部位、薄弱环节。应在施工前，全面、合理地选择质量控制点，并对设置质量控制点的情况及拟采取的控制措施进行审核。必要时，应对质量控制实施过程进行跟踪检查或旁站监督，以确保质量控制点的施工质量。

设置质量控制点的对象，主要有以下几方面。

①关键的分项工程。如大体积混凝土工程，土石坝工程的坝体填筑，隧洞开挖工程等。

②关键的工程部位。如混凝土面板堆石坝面板趾板及周边缝的接缝，土基上水闸的地基基础，预制框架结构的梁板节点，关键设备的设备基础等。

③薄弱环节。指经常发生或容易发生质量问题的环节，或承包人无法把握的环节，或采用新工艺（材料）施工的环节等。

④关键工序。如钢筋混凝土工程的混凝土振捣，灌注桩钻孔，隧洞开挖的钻孔布置、方向、深度、用药量和填塞等。

⑤关键工序的关键质量特性。如混凝土的强度、耐久性，土石坝的干容重、黏性土的含水率等。

⑥关键质量特性的关键因素。如冬季混凝土强度的关键因素是环境（养护温度），支模的关键因素是支撑方法，泵送混凝土输送质量的关键因素是机械，墙体垂直度的关键因

素是人等。

控制点的设置应准确有效，因此究竟选择哪些作为控制点，需要由有经验的质量控制人员进行选择。

4.见证点、停止点的概念

在工程项目实施控制中，通常是由承包人在分项工程施工前制定施工计划时，就选定设置控制点，并在相应的质量计划中进一步明确哪些是见证点，哪些是停止点。所谓见证点和停止点是国际上对于重要程度不同及监督控制要求不同的质量控制对象的一种区分方式。见证点监督也称为W点监督。凡是被列为见证点的质量控制对象，在规定的控制点施工前，施工单位应提前24 h通知监理人员在约定的时间内到现场进行见证并实施监督。如监理人员未按约定到场，施工单位有权对该点进行相应的操作和施工。停止点也称为待检查点或H点，它的重要性高于见证点，是针对那些由于施工过程或工序施工质量不易或不能通过其后的检验和试验而充分得到论证的“特殊过程”或“特殊工序”而言的。凡被列入停止点的控制点，要求必须在该控制点来临之前24 h通知监理人员到场实验监控，如监理人员未能在约定时间内到达现场，施工单位应停止该控制点的施工，并按合同规定等待监理方，未经认可不能超过该点继续施工，如水闸闸墩混凝土结构在钢筋架立后，混凝土浇筑之前，可设置停止点。

在施工过程中，应加强旁站和现场巡查的监督检查；严格实施隐蔽式工程工序间交接检查验收、工程施工预检等检查监督；严格执行对成品保护的质量检查。只有这样才能及早发现问题，及时纠正，防患于未然，确保工程质量，避免导致工程质量事故。

为了对施工期间的各分部、分项工程的各工序质量实施严密、细致和有效的监督、控制，应认真地填写跟踪档案，即施工和安装记录。

二、全面质量管理的基本概念

全面质量管理（Total Qualitymanagement，简称TQM）是企业管理的中心环节，是企业管理的纲，它和企业的经营目标是一致的。这就是要求将企业的生产经营管理和质量管理有机结合起来。

（一）全面质量管理的基本概念

全面质量管理是以组织全员参与为基础的质量管理模式，它代表了质量管理的最新阶段，最早起源于美国，菲根堡姆指出：全面质量管理是为了能够在最经济的水平上，并充分考虑到满足用户的要求的条件下进行市场研究、设计、生产和服务，把企业内各部门研制质量、维持质量和提高质量的活动构成为一体的一种有效体系。他的理论经过世界各国的继承和发展，得到了进一步的扩展和深化。1994年版ISO9000族标准中对全面质量管理的定义为：一个组织以质量为中心，以全员参与为基础，目的在于通过让顾客满意和本组织所有成员及社会受益而达到长期成功的管理途径。

（二）全面质量管理的基本要求

1.全过程的管理

任何一个工程（和产品）的质量，都有一个产生、形成和实现的过程；整个过程是由多个相互联系、相互影响的环节所组成的，每一环节都或重或轻地影响着最终的质量状况。因此，要搞好工程质量管理，必须把形成质量的全过程和有关因素控制起来，形成一个综合的管理体系，做到以防为主，防检结合，重在提高。

2.全员的质量管理

工程（产品）的质量是企业各方面、各部门、各环节工作质量的反映。每一环节、每一个人的工作质量都会不同程度地影响着工程（产品）的最终质量。工程质量人人有责，只有人人都关心工程的质量，做好本职工作，才能生产出好质量的工程。

3.全企业的质量管理

全企业的质量管理，一方面要求企业各管理层次都要有明确的质量管理内容，各层次的侧重点要突出，每个部门应有自己的质量计划、质量目标和对策，层层控制；另一方面就是要把分散在各部门的质量职能发挥出来。如水利水电工程中的“三检制”，就充分反映这一观点。

4.多方法的管理

影响工程质量的因素越来越复杂：既有物质的因素，又有人为的因素；既有技术因素，又有管理因素；既有内部因素，又有企业外部因素。要搞好工程质量，就必须把这些影响因素控制起来，分析它们对工程质量的不同影响。灵活运用各种现代化管理方法来解决工程质量问题。

（三）全面质量管理的工作原则

1.预防原则

在企业的质量管理工作中，要认真贯彻预防为主的原则，凡事要防患于未然。在产品制造阶段应该采用科学方法对生产过程进行控制，尽量把不合格品消灭在发生之前。在产品的检验阶段，不论是对最终产品或是在制品，都要把质量信息及时反馈并认真处理。

2.经济原则

全面质量管理强调质量，但质量控制没有止境的，必须考虑经济性，建立合理的经济界限，这就是所谓经济原则。因此，在产品设计制定质量标准时，在生产过程进行质量控制时，在选择质量检验方式为抽样检验或全数检验时等场合，都必须考虑其经济效益。

3.协作原则

协作是大生产的必然要求。生产和管理分工越细，就越要求协作。一个具体单位的质量问题往往涉及许多部门，如无良好的协作是很难解决的。因此，强调协作是全面质量管理的一条重要原则，也反映了系统科学全局观点的要求。

4.按照PDCA循环组织活动

PDCA循环是质量体系活动所应遵循的科学工作程序，周而复始，内外嵌套，循环不已，以求质量不断提高。

第四节　工程质量统计与分析

一、质量数据

利用质量数据和统计分析方法进行项目质量控制，是控制工程质量的重要手段。通常，通过收集和整理质量数据，进行统计分析比较，找出生产过程的质量规律，判断工程产品质量状况，发现存在的质量问题，找出引起质量问题的原因，并及时采取措施，预防和纠正质量事故，使工程质量始终处于受控状态。

质量数据是用以描述工程质量特征性能的数据。它是进行质量控制的基础，没有质量数据，就不可能有现代化的、科学的质量控制。

（一）质量数据的类型

质量数据按其自身特征，可分为计量值数据和计数值数据；按其收集目的可分为控制性数据和验收性数据。

1.计量值数据

计量值数据是可以连续取值的连续型数据。如长度、质量、面积、标高等特征，一般都是可以用量测工具或仪器等量测，一般都带有小数。

2.计数值数据

计数值数据是不连续的离散型数据。如不合格品数、不合格的构件数等，这些反映质量状况的数据是不能用量检具具来度量的，采用计数的办法，只能出现 0、1、2 等非负数的整数。

3.控制性数据

控制性数据一般是以工序作为研究对象，是为分析、预测施工过程是否处于稳定状态而定期随机地抽样检验获得的质量数据。

4.验收性数据

验收性数据是以工程的最终实体内容为研究对象，以分析、判断其质量是否达到技术标准或用户的要求而采取随机抽样检验而获取的质量数据。

（二）质量数据的波动及其原因

在工程施工过程中常可看到在相同的设备、原材料、工艺及操作人员条件下，生产的同一种产品的质量不同，反映在质量数据上，即具有波动性，其影响因素有偶然性因素和系统性因素两大类。偶然性因素引起的质量数据波动属于正常波动，偶然因素是无法或难以控制的因素，所造成的质量数据的波动量不大，没有倾向性，作用是随机的，工程质量只有偶然因素影响时，生产才处于稳定状态。由系统因素造成的质量数据波动属于异常波动，系统因素是可控制、易消除的因素，这类因素不经常发生，但具有明显的倾向性，对工程质量的影响较大。

质量控制的目的就是要找出出现异常波动的原因，即系统性因素是什么，并加以排除，使质量只受随机性因素的影响。

（三）质量数据的收集

质量数据的收集总的要求应当是随机地抽样，即整批数据中每一个数据都有被抽到的可能性。常用的方法有随机法、系统抽样法、二次抽样法和分层抽样法。

（四）样本数据特征

为了进行统计分析和运用特征数据对质量进行控制，经常要使用许多统计特征数据。统计特征数据主要有均值、中位数、极值、极差、标准偏差、变异系数，其中均值、中位数表示数据集中的位置；极差、标准偏差、变异系数表示数据的波动情况，即分散程度。

二、质量控制的统计方法简介

通过对质量数据的收集、整理和统计分析，找出质量的变化规律和存在的质量问题，提出进一步的改进措施，这种运用数学工具进行质量控制的方法是所有涉及质量管理的人员所必须掌握的，它可以使质量控制工作定量化和规范化。下面介绍几种在质量控制中常用的数学工具及方法。

（一）直方图法

1.直方图的用途

直方图又称频率分布直方图，它们将产品质量频率的分布状态用直方图形来表示，根据直方图形的分布形状和与公差界限的距离来观察、探索质量分布规律，分析和判断整个生产过程是否正常。

利用直方图可以制定质量标准，确定公差范围，可以判明质量分布情况是否符合标准的要求。

2.直方图的分析

直方图有以下几种分布形式。

①正常对称型。说明生产过程正常，质量稳定。

②锯齿型。原因一般是分组不当或组距确定不当。

③孤岛型。原因一般是材质发生变化或由他人临时替班。

④绝壁型。一般是由于剔除下限以下的数据造成的。

⑤双峰型。把两种不同的设备或工艺的数据混在一起造成的。

⑥平峰型。生产过程中有缓慢变化的因素起主导作用。

3.注意事项

①直方图属于静态的，不能反映质量的动态变化。

②画直方图时，数据不能太少，一般应大于50个数据，否则画出的直方图难以正确反映总体的分布状态。

③直方图出现异常时，应注意将收集的数据分层，然后画直方图。

④直方图呈正态分布时，可求平均值和标准差。

（二）排列图法

排列图法又称巴雷特法、主次排列图法，是分析影响质量主要问题的有效方法，将众多的因素进行排列，主要因素就一目了然。

排列图法是由一个横坐标、两个纵坐标、几个长方形和一条曲线组成的。左侧的纵坐标是频数或件数，右侧纵坐标是累计频率，横轴则是项目或因素，按项目频数大小顺序在横轴上自左而右画长方形，其高度为频数，再根据右侧的纵坐标，画出累计频率曲线，该曲线也称巴雷特曲线。

（三）因果分析图法

因果分析图也叫鱼刺图、树枝图，这是一种逐步深入研究和讨论质量问题的图示方法。在工程建设过程中，任何一种质量问题的产生，一般都是多种原因造成的，这些原因有大有小，把这些原因按照大小顺序分别用主干、大枝、中枝、小枝来表示，这样就可一目了然地观察出导致质量问题的原因，并以此为据，制定相应对策。

（四）管理图法

管理图也称控制图，它是反映生产过程随时间变化而变化的质量动态，即反映生产过程中各个阶段质量波动状态的图形。管理图利用上下控制界限，将产品质量特性控制在正常波动范围内，一旦有异常反映，通过管理图就可以发现，并及时处理。

（五）相关图法

产品质量与影响质量的因素之间，常有一定的相互关系，但不一定是严格的函数关系，这种关系称为相关关系，可利用直角坐标系将两个变量之间的关系表达出来。相关图的形式有正相关、负相关、非线性相关和无相关。

此外，还有调査表法、分层法等。

第五节　工程质量事故的处理

一、工程事故的分类

凡水利水电工程在建设中或完工后，由于设计、施工、监理、材料、设备、工程管理和咨询等方面造成工程质量不符合规程、规范和合同要求的质量标准，影响工程的使用寿命或正常运行，一般需作补救措施或返工处理的，统称为工程质量事故。日常所说的事故大多指施工质量事故。

在水利水电工程中，按对工程的耐久性和正常使用的影响程度，检查和处理质量事故对工期影响时间的长短以及直接经济损失的大小，将质量事故分为一般质量事故、较大质量事故、重大质量事故和特大质量事故。

一般质量事故是指对工程造成一定经济损失，经处理后不影响正常使用，不影响工程使用寿命的事故。小于一般质量事故的统称为质量缺陷。

较大质量事故是指对工程造成较大经济损失或延误较短工期，经处理后不影响正常使用，但对工程使用寿命有较大影响的事故。

重大质量事故是指对工程造成重大经济损失或延误较长工期，经处理后不影响正常使用，但对工程使用寿命有较大影响的事故。

特大质量事故是指对工程造成特大经济损失或长时间延误工期，经处理后仍对工程正常使用和使用寿命有较大影响的事故。

《水利工程质量事故处理暂行规定》规定：一般质量事故，它的直接经济损失在20万~100万元，事故处理的工期在一个月内，且不影响工程的正常使用与寿命。一般建筑工程对事故的分类略有不同，主要表现在经济损失的范围及影响。

二、工程事故的处理方法

（一）事故发生的原因

工程质量事故发生的原因很多，最基本的还是人、机械、材料、工艺和环境几方面。一般可分直接原因和间接原因两类。

直接原因主要有人的行为不规范和材料、机械的不符合规定状态。如设计人员不按规范设计、监理人员不按规范进行监理、施工人员违反规程操作等，属于人的行为不规范；又如水泥、钢材等某些指标不合格，属于材料不符合规定状态。

间接原因是指质量事故发生地的环境条件，如施工管理混乱、质量检查监督失职、质量保证体系不健全等，间接原因往往导致直接原因的发生。

事故原因也可从工程建设的参建各方来寻查，业主、监理、设计、施工和材料、机械、设备供应商的某些行为或各种方法也会造成质量事故。

（二）事故处理的目的

工程质量事故分析与处理的目的主要是：正确分析事故原因，防止事故恶化；创造正常的施工条件；排除隐患，预防事故发生；总结经验教训，区分事故责任；采取有效的处理措施，尽量减少经济损失，保证工程质量。

（三）事故处理的原则

质量事故发生后，应坚持“三不放过”的原则，即事故原因不查清不放过，事故主要责任人和职工未受到教育不放过，补救措施不落实不放过。

发生质量事故，应立即向有关部门（业主、监理单位、设计单位和质量监督机构等）汇报，并提交事故报告。

由质量事故而造成的损失费用，坚持事故责任是谁由谁承担的原则。如责任在施工承包商，则事故分析与处理的一切费用由承包商自己负责；施工中事故责任不在承包商，则承包商可依据合同向业主提出索赔；若事故责任为设计或监理单位，应按照有关合同条款给予相关单位必要的经济处罚。构成犯罪的，移交司法机关处理。

（四）事故处理的程序和方法

事故处理的程序是：

①下达工程施工暂停令；

②组织调查事故；

③事故原因分析；

④事故处理与检查验收；

⑤下达复工令。

事故处理的方法有两大类。

①修补。这种方法适用于通过修补可以不影响工程的外观和正常使用的质量事故，此类事故是施工中多发的。

②返工。这类事故严重违反规范或标准，影响工程使用和安全，且无法修补，必须返工。

有些工程质量问题，虽严重超过了规程、规范的要求，已具有质量事故的性质，但可针对工程的具体情况，通过分析论证，不需作专门处理，但要记录在案。如混凝土蜂窝、麻面等缺陷，可通过涂抹、打磨等方式处理；欠挖或模板问题使结构断面被削弱，经设计复核验算，仍能满足承载要求的，也可不作处理，但必须记录在案，并有设计和监理单位的鉴定意见。

第六节　工程质量评定与验收

一、工程质量评定

（一）质量评定的意义

工程质量评定是依据国家或部门统一制定的现行标准和方法，对照具体施工项目的质量结果，确定其质量等级的过程。

工程质量评定以单元工程质量评定为基础，其评定的先后次序是单元工程、分部工程和单位工程。

工程质量的评定在施工单位（承包商）自评的基础上，由建设（监理）单位复核，报政府质量监督机构核定。

（二）评定依据

①国家与水利水电部门有关行业规程、规范和技术标准。

②经批准的设计文件、施工图纸、设计修改通知、厂家提供的设备安装说明书及有关技术文件。

③工程合同采用的技术标准。

④工程试运行期间的试验及观测分析成果。

（三）评定标准

1.单元工程质量评定标准

单元工程质量等级按《水利水电工程施工质量检验与评定规程》（SL176—2007）进行评定。当单元工程质量达不到合格标准时，必须及时处理，其质量等级按如下确定：

①全部返工重做的，可重新评定等级；

②经加固补强并经过鉴定能达到设计要求，其质量只能评定为合格；

③经鉴定达不到设计要求，但建设（监理）单位认为能基本满足安全和使用功能要求的，可不补强加固，或经补强加固后，改变外形尺寸或造成永久缺陷的，经建设（监理）单位认为能基本满足设计要求，其质量可按合格处理。

2.分部工程质量评定标准

分部工程质量合格的条件是：

①单元工程质量全部合格；

②中间产品质量及原材料质量全部合格，金属结构及启闭机制造质量合格，机电产品质量合格。

分部工程优良的条件是：

①单元工程质量全部合格，其中有50%以上达到优良，主要单元工程、重要隐蔽工程及关键部位的单位工程质量优良，且未发生过质量事故；

②中间产品质量全部合格，其中混凝土拌和物质量达到优良，原材料质量、金属结构

及启闭机制造质量合格，机电产品质量合格。

3.单位工程质量评定标准

单位工程质量合格的条件是：

①分部工程质量全部合格；

②中间产品质量及原材料质量全部合格，金属结构及启闭机制造质量合格，机电产品质量合格；

③外观质量得分率达70%以上；

④施工质量检验资料基本齐全。

单位工程优良的条件是：

①分部工程质量全部合格，其中有70%以上达到优良，主要分部工程质量优良，且未发生过重大质量事故；

②中间产品质量全部合格，其中混凝土拌和物质量达到优良，原材料质量、金属结构及启闭机制造质量合格，机电产品质量合格；

③外观质量得分率达85%以上；

④施工质量检验资料齐全。

4.工程质量评定标准

单位工程质量全部合格，工程质量可评为合格；如其中50%以上的单位工程优良，且主要建筑物单位工程质量优良，则工程质量可评优良。

二、工程质量验收

（一）概述

工程验收是在工程质量评定的基础上，依据一个既定的验收标准，采取一定的手段来检验工程产品的特性是否满足验收标准的过程。水利水电工程验收分为分部工程验收、阶段验收、单位工程验收和竣工验收。按照验收的性质，可分为投入使用验收和完工验收。工程验收的目的是：检查工程是否按照批准的设计进行建设；检查已完工程在设计、施工、设备制造安装等方面的质量，并对验收遗留问题提出处理要求；检查工程是否具备运行或进行下一阶段建设的条件；总结工程建设中的经验教训，并对工程作出评价；及时移交工程，尽早发挥投资效益。

工程验收的依据是：有关法律、规章和技术标准，主管部门有关文件，批准的设计文件及相应设计变更、修改文件，施工合同，监理签发的施工图纸和说明，设备技术说明书等。当工程具备验收条件时，应及时组织验收。未经验收或验收不合格的工程不得交付使用或进行后续工程施工，验收工作应相互衔接，不应重复进行。

工程进行验收时必须有质量评定意见，阶段验收和单位工程验收应有水利水电工程质量监督单位的工程质量评价意见；竣工验收必须有水利水电工程质量监督单位的工程质量评定报告，竣工验收委员会在其基础上鉴定工程质量等级。

（二）工程验收的主要工作

1.分部工程验收

分部工程验收应具备的条件是该分部工程的所有单元工程已经完建且质量全部合格。分部工程验收的主要工作是：鉴定工程是否达到设计标准；按现行国家或行业技术标准，评定工程质量等级；对验收遗留问题提出处理意见。分部工程验收的图纸、资料和成果是竣工验收资料的重要组成部分。

2.阶段验收

根据工程建设需要，当工程建设达到一定关键阶段（如基础处理完毕、截流、水库蓄水、机组启动、输水工程通水等）时，应进行阶段验收。阶段验收的主要工作是：检查已完工程的质量和形象面貌；检查在建工程建设情况；检查待建工程的计划安排和主要技术措施落实情况，以及是否具备施工条件；检查拟投入使用工程是否具备运用条件；对验收遗留问题提出处理要求。

3.完工验收

完工验收应具备的条件是所有分部工程已经完建并验收合格。完工验收的主要工作是：检查工程是否按批准设计完成；检查工程质量，评定质量等级，对工程缺陷提出处理要求；对验收遗留问题提出处理要求；按照合同规定，施工单位向项目法人移交工程。

4.竣工验收

工程在投入使用前必须通过竣工验收。竣工验收应在全部工程完成后3个月内进行。进行验收确有困难的，经工程验收主持单位同意，可以适当延长期限。竣工验收应具备以下条件：工程已按批准设计规定的内容全部建成；各单位工程能正常运行；历次验收所发现的问题已基本处理完毕；归档资料符合工程档案资料管理的有关规定；工程建设征地补偿及移民安置等问题已基本处理完毕，工程主要建筑物安全保护范围内的迁建和工程管理土地征用已经完成；工程投资已经全部到位；竣工决算已经完成并通过竣工审计。

竣工验收的主要工作是：审查项目法人“工程建设管理工作报告”和初步验收工作组“初步验收工作报告”；检查工程建设和运行情况；协调处理有关问题；讨论并通过“竣工验收鉴定书”。

第五章

水利工程合同管理

第一节 水利工程合同管理概述

一、合同的概念与特征

（一）合同的概念

合同又称契约，是当事人之间确立一定权利义务关系的协议。广泛的合同，泛指一切能发生某种权利义务关系的协议。我国实施的《中华人民共和国合同法》中，对合同的主体及权利义务的范围都作了限定，即合同是平等主体之间确立民事权利义务关系的协议，采用了狭义的合同概念。

建设工程合同是承包方与发包方之间确立承包方完成约定的工程项目、发包方支付价款与酬金的协议，它包括工程勘察、设计、施工合同。它是《合同法》中记名合同的一种，属于《合同法》调整的范围。

计划经济期间，所有建设工程项目都由国家调控，工程建设中的一切活动均由政府统筹安排，建设行为主体都按政府指令行事，并只对政府负责。行为主体之间并无权利义务关系存在，所以，也无须签订合同。但在市场经济条件下，政府只对工程建设市场进行宏观调控，建设行为主体均按市场规律平等参与竞争，各行为主体的权利义务皆由当事人通过签订合同自主约定，因此，建设工程合同成为明确承发包双方责任、保证工程建设活动得以顺利进行的主要调控手段之一，其重要性已随着市场经济体制的进一步确立而日益明显。

需要指出，除建设工程合同以外，工程建设过程中，还会涉及许多其他合同，如设备、材料的购销合同，工程监理的委托合同，货物运输合同，工程建设资金的借贷合同，机械设备的租赁合同，保险合同等，这些合同同样也是十分重要的，它们分属各个不同的合同种类，分别由《合同法》和相关法规加以调整。

（二）合同法的法律特征

①合同的主体是经济法律认可的自然人、法人和其他组织，自然人包括我国公民和外国自然人，其他组织包括个人独资企业、合伙企业等。

②合同当事人的法律地位平等。合同是当事人之间意思表示一致的法律行为，只有合同各方的法律地位平等时，才能保证当事人真实地表达自己的意志。所谓平等，是指当事人在合同关系中法律地位是平等的，不存在谁领导谁的问题，也不允许任何一方将自己的意志强加于对方。

③合同是设立、变更、终止债权债务关系的协议。首先，合同是以设立、变更和终止债权债务关系为目的的；其次，合同只涉及债权债务关系；最后，合同之所以称为协议，是指当事人意见表示一致，即指当事人之间形成了合意。

二、建设工程合同管理的概念

《合同法》第二百六十九条规定："建设工程合同是承包人进行工程建设，发包人支付价款的合同。建设工程合同包括工程勘察、设计、施工合同。"建设工程合同管理，指在工程建设活动中，对工程项目所涉及的各类合同的协商、签订与履行过程中所进行的科学管理工作，并通过科学的管理，保证工程项目目标实现的活动。

建设工程合同管理的目标主要包括工程的工期管理、质量与安全管理、成本（投资）管理、信息管理和环境管理。其中，工期主要包括总工期、工程开工与竣工日期、工程进度及工程中的一些主要活动的持续时间等；工程质量主要包括其在安全、使用功能及其在耐久性能、环境保护等方面所有明显的、隐含的能力的特性总和。据此，可将建设工程质量概括为：根据国家现行的有关法律、法规、技术标准、设计文件的规定和合同的约定，对工程的安全、适用、经济、美观等特性的综合要求。工程成本主要包括合同价格、合同外价格、设计变更后的价格、合同的风险等。

三、建设工程合同管理的原则

建设工程合同管理一般应遵循以下几个原则。

（一）合同第一位原则

在市场经济中，合同是当事人双方经过协商达成一致的协议，签订合同是双方的民事行为。在合同所定义的经济活动中，合同是第一位的，作为双方的高行为准则，合同限定和调节着双方的义务和权利。任何工程问题和争议首先都要按照合同解决，只有当法律判定合同无效，或争议超过合同范围时才按法律解决。所以在工程建设过程中，合同具有法律上的高优先地位。合同一经签订，则成为一个法律文件。双方按合同内容承担相应的法律责任，享有相应的法律权利。合同双方都必须用合同规范自己的行为，并用合同保护自己。

在任何国家，法律确定经济活动的约束范围和行为准则，而具体经济活动的细节则由合同规定。

（二）合同自愿原则

合同自愿是市场经济运行的基本原则之一，也是一般国家的法律准则。合同自愿体现在以下两个方面。

①合同签订时，双方当事人在平等自愿的条件下进行商讨。双方自由表达意见，自己决定签订与否，自己对自己的行为负责。任何人不得利用权力、暴力或其他手段向对方当事人进行胁迫，以致签订违背当事人意愿的合同。

②合同自愿构成。合同的形式、内容、范围由双方商定。合同的签订、修改、变更、补充和解释，以及合同争执的解决等均由双方商定，只要双方一致同意即可，他人不得随便干预。

（三）合同的法律原则

建设工程合同都是在一定的法律背景条件下签订和实施的，合同的签订和实施必须符合合同的法律原则。它具体体现在以下三个方面。

①合同不能违反法律，合同不能与法律相抵触，否则合同无效。这是对合同有效性的控制。

②合同自由原则受法律原则的限制，所以工程实施和合同管理必须在法律所限定的范围内进行，超越这个范围，触犯法律，会导致合同无效、经济活动失败，甚至会带来承担法律责任的后果。

③法律保护合法合同的签订和实施。签订合同是一个法律行为，合同一经签订，合同以及双方的权益即受法律保护。如果合同一方不履行或不合理履行合同，致使对方利益受到损害，则不履行一方必须赔偿对方的经济损失。

（四）诚实信用原则

合同的签订和顺利实施应建立在承包商、业主和工程师紧密协作、互相配合、互相信任的基础上，合同各方应对自己的合作伙伴、对合同及工程的总目标充满信心，业主和承包商才能圆满地执行合同，工程师才能正确地、公正地解释和进行合同管理。在工程建设实施过程中，各方只有互相信任才能紧密合作，才能有条不紊地工作，才可以从总体上减少各方心理上的互相提防和由此产生的不必要的互相制约。这样，工程建设就会更为顺利地实施，风险和误解就会较少，工程花费也会较少。

诚实信用有以下一些基本的要求和条件。

①签约时双方应互相了解，任何一方应尽力让对方正确地了解自己的要求、意图及其他情况。业主应尽可能地提供详细的工程资料、工程地质条件的信息，并尽可能详细地解答承包商的问题，为承包商的报价提供条件。承包商应尽可能提供真实可靠的资格预审资

料、各种报价单、实施方案、技术组织措施文件。合同是双方真实意思的表达。

②任何一方都应真实地提供信息，对所提供信息的正确性负责，并且应当相信对方提供的信息。

③不欺诈，不误导。承包商按照自己的实际能力和情况正确报价，不盲目压价，并且明确业主的意图和自己的工程责任。

④双方真诚合作。承包商应正确全面地履行合同义务，积极施工，遇到干扰应尽量避免业主遭受损失，防止损失的发生和扩大。

⑤在市场经济中，诚实信用原则必须有经济的、合同的甚至是法律的措施，如工程保函、保留金和其他担保措施，对违约的处罚规定和仲裁条款，法律对合法合同的保护措施，法律和市场对不诚信行为的打击和惩罚措施等予以保证。没有这些措施保证或措施不完备，就难以形成诚实信用的氛围。

（五）公平合理原则

建设工程合同调节双方的合同法律关系，应不偏不倚，维护合同双方在工程建设中的公平合理的关系，具体表现在以下几个方面。

①承包商提供的工程（或服务）与业主支付的价格之间应体现公平的原则，这种公平通常以当时的市场价格为依据。

②合同中的责任和权利应平衡，任何一方有一项责任就必须有相应的权利；反之，有权利就必须有相应的责任。应无单方面的权利和单方面的义务条款。

③风险的分担应公平合理。

④工程合同应体现工程惯例。工程惯例是指建设工程市场中通常采用的做法，一般比较公平合理，如果合同中的规定或条款严重违反惯例，就意味着违反公平合理的原则。

⑤在合同执行中,应对合同双方公平地解释合同,统一地使用法律尺度来约束合同双方。

第二节　水利施工合同

一、施工合同

水利工程施工合同，是发包人与承包人为完成特定的工程项目，明确相互权利、义务关系的协议，它的标的是建设工程项目。按照合同规定，承包人应完成项目施工任务并取得利润，发包人应提供必要的施工条件并支付工程价款而得到工程。

施工合同管理是指水利建设主管机关、相应的金融机构，以及建设单位、监理单位、承包企业依照法律和行政法规、规章制度，采取法律的、行政的手段，对施工合同关系进行组织、指导、协调和监督，保护施工合同当事人的合法权益，处理施工合同纠纷，防止和制裁违法行为，保证施工合同法规的贯彻实施等一系列活动。施工合同管理的目的是约束双方遵守合同规则，避免双方责任的分歧以及不严格执行合同而造成的经济损失。施工合同管理的作用主要体现在：一是可以促使合同双方在相互平等、诚信的基础上依法签订切实可行的合同；二是有利于合同双方在合同执行过程中相互监督，确保合同顺利实施；三是合同中明确规定了双方具体的权利与义务，通过合同管理确保合同双方严格执行；四是通过合同管理，增强合同双方履行合同的自觉性，使合同双方自觉遵守法律规定，共同维护双方当事人的合法权益。

（二）监理人对施工合同的管理

1.在工期管理方面

按合同规定，要求承包人提交施工总进度计划，并在规定的期限内批复，经批准的施工总进度计划（称合同进度计划），作为控制工程进度的依据，并据此要求承包人编制年、季和月进度计划，并加以审核；按照年、季和月进度计划进行实际检查；分析影响进度计划的因素，并加以解决；不论何种原因发生工程向实际进度与合同进度计划不符时，要求承包人提交一份修订的进度计划，并予以审核；确认竣工日期的延误等。

2.在质量管理方面

检验工程使用的材料、设备质量；检验工程使用的半成品及构件质量；按合同规定的规范、规程，监督检验施工质量；按合同规定的程序，验收隐蔽工程和需要中间验收工程的质量；验收单项竣工工程和全部竣工工程的质量等。

3.在费用管理方面

严格对合同约定的价款进行管理；对预付工程款的支付与扣还进行管理；对工程进行计量，对工程款的结算和支付进行管理；对变更价款进行管理；按约定对合同价款进行调整，办理竣工结算；对保留金进行管理等。

二、施工合同的分类

（一）总价合同

总价合同是发包人以一个总价将工程发包给承包人，当招标时有比较详细的设计图纸、说明书及能准确算出工程量时，可采取这种合同，总价合同又可分为以下三种。

1.固定总价合同

合同双方以图纸和工程说明为依据，按商定的总价进行承包，除非发包人要求变更原定的承包内容，否则承包人不得要求变更总价。这种合同方式一般适用于工程规模较小，技术不太复杂，工期较短，且签订合同时已具备详细的设计文件的情况。对于承包人来说可能有物价上涨的风险，报价时因考虑这种因素，故报价一般较高。

2.可调价总价合同

在投标报价及签订施工合同时，以设计图纸、《工程量清单》及当时的价格计算签订总价合同。但合同条款中商定，如果通货膨胀引起工料成本增加时，合同总价应相应调整。这种合同发包人承担了物价上涨风险，这种计价方式适用于工期较长，通货膨胀率难以预测，现场条件较为简单的工程项目。

3.固定工程量总价合同

承包人在投标时，按单价合同办法，分别填报分项工程单价，从而计算出总价，据之签订合同，完工后，如增加了工程量，则用合同中已确定的单价来计算新的工程量和调整总价，这种合同方式，要求《工程量清单》中的工程量比较准确。合同中的单价不是成品价，单价中不包括所有费用。

（二）单价合同

1.估计工程量单价合同

承包人投标时，以工程量表中的估计工程量为基础，填入相应的单价为报价。合同总价是估计工程量乘单价，完工后，单价不变，工程量按实际工程量。这种合同形式适用于招标时难以准确确定工程量的工程项目，这里的单价是成品价，与上面不同。

这种合同形式的优点是：可以减少招标准备工作；发包人按《工程量清单》开支工程款，减少了意外开支；能鼓励承包人节约成本；结算简单。缺点是对于某些不易计算工程量的项目或工程费应分摊在许多工程的复杂工程项目中，这种合同易引起争议。

2.纯单价合同

招标文件只向投标人给出各分项工程内的工作项目一览表，工程范围及必要的说明，而不提供工程量，承包人只要给出单价，将来按实际工程量计算。

（三）实际成本加酬金合同

实报实销加事先商定的酬金确定造价，这种合同适合于工程内容及技术经济指标未能完全确定，不能提出确切的费用而又急于开工的工程；或是工程内容可能有变更的新型工程；以及施工把握不大或质量要求很高，容易返工的工程。缺点是发包人难以对工程总造价进行控制，而承包人也难以精打细算节约成本，所以此种合同采用较少。

（四）混合合同

即以单价合同为主，以总价合同为辅，主体工程用固定单价，小型或临时工程用固定总价。

水利工程中由于工期长，常使用单价合同。在 FIDIC 合同条款中，是采取单位单价方式，即按各项工程的单价进行结算，它的特点是尽管工程项目变化，承包人总金额随之变化，但单位单价不变，整个工程施工及结算中，保持同一单价。

二、施工合同类型的选择

水利工程项目选用哪种合同类型，应根据工程项目特点、技术经济指标、招标设计深度，以及确保工程成本、工期和质量的要求等因素综合考虑后决定。

（一）根据项目规模、工期及复杂程度

对于中小型水利工程一般可选用总价合同，对于规模大、工期长且技术复杂的大中型工程项目，由于施工过程中可能遇到的不确定因素较多，通常采用单价合同承包。

（二）根据工程设计明确程度

对于施工图设计完成后进行招标的中小型工程，可以采用总价合同。对于建设周期长的大型复杂工程，往往初步设计完成后就开始施工招标，由于招标文件中的工作内容详细程度不够，投标人以此报价的工程量为预计量值，一般采用单价合同。

（三）根据采用先进施工技术的情况

如果发包的工作内容属于采用没有可遵循规范、标准和定额的新技术或新工艺施工，较为保险的做法是采用成本加酬金合同。

（四）根据施工要求的紧迫程度

某些紧急工程，特别是灾后修复工程，要求尽快开工且工期较紧。此时可能仅有实施方案，还没有设计图纸。由于不可能让承包人合理地报出承包价格，只能采用成本加酬金合同。

第三节　施工合同分析与控制

一、施工合同分析

①在一个水利枢纽工程中，施工合同往往有几份、十几份甚至几十份，各合同之间相互关联。

②合同文件和工程活动的具体要求（如工期、质量、费用等）、合同各方的责任关系、事件和活动之间的逻辑关系错综复杂。

③许多参与工程的人员涉及的活动和问题仅为合同文件的部分内容，因此合同管理人员应对合同进行全面分析，再向相关人员进行合同交底以提高工作效率。

④合同条款的语言有时不够明了，必须在合同实施前进行分析，以方便进行合同的管理工作。

⑤在合同中存在的问题和风险包括合同审查时已发现的风险和还可能隐藏的风险，在合同实施前有必要做进一步的全面分析。

⑥在合同实施过程中，双方会产生许多争执，解决这些争执也必须对合同进行分析。

二、合同分析的内容

（一）合同的法律背景分析

分析合同签订和实施所依据的法律、法规，承包人应了解适用于合同的法律的基本情况（范围、特点等），指导整个合同实施和索赔工作，对合同中明示的法律要重点分析。

（二）合同类型分析

类型不同的合同，其性质、特点、履行方式不一样，双方的责任、权利关系和风险分担也不一样。这直接影合同双方的责任和权利的划分，影响工程施工中合同的管理和索赔。

（三）承包人的主要任务分析

①承包人的责任，即合同标的。承包人的责任包括：承包人在设计、采购、生产、试验、运输、土建、安装、验收、试生产、缺陷责任期维修等方面的责任；施工现场的管理责任；给发包人的管理人员提供生活和工作条件的责任等。

②工作范围。它通常由合同中的工程量清单、图纸、工程说明、技术规范定义。工程范围的界限应很清楚，否则会影响工程变更和索赔，特别是固定总价合同的工作范围。

③工程变更的规定。重点分析工程变更程序和工程变更的补偿范围。

（四）发包人的责任分析

发包人的责任分析主要是分析发包人的权利和合作责任，发包人的权利是承包人的合作责任，是承包人容易产生违约行为的地方；发包人的合作责任是承包人顺利完成合同规定任务的前提，同时又是承包人进行索赔的理由。

（五）合同价格分析

应重点分析合同采用的计价方法、计价依据、价格调整方法、合同价格所包括的范围及工程款结算方法和程序。

（六）施工工期分析

分析施工工期，合理安排工作计划，在实际工程中，工期拖延极为常见，对合同实施和索赔影响很大，要特别重视。

（七）违约责任分析

如果合同的一方未遵守合同规定，造成对方损失，则应受到相应的合同处罚。

违约责任分析主要分析如下内容。

①承包人不能按合同规定的工期完成工程的违约金或承担发包人损失的条款。

②由于管理上的疏忽而造成对方人员和财产损失的赔偿条款。

③由于预谋和故意行为造成对方损失的处罚和赔偿条款。

④由于承包人不履行或不能正确履行合同责任，或出现严重违约时的处理规定。

⑤由于发包人不履行或不能正确履行合同责任，或出现严重违约时的处理规定，特别是对发包人不及时支付工程款的处理规定。

（八）验收、移交和保修分析

1.验收

验收包括许多内容，如材料和机械设备的进场验收、隐蔽工程验收、单项工程验收、全部工程竣工验收等。

在合同分析中，应对重要的验收要求、时间、程序以及验收所带来的法律后果作出说明。

2.移交

竣工验收合格即办理移交。应详细分析工程移交的程序，对工程尚存的缺陷、不足之处以及应由承包人完成的剩余工作，发包人可保留其权利，并指令承包人限期完成，承包人应在移交证书上注明的日期内尽快完成这些剩余工程或工作。

3.保修

分析保修期限和保修责任的划分。

（九）索赔程序和争执解决的分析

重点分析索赔的程序、争执的解决方式和程序以及仲裁条款，包括仲裁所依据的法律，仲裁地点、方式和程序，仲裁结果的约束力等。

三、合同控制

（一）预付款控制

预付款是承包工程开工以前业主按合同规定向承包人支付的款项。承包人利用此款项进行购买施工机械设备和材料以及在工地设置生产、办公和生活设施的开支。预付款金额的上限为合同总价的五分之一，一般预付款的额度为合同总价的10%~15%。

预付款的实质是承包人先向业主支取的贷款，是没有利息的，在开工以后是要从每期工程进度款中逐步扣除。通常对于预付款，业主要求承包商出具预付款保证书。

工程合同的预付款，按世界银行采购指南规定分为以下几种。

①调遣预付款：用做承包商施工开始的费用开支，包括临时设施、人员设备进场、履约保证金等费用。

②设备预付款：用于购置施工设备。

③材料预付款：用于购置建筑材料。其数额一般为该材料发票价的75%以下，在月进度付款凭证中办理。

（二）工程进度款

工程进度款是承包商依据工程进度的完成情况，不仅要计算工程量所需的价格，还要增加或者扣除相应的项目款才为每月所需的工程进度款。此款项一般需承包商尽早向监理工程师提交该月已完工程量的进度款付款申请，按月支付，是工程价款的主要部分。

承包商要核实投标及变更通知后报价的计算数字是否正确、核实申请付款的工程进度情况及现场材料数量、已完工程量，项目经理签字后交驻地监理工程师审核，驻地监理工程师批准后转交业主付款。

（三）保留金

保留金也称滞付金，是承包商履约的另一种保证，通常是从承包商的进度款中扣下一定百分比的金额，以便在承包商违约时起补偿作用。在工程竣工后，保留金应在规定的时间退还承包商。

（四）浮动价格计算

外界环境的变化如人工、材料、机械设备价格会直接影响承包商的施工成本。倘若在合同中不对此情况进行考虑，按固定价格进行工程价格计算的话，承包商就会为合同中未来的风险而进行费用的增加，如果合同规定不按浮动价格计算工程价格，承包商就会预测到由合同期内的风险而增加费用，该费用应计入标价中。一般来说，短期的预测结果还是比较可靠的，但对远期预测就可能很不准确，这就造成承包商不得不大幅度提高标价以避免未来风险带来的损失。这种做法难以正确估计风险费用，估计偏高或偏低，无论是对业主和承包商来说都是不利的。为获得一个合理的工程造价，工程价款支付可以采用浮动价格的方法来解决。

（五）结算

当工程接近尾声时要进行大量的结算工作。同一合同中包含需要结算的项目不止一个，可能既包括按单价计价项目，又包括按总价付款项目。当竣工报告已由业主批准，该项目已被验收时，该建筑工程的总款额就应当立即支付。按单价结算的项目，在工程施工已按月进度报告付过进度款，由现场监理人员对当时的工程进度工程量进行核定，核定承包人的付款申请并付款，但当时测定的工程量可能准确也可能不准确，所以该项目完工时应由一支测量队来测定实际完成的工程量，然后按照现场报告提供的资料，审查所用材料是否付款，扣除合同规定已付款的用料量，成本工程师则可标出实际应当付款的数量。承包人自己的工作人员记录的按单价结算的材料使用情况与工程师核对，双方确认无误后支付项目的结算款。

四、发包人违约

（一）违约行为

发包人应当按合同约定完成相应的义务。如果发包人不履行合同义务或不按合同约定履行义务，则应承担相应的违约责任。发包人的违约行为包括：

①发包人不按合同约定按时支付工程预付款；

②发包人不按合同约定支付工程进度款，导致施工无法进行；

③发包人无正当理由不支付工程竣工结算价款；

④发包人不履行合同义务或者不按合同约定履行义务的其他情况。

发包人的违约行为可以分成两类：一类是不履行合同义务，如发包人应当将施工所需的水、电、电讯线路从施工场地外部接至约定地点，但发包人没有履行该项义务，即构成违约；另一类是不按合同约定履行义务，如发包人应当开通施工场地与城乡公共道路的通道，并在专用条款中约定开通的时间和质量要求，但实际开通的时间晚于约定或质量低于合同约定，也构成违约。

（二）违约责任

合同约定应该由工程师完成的工作，工程师没有完成或没有按照约定完成，给承包人造成损失的，也应当由发包人承担违约责任。因为工程师是代表发包人进行工作的，其行为与合同约定不符时，视为发包人的违约。发包人承担违约责任后，可以根据监理委托合同追究监理单位相应的责任。

发包人承担违约责任的方式有以下四种。

1.赔偿因其违约给承包人造成的经济损失

赔偿损失是发包人承担违约责任的主要方式，其目的是补偿因违约给承包人造成的经济损失。承包人、发包人双方应当在专用条款内约定发包人赔偿承包人损失的计算方法。损失赔偿额应当相当于因违约所造成的损失，包括合同履行后可以获得的利益，但不得超过发包人在订立合同时预估或者应当预估到的因违约可能造成的损失。

2.支付违约金

支付违约金的目的是补偿承包人的损失，双方在专用条款中约定发包人应当支付违约金的数额或计算方法。

3.顺延延误的工期

对于因为发包人违约而延误的工期，应当相应顺延。

4.继续履行

发包人违约后，承包人要求发包人继续履行合同的，发包人应当在承担上述违约责任后继续履行施工合同。

五、承包人违约

（一）违约的情况

承包人的违约行为主要有以下三种情况。

①因承包人原因不能按照协议书约定的竣工日期或者工程师同意顺延的工期竣工。

②因承包人原因工程质量达不到协议书约定的质量标准。

③承包人不履行合同义务或不按合同约定履行义务的其他情况。

（二）违约责任

承包人承担违约责任的方式有以下4种。

1.赔偿因其违约给发包人造成的损失

承、发包人双方应当在专用条款内约定承包人赔偿发包人损失的计算方法。损失赔偿额应当相当于因违约所造成的损失，包括合同履行后可以获得的利益，但不得超过承包人在订立合同时预见或者应当预见到的因违约可能造成的损失。

2.支付违约金

双方可以在专用条款中约定承包人应当支付违约金的数额或计算方法。发包人在确定违约金的费率时，一般要考虑以下因素：

①发包人盈利损失；

②由于工期延长而引起的贷款利息增加；

③工程拖期带来的附加监理费；

④由于工程拖期无法投入使用，租用其他建筑物时的租赁费。

至于违约金的计算方法，在每个合同文件中均有具体规定，一般按每延误1天赔偿一定的款额计算，累计赔偿额一般不超过合同总额的10%。

3.采取补救措施

对于施工质量不符合要求的违约，发包人有权要求承包人采取返工、修理、更换等补救措施。

4.继续履行

承包人违约后，如果发包人要求承包人继续履行合同时，承包人承担上述违约责任后仍应继续履行施工合同。

第四节 FIDIC合同条件

一、FIDIC简介

FID1C是指国际咨询工程师联合会（国际咨询工程师联合会，法语Fédération lnternationale Des lngé nieurs Conseils，缩写FIDIC）；其英文是International Federation of Consulting Engineers。国际咨询工程师联合会是国际上最具有权威性的咨询工程师组织，为规范国际工程咨询和承包活动，该组织编制了许多标准合同条件，其中1957年首次出版的FIDIC土木工程施工合同条件在工程界影响最大，专门用于国际工程项目，但在第4版时删去了文件标题中的“国际”一词，使FIDIC合同条件不仅适用于国际招标工程，只要把专用条件稍加修改，也同样适用于国内招标合同。采用这种标准的合同格式有明显的优点，能合理平衡有关各方之间的要求和利益，尤其能公平地在合同各方之间分配风险和责任。

二、施工合同文件的组成

构成合同的各个文件应被视作互为说明的。为解释之目的，各文件的优先次序如下。

①合同协议书。

②中标函。

③投标函。

④合同专用条件。

⑤合同通用条件。

⑥规范。

⑦图纸。

⑧资料表以及其他构成合同一部分的文件。

如果在合同文件中发现任何含混或矛盾之处，工程师应颁布任何必要的澄清或指示。

三、合同争议的解决

（一）解决合同争议的程序

首先由双方在投标队录中规定的日期前，联合任命一个争议裁决委员会（Dispute Adjudication Board，DAB）。

如果双方间发生了有关或起因于合同或工程实施的争议，任何一方可以将该争议以书面形式，提交DAB，并将副本抄送另一方和工程师，委托DAB作出决定。双方应按照DAB为对该争议做出决定可能提出的要求，立即给DAB提供所需的所有资料、现场进入权及相应的设施。

DAB应在收到此项委托后84天内，提出它的决定。

如果任何一方对DAB的决定不满意，可以在收到该决定通知后28天内，将其不满向另一方发出通知。

在发出了表示不满的通知后，双方在仲裁前应努力以友好的方式解决争议，如果仍达不成一致，仲裁将在表示不满的通知发出后56天内进行。

（二）争议裁决委员会

1.争议裁决委员会的组成

签订合同时，业主与承包商通过协商组成裁决委员会。裁决委员会可选定为1名或3名成员，一般由3名成员组成，合同每一方应提名1名成员，由对方批准。双方应与这两名成员共同并商定第三位成员，第三人作为主席。

2.争议裁决委员会的性质

属于非强制性但具有法律效力的行为，相当于我国法律中解决合同争议的调解，但其性质则属于个人委托。成员应满足以下要求。

①对承包合同的履行有经验。

②在合同的解释方面有经验。

③能流利地使用合同中规定的交流语言。

3.工作

由于裁决委员会的主要任务是解决合同争议，因此不同于工程师需要常驻工地。

（1）平时工作

裁决委员会的成员对工程的实施定期进行考察现场，了解施工进度和实际潜在的问题，一般在关键施工作业期间到现场考察，但两次考察的间隔时间不少于140天，离开现场前，应向业主和承包商交考察报告。

（2）解决合同争议的工作

接到任何一方申请后，在工地或其他选定的地点处理争议的有关问题。

4.报酬

付给委员的酬金分为月聘请费用和日酬金两部分，由业主与承包商平均负担。裁决委员会到现场考察和处理合同争议的时间按日酬金计算，相当于咨询费。

5.成员的义务

争议裁决委员会公正处理合同争议是其最基本的义务，虽然当事人双方各提名1名成员，但他不能代表任何一方的单方利益，因此合同规定：

①在业主与承包商双方同意的任何时候，他们可以共同将事宜提交给争议裁决委员会，请他们提出意见，没有另一方的同意，任一方不得就任何事宜向争议委员会建议；

②裁决委员会或其中的任何成员不应从业主、承包商或工程师处单方获得任何经济利益或其他利益；

③不得在业主、承包商或工程师处担任咨询顾问或其他职务；

④合同争议提交仲裁时，不能被任命为仲裁人，只能作为证人向仲裁提供争议证据。

第五节　合同实施

一、合同交底

合同交底是由合同管理人员在对合同的主要内容进行分析、解释和说明的基础上，通过组织项目管理人员和各个工程小组学习合同条文和合同总体分析结果，使大家熟悉合同中的主要内容、规定、管理程序，了解合同双方的合同责任和工作范围，各种行为的法律后果等，使大家都树立全局观念，使各项工作协调一致，避免执行中的违约行为。

在传统的施工管理系统中，人们十分重视图纸交底工作，却不重视合同交底工作，导致各个项目组和各个工程小组对项目的合同体系、合同基本内容不甚了解，影响合同的履行。

项目经理或合同管理人员应将各种任务或事件的责任分解，落实到具体的工作小组、人员和分包单位。合同交底的目的和任务如下。

①对合同的主要内容达成一致理解。

②将各种合同事件的责任分解落实到各工程小组或分包商。

③将工程项目和任务分解，明确其质量和技术要求以及实施的注意要点等。

④明确各项工作或各个工程的工期要求。

⑤明确成本目标和消耗标准。

⑥明确相关事件之间的逻辑关系。

⑦明确各个工程小组（分包人）之间的责任界限。

⑧明确完不成任务的影响和法律后果。

⑨明确合同有关各方的责任和义务。

二、合同实施跟踪

（一）施工合同跟踪

合同签订后，合同中各项任务的执行要落实到具体的项目经理部或具体的项目参与人，承包单位作为履行合同义务的主体，必须对项目经理部或项目参与人的履行情况进行跟踪、监督和控制，确保合同义务的完全履行。

施工合同跟踪有两个方面的含义：一是承包单位的合同管理职能部门对项目经理部或项目参与人的履行情况进行的跟踪、监督和检查；二是项目经理部或项目参与人本身对合同计划的执行情况进行的跟踪、检查与对比。在合同实施过程中二者缺一不可。

1.合同跟踪的依据

合同跟踪的重要依据，首先是合同以及依据合同而编制的各种计划文件；其次还要依据各种实际工程文件，如原始记录、报表、验收报告等；最后，还要依据管理人员对现场情况的直观了解，如现场巡视、交谈、会议、质量检查等。

2.合同跟踪对象

（1）承包的任务

①工程施工的质量，包括材料、构件、制品和设备等的质量，以及施工或安装质量，是否符合合同要求等。

②工程进度，是否在预订的期限内施工，工期有无延长，延长的原因是什么等。

③工程数量，是否按合同要求完成全部施工任务，有无合同规定以外的施工任务等。

④成本的增加或减少。

（2）工程小组或分包人的工程和工作

可以将工程施工任务分别交由不同的工程小组或发包给专业分包完成，工程承包商必须对这些工程小组或分包商及其所负责的工程进行跟踪检查、协调关系，提出意见、建议或警告，保证工程总体质量和进度。

对专业分包人的工作和负责的工程，总承包商负有协调和管理的责任，并承担由此造成的损失，所以专业分包人的工作和负责的工程必须纳入总承包的计划和控制中，防止因分包人存在工程管理失误而影响全局。

（3）业主和其委托的工程师的工作

①业主是否及时、完整地提供了工程施工的实施条件，如场地、图纸、资料等。

②业主和工程师是否及时给予了指令、答复和确认等。

③业主是否及时并足额地支付了应付的工程款项。

（二）偏差分析

通过合同跟踪，可能会发现合同实施中存在的偏差，即工程的实际情况偏离了工程计划和工程目标，应该及时分析原因，采取措施，纠正偏差，避免损失。

合同实施偏差分析的内容包括以下几个方面。

1.产生偏差的原因分析

通过对合同执行实际情况与实施计划的对比分析，不仅可以发现合同实施的偏差，而且可以查明引起差异的原因。原因分析可以采用鱼刺图、因果关系分析图（表）、成本量差、价差、效率差分析等方法定性或定量地进行。

2.合同实施偏差的责任分析

即分析产生合同偏差的原因是由谁引起的，应该由谁承担责任。责任分析必须以合同为依据，按合同规定落实双方的责任。

3.合同实施的趋势分析

针对合同实施偏差情况，可以采取不同的措施，应分析在不同措施下合同执行的结果与趋势，包括以下几点。

①最终的工程状况，包括总工期的延误、总成本的超支、质量标准、所能达到的产生能力（或功能要求）等。

②承包商将承担什么样的后果，如被罚款、被清算，甚至被起诉，对承包商资信、企业形象、经营战略的影响等。

③最终工程经济效益（利润）水平。

（三）偏差的处理

根据合同实施偏差分析的结果，承包商应该采取相应的调整措施，调整措施可以分为：

①组织措施，如增加人员投入，调整人员安排，调整工作流程和工作计划等。

②技术措施，如变更技术方案，采用新的高效率的施工方案等。

③经济措施，如增加投入，采取经济激励措施等。

④合同措施，如进行合同变更，采取附加协议，采取索赔手段等。

（四）工程变更管理

工程变更管理一般是指在工程施工过程中，根据合同约定对施工的程序、工程的内容、数量、质量要求及标准等作出的变更。

1.工程变更的原因

工程变更一般主要有以下几方面的原因。

①业主的变更指令。如业主有新的意图、对建筑的新要求、业主修改项目计划、削减项目预算等。

②由于设计人员、监理方人员、承包商事先没有很好地理解业主的意图，或设计的错误，导致图纸修改。

③工程环境的变化，预定的工程条件不准确，要求实施方案或实施计划变更。

④由于产生新技术和知识，有必要改变原计划、预案实施方案或实施计划，或由于业主指南及业主责任造成施工方案的改变。

⑤政府部门对工程有新的要求，如国家计划变化、环境保护要求、城市规划变动等。

⑥由于合同实施出现问题，必须调整合同目标或修改合同条款。

2.工程变更的范围

根据FIDIC合同条件，工程变更的内容可能包括以下几个方面。

①改变合同中所包括的任何工作的数量。

②改变任何工作的质量和性质。

③改变工程任何部分的标高、基准线、位置和尺寸。

④删减任何工作任务，但要交他人实施的工作除外。

⑤任何永久工程需要的任何附加工作、工程设备、材料或服务。

⑥改动工程的施工顺序或时间安排。

根据我国合同示范文本，工程变更包括设计变更和工程质量标准等其他实质性内容的变更，其中设计变更包括：

①更改工程有关部分的标高、基准线、位置和尺寸；

②增减合同中约定的工程量；

③改变有关工程的施工时间和顺序；

④其他有关工程变更需要的附加工作。

3.工程变更的程序

工程变更是索赔的主要起因。由于工程变更对工程施工过程影响很大，会造成工期的拖延和费用的增加，容易引起双方的争执，所以要高度重视工程变更管理问题。

一般工程施工承包合同中都有关于工程变更的具体规定。工程变更一般按照如下程序。

（1）提出工程变更

根据工程实施的实际情况，承包商、业主、工程师、设计单位都可以根据需要提出工程变更。

（2）工程变更的批准

承包商提出的工程变更，应该交与工程师审查并批准；由设计方提出的工程变更应该与业主协商或经业主审查并批准；由业主方提出的工程变更，涉及设计修改的应该与设计单位协商，并且一般通过工程师发出。工程师发出工程变更的权利，一般会在施工合同中明确指出，通常在发出变更通知前应征得业主批准。

（3）工程变更指令的发出及执行

为了避免耽误工程，工程师和承包商就变更价格和工期补偿达成一致意见之前有必要先行发布指示，先执行工程变更工作，然后再就变更价格和工期补偿进行协商和确定。

工程变更指令的发出有两种形式：书面形式和口头形式。一般情况下要求用书面形式发布变更指示，如果由于情况紧急而来不及发出书面指示，承包商应该根据合同规定要求工程师书面认可。

根据工程惯例，除非工程师明显超越合同权限，承包商应该无条件地执行工程变更的指示。即使工程变更价款没有规定，或者承包商对工程师答应给予付款的金额不满意，承包商也必须一边进行变更工作，一边根据合同寻求解决办法。

4.工程变更的责任分析与补偿要求

根据工程变更的具体情况可以分析确定工程变更的责任和费用补偿。

①由于业主要求、政府部门要求、环境变化、不可抗力、原设计错误等导致的设计修改，应该由业主承担责任；由此所造成的施工方案的变更以及工期的延长和费用的增加应该向业主索赔。

②由于承包商的施工过程、施工方案出现错误、疏忽而导致设计的修改，应该由承包商承担责任。

③施工方案变更要经过工程师的批准，不论这种变更是否会对业主带来好处（如工期缩短、节约费用）。

④由于承包商的施工过程、施工方案本身的缺陷而导致了施工方案的变更，由此所引起的费用增加和工期延长应该由承包商承担责任。

⑤业主向承包商授标前（或签订合同前），可以要求承包商对施工方案进行补充、修

改或作出说明，以便符合业主的要求。在授标后（或签订合同后）业主为了加快工期、提高质量等要求变更施工方案，由此所引起的费用增加可以向业主索赔。

第六节　合同违约

一、违反合同民事责任的构成要件

法律责任的构成要件是承担法律责任的条件。《合同法》规定，当事人一方不履行合同义务或履行合同义务不符合约定的，应当承担违约责任。也就是说，不管何种情况也不管当事人主观上是否有过错，更不管是何种原因（不可抗力除外），只要当事人一方不履行合同或者履行合同不符合约定，都要承担违约责任。这就是违反合同民事责任的构成原因。

《合同法》规定，违反合同民事责任的构成要件是严格责任，而不是过错责任。按照这一规定，即使当事人一方没有过错，但是因为别人没有履行义务而使合同的履行受到影响，即只要合同没有履行或者履行合同不符合约定，就应当承担违约责任。至于当事人与其他人的纠纷，是另一个法律关系，应分开解决。当然，对于当事人一方有过错的，更要承担责任，如《合同法》规定的缔约过失、无效合同和可撤销合同采取过错责任，有过错一方要向受损害一方赔偿损失。

二、承担违反合同民事责任的方式及选择

《合同法》规定，当事人一方不履行合同义务或者履行合同义务不符合规定的，应继续履行或采取补救措施，承担赔偿损失等违约责任。承担违反合同民事责任的方式有：①继续履行；②采取补救措施；③赔偿损失；④支付违约金。

承担违反合同民事责任的方式在具体实践中如何选择？总的原则是由当事人自由选择，并有利于合同目的的实现。提倡继续履行和补救措施优先，有利于合同目的的实现，特别是有些经济合同不履行，有可能涉及国家经济建设和公益性任务的完成，水利工程就是这样。水利建设任务能否顺利完成，直接关系到公共利益能否顺利实现。当然，如果合同不能继续履行或者无法采取补救措施，或者继续履行、采取补救措施仍不能完成合同约定的义务，就应该赔偿损失。

（一）关于继续履行方式

继续履行是承担违反合同民事责任的首选方式，当事人订立合同的目的就是通过双方

全面履行约定的义务，使各自的需要得到满足。一方违反合同，其直接后果是对方需要得不到满足。因此，继续履行合同，使对方需要得到满足，是违约方的首要责任。特别是对于价款或者报酬的支付，《合同法》明确规定，当事人一方未支付价款或者报酬的，对方可以要求其支付价款或报酬。

在某些情况下，继续履行可能是不可能或没有必要的，此时承担违反合同民事责任的方式就不能采取继续履行了。例如，水利工程建设中，大型水泵供应商根本没有足够的技术力量和设备来生产合同约定的产品，原来订合同时过高估计了自己的生产能力，甚至订合同是为了赚钱而盲目承接任务，此时履行合同不可能，只能是赔偿对方损失。如果供货商通过努力（如加班、增加技术力量和其他投入等）能够和产出符合约定的产品，则应采取继续履行或采取补救措施的方式。又如季节性很强的产品，过了季节就没法销售或使用的，对方延迟交货就意味着合同继续履行没有必要。《合同法》规定了三种情形不能要求继续履行的：①法律上或事实上不能继续履行的；②债务的标的不适于强制履行或履行费用过高的；③债权人在合理期限内未要求履行物。

（二）关于采取补救措施

采取补救措施是在合同一方当事人违约的情况下，为了减少损失使合同尽量圆满履行所采取的一切积极行为。如不能如期履行合同义务的，与对方协商能否推迟履行；自己一时难于履行的，在征得对方当事人同意的前提下，尽快寻找他人代为履行；当发现自己提供的产品质量、规格不符合合同约定的标准时，积极负责修理或调换。总之，采取补救措施不外乎避免或减少损失和达到合同约定要求两个方面。《合同法》规定，质量不符合约定的，应当按照当事人的约定承担违约责任；对违约责任没有约定或约定不明确，依法仍不能确定的，受损害方根据标的性质及损失大小，可以合理选择要求修理、更换、重做、退货、减少价款或者报酬等违约责任。例如，在水利工程中，某单位工程的部分单元工程质量严重不合格，一般就要求拆除并重新施工。

（三）关于承担赔偿损失

承担赔偿损失，就是由违约方承担因其违约给对方造成的损失。《合同法》规定，当事人一方不履行合同义务或者履行合同义务不符合约定的，在履行义务或者采取补救措施后，对方还有其他损失的，应当赔偿损失。至于赔偿额的计算，《合同法》原则规定为：损失赔偿应当相当于因违约所造成的损失，包括合同履行后可以获得的利益，但不得超过违反合同一方订立合同时预见到或者应当预见到的因违反合同可能造成的损失；经营者对消费者提供商品或服务有欺诈行为的，依照《消费者权益保护法》的规定承担损害赔偿责任，即加倍赔偿。《合同法》还规定，当事人可以约定因违约产生的损失赔偿额的计算方法。当事人一方违约后，对方应当采取适当措施防止损失的扩大，没有采取适当措施致使损失扩大的，不得就扩大的损失要求赔偿。

至于支付违约金、定金的收取或返还，它们是一种损失赔偿的具体方式，不仅具有补偿性，而且具有惩罚性。

（四）关于违约金

违约金是指不履行或者不完全履行合同的一方当事人按照法律规定或者合同约定支付给另一方当事人一定数额的货币。违约金具有两种性质：①补偿性，在违约行为给对方造成损失时，违约金起到一定的补偿作用，②惩罚性，惩罚违约行为，当事人约定了违约金，不论违约是否给对方造成损失，都要支付违约金。

对于违约金的数量如何确定？约定违约金的高于或低于违约造成的损失怎么办？《合同法》有明确规定，当事人可以约定一方违约时应当根据违约情况向对方支付一定数额的违约金，因此，违约金的数可以由当事人双方在订立合同时约定，或者在订立合同后补充约定。对于违约金低于造成的损失的，当事人可以请求人民法院或仲裁机构予以增加；对于违约金过分高于造成的损失的，当事人也可以请求人民法院或仲裁机构予以适当减少。

（五）关于定金

定金是订立合同后，为了保证合同的履行，当事人一方根据约定支付给对方作为债权担保的货币。定金具有补偿性，即给付定金的一方在不履行合同约定的义务或债务时，定金不能收回，用于赔偿对方的损失。例如，投标人在递交投标文件时附交的投标保证金就具有定金的性质，投标人在中标后不承担合同义务，无法确定情况而放弃中标的，招标人即可以没收其投标保证金。定金还具有惩罚性，即给付定金的一方不履行合同约定义务的，即使没有给对方造成损失也不能收回；而收受定金的一方不履行合同约定义务的，应当双倍返还定金。

第七节　施工索赔

一、索赔的特点

①索赔是合同管理的一项正常的规定，一般合同中规定的工程赔偿款是合同价的7%~8%。

②索赔作为一种合同赋予双方的具有法律意义的权利主张，其主体是双向的。在工程

施工合同中，业主与承包方都有索赔的权利，业主可以向承包方索赔，同样承包方也可以向业主索赔。而在现实工程实施中，大多数出现的情况是承包方向业主提出索赔。由于承包方向业主进行索赔申请的时候，没有很烦琐的索赔程序，所以在一些合同协议书中只规定了承包方向业主进行索赔的处理方法和程序。

③索赔必须建立在损害结果已经客观存在的基础上。不管是时间损失还是经济损失，都需要有客观存在的事实，如果没有发生就不存在索赔的情况。

④索赔必须以合同或者法律法规为依据。只有一方存在违约行为，受损方就可以向违约方提出索赔要求。

⑤索赔应该采用明确的方式，需要受损方采用书面形式提出，书面文件中应该包括索赔的要求和具体内容。

⑥索赔的结果一般是索赔方可以得到经济赔偿或者其他赔偿。

二、索赔费用的计算方法

索赔费用的计算方法有实际费用法、总费用法和修正的总费用法。

（一）实际费用法

实际费用法是计算工程索赔时最常用的一种方法。这种方法的计算原则是以承包商为某项索赔工作所支付的实际开支为根据，向业主要求费用补偿。

用实际费用法计算时，在直接费的额外费用部分的基础上，再加上应得的间接费和利润，即是承包商应得的索赔金额。由于实际费用法所依据的是实际发生的成本记录或单据，所以在施工过程中，系统而准确地积累记录资料是非常重要的。

（二）总费用法

总费用法就是当发生多次索赔事件以后，重新计算该工程的实际总费用，实际总费用减去投标报价时的估算总费用，即为索赔金额。

索赔金额＝实际总费用－投标报价估算总费用

不少人对采用该方法计算索赔费用持批评态度，因为实际发生的总费用中可能包括了承包商的原因，如施工组织不善而增加的费用；同时投标报价估算的总费用也可能为了中标而过低。所以这种方法只有在难以采用实际费用法时才应用。

（三）修正的总费用法

修正的总费用法是对总费用法的改进，即在总费用计算的原则上，去掉一些不合理的因素，使其更合理。修正的内容如下：①将计算索赔款的时段局限于受到外界影响的时间，而不是整个施工期；②只计算受影响时段内的某项工作所受影响的损失，而不是计算该时段内所有施工工作所受的损失；③与该项工作无关的费用不列入总费用中；④对投标报价费用重新进行核算：按受影响时段内该项工作的实际单价进行核算，乘以实际完成的该项工作的工程量，得出调整后的报价费用。

按修正后的总费用计算索赔金额的公式如下：

索赔金额=某项工作调整后的实际总费用–该项工作的报价费用

与总费用法相比，修正的总费用法有了实质性的改进，它的准确程度已接近实际费用法。

三、工期索赔的分析

（一）工期索赔的分析

工期索赔的分析包括延误原因分析、延误责任的界定、网络计划（CPM）分析、工期索赔的计算等。

运用网络计划方法分析延误事件是否发生在关键线路上，以决定延误是否可以索赔。在工期索赔中，一般只考虑对关键线路上的延误或者非关键线路因延误而变成关键线路时才同意顺延工期。

（二）工期索赔的计算方法

1.直接法

如果某干扰事件直接发生在关键线路上，造成总工期的延误，可以直接将该干扰事件的实际干扰时间（延误时间）作为工期索赔值。

2.比例分析法

采用比例分析法时，可以按工程量的比例进行分析。

（三）网络分析法

在实际工程中，影响工期的干扰事件可能会很多，每个干扰事件的影响程度可能都不一样，有的直接在关键线路上，有的不在关键线路上，多个干扰事件的共同影响结果究竟是多少可能引起合同双方很大的争议，采用网络分析方法是比较科学合理的，其思路是：假设工程按照双方认可的工程网络计划确定的施工顺序和时间施工，当某个或某几个干扰事件发生后，使网络中的某个工作或某些工作受到影响，使其持续时间延长或开始时间推迟，从而影响总工期，则将这些工作受干扰后的新的持续时间和开始时间等代入网络中，重新进行网络分析和计算，得到的新工期与原工期之间的差值就是干扰事件对总工期的影响，也就是承包商可以提出的工期索赔值。网络分析方法通过分析干扰事件发生前和发生后网络计划的计算工期之差来计算工期索赔值，可以用于各种干扰事件和多种干扰事件共同作用所引起的工期索赔。

第六章

大型跨流域调水运行管理

第一节 跨流域调水的基本问题

一、技术方面

跨流域调水是一个跨学科的工程技术问题，涉及众多复杂的技术方面。可以从所涉及的技术门类和性质来论述跨流域调水的技术方面，也可以根据跨流域调水工程在规划、可行性论证、工程建设和运行管理等阶段所面临的主要技术问题来讨论跨流域调水的技术方面。

在规划和可行性论证阶段，“可调水量”的计算是问题的核心。严格来讲，跨流域调水的“可调水量”，应当把调出区与调入区耦合成一个统一的跨流域水资源大系统，建立系统的社会—经济—环境—资源综合发展模型，并根据系统最佳综合效益原则予以确定。由此可见，“可调水量”是反映系统内水资源最佳配置的综合指标，这既要考虑调出区的可供水能力，也要考虑调入区的有效利用水量，因而是一个十分复杂的技术问题。在跨流域调水的规划阶段，通常采用调出区水资源总量与其在一定用水水平下的用水量之差值作为“可调水量”，其实这只是可调出水量（调出区的水资源富余量），而非确切意义下的“可调水量”，然而确定可调出水量也非易事。

能否客观、科学地确定“可调水量”，不仅对工程规模和运行管理十分重要，而且对所涉及地区（首先是调出区）行政当局对工程是否认同以及公众的情绪都是至关重要的，在有些情况下它将直接影响一项跨流域调水工程的决策。

在工程建设阶段，技术上的可行和工程安全是问题的关键。跨流域调水工程，尤其大流量长距离的调水工程，不仅存在复杂的取水口工程泥沙技术问题，其长距离输水渠道更有可能遇到各种情况。例如，在穿越大河流（如中国黄河）时长距离大流量渡槽或隧洞方案的选择和施工技术；通过复杂地质条件和地震多发地区的工程安全保障技术；由于输水渠道切割众多山区河流，尤其当这些河流多位于暴雨洪水频繁地区时，所需考虑的是防洪安全技术保障；在季节性结冰地区，尤其在渠道自南向北输水的情况下，输水渠道的防凌防冻和节制闸联合操作技术等。任何跨流域调水工程都将长期运行，因此，在技术方面既要考虑到科学技术的不断发展，又要充分预估到工程在未来可能出现的各种不确定性。例如在流量和泥沙条件发生变化的情况下，河流特性将怎样变化？而关于调水工程涉及范围内地表水与地下水的联合运用更会由于未来水文情势的变化出现许多不确定的因素。因此，在跨流域调水工程规划设计时，最好在技术方面保持足够的灵活性。

跨流域调水工程建成后的运行和管理，在技术方面将更具有复杂性和综合性。事实上，在规划、设计和建设中未曾考虑或计划不周的问题，及工程建成后暴露出来的新矛盾，都将通过对工程的合理运行和有效管理加以协调。

二、经济社会方面

跨流域调水经济方面的要点，在于其经济上的有效性（或可行性）评价和区域经济影响测算。同时，其资金筹集办法也会对工程的决策、建设和运行管理带来重大影响。

目前常用的区域经济影响测算方法：第一，简单趋势预测法，即利用一些经济统计变量过去的变化趋势进行外延并做出预测。这种方法显然不能充分考虑调水地区新的巨大发展所产生的影响。第二，基础经济增值法，该法是对简单趋势预测法的改进，但由于地区经济的动态变化很难把握与作为该法基础的“基本经济活动”和“非基本经济活动”的划分有相当任意性，使进行精确增值预测十分困难。第三，投入—产出法，该法用于一般情况下是不成问题的，但在跨流域调水情况下，投入—产出法因不能对调水后新的平衡水平和产出结构的动态经济调整给予跟踪说明，在应用中就有困难。

由于上述“常规的”经济分析方法在估算大型跨流域调水工程经济效益，在评价其长远后果，在考虑不可量测的价值和若干方面不确定性遇到的困难时，地区计量经济模型方法在跨流域调水经济分析中就受到了广泛欢迎。这样我们就能够描绘出跨流域调水地区及其相关地区经济活动的时间轨迹，并有可能对跨流域调水工程的规划、施工和运行实行实时的修正。另外，它可以根据部门和地区进行分解，使有可能对调水影响的所有地区和关键经济部门的活动，如能源生产、其他制造业、交通运输业、农业等，有全面而透彻的了解。

诚然，经济分析和预测方法还将继续发展和随着不同的跨流域调水工程具体情况获得改进，但由于若干基本经济要素的确定十分困难且具有很大的不确定性，又因为经济与社会发展、技术进步、环境保护等方面的密切关系。因此，跨流域调水工程的经济评价依然是一个十分棘手的问题。

跨流域调水带来的社会影响是显然的。它的经济效果和产业结构的变化将影响社会的就业、福利分配、公共生活乃至社会结构的变化。在人口众多的国家，跨流域调水的移民也是一个十分棘手的社会经济问题，而且，这种变化又将和经济发展，甚至某些政治、法律方面形成许多连锁反应。

三、环境方面

跨流域调水工程对环境的正效应是显而易见的。然而，它的负面影响在很长一段时期内未被充分重视，这是由于人们对其缺乏足够的认识而遭忽视，但规划决策者担心环境问题会影响工程决策或不情愿支付高额的环境费用，而表现出的消极应对也是一个真实存在的原因。自20世纪70年代初开始，跨流域调水的环境影响问题才开始受到越来越多的关注。

跨流域水对社会和自然环境的影响是多方面的，并随不同的跨流域调水工程而表现出不同的侧重方面和影响程度，但主要可归纳为五个方面，即人类健康、气候改变、自然资源、水文情势和生态系统。

跨流域调水环境评价的主要困难在于其复杂性和不确定性。复杂性的主要表现：如何对环境影响做出经济评价？如何表述那些不可量测和不可公度的环境影响方面？如何评价环境影响的远期后果并做出确切的预测？如何确认和评价环境影响的不可逆方面？如何阐述和评价环境要素之间的相互影响与累积后果？不确定性与复杂性密切有关。随着跨流域调水工程规模的增大，在效益增大的同时不确定性也随之呈非线性增加。

如何把环境评价结果应用到跨流域调水工程的规划、决策、建设和运行管理中，是一个至关重要的问题。相当多的情况下，环境评价并没有在规划、决策中发挥应有的作用，而只是为了满足规划和决策规定程序的需要。规划和决策者对环境影响的认识不够是原因之一，但尚未找到切实可行的途径和方法无疑也是重要原因。

四、跨流域调水运行管理

（一）目的与任务

在跨流域调水工程的可行性研究阶段和设计阶段，即应同步进行工程运行管理研究。这样有利于研制一整套科学、合理、可行的调度运行方案和管理体制与管理办法，使工程在建成后的实际运行中能保证实现工程的规划目标，取得最大综合效益，而且可以应用所研制的调度运行技术方案，把工程置于未来运行条不足之处，其反馈信息可作为对规划做进一步改善的参考。所研制的运行调度技术方案应具备以下功能。

①能适应工程运行期间河流天然来水在水量及其时空变化方面的随机性。这是由东线工程供水范围内河流天然来水年内和年际变化均很大、南北丰枯遭遇尚难预测的水文特性所决定的。为此，运行调度技术方案应能充分发挥东线水资源系统的调节能力。

②能协调东线供水范围内各地区各部门随着经济发展对水资源的需求表现出的新矛盾。虽然在东线规划制定过程中已对供水范围内地区间、部门间的用水矛盾做了充分考虑，但随着经济的发展无疑会出现新的矛盾，这种新矛盾将贯穿在今后整个运行过程中，并需依靠合理可行的运行调度适时协调解决。因此，运行调度技术方案应当具备有利于沿线各地区和部门负责人充分参与调度决策的机制。

③能适应东线工程先通后畅、分期实施、工程规模逐渐扩大的发展进程，这是由南水北调东线工程的建设方针所决定的。因此，运行调度技术方案应既能满足工程近期调度运行的需要，又能适应工程规模不断扩大后对运行调度提出的新要求。

所研制的管理体制与管理办法，应能保证工程正常运行，并在保证规划目标充分实现的前提下，使工程在未来的运行中逐步实现投入产出的良性循环，使工程具备自我维持和自我发展的能力。

（二）内容与技术途径

南水北调东线工程是一个十分复杂的水资源工程系统，对于这样一个复杂的水资源系统的运行管理，国内外尚无成熟、完整的经验可借鉴。因此，研究的内容应围绕实现工程运行管理的基本目标所需解决的问题予以确定，而相应的技术途径和方法则应根据问题的性质和问题所处环境与条件，因地制宜地进行选择和开发。事实上，跨流域调水系统运行调度问题是一个非结构化决策问题，任何一种现成的数学模型或技术，都不可能充分地、完美无缺地用来解决所面临的新问题，这便是方法导向所遇到的基本困难。因此，在跨流域调水工程运行管理研究中，必须坚持从实际出发，坚持问题导向的原则。南水北调东线工程运行管理研究的主要内容包括六个方面的课题。

1.江水北调水资源系统分析

江水北调水资源系统是指江苏省苏北地区的江淮跨流域调水系统，是南水北调东线工程系统最重要和最复杂的组成部分。通过揭示江水北调水资源系统的组成、江淮和沂沭泗多种水源的互济关系和系统的调节性能，系统内水资源的供需状况和基本矛盾，运行调度的基本原则和规则以及工程管理的办法与经验，有助于理解江水北调系统在南水北调东线工程系统中的特点，为南水北调东线运行管理研究提供依据。

2.来水预报和用水预测

跨流域调水系统的来水预报和用水预测信息是进行跨流域调水工程运行调度和管理的重要依据，为此需要首先建立南水北调东线范围内的来水预报方案和用水预测方案。根据运行调度和管理的要求，来水预报应包括年来水预报、月来水预报和旬来水预报。用水预测应包括年用水预测、月用水预测和旬用水预测。

3.年优化调度

进行南水北调东线工程年优化调度研究，旨在研制东线工程沿线八个湖泊和洼淀的优化调度图。在工程未来运行中，可根据当年来水和需水预测，应用所研制的调度图编制该年全系统的调度计划。该调度图利用工业用水北调控制线、农业用水北调控制线和最大蓄水控制线，把每个湖泊和洼淀的库容划分为工业蓄水类研究，考虑更细致、更合理。该项研究在应用模拟模型的基础上，开发了模拟模型自优化技术，从而克服了模拟模型只能产生方案和不能自动优选的缺点，使模拟模型具有了自优化功能。

4.实时优化调度

在东线工程未来运行中，仅编制年度运行调度计划是不够的，还必须根据逐月、逐旬、逐日的来水和需水预测，以及东线工程系统湖泊洼淀蓄水状况（系统状态），进行逐月、逐旬和逐日的全线调度决策，即进行实时优化调度，为此需要研制南水北调东线工程实时优化调度系统。在本课题中，把全线来水预报模型、农业需水预测模型、实时优化调度数学模型进行组合，使形成东线工程实时优化调度系统。

5.管理体制与管理办法

南水北调东线工程投入运行后，它的管理包括多方面的内容，本课题仅对管理体制和管理办法进行探讨。这里研究的基本思路是：把南水北调东线工程作为一项基础产业，研究合理可行的管理体制和相应的管理办法，使其能保证工程的正常运行和规划目标的充分实现，并在此前提下，促进南水北调东线工程在未来运行中逐步实现投入与产出的良性循环，使工程在中央政府的适当支持下，逐步具备自我维持和自我发展的能力。实现这一管理目标是艰难的和需要相当长时期的，但可以分阶段达到。在工程运行的初期阶段，管理体制的任务是：建立一种既有行政权威，又能发挥经济杠杆和法规制约作用的机制，使其能协调东线工程供水范围内各地区和各部门在投入和受益方面的矛盾，保证第一期工程供水目标的实现。

第二节　年优化调度

一、目的与任务

在进行跨流域调水水资源系统运行管理时，首先要编制该系统的年运行调度计划，为此，需研制跨流域调水水资源系统年优化调度数学模型和相应的优化调度图。在跨流域调水工程规划设计阶段，也可应用优化调度数学模型和调度图进行系统的超前模拟运行，以揭示工程在未来运行中可能出现的矛盾与问题，考验规划设计的合理性与可行性。这里将以南水北调为实例，介绍跨流域调水水资源系统年优化调度数学模型和调度图研制方法。

二、系统概化

在充分进行了系统结构分析、系统水量平衡分析和系统调蓄功能分析的基础上，把南水北调东线工程概化为由黄河以南五个湖泊串联和黄河以北三个洼淀并联的水资源系统。

在对东线工程系统的概化中，做了以下四项简化。

①系统内湖泊蓄水量远大于河网蓄水量，河网的调节能力远小于湖泊调节能力，因此不考虑河网的调节作用。

②工程未来运行中航运水深是能够保证的，输水河道内常年有水，因此，不考虑河道输水的流动时间，即忽略输水滞后问题。

③两湖间各泵站的运行状况主要取决于两端湖泊的调度，即主要考虑抽入湖与抽出湖的能力，因此，只考虑湖泊入口处和出口处的泵站，而不考虑区间各泵站的灌排面积。

④在抽水能耗计算时采用设计扬程而不考虑扬程随水位变化引起的效率变化。

上述概化并未忽略问题的本质和主要方面，不影响对东线工程运行模拟的仿真性，因而所做的概化是合理可行的。

三、调度图的特点和形式

南水北调水量调度有三个基本特点：多水源联合调度，当地水源和外调水源并用；多决策变量求解，抽水、蓄水和供水相结合；多目标供水，在保证向北调水量的前提下按规划要求满足城市生活、工业、航运、农业和环境供水要求，它们的供水保证率各不相同。此外，必须满足防洪除涝的要求。

为此，南水北调东线工程调度图应体现以下功能：能协调本湖泊或洼淀供水范围内各供水目标的矛盾；能协调上下相邻湖泊间抽水与蓄水的矛盾，并有利于北调；能充分考虑各湖泊洼淀安全度汛；调度结果能取得全系统水资源利用的最佳效益。因此，其调度图与一般水库调度图是不同的。

在南水北调东线水资源系统各湖泊洼淀的调度图中，应当包括两类功能各不相同的调度控制线。

（一）指示本级湖泊如何抽水与蓄水的控制线

指示本级湖泊如何抽水与蓄水的控制线，可称为蓄水控制线。蓄水控制线的作用有两方面。

①为了保证本级湖泊当前及未来时段的用水，指示湖泊应利用抽水能力尽量到蓄水控制线水位。

②为了避免过多抽水，造成本级湖泊不必要的弃水，指示本级湖泊蓄水不要超过蓄水控制线。

（二）指示本级湖泊如何供水的控制线

这里所指的供水包括向本级湖泊供水区的供水和允许相邻的上一级湖泊自本级湖泊的抽水量，故而可称为供水控制线。供水控制线的作用有两方面。

①控制上一级湖泊自本级湖泊的抽水，以避免由于北方抽水过多，而造成本级湖泊缺水损失过大。

②控制本级湖泊灌区的供水，以防前期供水过多，而使后期保证率较高的用水部门用水破坏的情况发生。这条供水控制线，在某种程度上可以理解为北调控制线。进一步考虑到工业用水（包括生活和航运等用水）的保证率及效益与农业用水的保证率和效益差别较大，在一般情况下，应优先满足工业用水的要求。故供水控制线又分解为工业供水控制线和农业供水控制线两条，这两条线的含义为：本湖的来水与用水平衡后，若库容在农业用水控制线以下，为了保证本湖供水系统的用水要求，北调水量主要满足以上各级湖泊的工业用水的调水要求，而农业调水要求可能受到限制，甚至停供，以保证本级湖泊供水范围内的用水全部满足；当库容在工业供水控制线以下时，为了保证本湖供水系统的工业用水不遭破坏，本级湖泊的农业用水可能受到限制或停供，北调水量除农业调水停止外，工业用水也可能受到限制。

四、技术途径

鉴于南水北调东线工程系统在未来调度运行中的复杂性和工程的规划还将随着工程建设不断发展的特点，要求优化调度数学模型具有较好的仿真性和适应工程变化的灵活性，同时具有较好的自优化功能。为此，本项研究采用模拟仿真技术与自动优选技术相结合的技术途径，即首先建立系统的模拟模型，然后采用逐步迭代逼近的寻优方法，在目标函数控制下对历史来水和用水系列进行模拟优化计算，自动优选出各湖泊和洼淀的优化调度图。这样做，增加了成果的客观性，消除了由人工试错调整调度图带来的不确定因素。

第三节　实施优化调度

一、实施优化调度概述

优化调度图是根据多年历史来水系列和相应年份用水资料，建立优化调度数学模型进行长系列运行操作求得的，它反映了在多年来水系列情况下，为获得全系统最佳效益所应遵循的调度方式。在通常情况下，可利用该组调度图制定跨流域调水工程各湖泊、水库洼淀和抽水站的年运行计划，并获得相应于多年系列的最佳效益。然而，当把该组调度图应用于某一具体时段（月、旬、日等）进行调度时，未必也能获得最佳效益，甚至出现较大偏差，为此需要研制跨流域调水工程实时优化调度系统。该系统根据跨流域调水工程各湖泊、水库、洼淀面临时段的蓄水状况和下一时段的来水预报与需水预测，便能及时做出下一时段工程全线各湖泊、水库、洼淀的最优调度决策。显然，在工程未来的实际运行中，只有采用实时优化调度系统，才能实现工程实际最佳运行的目标。实时优化调度与一般优化调度相比较，有以下特点。

第一，实时优化调度不是根据历史水文系列进行模拟操作从而制定调度图，而是根据长期、中期和短期来水预报与用水预测以及水资源系统蓄水、抽水等实时状态进行优化计算做出最佳调度决策。因此，实时优化调度不仅要建立优化计算模型，而且要建立长期、中期和短期来水预报模型与用水预测模型，共同组成一个完整的实时优化调度系统。

第二，实时优化调度不以调度图作为调度决策依据，而是根据工程系统当前的蓄水状况和来水预报与用水预测直接进行优化计算，逐时段给出工程全系统的最佳调度决策。因此，实时优化调度系统是指具有上述功能的计算分析软件包，而不是一套调度图。

第三，“实时性”是实时优化调度的显著特点。这是因为实时优化调度能不断获取工程系统状态和来水与用水的最新信息，及时进行调度结果与实时信息间的反馈和合理调整，对调度结果不断地进行实时校正。

第四，来水预报是保证实时优化调度精度的重要方面。然而，目前长期预报、中期预报和短期预报的科技水平还不高，这就在一定程度上影响了实时优化调度上述优点的充分发挥。这也是实时优化调度应当重点攻克的课题。

实时优化调度的思想早已在水库调度实践中形成，但直到20世纪70年代计算机、遥测遥感技术和通信技术迅速发展之后，实时优化调度技术才开始在水利部门逐渐得到实际应用。20世纪80年代中期，我国水利调度中心开始研究水库防洪系统实时调度，接着开始在长江、黄河、淮河等重点河段建立江河防洪实时预报调度系统。

二、实时优化调度数学模型

（一）模型性能与特点

跨流域调水系统的实时优化调度，就是在实时信息（系统蓄水状况和来水与用水实时预报预测）支持下，运用优化调度数学模型，不断地对全系统运行情况做出最优决策，是一个确定性多阶段最优决策问题。显然，在已知来水、用水和系统状态条件下，优化调度数学模型及其算法是否合理高效，将成为是否能实现最优调度决策的关键。跨流域调水系统的实时优化调度数学模型一般应具有以下性能和特点。

①能对系统给予客观、确切的描述，具有较好的仿真性。

②模型结构和参数具有较大的“弹性”，能适应跨流域调水系统因工程不断发展和地区间、部门间用水要求的不断改变而引起的运行条件的不断变化。

③模型的参数对于模型的输出有较好的灵敏性，以便决策者在运行调度过程中能有效便捷地通过调整模型参数实现其对调度结果的干预。

④跨流域调水工程通常是多目标、多水源、多调节场所的水资源大系统，优化调度数学模型通常十分复杂，而调度决策商议时间不长，因此模型求解和计算必须高效迅捷。

这些性能和特点决定了跨流域调水水资源系统实时优化调度数学模型研制的复杂性和难度。在南水北调东线水资源系统实时优化调度中，建立了两种实时优化调度数学模型，即以动态规划和线性规划相结合的数学模型和根据多目标规划的理论与方法建立的多目标线性目的规划数学模型。下面主要介绍动态规划和线性规划相结合的BSDP-LP模型。

（二）BSDP-LP数学模型

在研制BSDP-LP数学模型时，对黄河以北作为调蓄场所的洼淀利用方式作了适当的调整，即在华北不采用千顷洼而采用北大港、大浪淀和浪洼作为蓄水场所，并注意到大浪淀和浪洼事实上属于同一供水范围，因此，黄河以北的蓄水场所可以概化为两个并联在南运河上且相互无水量联系的洼淀。黄河以南则概化成由东平湖、上级湖、下级湖、骆马湖和洪泽湖五个互有水量联系的串联湖泊系统。该系统的状态变量为七个湖泊洼淀的蓄水量，决策变量为各湖泊洼淀的抽水量、泄水量和供水量，是一个多决策变量动态规划问题。本文研究采用双状态动态规划（BSDP）和线性规划（LP）相结合的技术途径（BSDP-LP），下面将建立BSDP-LP数学模型并给出算法。

系统方程：$V_{ij+1}=V_{i,j}+R_{i,j}+QS_{i-1,j}+DB_{i,j}-GW_{i,j}+QS_{i,j}-DB_{j-1,j}-UL_{i,j}$ （6-1）

式中：

$R_{i,j}$——来水量；

$UL_{i,j}$——损失水量；

$V_{i,j}$——库容；

$QS_{i-1,j}$——上一级湖泊弃水量；

$QS_{i,j}$——本级湖泊弃水量：

$DB_{i-1,j}$——上一级湖泊抽水量；

$DB_{i,j}$——本级湖泊抽水量；

$GW_{i,j}$——本级湖泊供水量（它们都是决策变量）；

i——湖洼序号；

j——决策过程的阶段序号。

显然，如此多的决策变量将给优化计算带来巨大困难，为此引入综合决策变量X：

$$X_{i,j}=QS_{i-1,j}+DB_{i,j}-QS_{i,j}-DB_{i-1,j}-GW_{i,j} \tag{6-2}$$

将式（6-1）代入式（6-2），则系统方程简化为：

$$V_{i,j+1}=V_{i,j}+R_{i,j}+X_{i,j}-UL_{i,j} \tag{6-3}$$

于是，多决策变量问题化为单决策变量问题。

为了求得相应于综合决策变量X的目标函数，必须实现对综合决策变量X的最优分解，即将综合决策变量优化分解为式（6-2）所示诸分量，并使得目标函数最优化。显然，这是一个有限资源最优分配问题，可用线性规划（LP）方法求解，为此，在动态规划模型中嵌入线性规划模型，并建立线性规划模型。

由上述的建模过程不难理解，跨流调水水资源系统实时优化调度数学模型的基本思想是，用线性规划方法（LP）进行系统内各湖泊之间抽水量与蓄水量的最优分配，即保证抽蓄水量在空间分配上的最优性：同时用动态规划方法（DP），根据年运行总体效益最优的原则，进一步选择湖群的最优运行方式，即保证其在时间上的最优性。对每一调度时段均如此进行，从而滚动式地实现水资源系统的实时最优运行调度。下面将给出BSDP-LP数学模型的算法。

（三）BSDP-LP模型算法

双状态动态规划（BSDP）是对离散微分动态规划（DDDP）的一种改进。它的基本特点是，在初始试验轨迹（通常采用调节计算成果经验地选定）的基础上增减一个状态增量，使形成一个对任一水库任一计算时段都只含两个状态节点的廊道，全部寻优计算在该廊道内进行。在南水北调东线BSDP-LP模型计算中，每一阶段计算共有2^7=128种状态组合，有128^2=16384种状态转移方式，每种状态转移均需求解由23个结构变量和23个约束方程组成线性规划问题，以求得每种状态转移的阶段效益。因此，虽然采用了BSDP-LP模型，但计算工作量仍然很大，不过毕竟避免了计算更棘手的维数灾难问题。

下面给出BSDP-LP模型计算步骤。

①根据调节计算成果设定初始试验轨迹和计算步长，在初始试验轨迹上减状态增量，从而得到两条运行轨迹的状态子集C_{nj}：

$$C_{nj}=\left\{V'_{1j},V''_{1j},V'_{2j},V''_{2j},\ldots,V'_{ij},V''_{ij},\ldots,V'_{mj},V''_{mj}\right\} \tag{6-4}$$

式中：

n——迭代序号；

$i=1,2,\cdots$；

7——库序；

j——阶段序号：

$V_{ij}^{'}$——状态子集 C_{nj} 的状态向量分量，其中，$V_{ij}^{'}$ 为第 $n-1$ 次迭代 j 阶段第 i 库的轨迹；

$V_{ij}^{''}$——第 n 次迭代试验状态。

②对所有状态组合由式求得综合决策变量 X，并输入线性规划（LP）模型，由单纯形法求得相应于 X 的各实际决策变量 $QS_{i-1,j}, QS_{i,j}, DB_{i-1,j}, DB_{i,j}$ 和 $GW_{i,j}$，以及相应的阶段效益。

③将最优状态轨迹作为新的试验轨迹，并形成新的廊道，用新的廊道重新进行上述步骤计算。如此进行迭代，使目标函数不断改善，直至目标函数收敛或满足给定的精度。此时输出各最优决策变量（全过程最优策略）即为所求。

第四节　管理体制与管理办法

一、管理体制与管理办法概述

跨流域调水工程的管理包括多方面的内容。在“软件”方制与管理办法、经济与财务、政策与法规等。在“硬件”方面，主要有输水工程管理、水量与水质监测、通信及信息处理系统等。这里仅就管理体制与管理办法进行讨论。

如跨流域调水工程涉及经济与社会、工程技术与环境等广泛的领域，因此，跨流域调水工程的管理体制与管理办法是一个非常复杂的问题。这里将以南水北调东线工程的管理体制与管理办法作为一个实例，探讨跨流域调水工程管理体制与管理办法的一般原则和基本问题。

南水北调东线工程投入运行后，如何实施科学、合理和有效的管理，保证工程发挥预期效益，是一个难度很大的课题。这是因为该项工程连接了长江、淮河、黄河和海河四大流域，涉及江苏、安徽、山东、河北、天津、北京六个省市，无论从水文气候条件方面的差异或是沿线各省市社会经济发展对水的需求矛盾来考察，都远比在同一流域或同一行政区域内（如一个省内）的调水工程运行管理所遇到的矛盾要复杂得多，南水北调东线工程的运行和管理，主要存在以下四项矛盾。

①沿线来水丰枯变化和黄河南北旱涝发生发展的不确定性与沿程供水的计划性之间的矛盾。在来水预报和旱涝预测科技水平还远不能满足生产需要的情况下，这一矛盾将给工程运行调度在相当长时期内造成被动。

②供水能力和需水要求之间的矛盾。在一期工程的调水规模下，供需之间的矛盾将会随着沿线社会经济的发展变得日趋尖锐。

以上矛盾主要表现为沿线各省市从自身的利益出发对水量分配提出的要求，虽然在规划设计中已对沿线水量分配做了明确的规定，但要在运行调度中保证得以实现并非易事。

③沿线各省市对维持和改善工程正常运行所分摊的投入与所得收益之间的矛盾。显然，若不能实现沿线各省市间在分摊的投入和收益两方面基本合理可行，则合理的运行调度也不可能实现。为此，要对工程运行时期的投入产出进行深入的经济学分析，不断合理调整沿线各省市应当分摊的份额。

④沿线的污水排放与调入区的水质要求之间的矛盾。在工程运行过程中，这一矛盾将涉及环境保护的法律、经济和沿线工矿企业建设与发展的广泛领域。

上述这些主要矛盾，在工程运行过程中将以工程、经济、行政乃至法律纠纷的形式表现出来。南水北调东线工程的运行管理，就是要以经济的、行政的和法律的手段对上述诸矛盾进行协调，促使这些矛盾向着有利于充分发挥工程综合效益的方向发展。在前面，已经制定了多种优化调度方案，在那些优化调度方案中体现了协调上述矛盾的原则和具体方面，它们是科学、合理管理的重要组成部分。同时，也只有在具备科学、合理管理条件下，才能保证这些优化调度方案得以实现。

南水北调东线工程是一项基础产业。因此，东线工程管理的任务还在于促进系统在运行过程中逐步实现投入与产出的良性循环，使工程在中央政府的适当支持下，逐步具备自我维持和自我发展的能力。

二、江水北调管理体制分析

江水北调是江苏省境内跨流域引水、多水源互济，集供水、航运和排洪除涝等功能于一体的水资源系统。经过几十年建设和运行实践，江水北调系统已形成了一套管理体制与管理办法，积累了较丰富的管理经验。如前所述，江水北调水资源系统是南水北调东线水资源系统的重要组成部分，因此，江水北调的运行管理经验，无疑可供南水北调东线运行管理工作借鉴。

（一）管理体制

江水北调实行以省统管统调的管理体制。凡跨市（地）、跨水系的主要工程和调水干线骨干工程均由省统一管理，由省制定年度调水计划和水量分配方案。在全年运行过程中，特别在用水高峰期，主要调水分水闸站，如江都站、淮安站、高良涧闸、二河闸、杨庄闸、盐河闸、淮阴闸、泗阳站等，均由省直接调度。省水利厅及其派出的江都枢纽管理处、总渠管理处、三河闸管理处、淮沭河管理处和骆运管理处负责实施省一级的管理和调度。

江水北调实行的“统管统调”管理体制具有以下优点并存在一些问题。

①有利于从苏北社会经济发展的整体利益出发，对调水范围内的各种水资源（江水、

淮水、涝水和回归水等）实行统筹兼顾的分配和调度，较合理、充分地发挥水资源的总体效益。若不如此，徐州地区和连云港地区显然不能得到必需的水量供应以支持其经济的发展，而这两个地区恰是经济发展较快而水源缺乏的地区。

②便于利用行政手段协调地区间关于水量分配和水量调度的矛盾，必要时可运用行政权威予以仲裁。水资源对地区经济的发展来说至关重要，因此，即使在一省范围内进行水量分配与调度，地区间的矛盾也难以避免，有时甚至是很尖锐的。江水北调系统中现行规定的“扬州地区主要使用江水，淮阴和连云港地区主要使用经洪泽湖调蓄的淮水，徐州地区主要使用骆马湖和下级湖的淮水和沂沭泗水”的格局和“任何情况下向连云港供水不得小于20.0m^3/s等一系列调度原则和规定”，都是在行政的干预下并结合多年的调度经验制定的，也必须借助行政的干预保证实施。

③有利于从全局推进工程的建设和发展。南水北调东线工程将采取“先通后畅”，逐步发展的建设方针，将经历一个较长的边建设边运行的过程，江水北调在管理体制方面的经验，是值得借鉴的。

④存在的主要问题是，地方参与管理的积极性受到一定限制。这便带来了工程管理和其他管理方面的一些困难。

（二）工程管理

江水北调骨干工程由省派出的五个管理处负责管理。实地调查表明，这样的管理体制职责明确，能常年坚持对工程的管理，保证了骨干工程处于基本良好的运行状态。次一级工程原则上由市县管理，灌区工程（包括灌区取水口门和干渠、支渠口门）设立灌区管理所管理，支渠以下工程由乡县管理，管理情况视不同市县和灌区而不同。在工程管理方面存在以下两方面的问题。

①调水沿线中小供水口门多而分散，且均属地方管理，在调水过程中难以按计划进行有效控制。

②江水北调工程始建于20世纪60年代，经过近60年的运用，一些工程和设备已年久失修，例如，闸门漏水严重，机电设备日趋老化，能耗大、效率低；重建轻管和重骨干工程轻配套工程的情况依然存在，工程不配套在很大程度上影响了工程系统效率的发挥。然而，省政府无力提供充足的财政支持工程进行大规模维修和更新，江水北调系统也不具备自我维持和发展能力，这一矛盾正日趋尖锐。

（三）基本经验

①江水北调“统管统调”的管理体制，能够从苏北经济发展全局着眼对总水资源量实行统筹安排，在协调地区间水量分配和水量调度的矛盾中表现出了积极有效的作用，保证

了江水北调工程系统的持续建设和发展，从而表明，在跨流域、部门水量调度和管理中，行政管理功能是有效的、必要的。

②江水北调工程的建设和运行经费由省财政包干的经济管理办法，对工程的建设和发展起了积极的作用。但是也表现出了以下的问题：政府承受的经济负担过重，运行管理经费不足；造成干部群众在用水管水方面的资源观念和经济意识薄弱，并由此产生了一系列问题：不易促使江水北调系统逐步实现投入产出的良性循环，使工程系统完全依赖政府维持而不具备自我发展能力。

③江水北调在工程管理方面的诸多问题，是由于地方参与管理的程度不够和省财政包干的经济管理办法不当造成的。

④如何既发挥“统管统调”的行政功能又充分利用经济杠杆的作用，是江水北调管理中应解决的重大课题。

⑤把江水北调系统视为一项水利基础产业，实现投入产出的良性循环，使工程系统具备自我发展的能力，是研究江水北调工程科学管理的正确方向。

三、大型跨流域调水运行管理体制的探讨

在总结国内外跨流域调水工程管理体制的基础上，结合南水北调东线工程的特点，提出四种管理体制的模式。

（一）统管统调、集中管理模式

统管统调集中管理体制的基本形式是，成立具有中央一级行政权威的领导小组。该小组有能力协调各方面的利益，有最终仲裁调水中出现的各种矛盾和重大问题的权力，是南水北调东线工程的最高决策机构。

领导小组下设的管理局是执行机构，负责调水工程运行的全面管理，执行全系统水量统一调配。管理局在调水范围内设立若干分局或管理处作为其派出机构，负责调水计划的执行、辖区内调水工程的运行与管理、水质监测与管理、计收水费等。

统管统调、集中管理体制有以下主要优点：把庞大而复杂的调水工程视为一个大系统，统一进行运行调度管理，有利于保证调水目标的实现，发挥系统内水资源的综合效益；能较充分地发挥行政功能，协调各方面的矛盾，统筹兼顾协调各地区和各部门的利益；有利于推进工程的继续建设，从江水北调的经验看，很适合南水北调东线工程边建设边运行的特点和要求。

统管统调、集中管理体制的主要困难：协调中央和地方的矛盾有一定难度，地方积极性难以充分发挥：中央财政负担很重；这一管理模式还涉及已建的江水北调工程管理体制的改变。把已建工程由地方管理收归中央，不利于发挥地方积极性，原有工程的一些河

段引水口门多，很难集中管理，特别是洪泽湖、南四湖引水出路多，更难控制。在财政方面，江苏每年安排大量经费支持江水北调，农业用水的水费既低又少，集中管理后水费调整到位是十分困难的。要管好相关省市的大范围调水系统，需建立多层次较大的管理机构，将增加国家财政负担。

统管统调集中管理模式，在总体上是合理的，对调水目标的实现是有保证的，存在的问题基本上是可以解决或分期解决的，这个模式具有可行性。

（二）地方分管，中央协调模式

地方分管，中央协调模式是将南水北调东线工程和设施分省市进行管理，实行边界交水，省内的水量调配完全各省自行决定。省际调水的矛盾在中央主持下由相关省协商解决。

地方分管，中央协调模式的优点：能充分发挥地方调水管水的积极性，中央不必成立庞大的管理机构；能较好发挥地方财政潜力，国家经济负担较小。

地方分管，中央协调模式的缺点：对东线调水工程大系统实行了分解措施，不易对全系统实行优化调度，可能影响系统整体综合效益的充分发挥；省际调水的矛盾虽然可以在中央主持下由省际之间相互协调，但因缺乏强有力的行政约束和法律保证，这种协调往往难以圆满实现，尤其在遇到南北同步干旱的情况时，预定的调水目标难以达成；不利于推进调水工程的继续建设，落实边建设、边运行的方针有一定困难。

（三）统分结合，以统为主的模式

中央成立统一管理机构，这个机构主要负责东线工程水量的统一调度，对省界工程、边界交水站实行统管，在沿线省、直辖市成立相应的工程管理机构，业务上受中央统管机构的指导，行政上受地方领导；对于省内的调水工程，则自成系统，自行管理和调度，但接受统管机构对调水情况的必要监督。水费收入按一定比例上交中央统管机构，大部分留给省、直辖市作为运行管理和设备维修等费用。这种管理模式，能够发挥中央和地方对调水工程管理的积极性，全局利益和地方利益基本结合，规划的调水目标有可能实现。

虽然这个模式具有一定的优越性，但从整个调水系统的效益上看，仍将受地方的制约。因此，对于调水目标的实现，不如统管统调集中管理模式那样有保证。

（四）供水股份有限公司

供水股份有限公司管理形式在国外是比较普遍的，水作为商品已被人们所接受，在我国随着改革的深入，也将会逐步被人们所认识。

南水北调供水股份有限公司属国家级公司，实行股份制；由国家、地方新建和已建调水工程折资入股，公司财务独立核算，自负盈亏；公司成立董事会，董事会由中央、省和京津两市代表共同组成，董事长由国务院委任；公司实行董事会领导下的总经理负责制；重大问题由董事会决定，总经理为公司的法人代表，负责公司全面管理；公司以供水为主，多种经营。

公司设立工程管理部，负责全线的工程管理；调水供水部，负责全线调水供水计划的编制和安排；通信监控部，负责工程管理的通信系统和监控系统；经营开发部，负责水费的征收和多种经营；管理协调部，负责公司内部管理和规章制度的拟定及各部之间的协调。公司沿调水干线设立若干分公司和办事机构，进行工程的维护管理，开展业务活动。

公司对投资入股的调水配套工程，如船闸、公路、河道等，直接进行经营管理。公司利用自筹资金，有计划地改进和完善调水工程设施，逐步提高管理自动化现代化水平。

水作为资源商品在我国尚未被普遍接受，国家要给公司一些优惠政策，如一定时期内给予免税，提供一定数量的低息贷款，以拓宽经营渠道，增加自负盈亏的能力。根据农业用水水费承受能力低的情况，国家每年给予公司农业用水的价格补贴。

公司主要是依靠经济手段进行调水工程的全面管理，对于如此巨大而复杂的东线工程，单有经济手段是不够的，还必须 有一系列配套的法规为依据，而建立这些法规要经历较长的时间，且人们在思想上还要有依法办事的充分认识。

采用公司型管理模式现在尚有一定的困难，但可选一个规模不大、情况不复杂的工程试行，以便总结经验。

以上四种管理模式，各具特点、各有利弊。地方分管、中央协调模式，其权力过于分散，难以解决突出的矛盾，调水目标的实现没有保证，不宜采用。供水股份有限公司这种管理体制是以经济杠杆为手段，以法律为保证的管理模式，在目前我国法律尚未健全的情况下，单靠经济手段，对于东线工程这样复杂的系统是难以进行有效管理的，近期的条件尚不成熟。在保证实现调水目标和发挥调水工程系统的总体效益方面，统管统调、集中管理模式优于统分结合、以统为主的管理模式。

第七章

水利工程建设项目管理

第一节　水利工程建设项目管理方法及模式

一、水利工程建设项目管理方法

水利工程管理是保障水利工程正常运行的关键环节，不仅需要每个水利职工从意识上重视水利工程管理工作，更要促进水利工程管理水平的提高。下面对水利工程管理方法进行探讨研究。

（一）明确水利工程的重大意义

水利工程是保障经济增长、社会稳定发展、国家食物安全度稳定提高的重要途径，使我们能够有效地遏制生态环境急剧恶化的局面，实现人口、资源、环境与经济、社会的可持续利用与协调发展的重要保障。水利工程的管理涉及社会安全、经济安全、食物安全、生态与环境安全等方面，我们在思想上务必予以足够的重视。

（二）提高水利工程建设项目管理的措施

1.加强项目合同管理

水利工程项目规模大、投资多、建设期长，又涉及与设计、勘察和施工等多个单位依靠合同建立的合作关系，整个项目的顺利实施主要依靠合同的约束进行，因此水利工程项目合同管理是水利工程建设的重要环节，是工程项目管理的核心，其贯穿项目管理的全过程。项目管理层应强化合同管理意识，重视合同管理，要从思想上对合同的重要性有充分认识，强调按合同要求施工，而不单是按图施工。在项目管理组织机构中建立合同管理组织，使合同管理专业化。如在组织机构中设立合同管理工程师、合同管理员，并具体定义合同管理人员的地位、职能，明确合同管理的规章制度、工作流程，确立合同与质量、成本、工期等管理子系统的界面，将合同管理融于项目管理的全过程之中。

2.加强质量、进度、成本的控制

（1）工程质量控制方面

一是建立全面质量管理机制，即全项目、全员、全过程参与质量管理；二是根据工

程实际健全工程质量管理组织，如生产管理、机械管理、材料管理、试验管理、测量管理、质量监督管理等；三是各岗位工作人员的配备在数量和质量上要有保证，以满足工作需要；四是机械设备配备必须满足工程的进度要求和质量要求；五是建立健全质量管理制度。

（2）工程进度控制方面

工程进度控制是一个不断变化的动态过程，其总目标是确保既定工期目标的实现，或者在保证工程质量和不增加工程建设投资的前提下，适当缩短工期。项目部应根据编制的施工进度总计划、单位工程施工进度计划、分部分项工程进度计划，经常检查工程实际进度情况。若出现偏差，应与具体施工单位共同分析产生的原因及对总工期目标的影响，制定必要的整改措施，修订原进度计划，确保总工期目标的实现。

（3）工程成本控制方面

工程项目成本控制就是在项目成本的形成过程中，对生产经营所消耗的人力资源、物质资源和费用开支进行指导、监督、调节和限制，把各项生产费用控制在计划成本范围之内，保证成本目标的实现和对项目成本的控制。这些不仅是专业成本人员的责任，也是项目管理人员，特别是项目部经理的责任。

（三）施工技术管理

水利水电工程施工技术水平是企业综合实力的重要体现，引进先进地工程施工技术，能够有效提高工程项目的施工效率和质量，为施工项目节约建设成本，从而实现经济利益和社会利益的最大化。我们还应重视新技术与专业人才，积极研究及引进先进技术，借鉴国内外先进经验，同时培养一批掌握新技术的专业队伍，为水利水电工程能高效、安全、可靠地开展提供强有力保障。

近年来，水利工程建设大力发展，我国经济建设以持续发展为理念进行社会基础建设，为了提高水利工程建设水平，对水利工程建设项目管理进行改进，加强项目管理力度，规范水利工程管理执行制度，完善工程管理体制，对水利工程质量进行严格管理，提高相关管理人才的储备、培训、引进，改进项目管理方式，优化传统工作人员管理模式，避免安全隐患的存在，保障水利工程质量安全，扩大水利工程建设规模，鼓励水利工程管理进行科学技术建设，推进我国水利工程的可持续发展。

二、水利工程建设项目管理模式

随着水利水电事业的发展，工程项目建设规模越来越大，结构更复杂，技术含量更高，对多专业的配合要求更迫切，传统的平行发包管理模式已经不能满足当前的工程建设需要。目前，在水利工程建设市场需求的推动下产生了多种项目管理模式。

（一）平行发包管理模式

平行发包模式是水利工程建设在早期普遍实施的一种建设管理模式，是指业主将建设工程的设计、监理、施工等任务经过分解分别发包给若干个设计、监理、施工等单位，并分别与各方签订合同。

1.优点

（1）有利于节省投资

一是与PMC、PM模式相比节省管理成本；二是根据工程实际情况，合理设定各标段拦标价。

（2）有利于统筹安排建设内容

根据项目每年的到位资金情况择优计划开工建设内容，避免因资金未按期到位影响整体工程进度，甚至造成工程停工、索赔等问题。

（3）有利于质量、安全的控制

传统的单价承包施工方式，承建单位以实际完成的工程最来获取利润，完成的工程量越多获取的利润就越大，承建单位为寻求利润一般不会主动优化、设计减少建设内容，严格按照施工图进行施工，质量、安全得以保证。

（4）锻炼干部队伍

建设单位全面负责建设管理各方面工作，在建设管理过程中，通过不断学习总结经验，能有效地提高水利技术人员的工程建设管理水平。

2.缺点

（1）协调难度大

建设单位协调设计、监理单位以及多个施工单位、供货单位，协调跨度大，合同关系复杂，各参建单位利益导向不同、协调难度大、协调时间长，影响工程整体建设的进度。

（2）不利于投资控制

现场设计变更多且具有不可预见性，工程超概算严重，投资控制困难。

（3）管理人员工作量大

管理人员需对工程现场的进度、质量、安全、投资等进行管理与控制，工作量大，需要具有管理经验的管理队伍，综合素质要求高。

（4）建设单位责任风险高

项目法人责任制是“四制”管理中主要组成，建设单位直接承担工程招投标、进度、安全、质量、投资的把控和决策，责任风险大。

3.应用效果

采用此管理模式的项目多处于建设周期长、不能按合同约定完成的建设任务，有些项目甚至出现工期遥遥无期情况，项目建设投资易超出初设批复概算，投资控制难度大，已完成项目还面临建设管理人员安置难的问题。

（二）EPC项目管理模式

EPC（Engineering Procurement Construction），即设计—采购—施工总承包，是指工程总承包企业按照合同约定，承担项目的设计、采购、施工、试运行服务等工作，并对承包工程的质量、安全、工期、造价全面负责。此种模式，一般以总价合同为基础。在国外，EPC一般采用固定总价（非重大设计变更，不调整总价）。

1.优点

（1）合同关系简单，组织协调工作量小

由单个承包商对项目的设计、采购、施工全面负责，简化了合同组织关系，有利于业主管理，在一定程度上减少了项目业主的管理与协调工作。

（2）设计与施工有机结合，有利于施工组织计划的执行

由于设计和施工（联合体）统筹安排，设计与施工有机地融合，能够较好地将工艺设计与设备采购及安装紧密结合起来，有利于项目综合效益的提升，在工程建设中发现问题能得到及时有效的解决，避免设计与施工不协调而影响工程进度。

（3）节约招标时间、减少招标费用

只需一次招标，选择监理单位和EPC总承包商，不需要对设计和施工分别招标，节约招标时间，减少招标费用。

（二）缺点

1.由于设计变更因素，合同总价难以控制

由于初设阶段深度不够，实施中难免出现设计漏项而引起设计变更等问题。当总承包单位盈利较低或盈利亏损时，总承包单位会采取重大设计变更的方式增加工程投资，而重大设计变更批复时间长，影响工程进度。

2.业主对工程实施过程参与程度低，不能有效控制全过程

无法对总承包商进行全面跟踪管理，不利于质量、安全控制。合同为总价合同，施工总承包方为了加快施工进度，获取最大利益，往往容易忽视工程质量与安全。

3.业主要协调分包单位之间的矛盾

在实施过程中，分包单位与总承包单位存利益分配的纠纷，影响工程进度，项目业主在一定程度上需要协调分包单位与总承包单位的矛盾。

（三）PM项目管理模式

PM项目管理服务是指工程项目管理单位按照合同约定，在工程项目决策阶段，为业主编制可行性研究报告，进行可行性分析和项目策划；在工程项目实施阶段，为业主提供招标代理、设计管理、采购管理、施工管理和试运行（竣工验收）等服务，代表业主对工程项目进行质量、安全、进度、投资、合同、信息等管理和控制。工程项目管理单位按照合同约定承担相应的管理责任。PM模式的工作范围比较灵活，可以是全部项目管理的总和，也可以是某个专项的咨询服务。

目前铜仁实施的水利工程项目中，杀牛冲水利工程、碧江龙塘水库采用的就是这种建设管理模式。

1.优点

（1）提高项目管理水平

管理单位为专业的管理队伍，有利于更好地实现项目目标，提高投资效益。

（2）减轻协调工作量

管理单位对工程建设现场的管理和协调，业主单位主要协调外部环境，可减轻业主对工程现场的管理和协调工作量，有利于弥补项目业主人才不足的问题。

（3）有利于保障工程质量与安全

施工标由业主招标，避免造成施工标单价过低，有利于保证工程质量与安全。

（4）委托管理内容灵活

委托给PM单位的工作内容和范围也比较灵活，可以具体委托某一项工作，也可以是全过程、全方位的工作，业主可根据自身情况和项目特点有更多的选择。

2.缺点

（1）职能职责不明确

项目管理单位职能职责不明确，与监理单位职能存在雷同问题，如合同管理、信息管理等。

（2）体制机制不完善

目前没有指导项目管理模式的规范性文件，不能对其进行规范化管理，有待进一步完善。

（3）管理单位积极性不高

由于管理单位的管理费为工程建设管理费的一部分，所以金额较小，管理单位投入的人力资源较大，利润较低。

（4）增加管理经费

增加了项目管理单位，相应地增加了一笔管理费用。

3.应用效果

采用此种管理模式只是简单的代项目业主服务，因为没有利益约束不能完全实现对项目参建单位的有效管理，且各参建单位同管理单位不存在合同关系，建设期间容易存在不服从管理或落实目标不到位现象，工程推进缓慢，投资控制难。

（四）PMC项目管理模式

项目管理总承包（Projectmanagement Contractor，简称PMC）指项目业主以公开招标方式选择项目管理总承包（PMC）单位，将项目管理工作和项目建设实施工作以总价承包的合同形式进行委托，再由PMC单位通过公开招标的形式选择建设及设备等承包商，并与承包商签订合承包合同。

根据工程项目的不同规模、类型和业主要求，通常有3种PMC项目管理承包模式。

1.业主采购，PMC方签订合同并管理

业主与PMC承包商签订项目管理合同，业主通过指定或招标方式选择设计单位、施工承包商、供货商，但不签订合同，由PMC承包商与之分别签订设计、施工和供货等合同。基于此类型PMC管理模式在实施过程中存在问题较多，已被淘汰，目前极少有工程采用此种管理模式。

2.业主采购并签合同，PMC方管理

业主选择设计单位、施工承包商、供货商，并与之签订设计、施工和供货等合同，委托PMC承包商进行工程项目管理。此类型PMC管理模式，主要有两种具体表现形式。

（1）PMC管理单位为具有监理资质的项目管理单位

业主不再另行委托工程监理，让管理总承包单位内部根据自身条件及工程特点分清各自职能职责，管理单位更加侧重于利用自己专业的知识和丰富的管理经验对项目的整体进行有效的管理，使项目高效运行。监理的侧重点在于提高工程质量与加快工程进度，而非对项目整体的管理能力，业主只负责监督、检查项目管理总承包单位是否履职履责。PMC项目管理单位可以是监理与项目管理单位组成的联合体。

此种模式的优点是解决了目前PMC型项目管理模式实施过程中存在的职能职责交叉的问题，责任明确，避免了由于交叉和矛盾的工作指令关系，影响项目管理机制的运行和项目目标的实现，提高了管理工作效率。最大的缺点是工程缺少第三方监督，如出现矛盾没有第三方公正处理，现基本不采用该模式。

（2）PMC管理单位为具有勘察设计资质的项目管理单位

PMC项目管理单位具有勘察设计资质，也可以是设计与项目管理单位组成的联合体。

此种模式的优点：①可依托项目管理单位的技术力最、管理能力和丰富经验等优势，对工程质量、安全、进度、投资等形成有效的管理与控制，减轻业主对工程建设的管理与协调压力；②通过对设计单位的协调，有效地解决PMC实施过程中存在的设计优化分成问题，增加了设计单位设计优化的积极性，业主将设计优化分成给管理总承包单位，然后由管理总承包单位内部自行分成。最大缺点是缺少第三方监督，如出现矛盾没有第三方公正处理，很多地方不太采用该模式。

3.风险型项目管理总承包（PMC）

根据水利项目的建设特点，在国际通行的项目管理承包模式和国内近几年运用实践的基础上，首先提出了风险型项目管理总承包（PMC）的建设管理模式。该模式基于工程总承包建设模式，是对国际通行的项目管理承包（PMC）进行拓展和延伸。PMC总承包单位按照合同约定对设计、施工、采购、试运行等进行全过程、全方位的项目管理和总价承包，一般不直接参与项目设计、施工、试运行等阶段的具体工作，对工程的质量、安全、进度、投资、合同、信息、档案等全面控制、协调和管理，向业主负总责，并按规定选择有资质的专业承建单位来承担项目的具体建设工作。此类型 PMC管理模式包括项目管理单位与设计单位不是同一家单位和项目管理单位与设计单位是同一家单位这两种表现形式。

（1）优点

①有效提高项目管理水平

PMC总承包单位通过招标方式选择具有专业从事项目建设管理的专门机构，拥有大批工程技术和项目管理经验的专业人才，充分发挥PMC总承包单位的管理、技术、人才优势，提升项目的专业化管理能力，同时促进参建单位施工和管理经验的积累，极大地提升整个项目的管理水平。

②建设目标得到有效落实

项目管理总承包（PMC）合同签订，工程质量、进度、投资予以明确，不得随意改动。业主重点监督合同的执行和PMC总承包单位的工作开展，PMC总承包单位做好项目管理工作并代业主管理勘测设计单位，按合同约定选择施工、安装、设备材料供应单位。在PMC总承包单位的统一协调下，参建单位的建设目标一致，设计、施工、采购得到深度融合，实现技术、人力、资金和管理资源高效组合和优化配置，工程质量、安全、进度、投资得到综合控制且真正落实。

③降低项目业主风险

项目建设期业主风险主要来自设计方案的缺陷和变更、招标失误、合同缺陷、设备材料价格波动、施工索赔、资金短缺及政策变化等不确定因素。在严密的项目管理总承包（PMC）合同框架下，从合同上对业主的风险进行了重新分配，绝大部分发生转移，同时项目建设责任主体发生转移，更能激励PMC总承包单位重视工程质量、安全、进度、投资的控制，减少了整个项目的风险。

④减轻业主单位协调工作量

管理单位对工程建设现场的管理和协调，业主单位主要协调外部环境，可减轻业主对工程现场管理和协调的工作量，有利于弥补项目业主建设管理人才不足的问题。

⑤代业主管理设计

近几年，由于水利工程较多，设计单位往往供图不及时，设计与现场脱节等，对设计单位管理存在一定困难。PMC单位可对设计单位进行管理，如PMC与设计是同一家单位，对前期工作较了解，相当于从项目的前期到实施阶段的全过程管理，业主仅需对工程管理的关键问题进行决策。

⑥解决业主建设管理能力和人才不足

PMC总承包单位代替业主行使项目管理职责，是项目业主的延伸机构，可解决业主的管理能力和人才不足问题。业主决定项目的构思、目标、资金筹措和提供良好的外部施工环境，PMC总承包单位承担施工总体管理和目标控制，对设计、施工、采购、试运行进行全过程、全方位的项目管理，不直接参与项目设计、施工、试运行等阶段的具体工作。

⑦精简业主管理机构

项目建设业主往往要组建部门众多的管理机构，项目建成后如何安置管理机构人员也是较大的难题。采用项目管理总承包（PMC）后，PMC总承包单位会针对项目特点组建适合项目管理的机构来协助业主开展工作，业主仅需组建人数较少的管理机构对项目的关键问题进行决策和监督，从而精简了业主的管理机构。该种模式由于管理单位进行二次招标，可节约一部分费用。在作为风险保证金的同时可适当弥补管理经费不足，提高管理单位的积极性。

（2）缺点

整体来看，国家部委层面出台的PMC专门政策、意见及管理办法与EPC模式相比有较大差距。同时，与PMC模式相配套的标准合同范本需要进一步规范、完善。

第二节　水利工程建设项目管理创新

一、水利工程建设项目管理绩效考核

（一）工程项目管理的目标及其关系

建设项目管理是指在建设项目生命周期内所进行的计划、组织、协调和控制等管理活动，目的是在一定的约束条件下最优地实现项目建设的预定目标，其核心任务是控制建设项目目标，最终实现项目的功能，以满足使用者的需求。项目管理一般归结为三大目标。

1.投资目标

每个建设项目所需总投资是通过预测确定的。由于水利项目需要一个较长的建设周期，在建设过程中情况可能不断发生变化，所以控制预定的投资额是一项艰巨的任务。

2.进度目标

进度目标是建设工期目标。进度控制，是工程项目建设的中心环节。在施工阶段，工程进度延误后赶进度，必然会导致人力、物力的增加，甚至影响工程质量和施工安全。在关键时刻（如截流、下闸蓄水等）若赶不上工期，错过了有利时机，就会造成工程的重大损失。如果工期大幅度拖延，工程不能按期投产，将直接影响工程的投资效益。另外，盲目地、不协调地加快工程进度，同样也会增加投资。

3.质量目标

工程项目的质量必须满足规范、设计要求和合同要求，工程质量是项目的生命，是由工程建设过程中的工作质量决定的。只有提高了工程建设的工作质量，采取各种质量控制措施，保证每道工序的质量，才能保证工程质量目标的实现。水利工程在现行的项目法人责任制、招标投标制、建设监理制等建设项目管理体制的基本格局下，形成的项目法人负责、监理单位控制、设计施工单位保证和政府监督相结合的质量管理体制，是加强水利工程质量管理、实现项目质量目标的基本保证。

工程项目在投资、质量、进度三大目标之间，既存在着矛盾的方面，又存在着统一的方面。因此，我们在进行工程项目管理时，必须充分考虑工程项目三大目标之间的对立、统一关系，注意统筹兼顾，合理确定三大目标，要防止发生盲目追求单一目标而干扰其他目标的现象。

（二）工程项目管理的任务

工程项目管理的主要任务就是要在工程项目可行性研究、投资决策的基础上，对勘察设计、建设准备、施工及竣工验收等全过程的一系列活动进行规划、协调、监督、控制和总结评价，并且通过合同管理、组织协调、目标控制、风险管理和信息管理等措施，来保证工程项目质量、进度和投资目标能够得到有效的控制。

（三）水利工程建设项目管理的要求

水利工程项目建设管理体制是项目建设管理的组织和运作制度，《水利工程建设项目管理暂行规定》要求：为了保证水利工程建设的工期、质量、安全和投资效益，水利工程建设项目管理要严格按照基本建设程序进行，实行全过程的管理、监督、服务。水利工程建设要推行项目法人责任制、招标投标制和建设监理制，积极推行项目管理。

在水利工程项目的决策、设计和实施过程中，由于各阶段的任务和实施的主体不同，项目管理的类型也就不同。

在项目建设过程中，由项目法人负责从决策到实施、竣工验收等各个阶段的全过程管理。项目法人在自行进行项目管理时，在技术和管理经验等方面往往存在很大的不足，因此，需要专业化、社会化的项目管理单位为其提供相应的项目管理服务。由项目法人委托监理单位开展的项目管理称之为建设监理。由设计单位进行的项目管理一般限于设计阶段，称之为设计项目管理。由施工单位进行的项目管理限于施工阶段，称之为施工项目管理。

（四）对水利工程建设项目管理开展绩效考核的思考

工程项目的管理是全过程的管理，任何一个不论是政府还是企业投资的项目，其项目管理不外乎是对质量、进度、投资的控制，以此达到获得优质工程的最终目的。因此，笔者认为对水利建设项目的管理，可以通过绩效考核的方式，来检查开展项目管理的实际效果如何，思路如下。

1.注重项目的寿命周期管理

在项目管理理念方面，不仅要注重项目建设实施过程中质量、进度和投资的三大目标，更要注重项目的寿命周期管理。水利工程项目的寿命周期从项目建议书到竣工验收的各个阶段，工作性质、作用和内容都不相同，之间是相互联系、相互制约的关系。实践证明，如果遵循项目建设的程序，整个项目的建设活动就会顺利，效果就好；反之，违背了建设程序，往往欲速则不达，甚至造成很大的浪费。因此，为了确保项目目标的实现，必须更新项目管理理念，对项目的质量、进度、投资三大目标从项目决策、设计到实施各阶段，进行全过程的控制。

2.建立项目管理绩效考核机制

借鉴其他行业项目管理的一些做法，在水利行业建立项目管理绩效考核机制，制定绩效考核办法，按照分级管理的原则，对在建项目定期进行绩效考核，以此来督促工程各参建单位在优化设计，采用新工艺、新材料，提高质量，缩短工期，以及科学管理等方面进行严格的控制，并且以控制成功的实例和业绩争取得到社会的公认，树立良好的声誉，获得市场；反之，如果控制不好，出现工期拖延、没有达到质量目标、成本加大，超出既定的投资额而又没有充足的理由，项目的管理单位就要承担相应的经济责任。

各级水行政主管部门对辖区内的绩效考核工作进行监督、指导和检查，将管理较好和较差的项目及相关单位定期予以公布。

3.绩效考核的内容

绩效考核的内容建议可以围绕项目的三大目标，从综合管理、质量管理、进度管理、资金管理、安全管理等方面，对工程建设的各参建方进行如下内容的考核。

①项目法人单位考核内容。基本建设程序及三项制度、国家相关法律法规的执行情况、招标投标工作、工程质量管理、进度管理、资金管理、安全文明施工、资料管理、廉政建设等。

②勘察、设计单位考核内容。单位资质及从业范围、合同履行、设计方案及质量、设计服务、设计变更和廉政建设等。

③监理单位考核内容。企业资质及从业范围、现场监理机构与人员、平行检测、质量控制、进度控制、计量与支付、监理资料管理和廉政建设等。

④施工单位考核内容。企业资质及从业范围、合同履行、施工质量、施工进度、试验检测、安全文明施工、施工资料整理和廉政建设等。

4.制定绩效考核标准，开展考核工作

（1）制定绩效考核标准

明确了绩效考核的内容后，组织相关部门和专家，根据国家现行项目建设管理方面的法规、规章、规程规范、技术标准等制定出绩效考核的标准及评价的标准。

（2）确定考核工作程序

可以对具备考核专家条件的建设管理和技术人员建立绩效考核专家库，根据工作的需要，抽取相应的专家参加考核工作。由各级水行政主管部门负责组织成立考核组开展绩效考核工作，考核组成员由主管部门的代表和勘察设计、监理、施工等方面的专家组成。考

核可以采取听取自查情况汇报，检查工程现场（必要时可以进行抽查检测），查阅从项目前期、招标投标到建设实施等各个阶段的工程有关文件资料等方式进行。

（3）形成绩效考核报告

考核组根据工程项目的实际管理情况，经过讨论后，分别对项目法人、勘察设计、监理、施工等单位的项目管理情况、绩效给出评价意见，提出绩效考核成果报告。考核成果报告的内容建议包括：项目管理绩效考核工作情况、考核结果、经验与体会、存在的主要问题及原因分析、整改措施情况等。考核报告应及时予以公布，以形成水利工程建设项目管理争先创优的良好氛围，提高项目建设管理水平。

水利工程的特点决定了水利建设项目的管理没有完全一样的经验可以借鉴，所以我们说水利工程建设项目管理是一项非常复杂和重要的系统工程，特别是我国加入WTO以后，国内市场国际化，国内外市场全面融合，项目管理的国际化将成为趋势。因此，开展项目绩效考核对规范工程参建各方建设项目的管理行为、提高项目建设管理水平将会起到积极的推动作用。

二、灌区水利工程项目建设管理探讨

新技术的不断突破，加快了我国灌区水利工程的建设进程，提升了农业发展水平。虽然目前水利项目建设中仍存在部分问题，但工程建设规模与数量的提升十分可观，其中质量是权衡灌区水利工程建设成熟程度的标志。因此，加强项目建设管理对于促进我国经济社会发展、响应新时期水利工程建设要求至关重要。

（一）完成灌区建设与管理的体制改革

促进灌区管理体制的升级应围绕以下三方面开展：①创新建设单位内部人事制度，结合政策实现“定编定岗”；②创新水费收缴制度。当前灌区归集体所有，因水费过低导致长期的保本或亏本经营，对灌区工程除险加固、维护维修工作产生限制，需要科学调整当前水费，改革收缴制度，提升水价，转变收费方式，以满足灌区“以水养水”的目标；③加大产权制度改革力度，将经营权与所有权分离，如小型基础水利工程可以借助拍卖、承包、租赁、股份等方式完成改革，吸收民间资本，保证水利工程建设资金渠道的多样化，克服工程建设或维护资金不足的问题，促进农业可持续发展与产业的良性循环。

（二）参与灌区制度管理

①落实法人责任制度。推行项目法人责任制度是完成工程制度建设的基础，以法人项目组建角度分析，当前工程投资体系与建设项目多元化，需要进行分类分组，最晚应在项目建议书阶段确立法人，同时加强其资质审查工作，不满足要求的不予审批。另外，法

人项目责任追究过程中，应依据情节轻重与破坏程度给予处罚。②构建项目管理的目标责任制。工程建设中关于设计、规划、施工、验收等工作需要结合国家相关技术标准与规程进行。灌区通过组建节水改造工程机构作为项目法人，下设招标组、办公室、技术组、财务组、设代组、监理组、物质组等系列职能部门，制定施工合同制度与监理制度，将责任分层落实。③落实招投标承包责任制度。在工程建设完成前，施工项目中各个环节均需要工程认证程序。同时构建全面包干责任制度，结合商定工程质量、建设期限、责任划分签订合同，实现"一同承担经济责任"的工程项目管理制度。④构建罚劣奖优的制度，对于新工艺、新材料、优质工程给予奖励，对于质量不满足国家规程、技术规范的项目不予验收，责令其重建或限期补建，同时追究工程负责人的责任。⑤落实管理和项目建设交接手续。管理设施与竣工项目需要及时办理资产交接手续，划定工程管护区域，积极落实管理责任制。

（三）项目施工管理

项目工程建设中施工管理属于重点，因此，灌区水利工程建设需要具有经验和资质的专业队伍完成。专业建设队伍具备的丰富经验，可以从容应对现场意外情况的发生，其拥有的资质能够保证建设过程的可控性。招投标承包责任制不仅能够审查投标单位的资质，同时可以利用择优原则对承包权限进行发包。因此，承包方应结合实际情况，按照项目制定切实可行的建设计划，同时上报到发包单位，依据工程进度调整施工环节。如果在建设中需要修改施工设计，应及时与设计人员沟通，经过监理单位与设计单位同意后由发包单位完成设计修改，注意调整内容不可与原设计理念和内容相差过大。此外，借助监理质量责任制与具有施工经验的监理企业构建三方委托的质量保证体系，能够把控工程建设质量与工期。

（四）工程计量支付与基础设施建设费用

1.计量支付管理

工程计量支付制度是跨行业支付的管理理念。当前，灌区水利工程建设中一般采取计量支付制度。此方法可以在确保项目工程质量的同时结合建设进度与具体的工作量以工程款支付为依据，通过计算工程量确定工程款项的总额。在实际施工中，建设单位可以通过建立专用的账户实现专款专用，并在工程结束后，立即完成财务决算，同时结合财务制度立账备查。

2.基础设施使用费用管理

水利工程运行与维护的来源是水费，是确保工程基础设施正常运行的基础。在水费收缴中，需要明确灌溉土地面积，进而确定收缴税费。因此，水利工程的水费收缴需要降低管理与征收的中间步骤，克服用水矛盾，将收缴的水费结余部分用于水利设施建设与更新工作。

（五）加强灌区信息化管理

1.构建灌区水利信息数据库

数据库构建是灌区水利的信息化建设的核心，项目信息化建设在数据传输、处理、应用中具有较大的优势，通过建立水利数据库对信息进行处理和存储是完成水利管理现代化的主要方法。因此，在构建水利信息库时，需要注意以下两方面：①在分析数据库结构时，应充分了解灌区详情，科学分类水利信息，将数据库理论作为依据，设计出满足应用需求的物理数据库与逻辑数据库；②在填充数据库内容时，应结合区域实际情况，通过数据库管理系统中的录入功能将水利资料输入其中，以此构建数据仓库，满足水利管理决策与工作需求。

2.灌区水利信息数据库分类

灌区数据库大部分按照灌溉水资源的调配过程进行分类，此方法方便规划、十分专业。将灌区的属性信息存入基础数据库中，可以依据其物理属性构建多种类型的数据库，并分成若干数据表用于存放各种数据，实现数据的分层应用与管理。一般灌区数据库需构建六大模块，包含输水数据库、取水数据库、分水数据库、测控数据库、用水数据库、管理数据库等。其中，输水数据库与分水数据库负责排水与供水模块；取水数据库负责管理存储水源的水资源和灌区建设信息；测控数据库管理与存储反馈控制点、信息采集点与监测信息；管理数据库负责管理、存储项目建设行政办公信息。

3.实现基础资料数字化

目前我国许多灌区建设资料未形成数字化，大部分以照片、纸张等形式完成存储，信息化建设水平较低。灌区信息化建设属于系统工程，应保证信息采集、数据库建立、数据存储与应用的自动化过程。如某市通过建设数字水利中心，存储抗旱防汛的灌区水利工程建设数据存储、视频监控、分析演示、精准管理、视频会商等资料，进一步提升了区域水利建设的信息化管理工作。

4.建设数据采集系统

灌区的水利信息采集系统主要是对区域气象情况、渠道水情、作物的生长情况等数据进行收集，灌区水利信息包含三种：实时数据、动态数据、静态数据。其中，静态数据是基本固定不变的资料，包含灌区工程建设资料、行政规划、管理机构；动态数据变化是随时更新的资料，如灌区的作物结构与种植面积，通过实时信息进行不定期或定期采集，并将其存入灌区水利数据库中；在灌区水利建设中经常会遇到灌水水位增长、降雨、雨情资料等实时内容的更新，此类数据更新时间较短，因此通过人工采集方式无法实现数据库的信息化建设，需要结合计算机技术与自动化技术，实时、自动采集数据，构建灌区水利的信息采集系统。此外，建立灌区水利的通信系统至关重要，能够保证项目管理部门的相互交流与协调，因此可结合管理需要，构建短波通信系统、电话拨号系统、集群短信系统、数字网络系统、光纤通信系统、卫星通信、蜂窝电话系统等结构，从而实现灌区水利项目管理的现代化与自动化。

灌区水利工程项目是工程管理的主要内容，在实际工作中构建权利与责任一致的管理体系极为关键。因此需要管理目标责任制、招投标承包责任制、奖惩制度的构建与推行突出农业发展的积极作用，同时应结合区域优势实现灌区网络化管理，加强信息化建设，借助先进的管理方式使灌区水利工程建设具有高效性。

三、水利工程维修项目建设管理

现代社会，水利工程是维护人们正常生活的重要设施之一。水利工程是人们生活用水的基础保障，不仅关系到水电站的运行安全，而且对其运行质量产生重要影响。本部分首先对我国水利工程维修管理中存在的问题进行阐述，然后提出关于提高水利工程维修项目管理效果的措施和建议，旨在为促进我国水利工程发展提供参考和借鉴。

（一）我国水利工程维修管理中存在的问题

1.相关维修设备使用和操作不当

维修设备的使用效果直接影响水利工程的图纸设计、维修设备安装和维修效果。在大多数水利企业中，维修人员未经过专业化的维修知识培训，或者专业知识与实践水平不相匹配。这种情况导致水利人员在进行维修时，往往是根据自身的实践经验开展维修工作，使维修结果产生较大的误差。同时，大多数水利维修设备较为复杂且精密，需要后期专业的保养。如果因工作人员的专业能力不足，导致设备无法获得专业保养，就会大大降低设备的使用寿命和使用精确度，为后期水利设备维修工作埋下隐患。

2.维修人员专业素养不足

目前我国只有少数高校开展了水利工程维修项目管理专业，并且专业知识和教学实践水平不足，这种情况不利于我国专业水利维修管理人员的培养和发展。并且在水利工程的一些工作阶段，一些企业会选择其他技术类人员或者兼职人员代替专业维修人员，这些人员往往不具备专业的维修知识，只经过简单的培训，未形成系统的维修实践体系。同时，专业维修人员的培养需要花费一段较长的时间和投入，除了维修理论以外，还要进行大量的水利工程维修管理实践。

3.维修工作管理不到位

水利工程具有特殊性，维修管理工作往往需要相关政府、社会和企业共同组织、实施、参与和管理，增加了维修工作管理的难度。关于水利设备维修结果的监督与评价，目前只有少数水利企业具有内部较为专业的维修监督部门。同时，大多数企业对于水利工程的质量管控只关注建设质量，往往忽视了后期工程维修管理的重要意义。除此之外，目前工程维修并未形成统一性的维修管理标准和制度，不利于水利工程维修管理工作的开展。

4.没有建立整体性水利工程维修管理预算体系

目前受各方面因素影响，我国水利工程预算未建立系统性的维修预算管理体系，对于水利工程整体发展产生了负面影响。其主要原因有以下两个方面：①水利工程预算人员专业能力不足，未加强对水利工程维修预算管理的重视程度，导致在工作中出现较多错误和问题，使得水利工程预算不能与实际水利工程维修管理工作形成有效的匹配；②水利工程中的各个环节具有复杂性，使得相应的水利工程预算实施较为困难、难度较高，阻碍了水利工程维修预算管理工作的实施进程。

（二）提高水利工程维修项目管理效果的措施和建议

1.培养专业水利维修人才，提高水利工程控制力度

我国高校可与建设工程机构进行合作，不断输送专业化的水利维修管理人员。同时，企业需要定期开展针对性的水利工程维修知识培训，从实际出发提高水利工程人员的综合能力。此外，需要重视水利工程维修过程中问题的积累和分析，为管理人员创造更多的实践工作经验。

2.制定严格统一的流程化水利工程维修标准

针对水利工程的复杂性，需要制定严格统一的流程化水利工程维修管理标准：①安排专业的水利维修工作指导人员，提高水利管理全过程的有效性；②积极研发水利工程维修的核心技术，结合实际工作经验，制定统一的水利工程维修设备登记标准、水利工程维修

方案网络图标准、水利工程仪表参数标准等；③明确水利工程维修管理工作分工，具体工作具体落实，严格执行。

3.普及自动化水利工程维修

自动化水利工程维修能够大大提高水利工程维修管理工作开展的效率，降低人工水利维修的人力成本和经济投入，避免产生由于人的主观能动性造成的水利维修失误，帮助水利建设企业开展精细化管理和考核。

4.建立完善水利工程维修管理法制标准

根据时代发展需要，建立健全水利工程维修管理法制标准。比如水利工程设备制造标准、水利工程质量监督标准、水利工程管理检查制度、水利工程包装监督管理标准等。通过制度帮助建设企业确立水利工程节能经济投入标准，提高掌控力度。

5.科学、严格的水利工程维修预算管理标准

针对目前水利工程维修预算管理中出现的问题，企业相关部门可以制定严格的执行标准，逐渐形成完整的制度管理体系，这样能够使预算人员在实际水利维修管理工作过程中的落实更加有效。比如制定水利工程量化标准、水利工程维修设计图纸修改标准、水利工程维修施工标准、水利工程维修评价标准等。同时，也可以对各项水利工程环节进行编码，加强对整体维修工作的把控力度。水利工程维修预算管理相关标准的建设不是一朝一夕可以实现的，需要企业相关部门根据实际的预算过程，将制度一项项落实后，不断优化和调整，保障标准与实际维修工作的匹配性。

6.完善信息化维修管理平台

利用信息化管理技术能够建立较为完整的水利工程维修管理平台，对管理过程中的信息和数据进行专业化的采集和分析，提高信息传递的有效性，帮助解决水利维修问题。建立完整的信息化维修管理平台，符合水利工程现代化发展的需要，能够促进管理工作的有效落实。需要注意的是，在信息化管理平台构建的过程中，水利企业要关注平台的立体化、结构化和多层次的特点，将不同的水利工程维修项目管理目标进行有机结合，从而大幅度提高维修管理效果。

综上所述，水利工程维修管理对于水利工程的整体质量和效果意义重大，相关水利企业需要加强对水利维修项目管理的重视程度，深入分析控制要点，增强对整体维修项目的把控力度。在现代化过程中，凭借先进科学技术水平，不断调整和优化，为水利工程企业节约经济成本，提升市场竞争力。

第八章

水利工程建设项目环境保护管理

第一节　水利工程建设项目环境保护概述

一、环境管理术语

（一）环境

环境是指组织运行活动的外部存在，包括空气、水、土地、自然资源、植物、动物、人，以及它们之间的相互关系。

环境是多种介质的组合，如水、空气、土地等。

环境还应包括受体，即当介质改变时受到影响的群体，如动物、植物、人。受体往往是被保护的对象，动物、植物自我保护能力有限，需要人类的特别保护才能得以生存。自然资源是环境的重要组成部分，是人类生存、发展不可或缺的，包括石油、煤、各类矿物、水、海鲜、生物资源等。

环境并不是以上几个方面的零散集合，而是一个有机整体，包括以上所有物质与形态的组合及相互联系。它们共存于环境中，相互依赖、相互制约，并保持着一定的动态平衡。基于以上各个方面，“组织运行活动的外部存在”则可从组织的内部环境延伸到全球系统的大环境。

（二）环境因素

环境因素是指一个组织活动、产品或服务中能与环境发生相互作用的要素。重要环境因素是指具有或可能具有重大环境影响的环境因素。

环境因素能与环境发生相互作用，并产生正面或负面的环境影响。环境因素与组织的活动、产品或服务相联系，这些活动、产品或服务能与环境发生作用，是造成环境影响的原因。如汽车行驶有尾气的排放，造成了城市空气污染，那么汽车的使用是活动，尾气中各类污染物的排放是环境因素，空气污染进一步影响人体的健康是环境影响。

环境因素是环境影响的原因，环境影响是环境因素作用于环境的结果，环境因素与环境影响互为因果。

环境因素的重要性应与其可能造成的环境影响的严重程度相一致。能产生重要环境影响的因素，是重要的环境因素。对环境因素重要性的评价应与环境影响的重要性联系起来。

（三）环境影响

环境影响是指全部或部分由组织的活动、产品或服务给环境造成的任何有益或有害的变化。

环境的组成要素或要素间的相互关系发生了改变，也就形成了环境影响。如河流水质的改变、空气成分的变化、生物种群的减少、人体的病变等都是改变后的现象，是结果。这些变化可能是有害的，也可能是有益的。人们更关注的是有害的变化，即负面的环境影响。

组织的活动、产品或服务是造成环境影响的根源。活动可包括组织的生产、采购、后勤、经营等多方面，是人类有目的、有组织进行的。产品或服务是组织生产与经营的产出，所有这些活动、产品或服务都可能给环境带来正面或负面的影响。

（四）相关方

相关方是指关注组织的环境绩效或受其环境绩效影响的个人或团体。

相关方可以是团体，也可以是个人，他们的共同特点是关注组织的环境绩效，或受到组织环境绩效的影响。

受组织环境绩效影响的相关方与组织环境绩效的改善有较为密切的关系，可能造成其经济或福利的损失，这类相关方可以包括：与组织相邻的，如邻厂、周围的居民、下风向的企业、河流的下游等；与组织的经营生产活动相关的，如股东、供应方、客户、员工等；关注组织环境绩效的相关方可能包括：银行、政府部门（如规划部门、环境部门等）、环境保护组织等，这些相关方可能间接地受到组织环境绩效的影响。从这一意义上讲，组织的相关方可以是整个社会。

（五）环境绩效

环境绩效是指一个组织基于其环境方针、目标、指标，控制其环境因素所取得的可测量的环境管理体系结果。这一术语也被译为环境表现、环境行为等。

“绩效”能较好地表达其实际内涵，它是对环境因素控制及环境管理所取得的成绩与效果的综合评价，不仅表现在具体环境因素的控制管理上，还表现在控制管理的结果上。

环境绩效是环境管理体系运行的结果与成效，是根据环境方针和目标、指标的要求，控制环境因素得到的。因此，环境绩效可用对环境方针、目标指标的实现程度来描述，并可具体体现在某种环境因素的控制上。

环境绩效是可衡量的，因而也是可比较的，可用于组织自身及组织与其他组织间的比较。

（六）持续改进

持续改进是指强化环境管理体系的过程，目的是根据组织的环境方针，改进环境绩效。

持续改进是强化环境管理体系过程，是整体环境绩效的改进与提高。环境绩效的持续改进有赖于环境管理体系的强化与完善。

持续改进不必发生在活动的所有方面。组织的环境绩效是多方面的，表现在对各种活动不同环境因素的控制和不同目标、指标的实现与完成上。

（七）污染预防

污染预防是指采用防止、减少或控制污染的各种过程、惯例、材料或产品，包括再循环、处理、过程更改、控制机制、资源的有效利用和材料替代等。

污染预防是为减少有害环境影响、提高资源利用率、降低成本而采取的各类方法与手段。污染预防的原则：不产生污染为最优选择；其次减少污染产出：最后才采取必要的末端治理，控制污染。

实现污染预防的手段是多种多样的，包括管理手段，也包括有效的技术措施，这里列举了几种普遍采用的方法：再循环、处理、过程更改、控制机制、资源有效利用、材料替代等。

把环境绩效、持续改进、污染预防几个概念联系起来，持续改进是建立与保持环境管理体系的目的，环境绩效用于衡量持续改进的实际效果，污染预防则是提高绩效的手段与方法，是实现持续改进的重要途径。

二、水利工程建设带来的环境问题

人们兴建水利工程的根本目的是兴利除害，为人民谋福利。但是水利工程在发挥防洪、发电、灌溉、养殖、供水等巨大效益的同时，也带来许多负面的影响，如施工期植被的破坏而造成大量水土流失；施工噪声、扬尘、废弃渣以及水体污染等对环境造成不利影响；修建建筑物侵占土地，从而使耕地、森林减少，使许多植物失去生存环境，动物失去栖息地，甚至可能导致某些物种的灭绝；水库建成蓄水后，新增加的负荷打破了地层均衡的临界点，可能诱发地震、山体滑坡等；兴建建筑物后挡住了鱼类的上下游通道，破坏了它们产卵的环境，从而使水生动物的生存受到威胁；由于上游蓄水以后，入海流量减少，使河口区生态受到影响，可能造成海水入侵，甚至可能造成海岸的海水侵蚀等。

三、施工过程的环境保护

环境保护是按照法律法规、各级主管部门和企业的要求，保护和改善作业现场的环境，控制现场的各种粉尘、废水、废气、固体废弃物、噪声、振动等对环境的污染和危害。环境保护也是文明施工的重要内容之一。

（一）现场环境保护的意义

保护和改善施工环境是保证人们身体健康和社会文明的需要。采取专项措施防止粉尘、噪声和水源污染，保护好作业现场及其周围的环境，是保证职工和相关人员身体健康、体现社会总体文明的一项利国利民的重要工作。保护和改善施工现场环境是消除对外干扰、保证施工顺利进行的需要。随着人们的法制观念和自我保护意识的增强，施工扰民问题反映强烈，应及时采取防治措施，减少对环境的污染和对市民的干扰，也是施工生产顺利进行的基本条件。

保护和改善施工环境是现代化大生产的客观要求。现代化施工广泛应用新设备、新技术、新的生产工艺，对环境质量要求很高，如果粉尘、振动超标就可能损坏设备、影响功能发挥，使设备难以发挥正常作用。

保护和改善施工环境是节约能源、保护人类生存环境、保证社会和企业可持续发展的需要。人类社会即将面临环境污染和能源危机的挑战，为了保护子孙后代赖以生存的环境条件，每个公民和企业都有责任和义务来保护环境。良好的环境和生存条件，也是企业发展的基础和动力。

（二）大气污染的防治

1.大气污染物的分类

大气污染物的种类有数千种，已发现有危害作用的有100多种，其中大部分是有机物。大气污染物通常以气体和粒子状态存在于空气中。

①气体状态污染物：气体状态污染物具有运动速度较大、扩散较快、在周围大气中分布比较均匀的特点。气体状态污染物包括分子状态污染物和蒸气状态污染物。

分子状态污染物：指在常温常压下以气体分子形式分散于大气中的物质，如燃料燃烧过程中产生的二氧化硫（SO_2）、氮氧化物、一氧化碳（CO）等。

蒸气状态污染物：指在常温常压下易挥发的物质，以蒸气状态进入大气，如机动车尾气、沥青烟中含有的碳氢化合物等。

②粒子状态污染物：粒子状态污染物又称固体颗粒污染物，是分散在大气中的微小液滴和固体颗粒，粒径在0.01~100μm，是一个复杂的非均匀体。通常根据粒子状态污染物

在重力作用下的沉降特性又可分为降尘和飘尘。

降尘：指在重力作用下能很快下降的固体颗粒，其粒径大于10μm。

飘尘：指可长期飘浮于大气中的固体颗粒，其粒径小于10μm。飘尘具有胶体的性质，故又称为气溶胶，它易随呼吸进入人体肺脏，危害人体健康，故称为可吸入颗粒。

施工工地的粒子状态污染物主要有锅炉、熔化炉、厨房烧煤产生的烟尘，还有建材破碎、筛分、碾磨、加料过程、装卸运输过程产生的粉尘等。

2.大气污染的防治措施

空气污染的防治措施主要针对上述粒子状态污染物和气体状态污染物进行治理。主要方法如下：

①除尘技术。在气体中除去或收集固态或液态粒子的设备称为除尘装置。主要种类有机械除尘装置、洗涤式除尘装置、过滤除尘装置和电除尘装置等。工地的烧煤茶炉、锅炉、炉灶等应选用装有上述除尘装置的设备。工地其他粉尘可用遮盖、淋水等措施防治。

②气态污染物治理技术。大气中气态污染物的治理技术主要有以下几种方法。

吸收法：选用合适的吸收剂，可吸收空气中的SO_2、H_2S、HF等。

吸附法：让气体混合物与多孔性固体接触，把混合物中的某个成分吸附在固体表面。

催化法：利用催化剂把气体中的有害物质转化为无害物质。

燃烧法：是通过热氧化作用，将废气中的可燃有害部分，转化为无害物质的方法。

冷凝法：是使处于气态的污染物冷凝，从气体分离出来的方法。该法特别适合处理有较高浓度的有机废气。如对沥青气体的冷凝，回收油品。

生物法：利用微生物的代谢活动过程把废气中的气态污染物转化为少害甚至无害的物质。该法应用广泛，成本低廉，只适用于低浓度污染物。

3.施工现场空气污染的防治措施

施工现场垃圾渣土要及时清理出现场。

高大建筑物清理施工垃圾时，要使用封闭式的容器或者采取其他措施处理高空废弃物，严禁凌空随意抛撒。

施工现场道路应指定专人定期洒水清扫，形成制度，防止道路扬尘。对于细颗粒散体材料（如水泥、粉煤灰、白灰等）的运输、储存要注意遮盖、密封，防止和减少飞扬。

车辆开出工地要做到不带泥沙，基本做到不撒土、不扬尘，减少对周围环境的污染。除设有符合规定的装置外，禁止在施工现场焚烧油毡、橡胶、塑料、皮革、树叶、枯草、各种包装物等废弃物品以及其他会产生有毒、有害烟尘和恶臭气体的物质。机动车都要安装减少尾气排放的装置，确保符合国家标准。工地茶炉应尽量采用电热水器。若只能使用烧煤茶炉和锅炉时，应选用消烟除尘型茶炉和锅炉，大灶应选用消烟节能回风炉灶，使烟尘降至允许排放范围为止。

搅拌站封闭严密，并在进料仓上方安装除尘装置，采用可靠措施控制工地粉尘污染。

拆除旧建筑物时，应适当洒水，防止扬尘。

（三）水污染的防治

1.水污染物主要来源

工业污染源：指各种工业废水向自然水体的排放。

生活污染源：主要有食物废渣、食油、粪便、合成洗涤剂、杀虫剂、病原微生物等。

农业污染源：主要有化肥、农药等。

施工现场废水和固体废物随水流流入水体部分，包括泥浆、水泥、油漆、各种油类，混凝土外加剂、重金属、酸碱盐、非金属无机毒物等。

2.废水处理技术

废水处理的目的是把废水中所含的有害物质清理分离出来，废水处理可分为化学法、物理方法、物理化学方法和生物法。

物理法：利用筛滤、沉淀、气浮等方法。

化学法：利用化学反应来分离、分解污染物，使其转化为无害物质的处理方法。

物理化学方法：主要有吸附法、反渗透法、电渗析法。

生物法：生物处理法是利用微生物新陈代谢的功能，将废水中成溶解和胶体状态的有机污染物降解，并转化为无害物质，使水得到净化。

3.施工过程水污染的防治措施

禁止将有毒有害废弃物作土方回填。

施工现场搅拌站废水，现制水磨石的污水，电石（碳化钙）的污水必须经沉淀池沉淀合格后再排放，最好将沉淀水用于工地洒水降尘或采取措施回收利用。现场存放油料，必须对库房地面进行防渗处理，如采用防渗混凝土地面、铺油毡等措施。使用时，要采取防止油料跑、冒、滴、漏的措施，以免污染水体。施工现场有100人以上的临时食堂，污水排放时可设置简易有效的隔油池并定期清理，防止污染。

工地临时厕所，化粪池应采取防渗漏措施。中心城市施工现场的临时厕所可采用水冲式厕所，并有防蝇、灭蛆措施，防止污染水体和环境。化学用品、外加剂等要妥善保管，库内存放，防止污染环境。

（四）施工现场的噪声控制

1.噪声的概念

①声音与噪声。声音是由物体振动产生的，当频率在20~20000 Hz时，作用于人的耳鼓膜而产生的感觉称之为声音。由声构成的环境称为“声环境”。当环境中的声音对人类、动物及自然物没有产生不良影响时，就是一种正常的物理现象。相反，对人的生活和工作造成不良影响的声音就称为噪声。

②噪声的分类。噪声按照振动性质可分为气体动力噪声、机械噪声、电磁性噪声；按噪声来源可分为交通噪声（如汽车、火车、飞机等）、工业噪声（如鼓风机、汽轮机、冲压设备等）、建筑施工噪声（如打桩机、推土机、混凝土搅拌机等发出的声音）、社会生活噪声（如高音喇叭、收音机等）。

③噪声的危害。噪声是影响与危害非常广泛的环境污染问题。噪声环境可以干扰人的睡眠与工作、影响人的心理状态与情绪，造成人的听力受损，甚至引起许多疾病。此外，噪声对人们的对话干扰也是相当大的。

2.施工现场噪声的控制措施

噪声控制技术可从声源、传播途径、接收者防护等方面来考虑。

①声源控制。从声源上降低噪声，这是防止噪声污染的最根本的措施。

尽量采用低噪声设备和工艺代替高噪声设备与加工工艺，如低噪声振捣器、风机、电动空压机、电锯等。在声源处安装消声器消声，即在通风机、鼓风机、压缩机、燃气机、内燃机及各类排气放空装置等进出风管的适当位置设置消声器。

②传播途径的控制。在传播途径上控制噪声方法主要有以下几种。

吸声：利用吸声材料（大多由多孔材料制成）或由吸声结构形成的共振结构（金属或木质薄板钻孔制成的空腔体）吸收声能，降低噪声。

隔声：应用隔声结构，阻碍噪声向空间传播，将接收者与噪声声源分隔。隔声结构包括隔声室、隔声罩、隔声屏障、隔声墙等。

消声：利用消声器阻止传播。允许气流通过的消声降噪是防治空气动力性噪声的主要装置。如对空气压缩机、内燃机产生的噪声等进行消声。

减振降噪：对来自振动引起的噪声，通过降低机械振动减小噪声，如将阻尼材料涂在振动源上，或改变振动源与其他刚性结构的连接方式等。

③接收者的防护。让处于噪声环境下的人员使用耳塞、耳罩等防护用品，减少相关人员在噪声环境中的暴露时间，以减轻噪声对人体的危害。

④严格控制人为噪声。进入施工现场不得高声喊叫、无故甩打模板、乱吹哨，限制高

音喇叭的使用，最大限度地减少噪声扰民。

⑤控制强噪声作业的时间。凡在人口稠密区进行强噪声作业时，须严格控制作业时间，一般晚10点到次日早6点之间停止强噪声作业。有特殊情况必须昼夜施工时，尽量采取降低噪声措施，并会同建设单位找当地居委会、村委会或当地居民协调，出安民告示，求得群众谅解。

（五）固体废物的处理

1.固体废物的分类

固体废物是生产、建设、日常生活和其他活动中产生的固态、半固态废弃物质。固体废物是一个极其复杂的废物体系。按照其化学组成可分为有机废物和无机废物；按照其对环境和人类健康的危害程度可以分为一般废物和危险废物。

2.施工工地上常见的固体废物

建筑渣土：包括砖瓦、碎石、渣土、混凝土碎块、废钢铁、碎玻璃、废屑、废弃装饰材料等。

废弃的散装建筑材料包括散装水泥、石灰等。

生活垃圾：包括炊厨废物、丢弃食品、废纸、生活用具、玻璃、陶瓷碎片、废电池、废旧日用品、废塑料制品、煤灰渣、废交通工具等。

包装材料：包括废弃的设备、材料等。

3.固体废物对环境的危害

固体废物对环境的危害是全方位的，主要表现在以下几个方面。

侵占土地：由于固体废物的堆放，可直接破坏土地和植被。

污染土壤：固体废物的堆放中，有害成分易污染土壤，并在土壤中发生积累，给作物生长带来危害。部分有害物质还能杀死土壤中的微生物，使土壤丧失腐解能力。

污染水体：固体废物遇水浸泡、溶解后，其有害成分随地表径流或土壤渗流污染地下水和地表水；固体废物还会随风飘迁进入水体造成污染。

污染大气：以细颗粒状存在的废渣垃圾和建筑材料在堆放和运输过程中，会随风扩散，使大气中悬浮的灰尘废弃物提高；固体废物在焚烧等处理过程中，可能产生有害气体造成大气污染。

影响环境卫生：固体废物的大量堆放，会招致蚊蝇滋生，臭味熏天，严重影响工地以及周围环境卫生，对员工和工地附近居民的健康造成危害。

4.固体废物的处理和处置

①固体废物处理的基本思想是采取资源化、减量化和无害化的处理，对固体废物产生的全过程进行控制。

②固体废物的主要处理方法。

回收利用：回收利用是对固体废物进行资源化、减量化的重要手段之一。对建筑渣土可视其情况加以利用。废金属按需要用做金属原材料。对废电池等废弃物应分散回收，集中处理。

减量化处理：减量化是对已经产生的固体废物进行分选、破碎、压实浓缩、脱水等减少其最终处置量，减低处理成本，减少对环境的污染。在减量化处理的过程中，也包括和其他处理技术相关的工艺方法，如焚烧、热解、堆肥等。

焚烧技术：焚烧用于不适合再利用且不宜直接予以填埋处置的废物，尤其是对于受到病菌、病毒污染的物品，可以用焚烧进行无害化处理。焚烧处理应使用符合环境要求的处理设备，注意避免造成对大气的二次污染。

稳定和固化技术：利用水泥、沥青等胶结材料，将松散的废物包裹起来，减小废物的毒性和迁移性。

填埋：经过无害化、减量化处理后，将固体废弃物残渣集中到填埋场进行处理。填埋场应利用天然或人工隔离屏障，尽量使处置的固体废弃物与周围的生态环境隔离，并注意其稳定性和长期安定性。

第二节　水利工程建设项目环境保护要求

一、环境保护法律法规体系

目前我国建立了由法律、国务院行政法规、政府部门规章、地方性法规和地方政府规章、环境标准、环境保护国际条约组成的较完整的环境保护法律法规体系。

（一）法律

1.宪法

环境保护法律法规体系以《宪法》中对环境保护的规定为基础。《宪法》第九条第二款规定：国家保障资源的合理利用，保护珍贵的动物和植物。禁止任何组织或者个人用任何手段侵占或者破坏自然资源。第二十六条第一款规定：国家保护和改善生活环境和生态环境，防治污染和其他公害。《宪法》中的这些规定是环境保护立法的依据和指导原则。

2.环境保护法律

包括环境保护综合法、环境保护单行法和环境保护相关法。

环境保护综合法是指《中华人民共和国环境保护法》[①]，该法共有七章七十条。第一章“总则”规定了环境保护的任务、对象、适用领域、基本原则以及环境监督管理体制；第二章“环境监督管理”规定了环境标准制订的权限、程序和实施要求、环境监测的管理和状况公报的发布、环境保护规划的拟订及建设项目环境影响评价制度、现场检查制度及跨地区环境问题的解决原则；第三章“保护和改善环境”，对环境保护责任制、资源保护区、自然资源开发利用、农业环境保护、海洋环境保护作了规定；第四章“防治环境污染和其他公害”规定了排污单位防治污染的基本要求、“三同时”制度、排污申报制度、排污收费制度、限期治理制度以及禁止污染转嫁和环境应急的规定；第五章“法律责任”规定了违反有关规定的法律责任；第六章“附则”规定了国内法与国际法的关系。

环境保护单行法，包括污染防治法：《中华人民共和国水污染防治法》《中华人民共和国大气污染防治法》《中华人民共和国固体废物污染环境防治法》《中华人民共和国环境噪声污染防治法》《中华人民共和国放射性污染防治法》等；生态保护法：《中华人民共和国水土保持法》《中华人民共和国野生动物保护法》《中华人民共和国防沙治沙法》等；《中华人民共和国海洋环境保护法》和《中华人民共和国环境影响评价法》。

环境保护相关法是指一些自然资源保护和其他有关部门法律，如《中华人民共和国森林法》《中华人民共和国草原法》《中华人民共和国渔业法》《中华人民共和国矿产资源法》《中华人民共和国水法》《中华人民共和国清洁生产促进法》和《中华人民共和国节约能源法》等。这些都涉及环境保护的有关要求，也是环境保护法律法规体系的一部分。

（二）环境保护行政法规

环境保护行政法规是由国务院制定并公布或经国务院批准有关主管部门公布的环境保护规范性文件。一是根据法律受权制定的环境保护法的实施细则或条例，如《中华人民共和国水污染防治法实施细则》；二是针对环境保护的某个领域而制定的条例、规定和办法，如《建设项目环境保护管理条例》等。

（三）政府部门规章

政府部门规章是指国务院环境保护行政主管部门单独发布或与国务院有关部门联合发

---

①1989年12月26日，第七届全国人大常委会第十一次会议通过《中华人民共和国环境保护法》。2014年4月24日，第十二届全国人民代表大会常务委员会第八次会议修订。

布的环境保护规范性文件，以及政府其他有关行政主管部门依法制定的环境保护规范性文件。政府部门规章是以环境保护法律和行政法规为依据而制定的，或者是针对某些尚未有相应法律和行政法规调整的领域作出的相应规定。

（四）环境保护地方性法规和地方性规章

环境保护地方性法规和地方性规章是享有立法权的地方权力机关和地方政府机关依据《宪法》和相关法律制定的环境保护规范性文件。这些规范性文件是根据本地实际情况和特定环境问题制定的，并在本地区实施，有较强的可操作性。环境保护地方性法规和地方性规章不能和法律、国务院行政规章相违背。

（五）环境标准

环境标准是环境保护法律法规体系的一个组成部分，是环境执法和环境管理工作的技术依据。我国的环境标准分为国家环境标准如《建筑施工场界环境噪声排放标准》（GB 12523—2011）和地方环境标准如《山东省环境保护条例》等。

（六）环境保护国际公约

环境保护国际公约是指我国缔结和参加的环境保护国际公约、条约和议定书。国际公约与我国环境法有不同规定时，优先适用国际公约的规定，但我国声明保留的条款除外。

（七）环境保护法律法规体系中各层次间的关系

《宪法》是环境保护法律法规体系建立的依据和基础，法律层次不管是环境保护的综合法、单行法还是相关法，其中对环境保护的要求，法律效力是一样的。如果法律规定中有不一致的地方，应遵循后法大于先法。

国务院环境保护行政法规的法律地位仅次于法律。部门行政规章、地方环境法规和地方政府规章均不得违背法律和行政法规的规定。地方法规和地方政府规章只在制定法规、规章的辖区内有效。

我国的环境保护法律法规如与参加和签署的国际公约有不同规定时，应优先适用国际公约的规定，但我国声明保留的条款除外。

二、《中华人民共和国环境保护法》的要求

①建设污染环境项目，必须遵守国家有关建设项目环境保护管理的规定。

建设项目的环境影响报告书，必须对建设项目产生的污染和对环境的影响作出评价，规定防治措施，经项目主管部门预审并依照规定的程序报环境保护行政主管部门批准。环

境影响报告书经批准后，计划部门方可批准建设项目设计书。

②开发利用自然资源，必须采取措施保护生态环境。

③建设项目中防治污染的措施，必须与主体工程同时设计、同时施工、同时投产使用。防治污染的设施必须经原审批环境影响报告书的环境保护行政主管部门验收合格后，该建设项目方可投入生产或者使用。

防治污染的设施不得擅自拆除或者闲置，确有必要拆除或者闲置的，必须征得所在地环境保护行政主管部门的同意。

新建、改建、扩建直接或者间接向水体排放污染物的建设项目和其他水上设施，应当依法进行环境影响评价。

建设单位在江河、湖泊新建、改建、扩建排污口的，应当取得水行政主管部门或者流域管理机构同意；涉及通航、渔业水域的，环境保护主管部门在审批环境影响评价文件时，应当征求交通、渔业主管部门的意见。

建设项目的水污染防治设施，应当与主体工程同时设计、同时施工、同时投入使用。水污染防治设施应当经过环境保护主管部门验收，验收不合格的，该建设项目不得投入生产或者使用。

建设项目的环境影响报告书，必须对建设项目可能产生的水污染和对生态环境的影响作出评价，规定防治的措施，按照规定的程序报经有关环境保护部门审查批准。在运河、渠道、水库等水利工程内设置排污口，应当经过有关水利工程管理部门的同意。

环境影响报告书中，应当有该建设项目所在地单位和居民的意见。

三、建设项目环境保护

根据《中华人民共和国环境保护法》《中华人民共和国环境影响评价法》《建设项目环境保护管理条例》对建设项目的环境保护作出如下规定。

（一）环境影响评价

1.概念

环境影响评价是指对规划和建设项目实施后可能造成的环境影响进行分析、预测和评估，提出预防或者减轻不良环境影响的对策和措施，进行跟踪监测的方法与制度。

2.环境影响评价编制资质

国家对从事建设项目环境影响评价工作的单位实行资格审查制度。

从事建设项目环境影响评价工作的单位，必须取得国务院环境保护行政主管部门颁发的资格证书，按照资格证书规定的等级和范围，从事建设项目环境影响评价工作，并对评价结论负责。

国务院环境保护行政主管部门对已经颁发资格证书的从事建设项目环境影响评价工作的单位名单，应当定期予以公布。

从事建设项目环境影响评价工作的单位，必须严格执行国家规定的收费标准。

建设单位可以采取公开招标的方式，选择从事环境影响评价工作的单位，对建设项目进行环境影响评价。任何行政机关不得为建设单位指定从事环境影响评价工作的单位，进行环境影响评价。

3.分类管理

国家根据建设项目对环境的影响程度，按照下列规定对建设项目的环境保护实行分类管理：

①建设项目对环境可能造成重大影响的，应当编制环境影响报告书，对建设项目产生的污染和对环境的影响进行全面、详细的评价；

②建设项目对环境可能造成轻度影响的，应当编制环境影响报告表，对建设项目产生的污染和对环境的影响进行分析或者专项评价；

③建设项目对环境影响很小，不需要进行环境影响评价的，应当填报环境影响登记表。

建设项目环境保护分类管理名录，由国务院环境保护行政主管部门制订并公布。

4.环境影响报告书的内容

建设项目环境影响报告书，应当包括下列内容：

①建设项目概况；

②建设项目周围环境现状；

③建设项目对环境可能造成影响的分析和预测；

④环境保护措施及其经济、技术论证；

⑤环境影响经济情况分析；

⑥对建设项目实施环境监测的建议；

⑦环境影响评价结论。

涉及水土保持的建设项目，还必须有经水行政主管部门审查同意的水土保持方案。

5.环境影响报告要求

①建设项目的环境影响评价工作，由取得相应资质证书的单位承担；

②建设单位应当在建设项目可行性研究阶段报批建设项目环境影响报告书、环境影响报告表或者环境影响登记表。按照国家有关规定，不需要进行可行性研究的建设项目，建设单位应当在建设项目开工前报批建设项目环境影响报告书、环境影响报告表或者环境影响登记表。其中，需要办理营业执照的，建设单位应当在办理营业执照前报批建设项目环境影响报告书、环境影响报告表或者环境影响登记表；

③建设项目环境影响报告书、环境影响报告表或者环境影响登记表，由建设单位报有审批权的环境保护行政主管部门审批；建设项目有行业主管部门的，其环境影响报告书或者环境影响报告表应当经行业主管部门预审后，报有审批权的环境保护行政主管部门审批；

④海岸工程建设项目环境影响报告书或者环境影响报告表，经海洋行政主管部门审核并签署意见后，报环境保护行政主管部门审批；环境保护行政主管部门应当自收到建设项目环境影响报告书之日起60日内、收到环境影响报告表之日起30日内、收到环境影响登记表之日起15日内，分别作出审批决定并书面通知建设单位；预审、审核、审批建设项目环境影响报告书、环境影响报告表或者环境影响登记表，不得收取任何费用；

⑤建设项目环境影响报告书、环境影响报告表或者环境影响登记表经批准后，建设项目的性质、规模、地点或者采用的生产工艺发生重大变化的，建设单位应当重新报批建设项目环境影响报告书、环境影响报告表或者环境影响登记表；建设项目环境影响报告书、环境影响报告表或者环境影响登记表自批准之日起满5年，建设项目方开工建设的，其环境影响报告书、环境影响报告表或者环境影响登记表应当报原审批机关重新审核。原审批机关应当自收到建设项目环境影响报告书、环境影响报告表或者环境影响登记表之日起10日内，将审核意见书面通知建设单位。逾期未通知的，视为审核同意；

6.环境影响报告的审批权限

国家环境保护总局负责审批下列建设项目环境影响报告书、环境影响报告表或者环境影响登记表。

①跨越省、自治区、直辖市界区的建设项目。

②特殊性质的建设项目（如核设施、绝密工程等）。

③特大型的建设项目（报国务院审批），即总投资限额2亿元以上，由国家发改委批准，或计划任务书由国家发展和改革委员会报国务院批准的建设项目。

④由省级环境保护部门提交上报，对环境问题有争议的建设项目。

以上规定以外的建设项目环境影响报告书、环境影响报告表或者环境影响登记表的审批权限，由省、自治区、直辖市人民政府规定。

建设项目造成跨行政区域环境影响，有关环境保护行政主管部门对环境影响评价结论有争议的，其环境影响报告书或者环境影响报告表由共同上一级环境保护行政主管部门审批。

（二）环境保护设施建设

①建设项目需要配套建设的环境保护设施，必须与主体工程同时设计、同时施工、同时投产使用。

②建设项目的初步设计，应当按照环境保护设计规范的要求，编制环境保护计划书，并依据经批准的建设项目环境影响报告书或者环境影响报告表，在环境保护篇章中落实防治环境污染和生态破坏的措施以及环境保护设施投资预算。

③建设项目的主体工程完工后，需要进行试生产的，其配套建设的环境保护设施必须与主体工程同时投入试运行。

④建设项目试生产期间，建设单位应当对环境保护设施运行情况和建设项目对环境的影响进行监测。

⑤建设项目竣工后，建设单位应当向审批该建设项目环境影响报告书、环境影响报告表或者环境影响登记表的环境保护行政主管部门，申请该建设项目需要配套建设的环境保护设施竣工验收。

环境保护设施竣工验收，应当与主体工程竣工验收同时进行。需要进行试生产的建设项目，建设单位应当自建设项目投入试生产之日起3个月内，向审批该建设项目环境影响报告书、环境影响报告表或者环境影响登记表的环境保护行政主管部门，申请该建设项目需要配套建设的环境保护设施竣工验收。

⑥分期建设、分期投入生产或者使用的建设项目，其相应的环境保护设施应当分期验收。

⑦环境保护行政主管部门应当自收到环境保护设施竣工验收申请之日起30日内，完成验收。

⑧建设项目需要配套建设的环境保护设施经验收合格，方可正式投入生产或者使用。

（三）法律责任

第一，违反规定，有下列行为之一的，由负责审批建设项目环境影响报告书、环境影响报告表或者环境影响登记表的环境保护行政主管部门责令限期补办手续。逾期不补办手续，擅自开工建设的，责令停止建设，可以处10万元以下的罚款。

①未报批建设项目环境影响报告书、环境影响报告表或者环境影响登记表的；

②建设项目的性质、规模、地点或者采用的生产工艺发生重大变化，未重新报批建设项目环境影响报告书、环境影响报告表或者环境影响登记表的；

③建设项目环境影响报告书、环境影响报告表或者环境影响登记表自批准之日起满5年，建设项目方开工建设，其环境影响报告书、环境影响报告表或者环境影响登记表未报原审批机关重新审核的。

第二，建设项目环境影响报告书、环境影响报告表或者环境影响登记表未经批准或者未经原审批机关重新审核同意，擅自开工建设的，由负责审批该建设项目环境影响报告书、环境影响报告表或者环境影响登记表的环境保护行政主管部门责令停止建设，限期恢复原状，可以处10万元以下的罚款。

第三，违反本条例规定，试生产建设项目配套建设的环境保护设施未与主体工程同时投入试运行的，由审批该建设项目环境影响报告书、环境影响报告表或者环境影响登记表的环境保护行政主管部门责令限期改正；逾期不改正的，责令停止试生产，可以处5万元以下的罚款。

第四，违反本条例规定，建设项目投入试生产超过3个月，建设单位未申请环境保护设施竣工验收的，由审批该建设项目环境影响报告书、环境影响报告表或者环境影响登记表的环境保护行政主管部门责令限期办理环境保护设施竣工验收手续。逾期未办理的，责令停止试生产，可以处5万元以下的罚款。

第五，违反本条例规定，建设项目需要配套建设的环境保护设施未建成、未经验收或者经验收不合格，主体工程正式投入生产或者使用的，由审批该建设项目环境影响报告书、环境影响报告表或者环境影响登记表的环境保护行政主管部门责令其停止生产或者使用，可以处10万元以下的罚款。

第六，从事建设项目环境影响评价工作的单位，在环境影响评价工作中弄虚作假的，由国务院环境保护行政主管部门吊销资格证书，并处所收费用1倍以上3倍以下的罚款。

第七，环境保护行政主管部门的工作人员徇私舞弊、滥用职权、玩忽职守，构成犯罪的，依法追究刑事责任；尚不构成犯罪的，依法给予行政处分。

第三节　水利工程建设项目水土保持管理

一、水土流失

（一）水土流失的定义

水土流失是指在水力、风力、重力等外力作用下，山丘区及风沙区水土资源和土地生产力的破坏和损失。水土流失包括土壤侵蚀及水的损失，也称水土损失。土壤侵蚀的形式除雨滴溅蚀、片蚀、细沟侵蚀、浅沟侵蚀、切沟侵蚀等典型的形式外，还包括山洪侵蚀、泥石流侵蚀以及滑坡等形式。水的损失一般是指植物截留损失、地面及水面蒸发损失、植物蒸腾损失、深层渗漏损失、坡地径流损失。在我国水土流失概念中，水的损失主要是指坡地径流损失。

由于特殊的自然地理和社会经济条件，水土流失成为我国重要的环境问题，我国是世界上水土流失最为严重的国家之一。

（二）水土流失的危害

水土流失在我国的危害已达到十分严重的程度，它不仅造成土地资源的破坏，导致农业生产环境恶化，生态平衡失调，水旱灾害频繁，而且影响各行业生产的发展。具体危害如下：

1.破坏土地资源，蚕食农田，威胁群众生存

土壤是人类赖以生存的物质基础，是环境的基本要素，是农业生产的最基本资源。年复一年的水土流失，使有限的土地资源遭受严重的破坏，土层变薄，地表物质“沙化”、“石化”。据初步估计，由于水土流失，全国每年损失土地约13.3万 km^2，已直接威胁到水土流失区群众的生存，其价值是不能单用货币计算的。

2.削弱地力，加剧干旱发展

由于水土流失，坡耕地成为跑水、跑土、跑肥的“三跑田”，致使土地日益贫瘠。而土壤侵蚀造成的土壤理化性状的恶化，土壤透水性、持水力的下降，也加剧了干旱的发展，使农业生产低而不稳，甚至绝产。

3.泥沙淤积河床，洪涝灾害加剧

水土流失使大量泥沙下泄，淤积下游河道，削弱行洪能力，一旦上游来洪量增大，就会引起洪涝灾害。长江、松花江、嫩江、黄河、珠江、淮河等发生的洪涝灾害，所造成的损失令人触目惊心。这都与水土流失使河床淤高有非常重要的关系。

4.泥沙淤积水库湖泊，降低其综合利用功能

水土流失不仅使洪涝灾害频繁，而且产生的泥沙大量淤积水库、湖泊，严重威胁水利设施和效益的发挥。

5.影响航运，破坏交通安全

由于水土流失造成河道、港口的淤积，航运里程和泊船吨位急剧降低，每年汛期由于

水土流失形成的山体塌方、泥石流等造成交通中断，在全国各地时有发生。

二、水土保持

我国是世界上开展水土保持具有悠久历史并积累丰富经验的国家。从20世纪开始，我国就进行了对水土流失规律的初步探索，为开展典型治理提供了依据。新中国成立后，我国政府十分重视水土保持工作，在长期实践的基础上，总结出以小流域为单元，全面规划、综合治理的经验。

（一）我国水土保持的成功做法

我国水土保持经过半个世纪的发展，走出了一条具有中国特色综合防治水土流失的道路。主要做法有以下几点。

①预防为主，依法防治水土流失。加强执法监督，加强项目管理，控制人为水土流失。

②以小流域为单元，科学规划，综合治理。

③治理与开发、利用相结合，实现三大效益的统一。

④优化配置水资源，合理安排生态用水，处理好生产、生活和生态用水的关系。同时在水土保持和生态建设中，充分考虑水资源的承载能力，因地制宜，因水制宜，适地适树，宜林则林，宜灌则灌，宜草则草。

⑤依靠科技，提高治理的水平和效益。

⑥建立政府行为和市场经济相结合的运行机制。

⑦广泛宣传，提高全民水土保持的意识。

（二）水土保持的基本原则

水土保持必须贯彻预防为主，全面规划，综合防治，因地制宜，加强管理。要贯彻好注重效益的方针，必须遵循以下治理原则。

①因地制宜，因害设防，综合治理开发。

②防治结合。

③治理开发一体化。

④突出重点，选好突破口。

⑤规模化治理，区域化布局。

⑥治管结合。

（三）治理措施

为实现水土保持战略目标和任务，采取以下措施：

①依法行政，不断完善水土保持法律法规体系，强化监督执法。严格执行《水土保持法》的规定，通过宣传教育，不断增强群众的水土保持意识和法制观念，坚决遏制人为的水土流失，保护好现有植被。重点抓好开发建设项目水土保持管理，把水土流失的防治纳入法制化轨道。

②实行分区治理，分类指导。西北黄土高原区以建设稳产高产的基本农田为突破口，突出沟道治理，退耕还林还草。东北黑土区大力推行保土耕作，保护和恢复植被。南方红壤丘陵区采取封禁治理，提高植物覆盖率，通过以电代柴解决农村能源问题。北方土石山区改造坡耕地，发展水土保持林和水源涵养林。西南石灰岩地区陡坡退耕，大力改造坡耕地，蓄水保土，控制石漠化。风沙区营造防风固沙林带，实施封育保护，防止沙漠扩展。草原区实行围栏、封育、轮牧、休牧、建设人工草场。

③加强封育保护，依靠生态的自我修复能力，促进大范围的生态环境改善。按照人与自然和谐相处的要求控制人类活动对自然的过度索取和侵害。大力调整农牧业生产方式，在生态脆弱地区，封山禁牧，舍饲圈养，依靠大自然的力量，特别是生态的自我修复能力，增加植被，减轻水土流失，改善生态环境。

④大规模地开展生态建设工程。继续开展以长江上游、黄河中游地区以及环京津地区的一系列重点生态工程建设，加大退耕还林力度，搞好天然林保护。加快跨流域调水和水资源、工程建设，尽快实施南水北调工程，缓解北方地区水资源短缺矛盾，改善生态环境。在内陆河流域合理安排生态用水，恢复绿洲，遏制沙漠化。

⑤科学规划，综合治理。实行以小流域为单元的山、水、田、林、路统一规划，尊重群众的意愿，综合运用工程、生物和农业技术三大措施，有效控制水土流失，合理利用水土资源。通过经济结构、产业结构和种植结构的调整，提高农业综合生产能力和农民收入，使治理区的水土流失程度减轻，经济得到发展，人居环境得到改善，实现人口、资源、环境和社会的协调发展。

⑥加强水土保持科学研究，促进科技进步。不断探索有效控制土壤侵蚀、提高土地综合生产能力的措施，加强对治理区群众的培训，搞好水土保持科学普及和技术推广工作。积极开展水土保持监测预报，大力应用RS（遥感）、GPS（全球定位系统）、GIS（地理信息系统）“3S”高新技术，建立全国水土保持监测网络和信息系统，努力提高科技在水土保持中的贡献率。

⑦完善和制定优惠政策，建立适应市场经济要求的水土保持发展机制，明晰治理成果的所有权，保护治理者的合法权益，鼓励和支持广大农民和社会各界人士，积极参与治理水土流失。

⑧加强水土保持方面的国际合作和对外交流，增进相互了解，不断学习、借鉴和吸收国外的先进技术、先进理念和先进管理经验，提高我国水土保持的水平。

三、水利工程建设项目水土保持要求

①从事可能引起水土流失的生产建设活动的单位和个人，必须采取措施保护水土资源，并负责治理因生产建设活动造成的水土流失。

②修建铁路、公路和水工程，应当尽量减少植被的破坏，废弃的砂、石、土必须运至规定的专门存放地堆放，不得向江河、湖泊、水库和专门存放地以外的沟渠倾倒。

③在山区、丘陵区、风沙区修建铁路、公路、水工程，开办矿山企业、电力企业和其他大中型工业企业，在建设项目环境影响报告书中，必须有水行政主管部门同意的水土保持方案。建设项目中的水土保持设施，必须与主体工程同时设计、同时施工、同时投产使用。建设工程竣工验收时，应当同时验收水土保持设施，并有水利行政主管部门参加。

④企业事业单位在建设和生产过程中必须采取水土保持措施，对造成的水土流失负责治理。本单位无力治理的，由水行政主管部门治理，治理费用由造成水土流失的企业事业单位负担；建设过程中发生的水土流失防治费用，从基本建设投资中列支；生产过程中发生的水土流失防治费用，从生产费用中列支。

四、水土保持监督

①国务院水行政主管部门建立水土保持监测网络，对全国水土流失动态进行监测预报，并予以公告。

②县级以上地方人民政府水行政主管部门的水土保持监督人员，有权对本辖区的水土流失及其防治情况进行现场检查。被检查单位和个人必须如实报告情况，提供必要的工作条件。

③地区之间发生的水土流失防治的纠纷，应当协商解决。协商不成的，由上一级人民政府处理。

五、法律责任

①在禁止开垦的陡坡地开垦种植农作物的，由县级人民政府水行政主管部门责令停止开垦、采取补救措施，可以处以罚款。

②企业事业单位、农业集体经济组织未经县级人民政府水行政主管部门批准，擅自开垦禁止开垦坡度以下、五度以上的荒坡地的，由县级人民政府水行政主管部门责令停止开垦、采取补救措施，可以处以罚款。

③在县级以上地方人民政府划定的崩塌滑坡危险区、泥石流易发区范围内取土、挖砂或者采石的，由县级以上地方人民政府水行政主管部门责令停止上述违法行为、采取补救措施，处以罚款。

④在林区采伐林木，不采取水土保持措施，造成严重水土流失的，由水行政主管部门

报请县级以上人民政府决定责令限期改正、采取补救措施，处以罚款。

⑤企业事业单位在建设和生产过程中造成水土流失，不进行治理的，可以根据所造成的危害处以罚款，或者责令停业治理并对有关责任人员由其所在单位或者上级主管机关给予行政处分。罚款由县级人民政府水行政主管部门报请县级人民政府决定。责令停业治理由市、县人民政府决定。中央或者省级人民政府直接管辖的企业事业单位的停业治理，需报请国务院或者省级人民政府批准。个体采矿造成水土流失，不进行治理的，按照前两款的规定处罚。

⑥以暴力、威胁方法阻碍水土保持监督人员依法履行职务的，依法追究刑事责任。拒绝、阻碍水土保持监督人员执行职务并使用暴力、威胁方法的，由公安机关依照治安管理处罚法的规定处罚。

⑦当事人对行政处罚决定不服的，可以在接到处罚通知之日起十五日内向作出处罚决定机关的上一级机关申请复议，也可以在接到处罚通知之日起十五日内直接向人民法院起诉。复议机关应当在接到复议申请之日起六十日内作出复议决定。当事人对复议决定不服的，可以在接到复议决定之日起十五日内向人民法院起诉。复议机关逾期不作出复议决定的，当事人可以在复议期满之日起十五日内向人民法院起诉。当事人逾期不申请复议也不向人民法院起诉、又不履行处罚决定的，作出处罚决定的机关可以申请人民法院强制执行。

⑧造成水土流失危害的，有责任排除危害，并对直接受到损害的单位和个人赔偿损失。

赔偿责任和赔偿金额的纠纷，可以根据当事人的请求，由水行政主管部门处理。当事人对处理决定不服的，可以向人民法院起诉。

由于不可抗拒的自然灾害，并经及时采取合理措施，仍然不能避免造成水土流失危害的，免予承担责任。

⑨水土保持监督人员玩忽职守、滥用职权给公共财产、国家和人民利益造成损失的，由其所在单位或者上级主管机关给予行政处分。构成犯罪的，依法追究其刑事责任。

第九章

水利工程设计

第一节　水利工程设计理论

一、水利工程设计发展趋势

在经济与科技日益发展的今天，我国的城市人口急剧增加，我国的工业也取得了很大的发展，因此生活用水与工业用水的需求也日益旺盛，导致水源越来越短缺。在如此严峻的形势面前，水利工程的设计尤其重要。水利工程主要是指通过充分开发利用水资源，实现水资源的地区均衡，防止洪涝灾害而修建的工程。由于自然因素和地理因素的影响，各个地区的气候不同，河流分布也不同，这就造成了全国水资源分布严重不均匀，比如西北地区为严重缺水地区。为了满足全国各地人民的生产生活需要，我们必须大力修建水利工程，认真规划水利工程的设计，关注水利工程未来的发展趋势。

（一）水利工程的设计趋势

1.水利工程设计过程中审查、监管的力度会加大

由于近些年曝光的豆腐渣工程越来越多，国家对水利工程设计过程中的审查、监管的力度会越来越大。在水利工程的建设过程中要派专人监管，防止出现不合格的工程建设及建设资金被贪污，建设完成后要对工程进行严格审查，以免出现豆腐渣工程。

2.设计时突出对自然的保护

现代水利工程的设计更加注重对自然的保护，力求减少因水利工程建设而带来的生态破坏。水利水电工程对环境的影响，有些是不可避免的，而有些是可以通过采取一定的措施来避免或减少的。水利工程的建设会影响到河流的生态环境，严重的会对鱼类的生存繁衍造成影响，从而影响渔业与养殖业。水利工程建设会对上游植被造成破坏，容易造成水土流失，因此，这就要求下游平原应该扩展植被面积，减少水土流失，从而减轻下游港口航道淤积的程度。如果在建设过程中没有注意对生态环境的保护，以后不仅会导致物种灭绝，而且也会对人的身体健康造成影响。

3.设计时重视文化内涵

完美的水利工程建设有利于城市美好形象的树立，也可丰富城市文化内涵。杭州政府重视西湖，并为西湖做出很好的规划、修整、维护等措施，使西湖之美与时俱进。所以说完美的水利工程，不仅为杭州增添了几分自然美，也为杭州这座城市增添了浓厚的人文气息。

城市水利工程的建设不仅要注意地上建设，也要兼顾地下建设，这样不仅能防止城市内涝，而且能突出城市天人合一的文化内涵。例如巴黎的地下水道，干净、整洁，许多外国人都曾到地下水道参观。

4.设计过程中注意对地形的影响

大型水利工程的选址不应该在地势较低、地壳承载力较低的地区，例如盆地，这样易引发地质灾害。如果选在地壳承载力较低的地区，水库中的过大拦截水量会侵蚀陡峭边岸，可能会导致山体滑坡，再加上水位波动频繁，会导致地质结构变化，可能会引发地面塌陷，严重的可能会引发地震。

5.设计过程中应注意对周围文化古迹的保护

水利工程建设过程中可能会对文化古迹造成影响，未来水利工程的建设应该建立在不破坏或者是尽量减少对文化古迹的破坏的基础上，从而保护当地风景名胜的安全。

（二）水利工程的发展趋势

1.大坝建设会减少，近海港口工程会增加

自三峡大坝建成后，我国的大坝建设的需求量也在减少，大坝建设即将迎来低谷期。水利工程更多地开始投入近海城市港口当中，近海城市港口的开发也越来越重要。所以，以后水利工程的建设中近海港口工程会增加。

2.水利工程的功能在不断拓展

现在水利工程的功能已经拓展到调节洪峰、发电、灌溉、旅游、航运等方面。

拿三峡大坝来说，它的功能不仅仅是防洪灌溉，还是集防洪、灌溉、发电、旅游为一体。三峡水电站装机总容量为1820×10^4 kW，年均发电量847×10^8 W，每年售电收入可达181×10^8~219×10^8元，除可偿还贷款本息外，还可向国家缴纳大量税款，每年所带来的经济效益非常可观。

三峡险峻众所周知，虽进行了系统处理，但是航道状况复杂，仍旧不时出现航运事故。

但是，三峡大坝建成之后，万吨大船可直达重庆，通航能力增加数倍，航运压力减轻不少。

三峡大坝的建成更推动了三峡旅游热潮。现在去三峡旅游的人越来越多，推动了当地经济的发展。

3.各个部门的合作会不断加强

水利工程的建设离不开地理勘探，而且会对自然环境造成一定的影响，所以，这就需要各方协调，促使各方的通力合作，这样才会对自然环境的影响降到最低。首先，水文部门要通知施工部门详细解释施工地区的情况，从而促进施工人员对施工地区各种情况的了解；然后，施工部门需要采纳环保部门的意见，以减轻对生态环境的破坏程度。

4.国外市场对水利工程建设的需求大于国内市场

近些年来由于我国西南、西北地区的水利工程趋于完善，国内市场对于水利工程的需求量越来越低。而国外某些发展中国家水资源分布不均匀，急需水利工程的建设，但其自身的水利工程建设技术不成熟。因此，我国可以去外国进行水利工程的建设，这样不仅有利于我国经济的增长，还可以促进我国与他国之间的友好关系。

水利工程不仅关系到人类的生存发展，也关系到自然界的生态平衡，只有做到经济效益、社会效益与生态效益的统一，才能把水利工程所带来的负面影响降到最低。大型水利工程建成以后，不仅会对当地的气候造成影响，而且很有可能会对全球气候造成影响。所以，这就要求在水利工程完工之后，气象部门、水文部门、林业部、国土资源局共同监控，做出预测，为及早地应对水利工程所带来的气候变化、自然灾害做好准备。水利工程有利有弊，只有让利增加，让弊减少，这样的水利工程才称得上利国利民。

二、绿色设计理念与水利工程设计

在生产和工作中应该充分考虑到节约自然资源，并且重视环境保护，这就是绿色设计理念。当前自然资源正在逐渐进展，人地矛盾日益突出，而人类的发展对于水利工程也有着很强的依赖性，但是水利工程的兴修难免会给周围环境造成一定的影响，所以在进行水利工程设计的时候一定要将绿色发展理念融入其中，这样才能推动整个水利行业的健康发展。本部分针对绿色发展理念的原则进行说明，并且讨论如何将其应用到水利工程设计当中，希望可以给相关工作的开展提供一些参考。

近年来，随着人类的发展，全球范围内的生态环境都在不断恶化，已经有越来越多的人重视到这个问题，所以人们提出了绿色发展理念。对于人类来说，其生产和生活的一切活动都会给环境造成一定影响，这种影响在工业化之后就越来越凸现出来。水利工程由于其自身存在的特性，其修建难免会给周围环境造成硬性，所以尤其应该融入绿色发展理念，这样才能一方面保护周围的环境，另一方面也有助于水利工程建设工作的进行。这样看来，将绿色发展这一理念融入水利工程设计中是合乎时代发展需要的。

（一）绿色设计中需要遵守的原则

1.回收利用原则

很多产品以及零部件的外包装都是可以循环使用的，当前很多设计人员在进行产品设计的时候，其零部件已经越来越趋向于标准化，这给回收再利用带来了很大的便利，一方面可以大大降低整个材料的成本，并且也融入了绿色发展理念，有效节约了资源，这需要建立模型的时候就要尽量保证其标准化。通过回收利用产品，可以有效延长产品的使用期限，并且也有效节约资源。

2.循环使用再进行回收

以前的设计中很多产品在使用之后就会直接出现破损或者老化，所以这种产品也就无法正常发挥其功能，但是在绿色发展理念下生产的产品其循环使用之后仍然可以进行回收。所以在生产过程中融入这种理念，其可以有效节约资源，并且可以让生产出的产品具有更好的清洁性。

3.节约资源

在生产和施工过程中积极倡导绿色设计理念，其最大的优势就是可以大大降低原材料的投入，其可以将资源发挥出最大的利用价值，也有利于推动技术的进步，也能给环境起到一定的保护作用。

（二）在水利工程修建中对周围环境所产生的影响

1.在建坝期间的移民问题

对于那些长期生活在水坝附近的居民们，帮他们安置新的生活住所成为建坝施工单位所面临的一个重要的问题。在建坝这项工程中包含的领域是非常广泛的，在建坝工程中往往会关系到沿岸居民的生存权和居住问题。目前，对于移民问题，国家是非常重视的，由于一些大型的水利工程都是在山区，并且当地的居民生活都比较贫穷，移民对于这些贫穷的居民来说是摆脱贫苦生活的一个重要机遇，所以大多数的居民是赞成移民的，但有些居民对家乡的眷恋之情也是非常强烈的，这就使得移民问题变得庞大而复杂。在绿色水坝工程实施的过程中，要重视移民的问题，并且相关的负责人要努力完成这一项工作。

2.对大气所产生的影响

在进行大坝建设的时候会使得当地环境的结构发生改变，从而影响到当地的生态环境。所以在大坝建设与生态环境的矛盾之中，要充分认识到大坝建设对大气以及气候的相关影响。目前，我国的大部分水库的发电站面积比较大，并且一些水库的发电站都是处在高山峡谷地区，然而在库区的周围还有一些森林，所以会出现一些树木腐烂现象，从而影响到当地的大气环境。

3.水坝建设中的一些泥沙以及河道的问题

由于水坝建设会产生一些泥沙问题，并且会对河道产生重大的影响，这就要求相关的负责人在水坝建设的时候要重视泥沙问题以及相关的河道问题。从生态的角度来看待泥沙以及河道问题，由于泥沙对河势、河床、河口以及整个河道产生巨大的影响，并且在修建大坝的过程中，泥沙起着一个根本性的作用。在修建大坝的过程中，水坝能够使得河流中自带的一些泥沙堆积在河床上，并且不能自然地在河流中流动，从而减少了河流下游地区的聚集量，从而影响了下游地区的农作物以及生物的生长。

4.水坝建设对河流中的鱼类以及生物物种的影响

如果在自然河流上建坝，就会阻碍天然河道，从而控制了河道的水流量，最终会使得整条河流的上下游以及河口的水文不能保持一致，从而产生比较多的生态问题。目前，水坝建设对河流中的鱼类以及生物物种的影响引起了社会各界的关注。

5.水坝建设对水体变化的重大影响

在水库里河流中原本流动的水会出现停滞不前的状况，这就使得水坝建设对水体变化会产生一定的影响，然而水坝建设对水体变化的重大影响的具体表现如下：影响着航运。例如，在过船闸的时候所需时间的长短，与此同时影响着上行或者下行的航速。在发电的过程中，此时水库的温度会升高，并且水库中的水排入水流中，可能会使得河流中的水质变差，尤其是水库的沟壑中很容易会出现一些水华等相关的水污染现象。在水库蓄满水之后，由于水库的面积比较大，并且与空气接触的面积也是比较大的，从而使得水蒸发量大大增加，最终使得水汽以及水雾逐渐变多。

（三）如何将绿色发展理念应用到水利工程中

正常来说，我们在进行水利工程设计和施工的时候，其中大坝的修建是一项非常重要的步骤，所以尤其需要重视起来，考虑到其建设对周围环境产生的影响，尤其是生态问题、社会环境和经济发展。

在城乡建设中，其中一项非常重要的内容就是河道堤防的建设以及治理工作，在工作的过程中也要首先明确绿色设计理念的发挥，来让发展走向和谐化。重视绿色设计理念，可以有效提高工程的使用价值、改善其周围的环境，并且通过理念的发展，来给大坝建设和水利工程的设计提供指导。

在科学发展观的理念中，发展是第一要义，所以在发展的过程中要坚持可持续发展的理念，并且要运用科学发展观的理念来引导水利水电事业，从而能够使得人与自然向着可持续化的方向发展。在水利工程项目中应通过采用绿色设计理念，去解决项目中遇到的一些问题。

随着社会的发展，我国经济建设也取得了很大的进步，这些都直接推动着我国城市化水平的提高。但是防洪问题对于一个城市的发展来说也是非常重要的因素，所以水利工程本身也有保护城市居民的重要作用，通过兴修水利工程就可以有效减少洪涝灾害。当前已经有越来越多人开始重视绿色发展理念了，如果将这个理念融入水利工程建设中，可以大大提高水利工程的社会以及经济效益，为人们的生活带来便利。

三、水利工程设计中的渠道设计

在水利工程运行中，加强渠道的设计是必不可少的，这是确保水利工程高效运行的重要保证，这已经成为水利工程企业内部普遍重视的内容。在水利工程设计中，加强渠道设计，对于践行水利灌溉节约化用水目标的实现，符合节能减排的建设目标，避免渠道渗漏和损坏现象的出现，实现水资源的高效利用与配置。本部分主要针对水利工程设计中的渠道设计展开深入的研究，旨在为相关研究人员提供一些理论性参考依据。

目前，加强渠道设计，是水利工程设计工作中的重中之重，在现代基础水利设施中占据着举足轻重的地位，已经成为水利工程设计顺利进行的重要保障。在水利工程设计的渠道设计方面，存在着较多的不足，因此必须要制定切实可行的优化措施，对渠道加以正确设计，不断提高水资源利用效率，将水利渠道工程的设计工作落实到位，延长水利渠道的使用寿命，确保水利工程企业较高的知名度与美誉度。

（一）水利工程设计中渠道设计的遵循原则

在水利渠道设计过程中，设计人员要结合当地实际情况，对各种影响因素进行深入分析，比如城市规划和发展预测等，并从现行的渠道工程施工技术情况进行设计，制订出较为配套可行的渠道设计方案，要与当地农业生产实际情况相匹配，确保水利工程施工水平的稳步提升，在设计过程中，要做到：

首先，重点考虑增加单位水量，这对于水资源的节约是极为有利的。在渠道设计过程中，要树立高度的节能环保理念，将单位水量灌溉面积增加到合理限度内，要与相应的灌溉需求相契合，为水利工程经济效益的提升创造有利条件。其次，要结合当地实际情况。设计人员在设计之前，要对当地水资源分布情况进行充分了解，重点考察当地的地形和农田分布等，合理利用水资源，确保水利工程渠道设计的科学进行。最后，要高度重视曲线平顺这一问题。设计人员在设计时，要结合当地水文条件，渠道设计形状要尽可能满足曲线平顺，确保水流的顺利通过，在当地条件不允许的情况下，设计人员要对相应的渠道路线进行更改，以便渠道中水流流通的顺畅性。

（二）水利工程设计中渠道设计的内容分析

在水利设计渠道工作设计中，要对灌溉渠的多种影响因素进行分析，比如渠道施工的内在因素和自然因素等。其中，地质土质、水文等是外在自然因素的重要组成部分，而渠道水渗透的重要影响因素之一就在于地质土质，气候因素对渠道的修建规模造成了极为不利的影响，输水是渠道的重要功能之一，然而在防水处理不到位的情况影响下，要高度重视“存水”。在内在因素中，涵盖着众多方面，比如在渠道外形设计、防水处理以及防冻处理等方面。在渠道设计过程中，渠道大小和形状等是渠道外形设计的重要构成，不同设计所对应的优势也是不相同的，比如矩形具有施工占用面积小、存水量大等优势，对渠道使用寿命的延长是极为有利的。

与此同时，防水层的处理工作是水渠施工的一项不容忽视的问题，对于一些小型渠道来说，是直接开挖排水渠的，加剧了渗水现象，所以要加强防水材料的利用，以此来进行渠道的铺设工作，随即再在上面添加一些黏土或沙土，其防水效果比较良好。此外，在灌溉渠道的修建过程中，要与其水利设施相配套、协调，避免水流失现象的出现，控制渗水面积的扩大。

（三）水利工程设计中渠道设计的优化措施

1.正确选择渠道设计材料

在渠道设计过程中，材料的选择与渠道设计水平之间的关系是紧密相连、密不可分的，两者之间起着一定的决定性作用，所以在材料选择中，要坚持质优价廉的原则，保证渠道良好的使用性能。而且对于渠道工程的使用环境来说，是比较复杂、烦琐的，必须要对具备长效机制的材料加以优先选择，将渠道的使用寿命延长。同时，季节因素也是材料选择中不容忽视的一个方面，要想把对渠道材料的影响因素降至最低，就要对具备抗老化性、耐久性的材料加以优先选择。

此外，要想避免由于热胀冷缩现象影响材料的正常使用，就要尽可能选择安装便捷、接缝少的材料，防止渠道渗漏现象的出现。

2.加强U型槽断面的渠道设计与预制

（1）在常见的衬砌形式中，其中重点包括U型混凝土渠，主要是因为U型混凝土渠的断面形状与水利断面的形状是非常匹配的，所以也决定了U型混凝土渠具备较高的过水能力，而且其实际的断面开口是比较小的，所以决定了占地面积也是比较小的，实际应用效果比较理想。目前，D60和D80等是较为常见的预制板种类，随即在预制板的下面铺设聚乙烯塑膜或砂砾石等，在D80渠道的设计中，在缺少过流要求的情况下，要加强U型板加插块形式的应用，并符合相应的过流要求。然而这种渠道施工的难度比较大，将会缩短其使用寿命。

（2）在混凝土U型槽渠道的使用中，要先进行预制，做好混凝土U型槽渠道的预制工作，可以加强LZYB-1型号的混凝土U型槽渠道成型设备，这是U型槽渠道预制方面常用的设备，将资金投入降至最低，而且相应的工作流程也比较简单，这已经得到了制作人员的高度重视。然后要选择适宜的U型渠道的大小规格，UD30和UD60等是较为常见的U型槽渠道规格，并且各条U型槽的壁厚不得超出4cm，U型槽的长度要控制在0.5m，进而为混凝土U型槽渠道的混凝土配比工作的进行奠定了坚实的基础。

3.确保跌水结构设计的科学性

对于跌水结构来说，在水利渠道设计的重要性不可估量，在处理水流落差方面发挥着极大的作用，在水利渠道设计中，其原则要遵循落差小、跌级多等。首先，在水利渠道跌水中，要按照水利工程的规模来布设，而规模较小的工程可适当减少跌水的设置，并且要在地形和渠道材料允许的范围内进行；而规模较大的工程在布设跌水结构时，要充分考虑地形这一因素。

同时，在设置跌水位置时，要准确设计，对不同层级之间的跌水位置进行精确测量，避免出现不必要的水资源流失现象。将跌水结构的落差降至最低，所以要加强多层级设计的应用。

4.合理设计水利渠道比降

在水利渠道设计的重要参数中，渠道比降同样不容忽视，要控制土渠道的渠道比降，并且适度扩大混凝土初砌渠道的渠道比降。渠底比降与跌水之间的关系也是极为紧密的，在渠底比降较大的情况下，跌水个数和落实并不是特别明显。在水利渠道比降设计过程中，要对水利渠道的原始渠道比降进行深入分析，究其原因，及时采取相应的解决措施，避免遭受不必要的经济损失。所以要树立长远目标，将其渗透到渠道比降设计，确保水利渠道工程经济效益的稳步提升。

5.做好流量设计和断面设计

（1）流量设计

在灌溉渠道的水流量计算中，流量设计的作用不容忽视，要想确保整个灌溉渠道设计的有效性与准确性，必须要确保流量设计的准确性。在设计灌溉渠道过程中，在诸多方面的影响之下，相应的设计方案也要进行调整与修改。比如在特殊情况需要扩大灌溉面积时，必须要注重灌溉渠道大流量水顺利通过的能力的提升。因此，在灌溉渠道设计中，要充分考虑初期设计的灌溉水渠的流量，密切关注当地地理位置和周边环境，将灌溉渠道的流量增大到合理水平内，要适当调整灌溉渠道的流量，并增强灌溉渠道的稳定性，做到“一举两得”。

（2）断面设计

在渠道工程设计中，断面设计也是极其重要的构成内容，在断面设计过程中，要重点围绕渠道工程设计流量，在横断面的设计中，要高度重视渠道工程设计流量和过水断面面积之间的比例关系，并对渠道的纵坡高度进行深入分析，确保渠道断面设计的科学性与安全性。而渠道设计工作人员要提高对断面设计的高度重视，在有效时间内完成工程建设任务，为渠道工程建设质量的提升创造条件。

综上所述，在水利工程设计中，做到渠道设计工作是至关重要的，可以确保水利工程的高效运转，具有实质性的借鉴和参考意义。因此，在进行渠道设计过程中，要结合当地灌溉实际情况，开展相应的渠道设计工作，要选择合适的材料，做好不同种类的渠道设计，做好渠道的跌水设计工作。设计人员在设计过程中一旦发现问题，要及时采取措施来予以解决，确保良好的渠道设计效果，确保水利渠道工程建设的顺利进行，为人们生产生活提供相应的便利条件。

第二节　水利工程设计优化

一、水利工程施工组织设计优化

水利施工组织设计是科学合理地组织和优化施工的重要保证，其决定着工程进度及工程造价，历来为投标、评审的重点，是指导施工的核心性文件。本部分首先简述了水利工程施工组织特点，然后指出了其当前阶段的不足，最后提出了水利工程施工组织的发展方向。

（一）水利工程施工组织特点

随着我国经济实力的显著提高，我国逐渐开始重视水利、交通等基础设施建设，自从水利“十二五”规划以来，许多新兴水利水电项目逐步被投入到规划建设中，同时也就决定了其对设计文件编制的高要求。水利工程的施工组织文件与一般的土建项目有相似之处，但由于其更多的是与水直接接触，与一般土建工程相比，又有很大的不同。受地形地貌、水文地质、泥沙、气象等因素影响更大，施工条件也更加恶劣，对生态环境的影响更彻底，因而增加了其施工组织设计的复杂性。

现代的水利工程一般单体投资较大，工期紧张，枢纽建筑物多且布置集中，从而增加了施工干扰的可能性，也加重了干扰之后带来的不利影响。因此，施工组织设计者需要对工程总体进行统筹规划，正确处理好时间与空间、质量与工期、工艺与设备等各方面矛盾，以最少的投资，设计出符合国家相关规范、标准，同时满足甲方要求的设计文件，以便科学化和有效化地规范施工。

（二）水利工程施工组织设计当前困境

1.施工组织内容的综合性与工程实际的复杂性相脱离

施工组织设计作为一个包含质量、进度及成本等在内的不可缺少性文件，其内容的编写必须与工程实际相符合。然而多数工程人员往往在缺乏对工程进行实地深入考察的情况下，盲目依据规范要求，参照相似施工组织文件，生搬硬套，徒有其形。缺乏对工程的针对性认识，也就失去了文件的指导性作用。

2.施工组织文件的编制缺乏创造性

目前施工组织的编制缺乏有效的标准和模块化的体系，工作人员重复性归纳收集，缺乏科学的优化组织，致使施工组织内容烦琐重复，缺乏竞争性。计算机技术在进度计划的编制上缺乏普遍性，依靠手工计算进行反复的网络计划优化和参数调整，不仅工作量繁重，且效率和正确率较低。在施工进度中积极开发和推广信息技术，对于网络调整和优化具有不可替代的作用。

3.新技术、新工艺、新设备较低的使用率。

水利工程技术经过多年的推广和发展，已积累了丰富的工程实践经验，许多安全有效的施工工艺、机械设备也应运而生。然而工程人员已形成思维定式，故步自封，往往采用过时的施工机械或施工工艺。这不仅造成技术资源浪费，且可能产生系列承载力及安全问题，导致物质资源的浪费和使用寿命周期的变短。

4.重进度和成本，轻生态文明

大型现代化水利工程的建设虽然给人们的生活带来了长远的经济效益，但同时也不可避免地对土地资源、水资源和物种多样性等产生重大的影响，从而伴随产生地震、滑坡、泥石流等一系列的工程地质灾害。故而科学地施工组织设计，应从长远考虑、深刻分析、绿色施工，实现人与自然的和谐发展。

（三）水利施工组织的几点展望

1.利用BIM进行施工模拟

随着现代化建设程度的不断加剧，现代大型水利工程的规模和复杂程度正逐步发生着日新月异的变化。水利施工投入的物质资源和人力资源若继续单纯地依靠人力计算来进行进度计划的调整和改进，其工作量将大大加重工程师们的负荷，将越来越不现实。对此我们把希望寄予计算机网络技术，CAD制图促进了信息化水平在水利水电行业的提升，成为信息技术在工程领域的首次变革。但伴随着施工管理模式品质高要求的不断加剧，单纯依靠过往的信息化水平已严重阻碍现代大型水利工程的建设。伴随着各地相关政策的出台，建筑信息模型BIM技术在许多工程领域已获得迅速推广，国家发展规划已明确肯定其在建设全寿命周期中的显要作用，但在水电行业的应用尚处于初期阶段。在传统的CAD制图工作模式下，各专业工程师的沟通效率和参与人群的集思广益等均极大地被相对独立封闭的工作环境所限制，BIM则能使工程师们在设计意图、项目关键点、施工中的重难点及资源分配等方面的沟通顺畅快捷，进一步彰显了企业的项目管理和协调控制能力。

BIM技术将三维结构模型与施工进度计划有效地衔接，可为用户提供进度比较、偏差分析和改进的平台，土石方工程、施工总布置和施工方案等均可快速有效地集成和展示。同时与传统的网络技术相比，该可视化技术对于施工中出现的问题亦可为项目参与各方提供可供参考的解决方案且能虚拟化展示，具有更高的能动性。同时BIM技术创建的沙盘模型具有的可追溯性，为工程决策、合理安排施工进度和缩短工期提供了有效的依据。通过建筑信息模型效果图的可视化、施工进度的可模拟化、施工方法的可改进化，使施工组织设计的数字化更全面地服务于施工全过程。

2.保护环境绿色施工

施工技术的提高促使现代施工机械行业的迅猛发展，为人们去探索和改变更复杂险恶的自然环境提供了有效的手段，同时破坏环境的深度和广度也远远超过了以前几千年都不能触及的地步。施工技术的高要求和自然环境的高品质就决定着从事施工组织设计的工程师们要转变思维，不仅要发展，更要绿色可持续地发展，不仅要缩短工期提高效率，更要考虑我们赖以生存的环境的恢复能力。《绿色施工导则》等规范的颁布为保证健康可持续发展、规范绿色生态建设行为起到了积极作用，因此要在施工组织设计中引入绿色施工技术。

严格划分施工区域和生活区域，实行定量定额的用电制度，在适当位置装设漏电保护器，并设专人负责定量考核且配套相应的奖惩制度，达到安全环保节能。当施工场地地下水位较高时，需配合进行井点降水或集水坑降水，充分地利用地下水资源，合理地设置地下水井进行日常绿化、卫生间用水等的供应。提高全员节能意识，逐步实现从定性评估向定量评估、从单一指标向多因素综合指标的转换，把绿色施工在施工组织设计中利用节能率等性能指标定量全面地进行阐述，使技术、经济和环境有机结合。

3.以人为本

现代水利工程建设项目动辄上亿元、工作量大，若调配布置不均衡，很难实现人尽其力，不仅浪费资源而且存在很大的安全隐患，很难实现安全施工。人性化的项目管理理念决定着设计文件要体现以人为本的原则。选择水利工程施工方案时，不仅要考虑工期的要求、物资的供应能力及施工对人们出行环境和日常生活的影响，而且要考虑劳动者对工作强度的承受能力，是否达到职业卫生安全标准，预防职业病的发生。在施工技术的选择上要积极考虑新技术、新工艺、新设备的推广和使用，减轻劳动者的密集程度和工作强度。同时要加强员工培训教育提高员工职业素养，建立内部考核制度明确责任，全员参与，充分发挥个人的创造力和集体的凝聚力。

水利工程作为一门基础民生工程复杂而悠久，长久以来一直默默地为人们生活水平的提高发挥着其独特的作用。水利施工组织设计在施工中发挥着不可缺少的指导性作用，其内容的编制必须慎重考量最新施工工艺和现代化施工设备且与之相协调。在信息技术综合集成的当代，工程技术人员要更加注重和依靠现代化信息技术，应用BIM技术实现施工过程的可视化和施工进度的可操作化，同时兼顾环境，绿色施工，让现代化建设与人、环境协调持续发展。

二、水利工程设计质量优化管理

随着社会经济的不断发展，我国在基础设施工程项目领域的投资力度不断增大，相应地带动了水利工程施工的发展。水利工程是指通过相应的工程措施，对自然界水资源进行科学、有效的控制，以实现除害兴利目的，普遍具有规模大、施工技术复杂、建设周期长、施工条件复杂等特点，如出现质量问题，将会造成巨大损失。工程设计是水利工程施工的基础，直接影响着水利工程施工质量。因此，从水利工程设计主要干扰因素和问题入手，探究其质量优化管理对策，具有其相应的现实意义。

（一）完善设计质量管理制度

制度是规范设计人员操作行为、提高设计人员质量管理意识的基本保障。水利工程设计涉及内容众多、相关规范标准较为繁杂，设计单位应结合水利工程设计相关标准，完善自身设计质量管理制度，明确设计人员各项操作标准，以提高设计成果质量。设计质量管理制度在内容上应全面包括设计人员各项设计操作，详细规定设计人员须遵守的规范标准，重点标注国家强制性条文内容，保障设计人员每项操作均有章可依，从根本上提高设计人员的质量管理意识，提高水利工程设计水平。

（二）加强设计人员培训

设计人员作为工程设计的直接参与者，其专业水平直接影响着工程设计质量。因此，设计单位应定期组织设计人员进行培训，以不断提高设计人员专业技能水平。设计人员培训应从专业技能培训和专业素质培训两方面入手。专业技能方面，设计人员须加强设计标准学习，如设计人员对设计标准，尤其是强制性条文的理解出现偏差，将直接影响设计审核。同时，设计人员须加强设计操作学习，不断提高自身设计规范性、科学性，以提高工程设计质量。专业素质方面，设计单位应强化设计人员设计质量管理意识，通过案例学习、设计重点总结、工程设计研讨会等形式，不断强调工程设计的重要性，提高设计人员质量管理意识，端正设计人员工作态度，避免人为操作疏忽或失误，从而达到优化设计质量管理的目的。

（三）完善工程设计监督制度

水利工程普遍具有规模大、施工技术复杂、建设周期长、施工条件复杂等特点，其工程设计工作是一个系统的过程，通常由多个设计阶段完成，针对不同的设计阶段，设计单位的工作重点和目标存在较大差异。因此，相关部门应加强各个阶段的设计监督力度，深入细化执行监督工作，以提高问题发现的及时性和准确性，从而达到优化设计质量管理的目的。设计单位在完成相应的阶段的设计工作后，应定期公布工程设计实际情况，同时接受地方政府部门以及工程单位的监督。质量监督机构应积极配合建立相应的质量信息发布制度，对质量监督工作发现的信息进行实时分析和通报，以形成动态、系统的工程设计质量管理。

（四）加强水利工程设计责任管理

水利工程作为重要的基础设施工程，直接关系到国家安全、经济安全以及生态安全，如因施工设计问题导致工程事故或使用事故，将造成无可估量的损失。因此，应全面加强水利工程设计责任管理力度，通过制定责任管理制度，明确各设计部门、人员的设计职责，各参建单位设计人员对应自身岗位承担相应的设计责任，且设计责任管理为终身管理。相关部门应使用多元化管理体制进行水利工程设计方案管理，重点做好工程质量管理以及工程质量调控工作。对于因违反国家建设工程相关质量管理规定，或为有效履行自身工作职责，造成重大工程质量问题及安全事故的设计人员及相关单位，应依法追究其相关法律责任。

综上所述，水利工程具有规模大、施工技术复杂、建设周期长、施工条件复杂等特点，导致水利工程设计工作任务繁杂、质量干扰因素众多。就我国当前水利工程设计质量管理工作而言，虽然整体发展状态较好，但仍存在部分单位不重视设计质量管理、专业配置不全等问题，限制了水利工程质量管理的进一步发展。因此，设计单位及相关部门应从设计质量管理制度、人才培养等方面采取相应的措施，不断提高设计单位设计水平和规范性，强化工程设计质量监督管理力度，以提高水利工程设计质量管理整体水平，促进我国水利工程建设的进一步发展。

三、水利工程中混凝土结构的优化设计

（一）水利工程混凝土结构设计的意义

水利工程通过修建堤坝、水闸、渡槽等水工建筑对水资源进行调控，通过这些水工建筑的兴建来预防或控制洪涝灾害和干旱灾害，满足社会生产和人民生活的需要。水利工程的规模比较大、工期比较长、施工技术难度比较高，一般来说在水利工程中需要应用混凝土结构。混凝土是指砂石、水泥、水按照一定比例进行混合配比，并以水泥为胶凝材料的建筑工程复合材料。混凝土与一定量的钢筋等构件进行配合使用，可以作为承重材料使用到各种建设工程项目中。混凝土结构具有良好的耐火性、耐久性、整体性，因此在大型建设工程项目中应用非常广泛，但混凝土结构在我国的水利工程项目中的应用时间比较短，应用经验比较少，尚有很多不足，因此研究如何对水利工程中的混凝土结构进行优化设计，对我国水利工程建设具有非常重要的理论意义和实践价值。

（二）水利工程中混凝土结构优化设计

水利工程中混凝土结构设计的难度比较大，要求比较高，要综合考虑地形地貌、水文地质、环境气候等多种因素，保证混凝土结构具有良好的抗渗性、稳定性、可靠性。在水利工程项目中，对混凝土结构优化设计具体表现在以下几个方面：

1.加强对混凝土结构的裂缝控制

裂缝控制是水利工程混凝土结构设计的重要内容，混凝土结构既要控制好承载力，也

要把裂缝控制在国家强制标准和设计标准允许的范围内，并根据荷载、压力变化等参数来确定。水利工程中经常使用非常规构件，裂缝要根据构件的烈性进行评估，并考虑断面作用力的变化问题。根据工程实际情况选择不同的养护方法，创造适当的温度和湿度条件，保证混凝土正常硬化。不同的养护方式对混凝土性能的影响也不同，最为常见的施工养护方法就是自然养护，除此之外还有干湿热、红外线、蒸汽等多种养护方式，标准的养护时间为28 d，湿度不低于95%，在自然养护的过程中，可以重点加强对温度和湿度的控制，减少混凝土表面暴露时间，防止水分快速蒸发。控制混凝土的里表温差以及表面降温速度，最终达到控制混凝土结构质量，优化混凝土结构设计的目的。

2.加强对混凝土原材料的选择与合理配比

合理配比的混凝土是保证水利工程质量的关键，能够有效防止气泡、麻面、孔洞等问题的产生，可以选择细度2.0~3.0范围内的砂，合理控制添加剂的比重。对混凝土进行充分振捣和搅拌，确保混凝土的和易性，避免离析，混凝土浇筑之前要确保模板支撑牢固，按照施工标准进行模板支撑和拆卸。钢筋要焊接牢固，禁止随意踩踏混凝土保护层的垫块，并保持垫块均匀牢固。

3.围岩结构稳定性的优化设计

衬砌的布局对于水利工程的混凝土结构质量具有重要影响，在进行混凝土衬砌设计时，要注意围岩能够承载的水压力。水利工程混凝土结构设计的优化，要重点解决围岩承载力问题，在设计过程中，用平缓地面和陡坡地面确定最小覆盖厚度，厚度不足容易引起工程渗水。

4.衬砌的优化设计

衬砌可分为开裂和抗裂两种衬砌，要根据工程设计要求和围岩承载力来确定衬砌方式。通过对混凝土衬砌与围岩进行联合作用模拟，形成二次应力，并在此基础上进行钢筋混凝土的支护，把衬砌配筋量控制在合理的范围内，达到最佳支撑效果。通过分析变形与裂缝产生的原因，进行岔管衬砌的布置。

5.混凝土的温度和湿度计算

对于水利工程中的大体积混凝土温度计算主要通过温度场、应力、抗裂性三个方面。一般运用限元法和差分法进行应力计算和温度场计算，而且在进行应力计算的过程中，要考虑混凝土变化而导致的应力松弛。不同配比的情况下需要进行试验值与计算值的比较。

6.基础资料完善，等级标准明确

要提高混凝土结构设计水平，首先要保证基础资料的真实、准确、完整。基础资料是进行混凝土结构设计的前提。要明确结构设计的等级标准，并考虑工程规模和建筑类别，保证混凝土结构设计质量的同时，实现有效的成本控制。完善水利工程监理制度，对水利工程混凝土结构的设计、施工、验收等过程进行监督和管理，保证施工质量和施工的连续性。

综上所述，水利工程对于周边居民的生产生活和生态环境有着非常重要的影响，混凝土结构在水利工程建设中发挥着重要作用，针对当前混凝土结构在水利工程建设中暴露的问题，在混凝土配比、裂缝控制、围岩稳定等方面进行设计优化，为实现高质量的水利工程奠定基础。

四、优化设计与水利工程建设投资控制

水利工程建设体系在不断发生着变化，针对水利工程的投资也逐渐形成多元化。投资者都会对投资风险进行评估，控制资本投入，以最少的资金投入谋得最大的经济收益，节省下来的资金还能另投其他项目。对于整个水利工程建设，投资控制无不体现在各个阶段。当前的投资控制已经形成一套完善体系，通过对项目的实施方案、资本需要以及可行性研究，有效地控制了投资规模，基本不会出现无底洞投资和工期无限期延长等现象。在投资控制方案设计上，对每一笔资金投入都进行严格估算，控制超额投资现象的发生，施工阶段实行严格的招标制度，有专门的监理部门全程监督从投标到中标整个流程，对于工程造价由审计部门进行审核，不合理的部分一律修改，将预算投资合理化，使投资得到应有的控制。但是在怎样优化设计投资控制这方面，还未得到广泛关注。

（一）优化设计对水利工程建设投资的影响

1.设计方案直接影响工程投资

水利工程建设首先要进行项目决策和项目设计，这是投资控制的关键所在。而在项目实施阶段则不需要进行投资控制了。对项目做出进行投资的决策之后，就只有设计这一块了。根据现行的行业规范，设计的费用一般只占整个工程建设总费用的5%不到，然而正是这接近5%的投入影响着整个资本投资的70%。所以对于工程设计方面一定要完善。在单项工程设计方案的选择上又会对整个投资有很大影响。据不完全统计，在其他项目功能一致的条件下，更加合理的单项设计方案可以降低总造价的8%左右，甚至可达15%以上。比如某多层厂房，其框架结构均较为复杂，设计单位按照常规方案进行设计，由于厂房层次较多，荷载又大，导致部分单间尺寸较大，地基开挖较深。事后经其他设计人员分

析，采用新型打基方案，可以省下大量的混凝土，还能减少土方开挖量，比前方案节约资金250多万元。

2.设计方案间接影响工程投资

工程建设的增多，也伴随着事故发生的增多，造成事故发生的众多因素中，有30%是设计环节的责任。很多工程项目设计上没有经过优化，实施起来各种不合理，严重影响正常的施工。有的设计质量差，各单项设计方案之间存在矛盾，施工时需要返工，造成了投资的浪费。

3.设计方案影响经常性消耗

优化设计不但对项目建设中的一次性投资有优化作用，还影响着后期使用时经常性的消耗。比如照明装置的能源消耗、维修与保养等。一次性投资与经常性消耗之间存在一定的函数关系，可以通过优化设计寻找两者的最优解，使整个工程建设的总投资费用减少。

（二）优化设计实行困难的原因

1.主管部门对优化设计控制不力

长期以来，设计只对业主负责，设计质量由设计单位自行把关，主管部门对设计成果缺乏必要的考核与评价，仅靠设计评审来发现一些问题，重点涉及方案的技术可行性，而方案的经济可行性则问及很少。加之设计工作的特殊性，各个项目有各自的特点，因此针对不同项目优化设计的成果缺乏明确的定性考核指标。

2.业主对于优化设计的要求程度不高

业主对于工程建设认识有局限性，所以他们习惯性地把目光放在施工阶段，而对设计阶段关注不多。出现这种现象的原因有：①在设计方面对投资影响力方面认识不足，只知道如何在设计上省钱，减少虚拟投入，而不知优化设计可以带来更多的经济利益和更好的工程建设；②在设计单位的选择上比较马虎，有些方案虽然是通过招标等方式通过的，但是方案的设计并不完善，很难对其进行综合评估；③业主本身专业知识不够，对于优化设计难以提出有价值的要求或建议；④某些业主财大气粗，根本不在乎对设计进行优化，项目建设只追求新颖。这些都是优化设计得不到开展的因素。

3.优化设计的开展缺乏必要的压力和动力

目前的设计市场凭的是行业经营关系，缺乏公平竞争，设计单位的重心不在技术水平的提高上，只保证不出质量事故，方案的优化、造价的高低，关系不大，使优化设计失去压力。现在的设计收费是按造价的比例计取，几乎跟投资的节约没有关系，导致对设计方案不认真进行技术经济比较，而是加大安全系数，造成投资浪费。设计单位即使花费了人力、物力，优化了设计，也得不到应有的报酬，从而挫伤了优化设计的积极性。

4.优化设计运行的机制不够完善

优化设计的运行需要良好的机制作为保证。而目前的状况常常是：①缺乏公平的设计市场竞争机制，设计招标未能得到推广和深化，地方、部门、行业保护严重；②价格机制不正规，优化不能优价；③法律法规机制有待健全。

（三）搞好优化设计的几点建议

1.主管部门应加强对优化设计工作的监控

为保证优化设计工作的进行，开始可由政府主管部门来强制执行，通过对设计成果进行全面审查后方可实施。《建设工程质量管理条例》的配套文件之一《建筑工程施工图设计文件审查暂行办法》（简称《办法》）早就由建设部颁布施行，《办法》的落实将对控制设计质量提供重要保证。但《办法》规定的审查主要是针对设计单位的资质、设计收费、建设手续、规范的执行情况、新材料新工艺的推广应用等方面的内容，缺乏对方案的经济性及功能的合理性方面的审查要求。建议：①建设行政主管部门加大审查力度，对设计成果进行全面审查；②加强对设计市场的管理力度，规范设计市场，减少黑市设计；③利用主管部门的职能，总结推广标准规范、标准设计、公布合理的技术经济指标及考核指标，为优化设计提供市场。

2.加快设计监理工作的推广

优化设计的推行，仅靠政府管控还不能满足社会发展的要求，设计监理已成为形势所迫，业主所需。通过设计监理打破设计单位自己控制质量的单一局面。主管部门应在搞好施工监理的同时，尽快建立设计监理单位资质的审批条件，加强设计监理人才的培训考核和注册，制定设计监理工作的职责、收费标准等；通过行政手段来保障设计监理的介入，为设计监理的社会化提供条件。

3.建立必要的设计竞争机制

为保证设计市场的公平竞争，设计经营也应采用招投标。建议：①应成立合法的设计招标代理机构；②各地方主管部门应建立相应的规定，符合条件的项目必须招标；③业主对拟建项目应有明确的功能及投资要求，有编制完整的招标文件；④招标时应对投标单位的资质信誉等方面进行资格审查；⑤应设立健全的评标机构合理的评标方法，以保证设计单位公平竞争。

设计单位为提高竞争能力，在内部管理上应把设计质量同个人效益挂钩，促使设计人员加强经济观念，把技术与经济统一起来，并通过室主任、总工程师与造价工程师层层把关，控制投资。

4.完善相应的法律法规

优化设计的推广要有法律法规作保证，目前已有《水利建设项目经济评价规范》《建筑法》《招投标法》《建筑工程质量管理条例》等实施规范，这些规范对设计方面的规定不够具体，为更好地监督管理设计工作，还应健全和完善相应法律法规，如设计监理、设计招投标、设计市场及价格管理等。进一步规范水利工程设计招标投标，出台维护水利勘察设计市场秩序的法规。

通过优化设计来控制投资是一个综合性问题，不能片面强调节约投资，要正确处理技术与经济的兼顾是控制投资的关键环节。设计人员要用价值工程的原理来进行设计方案分析，要以提高价值为目标，以功能分析为核心，以系统观念为指针，以总体效益为出发点，从而真正达到优化设计效果的目的。

第十章

水利施工组织总设计

第一节　水利工程施工组织

一、施工组织设计

（一）施工组织设计的作用

施工组织设计实际是水利水电工程设计文件的重要组成部分，是优化工程设计、编制工程总概算、编制投标文件、编制施工成本及国家控制工程投资的重要依据，是组织工程建设、选择施工队伍、进行施工管理的指导性文件。做好施工组织设计，对正确选定坝址、坝型及工程设计优化，合理组织工程施工，保证工程质量，缩短建设工期，降低工程造价，提高工程的投资效益等都有十分重要的作用。

水利水电工程由于建设规模大、设计专业多、范围广，面临洪水的威胁和受到某些不利的施工环境、地形条件的影响，施工条件往往比较困难。因此，水利工程施工组织设计工作就显得尤为重要。特别是现在国家投资制度的改革，由于现在是市场化运作，项目法人制、招标投标制、项目监理制，代替过去的计划经济方式，对施工组织设计的质量、水平、效益的要求也越来越高。在设计阶段施工组织设计往往影响投资、效益，决定着方案的优劣；招投标阶段，在编制投标文件时，施工组织设计是确定施工方案、施工方法的根据，是确定标底和标价的技术依据。其质量好坏直接关系到能否在投标竞争中取胜，承揽到工程的关键问题；施工阶段，施工组织设计是施工实施的依据，是控制投资、质量、进度以及安全施工和文明施工的保证，也是施工企业控制成本，增加效益的保证。

（二）工程建设项目划分

水利水电工程建设项目是指按照经济发展和生产需要提出，经上级主管部门批准，具有一定的规模，按总体进行设计施工，由一个或若干个互相联系的单项工程组成，经济上统一核算，行政上统一管理，建成后能产生社会经济效益的建设单位。

水利水电建设项目通常可逐级划分为若干个单项工程、单位工程、分部和分项工程。单项工程由几个单位工程组成，具有独立的设计文件，具有同一性质或用途，建成后可独立发展作用或效益，如拦河坝工程、引水工程、水力发电工程等。

单位工程是单项工程的组成部分，可以有独立的设计、可以进行独立的施工，但建成后不能独立发挥作用的工程部分。单项工程可划分为若干个单位工程，如大坝的基础开挖、坝体混凝土浇筑施工等。

分部工程是单位工程的组成部分。对于水利水电工程，一般将人力、物力消耗定额相近的结构部位归为同一分项工程。如溢流坝的混凝土可分为坝身、闸墩、胸墙、工作桥、护坝等分项工程。

（三）施工组织设计的分类

施工组织设计是一个总的概念，根据工程项目的编制阶段、编制对象或范围的不同，施工组织设计在编制的深度和广度上也有所不同。

1.按工程项目编制阶段分类

根据工程项目建设设计阶段和作用的不同，可以将施工组织设计分为设计阶段施工组织设计、招标投标阶段施工组织设计、施工阶段施工组织设计。

（1）设计阶段施工组织设计

这里所说的设计阶段主要是指设计阶段中的初步设计。在做初步设计时，采用的设计方案，必然联系到施工方法和施工组织，不同的施工组织，所涉及的施工方案是不一样的，所需投资也就不一样。

设计阶段的施工组织设计是整个项目的全面施工安排和组织，涉及范围是整个项目，内容要突出重点，施工方法拟定要经济可行。

这一阶段的施工组织设计，是初步设计的重要组成部分，也是编制总概算的依据之一，由设计部门编写。

（2）施工投标阶段的施工组织设计

水利水电工程施工投标文件一般由技术标和商务标组成，其中的技术标的就是施工组织设计部分。

这一阶段的施工组织设计是投标者以招标文件为主要依据，是投标文件的重要组成部分，也是投标报价的基础，以在投标竞争中取胜为主要目的。施工招投标阶段的施工组织设计主要由施工企业技术部门负责编写。

（3）施工阶段的施工组织设计

施工企业通过竞争，取得对工程项目的施工建设权，从而也就承担了对工程项目的建设的责任，这个建设责任，主要是在规定的时间内，按照双方合同规定的质量、进度、投资、安全等要求完成建设任务。这一阶段的施工组织设计，主要以分部工程为编制对象，以指导施工，控制质量、控制进度、控制投资，从而顺利完成施工任务为主要目的。

施工阶段的施工组织设计，是对前一阶段施工组织设计的补充和细化，主要由施工企业项目经理部技术人员负责编写，以项目经理为批准人，并监督执行。

2.按工程项目编制的对象分类

按工程项目编制的对象分类，可分为施工组织总设计、单位工程施工组织设计及分部（分项）工程施工组织设计。

（1）施工组织总设计

施工组织总设计是以整个建设项目为对象编制的，用以指导整个工程项目施工全过程的各项施工活动的全局性、控制性文件。它是对整个建设项目施工的全面规划，涉及范围较广，内容比较概括。

施工组织总设计用于确定建设总工期、各单位工程项目开展的顺序及工期、主要工程的施工方案、各种物资的供需设计、全工地临时工程及准备工作的总体布置、施工现场的布置等工作，同时也是施工单位编制年度施工计划和单位工程项目施工组织设计的依据。

（2）单位工程施工组织设计

单位工程施工组织设计是以一个单位工程（一个建筑或构筑物）为编制对象，用以指导其施工全过程的各项施工活动的指导性文件，是施工单位年度施工设计和施工组织总设计的具体化，也是施工单位编制作业计划和制定季、月、旬施工计划的依据。单位工程施工组织设计一般在施工图设计完成后，根据工程规模、技术复杂程度的不同，其编制内容的深度和广度亦有所不同。对于简单单位工程，施工组织设计一般只编制施工方案并附以施工进度和施工平面图，即“一案、一图、一表”。在拟建工程开工之前，由工程项目的技术负责人负责编制。

（3）分部（分项）工程施工组织设计

分部（分项）工程施工组织设计也叫分部（分项）工程施工作业设计。它是以分部（分项）工程为编制对象，用以具体实施其分部（分项）工程施工全过程的各项施工活动的技术、经济和组织的实施性文件。一般在单位工程施工组织设计确定了施工方案后，由施工队（组）技术人员负责编制，其内容具体、详细、可操作性强，是直接指导分部（分项）工程施工的依据。

施工组织总设计、单位工程施工组织设计和分部（分项）工程施工组织设计，是同一工程项目，不同广度、深度和作用的三个层次。

（四）施工组织设计编制原则、依据和要求

1.施工组织设计编制原则

①执行国家相关方针政策，严格执行国家基本建设程序和相关技术标准、规程规范，并符合国内招标、投标规定和国际招标、投标惯例。

②结合国情积极开发和推广新材料、新技术、新工艺和新设备，凡经实践证明技术经济效益显著的科研成果，应尽量采用。

③统筹安排，综合平衡，妥善协调各分部分项工程，达到均衡施工。

④结合实际，因地制宜。

2.施工组织设计编制依据

①可行性研究报告及审批意见、设计任务书、上级单位对本工程建设的要求或批文。

②工程所在地区有关基本建设的法规或条例、地方政府对本工程建设的要求。

③国民经济各有关部门（交通、林业、环保等）对本工程建设期间有关要求及协议。

④当前水利水电工程建设的施工装备、管理水平和技术特点。

⑤工程所在地区和河流的地形、地质、水文、气象特点和当地建材情况等自然条件、施工电源、水源及水质、交通、环保、旅游、防洪、灌溉排水、航运、过木、供水等现状和近期发展规划。

⑥当地城镇现有状况，如加工能力、生活、生产物资和劳动力供应条件，居民生活卫生习惯等。

⑦施工导流及通航过木等水工模型试验、各种材料试验、混凝土配合比试验、重要结构模型试验、岩土物理力学试验等成果。

⑧工程有关工艺试验或生产性试验成果。

⑨勘测、设计各专业相关成果。

3.施工组织设计的质量要求

①采用资料、计算公式和各种指标选定切实可行，正确合理。

②采用的技术措施先进、方案符合施工现场实际。

③选定的方案有良好的经济效益。

④文字通顺流畅，简明扼要，逻辑性强，分析论证充分。

⑤附图、附表完整清晰，准确无误。

二、施工组织的原则

建设项目一旦批准立项，如何组织施工和进行施工前准备工作就成为保证工程按计划实施的重要工作。施工组织的原则如下：

（一）贯彻执行党和国家关于基本建设各项制度，坚持基本建设程序

我国关于基本建设的制度有：对基本建设项目必须实行严格的审批制度，施工许可制度、从业资格管理制度、招标投标制度、总承包制度、发承包合同制度、工程监理制度、

建筑安全生产管理制度、工程质量责任制度、竣工验收制度等。这些制度为建立和完善建筑市场的运行机制、加强建筑活动的实施与管理，提供了重要的法律依据，必须认真贯彻执行。

（二）严格遵守国家和合同规定的工程竣工及交付使用期限

对总工期较长的大型建设项目，应根据生产或使用的需要，安排分期分批建设、投产或交付使用，以及早日发挥建设投资的经济效益。在确定分期分批施工的项目时，必须注意是每期交工的项目可以独立地发挥效用，即主要项目和有关的辅助项目应同时完工，可以立即交付使用。

（三）合理安排施工程序和顺序

水利水电工程建筑产品的固定性，使得水利水电工程建筑施工各阶段工作始终在同一场地上进行。前一段的工作如不完成，后一段就不能进行，即使交叉地进行，也必须严格遵守一定的程序和顺序。施工程序和顺序反映客观规律的要求，其安排应符合施工工艺，满足技术要求，掌握施工程序和顺序，有利于组织立体交叉、流水作业，有利于为后续工程创造良好的条件，有利于充分利用空间、争取时间。

（四）尽量采用国内外先进施工技术，科学地确定施工方案

先进的施工技术是提高劳动生产率、改善工程质量、加快施工进度、降低工程成本的主要途径。在选择施工方案时，要积极采用新材料、新设备、新工艺和新技术，努力为新结构的推行创造条件，要注意结合工程特点和现场条件，施工技术的先进适用性和经济合理性相结合，还要符合施工验收规范、操作规程的要求和遵守有关防火、保安及环卫等规定，确保工程质量和施工安全。

（五）采用流水施工方法和网络计划安排进度计划

在编制施工进度计划时，应从实际出发，采用流水施工方法组织均衡施工，以达到合理使用资源、充分利用空间、争取时间的目的。

网络计划是现代计划管理的有效方法，采用网络计划编制施工进度计划，可使计划逻辑严密、层次清晰、关键问题明确，同时便于对计划方案进行优化、控制和调整，并有利于计算机在计划管理中的应用。

（六）贯彻工厂预制和现场相结合的方针，提高建筑工业化程度

建筑技术进步的重要标志之一是建筑工业化，在制定施工方案时必须根据地区条件和

构建性质，通过技术经济比较，恰当地选择预制方案或现场浇筑方案。确定预制方案时，应贯彻工厂预制与现场预制相结合的方针，努力提高建筑工业化程度，但不能盲目追求装配化程度的提高。

（七）充分发挥机械效能，提高机械化程度

机械化施工可加快工程进度，减轻劳动强度，提高劳动生产率。为此，在选择施工机械时，应充分发挥机械的效能，并使主导工程的大型机械如土方机械、吊装机械能连续作业，以减少机械台班费用，同时，还应使大型机械与中小型机械相结合，机械化与半机械化相结合，扩大机械化施工范围，实现施工综合机械化，以提高机械化施工程度。

（八）加强季节性施工措施，确保全年连续施工

为了确保全年连续施工，减少季节性施工的技术措施费用，在组织施工时，应充分了解当地气象条件和水文地质条件。尽量避免把土方工程、地下工程、水下工程安排在雨期和洪水期施工；尽量避免把混凝土现浇结构安排在冬期施工；高空作业、结构吊装则应避免在风季施工。对那些必须在冬雨期施工的项目，则应采用相应的技术措施，既要确保全年连续施工、均衡施工，更要确保工程质量和施工安全。

（九）合理地部署施工现场，尽可能地减少临时工程

在编制施工组织设计施工时，应精心地进行施工总平面图的规划，合理地部署施工现场，节约施工用地；尽量利用永久工程、原有建筑物及已有设施，以减少各种临时设施；尽量利用当地资源，合理安排运输、装卸与储存作业，减少物资运输量，避免二次搬运。

第二节　施工组织总设计

一、施工组织总设计概述

施工组织总设计是水利水电工程设计文件的重要组成部分，是编制工程投资估算、总概算和招标投标文件的主要依据，是工程建设和施工管理的指导性文件。认真做好施工组织设计对正确选定坝址、坝型、枢纽布置、整体优化设计方案、合理组织工程施工、保证工程质量、缩短建设周期、降低工程造价都有十分重要的作用。

在进行施工组织总设计编制时，应依据现状、相关文件和试验成果等，具体如下：

①可行性研究报告及审批意见、设计任务书、上级单位对本工程建设的要求或批件。

②工程所在地区有关基本建设的法规或条例、地方政府对本工程建设的要求。

③国民经济各有关部门（铁道、交通、林业、灌溉、旅游、环保、城镇供水等）对本工程建设期间有关要求及协议。

④当前水利水电工程建设的施工装备、管理水平和技术特点。

⑤工程所在地区和河流的自然条件（地形、地质、水文、气象特征和当地建材情况等）、施工电源、水源及水质、交通、环保、旅游、防洪、灌溉、航运、过木、供水等现状和近期发展规划。

⑥当地城镇现有修配、加工能力，生活、生产物资和劳动力供应条件，居民生活、卫生习惯等。

⑦施工导流及通航过木等水工模型试验、各种原材料试验、混凝土配合比试验、重要结构模型试验、岩土物理力学试验等成果。

⑧工程有关工艺试验或生产性试验成果。

⑨勘测、设计各专业相关成果。

二、施工方案

研究主体工程施工是为了正确选择水工枢纽布置和建筑物型式，保证工程质量与施工安全，论证施工总进度的合理性和可行性，并为编制工程概算提供需求的资料。

（一）施工方案选择原则

①施工期短、辅助工程量及施工附加量小，施工成本低。

②先后作业之间、土建工程与机电安装之间、各道工序之间协调均衡，干扰较小。

③技术先进、可靠。

④施工强度和施工设备、材料、劳动力等资源需求均衡。

（二）施工设备选择及劳动力组合原则

①适应工地条件，符合设计和施工要求；保证工程质量；生产能力满足施工强度要求。

②设备性能机动、灵活、高效、能耗低、运行安全可靠。

③通过市场调查，应按各单项工程工作面、施工强度、施工方法进行设备配套选择，使各类设备均能充分发挥效率。

④通用性强，能在先后施工的工程项目中重复使用。

⑤设备购置及运行费用较低，易于获得零配件，便于维修、保养、管理、调度。

⑥在设备选择配套的基础上，应按工作面、工作班制、施工方法以混合工种结合先进水平进行劳动力优化组合设计。

（三）主体工程施工

水利工程施工涉及工种很多，其中主体工程施工包括土石方明挖、地基处理、混凝土施工、碾压式土石坝施工、地下工程施工等，下面介绍其中两项工程量较大、工期较长的主体工程施工。

1.混凝土施工

（1）混凝土施工方案选择原则

①混凝土生产、运输、浇筑、温控防裂等各施工环节衔接合理；

②施工机械化程度符合工程实际，保证工程质量，加快工程进度和节约工程投资；

③施工工艺先进，设备配套合理，综合生产效率高；

④能连续生产混凝土，运输过程的中转环节少、运距短，温控措施简易、可靠；

⑤初、中、后期浇筑强度协调平衡；

⑥混凝土施工与机电安装之间干扰少。

混凝土浇筑程序、各期浇筑部位和高程应与供料线路、起吊设备布置和机电安装进度相协调，并符合相邻块高差及温控防裂等相关规定。各期外部装饰工程进度应能适应截流、拦洪度汛、封孔蓄水等要求。

（2）混凝土浇筑设备选择原则

①起吊设备能控制整个平面和高程上的浇筑部位；

②主要设备型号单一，性能良好，生产率高，配套设备能发挥主要设备的生产能力；

③在固定的工作范围内能连续工作，设备利用率高；

④浇筑间歇能承担模板、金属构件及仓面小型设备吊运等辅助工作；

⑤不压浇筑块，或不因压块而延长浇筑工期；

⑥生产能力在能保证工程质量前提下能满足高峰时段浇筑强度要求；

⑦混凝土宜直接起吊入仓，若用带式输送机或自卸汽车入仓卸料时，应有保证混凝土质量的可靠措施；

⑧当混凝土运距较远，可用混凝土搅拌运输车，防止混凝土出现离析或初凝，保证混凝土质量。

（3）模板选择原则

①模板类型应适合结构物外型轮廓，有利于机械化操作和提高周转次数；

②有条件部位宜优先用混凝土或钢筋混凝土模板，并尽量多用钢模、少用木模；

③结构型式应力求标准化、系列化，便于制作、安装、拆卸和提升，条件适合时应优先选用滑模和悬臂式钢模。

（4）坝体分缝应结合水工要求确定

最大浇筑仓面尺寸在分析混凝土性能、浇筑设备能力、温控防裂措施和工期要求等因素后确定。

（5）坝体接缝灌浆应考虑

①接缝灌浆应待灌浆区及以上冷却层混凝土达到坝体稳定温度或设计规定值后进行，在采取有效措施情况下，混凝土龄期不宜短于4个月；

②同一坝缝内灌浆分区高度10~15m；

③应根据双曲拱坝施工期应力确定封拱灌浆高程和浇筑层顶面间的允许高差；

④对空腹坝封顶灌浆，或受气温年变化影响较大的坝体接缝灌浆，宜采用较坝体稳定温度更低的超冷温度。

用平浇法浇筑混凝土时，设备生产能力应能确保混凝土初凝前将仓面覆盖完毕；当仓面面积过大，设备生产能力不能满足时，可用台阶法浇筑。

大体积混凝土施工必须进行温控防裂设计，采用有效地温控防裂措施以满足温控要求。有条件时宜用系统分析方法确定各种措施的最优组合。

在多雨地区雨季施工时，应掌握分析当地历年降雨资料，包括降雨强度、频率和一次降雨延续时间，并分析雨日停工对施工进度的影响和采取防雨措施的可能性与经济性。

低温季节混凝土施工必要性应根据总进度及技术经济比较论证后确定。在低温季节进行混凝土施工时，应做好保温防冻措施。

2.碾压式土石坝施工

（1）认真分析工程所在地区气象台（站）的长期观测资料

统计降水、气温、蒸发等各种气象要素不同量级出现的天数，确定对各种坝料施工影响程度。

（2）料场规划原则

①料物物理力学性质符合坝体用料要求，质地较均一；

②贮量相对集中，料层厚，总贮量能满足坝体填筑需用量；

③有一定的备用料区保留部分近料场作为坝体合龙和抢拦洪高程用；

④按坝体不同部位合理使用各种不同的料场，减少坝料加工；

⑤料场剥离层薄，便于开采，获得率较高；

⑥采集工作面开阔、料物运距较短，附近有足够的废料堆场；

⑦不占或少占耕地、林场。

（3）料场供应原则

①必须满足坝体各部位施工强度要求；

②充分利用开挖渣料，做到就近取料，高料高用，低料低用，避免上下游料物交叉使用；

③垫层料、过渡层和反滤料一般宜用天然砂石料，工程附近缺乏天然砂石料或使用天然砂石料不经济时，方可采用人工料；

④减少料物堆存、倒运，必须堆存时，堆料场宜靠近坝区上坝道路，并应有防洪、排水、防料物污染、防分离和散失的措施；

⑤力求使料物及弃渣的总运输量最小，做好料场平整，防止水土流失。

（4）土料开采和加工处理

①根据土层厚度、土料物理力学特性、施工特性和天然含水量等条件研究确定主次料场，分区开采；

②开采加工能力应能满足坝体填筑强度要求；

③若料场天然含水量偏高或偏低，应通过技术经济比较选择具体措施进行调整，增减土料含水量宜在料场进行；

④若土料物理力学特性不能满足设计和施工要求，应研究使用人工砾质土的可能性；

⑤统筹规划施工场地、出料线路和表土堆存场，必要时应做还耕规划。

坝料上坝运输方式应根据运输量、开采、运输设备型号、运距和运费、地形条件以及临建工程量等情况综合考虑，通过技术经济比较后选定。并考虑以下原则：

①满足填筑强度要求；

②在运输过程中不得掺混、污染和降低料物理力学性能；

③各种坝料尽量采用相同的上坝方式和通用设备；

④临时设施简易，准备工程量小；

⑤运输的中转环节少；

⑥运输费用较低。

（5）施工上坝道路布置原则

①各路段标准原则满足坝料运输强度要求，在认真分析各路段运输总量、使用期限、运输车型和当地气象条件等因素后确定；

②能兼顾地形条件，各期上坝道路能衔接使用，运输不致中断；

③能兼顾其他施工运输，两岸交通和施工期过坝运输，尽可能与永久公路结合；

④在限制坡长条件下，道路最大纵坡不大于15%。

上料用自卸汽车运输上坝时，用进占法卸料，铺土厚度根据土料性质和压实设备性能通过现场试验或工程类比法确定，压实设备可根据土料性质，细颗粒含量和含水量等因素选择。

土料施工尽可能安排在少雨季节，若在雨季或多雨地区施工，应选用适合的土料和施工方法，并采取可靠的防雨措施。

寒冷地区当日平均气温低于0℃时，黏性土按低温季节施工；当日平均气温低于-10℃时，一般不宜填筑土料，否则应进行技术经济论证。

面板堆石坝的面板垫层为级配良好的半透水细料，要求压实密度较高。垫层下游排水必须通畅。

混凝土面板堆石坝上游坝坡用振动平碾，在坝面顺坡分级压实，分级长度一般为10~20m；也可用夯板随坝面升高逐层夯实。压实平整后的边坡用沥青乳胶或喷混凝土固定。

混凝土面板垂直缝间距应以有利滑模操作、适应混凝土供料能力，便于组织仓面作业为准，一般用高度不大的面板，坝一般不预留水平缝。高面板坝由于坝体施工期度汛或初期蓄水发电需要，混凝土面板可设置水平缝分期度汛。

混凝土面板浇筑宜用滑模自下而上分条进行，滑模滑行速度通过实验选定。

沥青混凝土面板堆石坝的沥青混合料宜用汽车配保温吊罐运输，坝面上设喂料车、摊铺机、震动碾和牵引卷扬台车等专用设备。面板宜一期铺筑，当坝坡长大于120m或因度汛需要，也可分两期铺筑，但两期间的水平缝应加热处理。纵向铺筑宽度一般为3~4m。

沥青混凝土心墙的铺筑层厚宜通过碾压试验确定，一般可采用20~30cm。铺筑与两侧过渡层填筑尽量平起平压，两者离差不大于3m。

寒冷地区沥青混凝土施工不宜裸露越冬，越冬前已浇筑的沥青混凝土应采取保护措施。

（6）坝面作业规划

①土质防渗体应与其上、下游反滤料及坝壳部分平起填筑；

②垫层料与部分坝壳料均宜平起填筑，当反滤料或垫层料施工滞后于堆后棱体时，应预留施工场地；

③混凝土面板及沥青混凝土面板宜安排在少雨季节施工，坝面上应有足够的施工场地；

④各种坝料铺料方法及设备宜尽量一致，并重视结合部位填筑措施，力求减少施工辅助设施。

（7）碾压式土石坝施工机械选型配套原则

①提高施工机械化水平；

②各种坝料坝面作业的机械化水平应协调一致；

③各种设备数量按施工高峰时段的平均强度计算，适当留有余地；

④振动碾的碾型和碾重根据料场性质、分层厚度、压实要求等条件确定。

三、施工总进度计划

编制施工总进度时，应根据国民经济发展需要，采取积极有效的措施满足主管部门或业主对施工总工期提出的要求。如果确认要求工期过短或过长、施工难以实现或代价过大，应以合理工期报批。

（一）工程建设施工阶段

1.工程筹建期

工程正式开工前由业主单位负责为承包单位进场开工创造条件所需的时间。筹建工作有对外交通、施工用电、通信、征地、移民以及招标、评标、签约等。

2.工程准备期

工程准备期准备工程开工起至河床基坑开挖（河床式）或主体工程开工（引水式）前的工期。所作的必要准备一般包括：场地平整、场内交通、导流工程、临时建房和施工工厂等。

3.主体工程施工

主体工程施工一般从河床基坑开挖或从引水道或厂房开工起，至第一台机组发电或工程开始受益为止的期限。

4.工程完建期

工程完建期自水电站第一台机组投入运行或工程开始受益起，至工程竣工止的工期。

工程施工总工期为后三项工期之和，并非所有工程的四个建设阶段均能截然分开，某些工程的相邻两个阶段工作也可交错进行。

（二）施工总进度的表示形式

根据工程不同情况分别采用以下三种形式：

①横道图。具有简单、直观等优点。

②网络图。可从大量工程项目中表示控制总工期的关键路线，便于反馈、优化。

③斜线图。易于体现流水作业。

（三）主体工程施工进度编制

1.坝基开挖与地基处理工程施工进度

①坝基岸坡开挖一般与导流工程平行施工，并在河流截流前基本完成。平原地区的水利工程和河床式水电站如施工条件特殊，也可两岸坝基与河床坝基交叉进行开挖，但以不

延长总工期为原则。

②基坑排水一般安排在围堰水下部分防渗设施基本完成之后、河床地基开挖前进行。对土石围堰与软质地基的基坑，应控制排水下降速度。

③不良地质地基处理宜安排在建筑物覆盖前完成。固结灌浆时间可与混凝土浇筑交叉作业，经过论证，也可在混凝土浇筑前进行。帷幕灌浆可在坝基面或廊道内进行，不占直线工期，并应在蓄水前完成。

④两岸岸坡有地质缺陷的坝基，应根据地基处理方案安排施工工期，当处理部位在坝基范围以外或地下时，可考虑与坝体浇筑（填筑）同时进行，在水库蓄水前按设计要求处理完毕。

⑤采用过水围堰导流方案时，应分析围堰过水期限及过水前后对工期带来的影响，在多泥砂河流上应考虑围堰过水后清淤所需工期。

⑥地基处理工程进度应根据地质条件、处理方案、工程量、施工程序、施工水平、设备生产能力和总进度要求等因素研究确定。对处理复杂、技术要求高、对总工期起控制作用的深覆盖层的地基处理应作深入分析，合理安排工期。

⑦根据基坑开挖面积、岩土等级、开挖方法及按工作面分配的施工设备性能、数量等分析计算坝基开挖强度及相应的工期。

2.混凝土工程施工进度

①在安排混凝土工程施工进度时，应分析有效工作天数，大型工程经论证后若需加快浇筑进度，可分别在冬、雨、夏季采取确保施工质量的措施后施工。一般情况下，混凝土浇筑的月工作天可按25 d为宜。对控制直线工期工程的工作日数，宜将气象因素影响的停工天数从设计日历天数中扣除。

②混凝土的平均升高速度与坝型、浇筑块数量、浇筑块高、浇筑设备能力以及温控要求等因素有关，一般通过浇筑排块确定。

大型工程宜尽可能应用计算机模拟技术，分析坝体浇筑强度、升高速度和浇筑工期。

③混凝土坝施工期历年度汛高程与工程面貌按施工导流要求确定，如施工进度难于满足导流要求，则可相互调整，确保工程度汛安全。

④混凝土的接缝灌浆进度（包括厂坝间接缝灌浆）应满足施工期度汛与水库蓄水安全要求，并结合温控措施与二期冷却进度要求确定。

⑤混凝土坝浇筑期的月不均衡系数：大型工程宜小于2；中型工程宜小于2.3。

3.碾压式土石坝施工进度

（1）碾压式土石坝施工进度应根据导流与安全度汛要求安排，研究坝体的拦洪方案，论证上坝强度，确保大坝按期达到设计拦洪高程。

（2）坝体填筑强度拟定原则：

①满足总工期以及各高峰期的工程形象要求，且各强度较为均衡；

②月高峰填筑量与填筑总量比例协调，一般可取1：20~1：40；

③坝面填筑强度应与料场出料能力、运输能力协调；

④水文、气象条件对土石坝各种坝料的施工进度有不同程度的影响，须分析相应的有效施工天数，一般应按照有关规范要求结合本地区水文、气象条件参考附近已建工程综合分析确定；

⑤土石坝上升速度主要受塑性心墙（或斜墙）的上升速度控制，而心墙或斜墙的上升速度又和土料性能、有效工作日、工作面、运输与碾压设备性能以及压实参数有关，一般宜通过现场试验确定；

⑥碾压式土石坝填筑期的月不均衡系数宜小于2.0。

4.地下工程施工进度

地下工程施工进度受工程地质和水文地质影响较大，各单项工程施工程序互相制约，安排时应统筹兼顾开挖、支护、浇筑、灌浆、金属结构、机电安装等各个工序。

①地下工程一般可全年施工，具体安排施工进度时，应根据各工程项目规模、地质条件、施工方法及设备配套情况，用关键线路法确定施工程序和各洞室、各工序间的相互衔接和最优工期。

②地下工程月进度指标根据地质条件、施工方法、设备性能及工作面情况分析确定。

5.金属结构及机电安装进度

①施工总进度中应考虑预埋件、闸门、启闭设备、引水钢管、水轮发电机组及电气设备的安装工期，妥善协调安装工程与土建工程施工的交叉衔接，并适当留有余地。

②对控制安装进度的土建工程（如斜井开挖、支墩浇筑、厂房吊车梁及厂房顶板、副厂房、开关站基础等）交付安装的条件与时间均应在施工进度文件中逐项研究确定。

6.施工劳动力及主要资源供应

单位工程施工进度计划编制确定以后，根据施工图纸、工程量计算资料、施工方案、施工进度计划等有关技术资料，着手编制劳动力需要量计划，各种主要材料、构件和半成品需要量计划及各种施工机械的需要量计划。它们不仅是为了明确各种技术工人和各种技术物资的需要量，还是做好劳动力与物资的供应、平衡、调度、落实的依据，也是施工单位编制月、季生产作业计划的主要依据之一。它们是保证施工进度计划顺利执行的关键。

（1）劳动力需要量计划

劳动力需要量计划主要是作为安排劳动力的平衡、调配和衡量劳动力耗用指标、安排生活福利设施的依据，其编制方法是将施工进度计划表内所列各施工过程每天（或旬、月）所需工人人数按工种汇总而得。

（2）主要材料需要量计划

主要材料需要量计划是备料、供料和确定仓库、堆场面积及组织运输的依据，其编制方法是将施工进度计划表中各施工过程的工程量，按材料名称、规格、数量、使用时间计算汇总而得。

对于某分部分项工程是由多种材料组成时，应按各种材料分类计算，如混凝土工程应换算成水泥、砂、石、外加剂和水的数量列入表格。

（3）构件和半成品需要量计划

建筑结构构件、配件和其他加工半成品的需要量计划主要用于落实加工订货单位，并按照所需规格、数量、时间，组织加工、运输和确定仓库或堆场，可根据施工图和施工进度计划编制。

（4）施工机械需要量计划

施工机械需要量计划主要用于确定施工机械的类型、数量、进场时间，可据此落实施工机械来源，组织进场。其编制方法为将单位工程施工进度计划表中的每一个施工过程每天所需的机械类型、数量和施工日期进行汇总，即得施工机械需要量计划。

四、施工总体布置

施工总体布置是在施工期间对施工场区进行的空间组织规划。它是根据施工场区的地形地貌、枢纽布置和各项临时设施布置的要求，研究施工场地的分期、分区、分标布置方案，对施工期间所需的交通运输、施工工厂设施、仓库、房屋、动力供应、给排水管线等在平面上进行总体规划、布置，以做到尽量减小施工相互干扰，并使各项临时设施最有效地为主体工程施工服务，为施工安全、工程质量、加快施工进度提供保证。

（一）设计原则

①各项临时设施在平面上的布置应紧凑、合理，尽量减少施工用地，且不占或少占农田。

②合理布置施工场区内各项临时设施的位置，在确保场内运输方便、畅通的前提下，尽量缩短运距、减少运量，避免或减少二次搬运，以节约运输成本、提高运输效率。

③尽量减少一切临时设施的修建量，节约临时设施费用。为此，要充分利用原有的建筑物、运输道路、给排水系统、电力动力系统等设施为施工服务。

④各种生产、生活福利设施均要考虑便于工人的生产、生活。

⑤要满足安全生产、防火、环保、符合当地生产生活习惯等方面的要求。

（二）施工总体布置的方法

1.场外运输线路的布置

①当场外运输主要采用公路运输方式时，场外公路的布置应结合场内仓库、加工厂的布置综合考虑。

②当场外运输主要采用铁路运输方式时，要考虑铁路的转弯半径和坡度的限制，确定铁路的起点和进场位置。对于拟建永久性铁路的大型工业企业工地，一般应提前修建铁路专用线，并宜从工地的一侧或两侧引入，以便更好地为施工服务而不影响工地内部的交通运输。

③当场外运输主要采用水路运输方式时，应充分利用原有码头的吞吐能力。如需增设码头，则卸货码头应不少于两个，码头宽度应大于25m。

2.仓库的布置

仓库一般将某些原有建筑物和拟建的永久性房屋作为临时库房，选择在平坦开阔、交通方便的地方，采用铁路运输方式运至施工现场时，应沿铁路线布置转运仓库和中心仓库。仓库外要有一定的装卸场地，装卸时间较长的还要留出装卸货物时的停车位置，以防较长时间占用道路而影响通行。另外仓库的布置还应考虑安全、方便等方面的要求。氧气、炸药等易燃易爆物资的仓库应布置在工地边缘、人员较少的地点；油料等易挥发、易燃物资的仓库应设置在拟建工程的下风方向。

3.仓库物资储备量的计算

仓库物资储备量的确定原则是，既要确保工程施工连续、顺利进行，又要避免因物资大量积压而使仓库面积过大、积压资金，增加投资。

仓库物资储备量的大小通常是根据现场条件、供应条件和运输条件而定。

4.加工厂的布置

总的布置要求是：使加工用的原材料和加工后的成品、半成品的总运输费用最小，并使加工厂有良好的生产条件，做到加工厂生产与工程施工互不干扰。

5.场内运输道路的布置

在规划施工道路中，既要考虑车辆行驶安全、运输方便、连接畅通，又要尽量减少道路的修筑费用。根据仓库、加工厂和施工对象的相互位置，研究施工物资周转运输量的大小，确定主要道路和次要道路，然后进行场内运输道路的规划。连接仓库、加工厂等的主要道路一般应按双行、循环形道路布置。循环形道路的各段尽量设计成直线段，以便提高车速。次要道路可按单行支线布置，但在路端应设置回车场地。

6.临时生活设施的布置

临时生活设施包括行政管理用房屋、居住生活用房和文化生活福利用房。包括工地办公室、传达室、汽车库、职工宿舍、开水房、招待所、医务室、浴室、图书馆和邮亭等。

工地所需的临时生活设施，应尽量利用原有的准备拆除的或拟建的永久性房屋。工地行政管理用房设置在工地入口处或中心地区；现场办公室应靠近施工地点布置。居住和文化生活福利用房，一般宜建在生活基地或附近村寨内。

（三）施工总体布置及场地选择

施工总体布置应该根据施工需要分阶段逐步形成，满足各阶段施工需要，做好前后衔接，尽量避免后阶段拆迁。初期场地平整范围按施工总体布置最终要求确定。施工总体布置应着重研究以下内容：

①施工临时设施项目的划分、组成、规模和布置。

②对外交通衔接方式、站场位置、主要交通干线及跨河设施的布置情况。

③可资利用场地的相对位置、高程、面积和占地赔偿。

④供生产、生活设施布置的场地。

⑤临建工程和永久设施的结合。

⑥前后期结合和重复利用场地的可能性。

若枢纽附近场地狭窄、施工布置困难，可采取适当利用或重复利用库区场地，布置前期施工临建工程，充分利用山坡进行小台阶式布置。提高临时房屋建筑层数和适当缩小间距。利用弃渣填平河滩或冲沟作为施工场地。

（四）施工分区规划

1.施工总体布置分区

①主体工程施工区。

②施工工厂区。

③当地建材开采区。

④仓库、站、场、厂、码头等储运系统。

⑤机电、金属结构和大型施工机械设备安装场地。

⑥工程弃料堆放区。

⑦施工管理中心及各施工工区。

⑧生活福利区。

要求各分区间交通道路布置合理、运输方便可靠、能适应整个工程施工进度和工艺流程要求，尽量避免或减少反向运输和二次倒运。

2.施工分区规划布置原则

①以混凝土建筑物为主的枢纽工程，施工区布置宜以砂、石料开采、加工、混凝土拌和浇筑系统为主；以当地材料坝为主的枢纽工程，施工区布置宜以土石料采挖、加工、堆料场和上坝运输线路为主。

②机电设备、金属结构安装场地宜靠近主要安装地点。

③施工管理中心设在主体工程、施工工厂和仓库区的适中地段；各施工区应靠近各施工对象。

④生活福利设施应考虑风向、日照、噪声、绿化、水源水质等因素，其生产、生活设施应有明显界限。

⑤特种材料仓库（炸药、雷管库、油库等）应根据相关安全规程的要求布置。

⑥主要施工物资仓库、站场、转运站等储运系统一般布置在场内外交通衔接处。外来物资的转运站远离工区时，应在工区闲置区域设置仓库、道路、管理及生活福利设施。

第十一章

防洪工程与农田水利工程设计

第一节　防洪工程设计

一、设计洪水

设计洪水是指符合设计标准的洪水，是水利水电工程在建设过程中的依据。设计洪水的确定是否合理，直接影响江河流域的开发治理、工程的等级及安全效益、工程的投资及经济效益，因此设计洪水计算是水利工程中必不可少的一项工作。

设计洪水计算是指水利水电工程设计中所依据的设计标准（由重现期或频率表示）的洪水计算，包括正常运行洪水和非常运行洪水两种情况，设计洪水计算的内容包括设计洪峰流量、不同时段的设计洪水总量以及设计洪水过程线三个部分。因此，在工程规划设计阶段，必须考虑流域上下游、工程和保护对象的防洪要求，计算相应的设计洪水，以便进行流域防洪工程规划或确定工程建筑物规模。

（一）洪水设计标准

洪水是随机事件，即使是同一地区，每次发生的洪水也会有一定差别，因此需要为工程设计规划所需的洪水制定一个合理的标准。防洪设计标准是指担任防洪的水工建筑物应具备的防御洪水能力的洪水标准，一般可用相应的重现期或频率来表示，如50年一遇、100年一遇等。我国目前常用的设计标准为以下两种形式：①正常运行洪水，也称频率洪水，通过洪水的重现期（频率）表示，是诸多水利工程进行防洪安全设计时所选用的洪水；②非常运行洪水，即最大可能洪水，使用具有严格限制，通常在水利工程一旦失事将对下游造成非常严重的灾难时使用，将其作为一级建筑物非常运用时期的洪水标准。

防洪标准作为水利工程规划设计的依据。如果洪水标准定得过大，则会造成工程规模与投资运行费用过高而不经济，但项目却比较安全，防洪效益大；反之，如果洪水标准设得太低，虽然项目的规模与投资运行成本降低，但是风险增加，防洪效益减小。根据设计原则，通过经济合理的手段，确保设计项目的安全性、适用性和耐久性的满足需求。因此，采用多大的洪水作为设计依据，关系着工程造价与防洪效益，最合理的方法是在分析水工建筑物防洪安全风险、防洪效益、失事后果及工程投资等关系的基础之上，综合分析经济效益，通过考虑事故发生造成的人员伤亡、社会影响及环境影响等因素选择加以确定。

（二）设计洪水的计算方法

进行设计洪水计算之前，先确定要建设的水利工程的等级，然后确定主要建筑物和次要建筑物的级别。然后根据规范确定与之相对应的设计标准，进行设计洪水计算。所谓设计洪水的计算，就是根据水工建筑物的设计标准推求出与之同频率（或重现期）的洪水。根据工程所在地的自然地理情况、掌握的实际资料、工程自身的特征及设计需求的不同，计算的侧重点也不相同。对于堤防、桥梁、涵洞、灌溉渠道等无调蓄能力的工程，只需考虑设计频率的洪峰流量的计算；对于蓄滞洪区工程，则需要重点考虑设计标准下各时段的洪水总量；而对于水库等蓄水工程，洪水的峰、量、过程都很重要，故需要分别计算出设计频率洪水的三要素。

目前，常用的计算设计洪水的方法，根据工程设计要求和具体资料条件，大体可分为以下几种：

①由流量资料推求设计洪水。该方法通常采用洪水频率计算，根据工程所在位置或其上下游的流量资料推求设计洪水。通过对资料进行审查、选样、插补延长及特大洪水处理后，选取合适的频率曲线线型，如P-Ⅲ型曲线，对曲线的参数进行合理估算，推求设计洪峰流量，对于洪水过程线的推测，常用的办法是选择典型洪水过程线，然后加以放大，放大方法包括同倍比放大法和同频率放大法。

②由暴雨资料推求设计洪水。该方法是一种间接推求设计洪水的方法，主要应用于工程所在地流量资料不足或人为因素影响破坏了实测流量系列的一致性的地区，根据工程所在地或邻近相似地区的暴雨资料，以及多次可供流域产汇流分析计算用的降水、径流对应观测资料来推求设计洪水。该方法与方法①可统称为数理统计法，也称为频率分析法。

③最大可能洪水的推求。一些重要的水利水电工程常采用最大可能洪水即校核洪水作为非常运用下的设计洪水。通过可能最大暴雨推求最大可能洪水，计算方法与利用一定频率的设计暴雨推求设计洪水基本相同，即通过流域的产汇流计算最大可能净雨过程，然后进行总汇流计算，推求出可能最大洪水量。

综上所述，其实亦可将洪水计算归纳为两种计算途径：一是数理统计法，认为暴雨和洪水是随机事件，通过运用数理统计学原理及方法，进行一定频率的设计洪水计算，此方法也被称作频率分析法；二是水文气象法，认为暴雨或洪水是必然发生事件，通过应用水文学与气象学的原理，通过一定方法，推求出可能出现的最大暴雨或洪水，即可能最大暴雨或可能最大洪水。频率分析法主要是基于短期洪水资料，通过拓展频率曲线推导出各种设计标准对应的设计洪水，利用该方法推求的设计洪水，具有明显的频率特性，但其物理生成过程难以确定；水文气象法是以现有的强降雨数据作为研究对象，联系计算区域的特性以及工程自身要求，通过推求可能最大降水，进而推导出最大可能洪水，该方法的物理成因具有良好的解释，但无明确的频率概念。

1.由流量资料推求设计洪水

应用数理统计的方法，由流量资料推求设计洪水的洪峰流量及不同时间段的洪量，称为洪水频率计算。根据《水利水电工程设计规范》规定，对于大中型水利工程应尽可能采用流量资料进行洪水计算。由流量资料推求设计洪水主要包括洪水三要素：设计洪峰流量、设计时段洪量和设计洪水过程线。

（1）资料审查与选样

由流量资料推求设计洪水一般要求工程所在地或上下游有30年以上实测流量资料，并对流量资料的可靠性、一致性和代表性进行审查。可靠性审查就是要鉴定资料的可靠程度，侧重点在于检查资料观测不足或者整理编制水平不足的年份，以及对洪水较大的年份，通过多方面的分析论证确定其是否满足计算需求。一致性审查是为了确保洪水在一致的情况下形成，若有人为活动影响，例如兴建水工建筑物、进行河道整治等对天然流域影响较为明显的情况，应当进行还原计算，确保从天然流域得到洪水资料。资料的代表性审查是指检验样本资料的统计特性能否真实地反映整体特征、代表整体分布。但是洪水的整体是无法确定的，所以通常来说，资料统计时间越长，且包括出现大、中、小各种洪水年份，其代表性越好。

选样是指从每年的全部洪水过程中，选取特征值组成频率计算的样本系列作为分析对象，以及如何从持续的实测洪水过程线上选取这些特征值。选样常用的方法有：年最大值法（AM）和非年最大值法（AE）。

（2）资料插补延长及特大洪水的处理

如果实测流量系列资料较短或有年份缺失，则应当对资料进行插补延长。其方法有：当设计断面的上下游站有较长记录，且设计站和参证站流域面积差不多，下垫面情况类似时，可以考虑直接移用；或者利用本站同邻近站的同一次洪水的洪峰流量和洪水量的相关关系进行插补延长。

特大洪水要比资料中的常见洪水大得多，可能通过实测资料得到，也可能通过实地调查或从文献中考证而获得（也称历史洪水）。目前我国河流的实测资料系列还较短，因此根据实测资料来推求百年一遇或千年一遇等稀有洪水时，难免会有较大的误差。通过历史文献资料和调查历史洪水来确定历史上发生过得特大洪水，就可以把样本资料系列的年数增加到调查期限的长度，增加资料样本的代表性。但是这样得到的流量系列资料是不连续的，一般用来计算洪水频率的方法不能用于该系列，因此对有特大洪水的系列需要进行进一步研究处理。对于有特大洪水的流量资料系列，往往采取特大洪水和常见洪水的经验频率分开计算的方法。目前常用的方法有两种：独立样本法和统一样本法。

（3）洪水频率计算

规范规定：“频率曲线线型一般采用皮尔逊Ⅲ型。特殊情况，经分析论证后也可以采用其他线型”。选定合适的频率曲线线型后，可通过矩法、概率权重矩法或权函数法估计参数的初始值，利用数学期望公式计算经验频率。将洪峰值对应其经验频率绘制在频率格纸上，描出频率曲线，调整统计参数，直到曲线与点拟合完好。然后根据频率曲线，求出设计频率对应的洪峰流量和各统计时段的设计洪水量。关于求得的结果的合理性检验，可利用各统计参数之间的关系和地理分布规律，通过分析比较其结果，避免各种原因造成的差错。

（4）设计洪水过程线的拟定

在水利水电工程规划设计过程中为了确定规模等级，大都要求推求设计洪水过程线。所谓设计洪水过程线是指相应于某一设计标准（设计频率）的洪水过程线。由于洪水过程线是极为复杂且随机的，根据目前技术难以直接得到某一频率的洪水过程线，通常选择一个典型过程线加以放大，使得放大后的洪水过程线中的特征值，如洪峰流量、洪峰历时、控制时段的洪量、洪水总量等，与相对应的设计值相同，即可认为该过程线即为“设计洪水过程线”。目前常用的为同倍比放大法、同频率放大法或分时段同频率放大法。

2.由暴雨资料推求设计洪水

由暴雨资料推求设计洪水，主要应用于无实测流量资料或实测流量资料不足，而有实测降雨资料的地区。我国雨量观测点较多，分布相对较为均匀，降雨资料的观测年限较长，且降雨受流域下垫面变化影响相对较小，基本不存在降雨资料不一致的情况，因此利用暴雨推求设计洪水的例子在实际工程中比较常见。同时对于重要的水利工程，有时为了进一步论证由流量资料推求的设计洪水是否符合要求，也需要由暴雨资料推求设计洪水，加以校核。

尽管我国绝大部分地区的洪水是由暴雨引起的，但是洪水形成的主要因素不仅与暴雨强度有关，还与时空分布、前期影响雨量、下垫面条件等密切相关。为了工作简便，在推导过程之中，采用暴雨与洪水同条件假定。

（1）设计暴雨的推求

设计暴雨是指工程所在断面以上流域的与设计洪水同频率的面暴雨，包含不同时段的设计面暴雨深（设计面暴雨量）和设计面暴雨过程两个方面。

估算设计暴雨量的方法常用的有两种：①当流域上雨量站较多，且分布均匀，各站都有一个长时间的实测数据时，可在实测降雨数据中直接使用所需统计时段的最大面雨量，进行频率计算，得到设计面雨量，该方法也叫设计暴雨量计算的直接方法；②当流域上雨量站数量较少，分布不均，或者观测时间短，同时段实测数据较少时，可以使用流域中心代表站实测的各时段的设计暴雨量，利用点面关系，把流域中心的点雨量转化为相对应时段的面暴雨量，该方法即为设计暴雨计算的间接方法。

（2）产汇流分析

降雨扣除截留、填洼、下渗、蒸发等损失后，剩下的部分即为净雨，关于净雨的计算即为产流计算。产流计算的目的是通过设计暴雨推求出设计净雨，常用的方法有降雨径流相关法、初损法、平均损失率法、初损后损法或流域水文模型。

净雨沿着地面或地下汇入河流，后经由河道调蓄，汇集到流域出口的过程即为汇流过程，对于整个流域汇流过程的计算即为汇流计算。流域汇流计算常用的有经验单位线、瞬时单位线和推理公式等，河道汇流计算主要有马斯京根法、汇流曲线法等。

产汇流计算是以实际降雨资料为依据，分析产汇流规律，然后根据设计需求，由设计暴雨推求设计洪水。

3.其他方法推求设计洪水

也可以通过最大可能暴雨推求最大可能洪水，其计算方法与利用暴雨推求洪水的方法基本相同，采取同频率假定，认为最大可能洪水（PMF）是由最大可能暴雨（PMP）经过产汇流计算后得到的。目前计算最大可能暴雨时一般针对设计特定工程的集水面积直接推求，包括暴雨移置法、统计估算法、典型暴雨放大法及暴雨组合法。

在我国中小流域推求设计洪水过程中，如果缺少必要的资料时，往往通过查取当地暴雨洪水图集或水文计算手册，得出设计暴雨量后检验暴雨点面关系、降雨径流关系和汇流参数，对于部分地区还要经过模拟大洪水进行检验，其计算结果实用性较强。然后通过降雨径流关系进行产流计算；通过单位线法、推理公式法或地区经验公式法等，进行汇流计算。

二、建筑物防洪防涝设计

（一）建筑物防涝的内涵

洪涝，指的是持续降雨、大雨或者是暴雨使得低洼地区出现渍水、淹没的现象。对于建筑物来讲，洪涝会对建筑物造成一定的影响或破坏，危及建筑物的安全功能。对于建筑物来说，防洪的主要目的是减少和消除洪灾，并且能够适合各种建筑物。建筑物防洪主要包括建筑物加高、防淹、防渗、加固、修建防洪墙、设置围堤等。

（二）洪涝对建筑物的破坏形式

1.洪水冲刷

洪水对建筑物造成的最严重的破坏是直接冲刷，水流具有巨大的能量，并且将这些能量作用在建筑物上面，导致构件强度不高、整体性差的建筑物就很容易倒塌。有些建筑物虽然具有比较坚固的上部结构，但是如果地基遭受到冲刷，就会破坏上部结构。

2.洪水浸泡

（1）地基土积水

洪涝灾害使得地表具有大量的积水，导致地下水位上升，但是有些地基土质对水的作用比较敏感，含水量不同就会导致其发生很大的变性，使得基础位移，破坏建筑物，导致地坪变形、开裂。

（2）建筑材料浸泡

由于洪涝灾害引起的地表积水中会包含各种化学成分，当某一种或者是多种化学成分含量过多的时候，就会腐蚀钢材、可溶性石料以及混凝土，破坏结构材料。

（3）退水效应

洪水退水以后，地表水就会进入湖、渠、洼、河，使地下水位下降，建筑物地基土在经过水的浸泡之后又经过阳光的照射，土体结构就会发生变化，土层中的应力就会重新进行分布，就会引起不均匀沉降使得上部结构倾斜，最终致使结构构件发生开裂，将这种现象称为“洪水退水效应”。

总而言之，洪水对于建筑物造成的破坏主要包括洪水引起的伴生破坏、缓慢的剥蚀、侵蚀破坏、急剧发生的动力破坏。在不用的建筑结构形式、不同的外界环境以及不同的地区，破坏也会明显不同。

（三）具体建筑物实验概况

以洪水对某村镇住宅的破坏机理为例子：洪水破坏村镇住宅建筑物的作用力主要有水流的浸入力、水流的静压力、水流的动水压力。这三种作用力是相互作用的，力作用的次序与出现的时间也是有差别的。在洪水暴发初期，主要是水流的静水压力与洪水的动水压力，这个时候村镇住宅建筑物再迎水面上所经受的压力值是最大的，有的时候甚至是能够达到两者之和。对于建筑等级较低或者是脆性材料的村镇住宅建筑物，就会因为强度不足不能够承受这种作用力而遭到破坏。当村镇住宅建筑物内部继续进水，洪水静水压力就会逐渐变弱，这个时候的作用力主要是洪水的动水压力。

（四）建筑物防洪防涝设计内容

1.场地选择

在建设建筑物的时候最重要的环节就是选址。为了能够使建筑物经得起洪水的考验，保证建筑物的安全，选址的时候应该避免旧的溃口以及大堤险情高发区段，避免建筑物直接受到洪水的冲击。具有防洪围护设施（如围垸子堤、防浪林等）、地势比较高的地方可以优先作为建筑物用地。对建筑物进行选址的时候应该在可靠的工程地质勘查和水文地质的基础上进行，如果没有精确的基础数据就很难形成正确完善的设计方案。建筑物进行选择的时候要用到的基础数据主要包含地质埋藏条件、地表径流系数、地形、降水量、地貌、多年洪水位等。在这里需要明确指出的是，拟建建筑应该选择建在不容易发生泥石流和滑坡的地段，并且要避开不稳定土坡下方与孤立山咀。此外，由于膨胀土地基对浸入的水是比较敏感的，通常不作为建筑场地。

2.基础方案

要采取有利于防洪的基础方案。房屋在建设的时候要建在沉降稳定的老土上，比较适合采取深基的方式。比如采取桩基，能够增强房屋的抗冲击、抗倾性以确保抗洪安全。在防洪区不适合采用砂桩、石灰等复合地基。在对多层房屋基础进行浅埋时，应该注意加强基础的整体性和刚性，比如可以采用加设地圈梁、片筏基础等方式。在许多房屋建设过程中，采用的是新填土夯实，没有沉降稳定的地基，这对房屋上部的抗洪性能是极其不利的。

3.上部结构

在防洪设计中要增强上部结构的稳定性与整体性。对于多层砌体房屋建造圈梁和构造桩是十分有必要的。有些房屋建筑，在楼面处没有设置圈梁，而是采用水泥砂浆砌筑的水平砖带进行代替，这种做法是错误的。还有的房屋，只是采用黏土作砌筑砂浆，导致砌体连接强度比较低，不能够经受得住水的浸泡，使得房屋的整体性比较差，抗洪能力也比较低，对于这些应加以改正。

4.建筑材料

具有耐浸泡、防蚀性能好、防水性能好等特性的建筑材料对于防洪防涝是非常有利的。此外，砖砌体应该加入饰面材料，这样可以保护墙面，减少洪水的剥蚀、侵蚀。在施工的时候选择耐浸泡、防水性能好的建筑材料对于抗洪是十分有利的。混凝土具备良好的防水性能，是建造防洪防涝建筑物的首先材料。砖砌体应该加入防护面层，如果采用的是清水墙，就必须采用必备的防水措施。在洪水多发地区过去的时候多运用的是木框架结构，现在几乎已经逐渐被混凝土和砖结构所取代，如果采取木框架结构，首先应该对木材进行防腐处理。

三、农村地区防洪工程的设计方案探究

各个地区的工程项目在建设过程中，都必须要考虑防洪工程的设计，这样可将工程

损伤降到最低，尤其在农村地区的防洪工程项目的建设过程中，将起到关键性的作用，因此，工程项目建设人员在设计工程建设方案时，做好防洪工程方案的设计工作，对整个工程项目建工之后的运行非常重要。

（一）农村地区防洪工程设计中存在的问题

1.防洪工程建设流程不够合理

农村地区的临时性防洪工程大部分是当地农民自建，农民仅按照洪水具体来向进行筑堤，尽管能起到相应的防洪作用，但未进行统一、合理地规划，使工程防洪标准偏低，从而影响农民居住安全。例如，农村地区山洪沟的两岸用的主要是水泥砌石的挡墙、丁坝、铅丝石笼等进行防洪筑堤，其中，在沟口处的水泥砌石的挡墙有125m，左右岸都有，目前已渐渐开裂，而当前形成规模堤防是2500m，是当地居民作为应急修建，主要选取在第四系冲洪积卵的砾石地层上部，其抗冲性很差，受到冲刷之后易使坡面、堤身发生倒塌，最终使堤失去稳定性，且大多数筑堤的抗洪作用非常小。

2.防洪工程设计时对信息处理不全面

在农村地区防洪抗旱中，离不开对信息的采集以及分析，这其中就包括了对汛期河道水位的监测、雨水信息评估、旱汛期的监察以及抗灾物资需求的分析等，这些多样化数据的需求，在目前所具备的信息处理能力中还难以做到有效分析，从而使得应对灾情时难以采取有效的应对措施，除此之外，在信息采集方面的配套设施也需要进一步地提升，当前已具有的信息化能力难以做到有效地处理这些信息的能力，主要表现在应对防汛的前期工作中，由于缺乏比较全面的数据信息分析，这使得应对洪水灾害的能力受到极大的制约。

3.防洪工程外部环境影响以及制约

农村地区防洪工程难免会受到自然因素的影响，例如，当地地质状况、施工现场环境等不良因素制约，自然环境主要是就是指施工时的天气原因，遇到冰雪、雷电、暴风雨等突发的天气状况影响施工质量，所以，有的施工方为了赶施工进度，在规定的时间内顺利完成施工，会忽视天气原因以及当地环境等客观因素对施工造成的不良影响，还有当地的水文状况、地质勘探等因素，都会严重影响水利施工的顺利进行。

4.防洪工程现场施工材料管理水平低

农村地区防洪工程管理过程中，现场材料的管理是一个非常重要的环节，如果材料的管理不完善，就会增加施工的难度，也会给整个施工过程造成很大的问题。现场施工材料的管理主要是针对材料的选择以及材料的采购、材料的使用等一系列问题进行分类、分项进行科学处理。针对整个施工项目而言，材料合格、存放有序、供应及时是保证施工质量的重要前提，因此，防洪工程建设的现场管理中，对建筑材料的管理必不可少。与此同时，施工管理人员的管理方法对工程也会产生一定的影响，如果现场管理人员采用科学的管理方法就能为工程施工建设节省施工材料，降低施工成本，反之，则会导致施工材料浪费，拖延施工周期。

（二）提升农村地区防洪设计水平的措施

1.选择合适的防洪工程选址

农村地区防洪工程设计时，在选址方面防洪工程需和流域内的防洪规划较好地协调，通过在新构建的防洪工程中，把洪水引向南北走向山洪沟中，通过山洪沟直接泄至下游的滞洪区，最终汇入总排干沟，具体包括下述几方面：

首选，在选址方面，所治理的工程需上游、下游及左右岸完全兼顾，且在充分满足洪水行洪要求的基础上，尽可能使用已经存在的工程项目防洪对策，并综合考虑地貌、地形等条件，尽量做到少拆迁、少占地，缩小工程量，同时根据当地的实际状况和地勘定时报告。虽然当前的防洪堤起到相应的防洪作用，但修建时仅仅用于应急，这就使受冲刷之后的堤身、坡面存在不稳定情况。为此，此次防洪工程设计主要对当前的防洪堤进行清理，同时在原有堤线的基础上修建新的建防洪堤，不会占用新土地。

其次，设计人员在布置沟道走向时，需和水流的流态要求相符，且行洪的宽度需布置合理，堤线需和河道的大洪水主流线保持在水平的状态，两岸上、下游的堤距需相互协调，不可突然地放大或是缩小。堤线需保持平顺，不同堤线应平缓地连接，且确保防洪沟弯曲段，选用相对大的弯曲半径，以免急转弯、折线。例如，山洪沟河道较为显著，且天然河道宽在2~14m，河槽的深度为0.5~1.0m，当雨季的水量很小的时候，以天然河槽的流水为主，而一旦发生洪水，则会在沟口区顺洪积扇地形逐渐漫散，如果农民按照洪水的来向临时筑堤，则会影响整个工程的防洪质量。

最后，设计人员在考虑防洪工程的任务时，需充分了解当地工程建设情况，以便不会影响当地的引洪淤灌任务。按照当前河道、堤防的布置状况，当地农民在建设土堤时，若遭遇小洪水下泄，需将一部分洪水直接引到农田灌溉，对此，此次防洪工程设计时，应将农民灌溉需求充分考虑在内。

2.合理设计防洪堤工程

在设计防洪工程堤防工程的过程中，需选择合适的防洪堤筑堤材料，通常情况下，主要以浆砌石堤、土堤、混凝土等填筑混合材料开展各项施工。主要表现为：土堤的施工过程较为简单，且造价相对低，但是堤身变形很大，且抗冲能力非常差；浆砌石堤的结构相对简单，其抗冲的能力很好，同时耐久性也很强，应用起来整体性、防渗性能非常好；混凝土堤的耐久性、抗冲性能非常好，但是施工过程较为复杂，且工程造成相对高，需要较长的时间才能完成施工。例如，在对堤体填筑结构及护坡结构进行设计时，如果防洪工程开挖料主要是冲洪积粉土，因此，材质无法满足工程结构布设要求，采用石渣料回填堤体并现场试验确定分层厚度，然后分层回填碾压。堤身及基础结构设计时，必须进行稳定性计算分析，从地质勘查结果来看，该防洪工程基岩埋置较深，因此采用碾压块石料置换重力式及衡重式挡墙基础，置换厚度分别为2~3m、3~4m。

3.做好防洪地区防洪堤工程施工质量监管

在农村地区防洪堤工程施工质量管理中，施工管理人员要身负使命，本着对农村地区经济社会发展的原则，就必须对防洪堤的施工过程严格管理，确保责任落实到位，并在一定时期内多对施工管理人员、施工相关责任人做业务培训，全面执行和落实相关的安全责任。而且在安全生产管理中，管理人员对防洪堤工程责任招标做出规范性处理，审计人员要监督施工期限与合同竣工时间是否一致，签订补充合同有无备案，项目条款语言应该规范、概念界定清晰严谨。

4.提升防洪抗旱技术的处理能力

信息技术可以在防洪抗旱中发挥十分重要的作用，因此需要加以开发信息技术的多层次性，满足防洪抗旱中各种信息的处理能力，下面通过分析防洪抗旱的指挥系统，以提升信息技术的处理能力为例，说明信息技术所带来的积极作用。在防洪抗旱中，指挥系统是一个关键性的部分，因此需要在信息采集、通信网络、数据统计等方面加强建设工作。一方面需要提升某省各个地区中的不同部门所管理的水流情况，然后通过分析这些信息，使得各个单位都能够有针对性的灾情应对以及做出处理方案；另一方面是升级现有的技术系统，弥补已经存在的问题，从而达到有效提升防洪抗旱的能力，此外，在有条件的地区可以加快研发新型技术以及防洪抗旱的产品，对于没有及时处理的灾情可以通过这些产品而达到减少人们生命财产受到损害的目的。此外，防洪堤工程施工等大型水利工程易受自然条件约束，投资建设周期长，风险施工难度大，时间滞后等现实问题制约使水利工程项目的有效管理加大了难度。管控人员必须保证水利工程实施的科学性，因此全过程跟踪审计尤为重要，它能从源头上规避防洪堤水利工程项目实施中的恶性腐败问题，有效提高了投资管理方的综合效益。

四、高原地区防洪堤工程设计

高原地区的地形一般都比较复杂，其与普通的防洪堤工程是存在较大区别的，在高原地区开展防洪堤工程的过程中需要注意高原地区的地势，并且在不同的地势条件中注意不同的工程设计要点，保证工程的开展符合其实际要求，从而增强防洪堤工程的整体功效。

（一）防洪堤工程类型的确定

不管是在哪个地区开展防洪堤工程建设，都需要对工程的类型进行确定，要根据工程的实际情况制定施工方案和计划，这样才能保证工程的稳定开展。一般来说，在进行防洪堤工程建设之前，是需要做好施工的前期准备工作的，首先施工单位需要对高原地区的实际地域情况进行调查，将其地质条件、地形及结构等都进行严格的地质勘测，并且要保证数据的准确性，将勘测数据进行总结，制作成具体的报告上交给技术部门进行分析，从而得出具体的施工位置。就高原地区来说，不同的地势条件会导致水文地质、土壤结构及地下构造等都存在一定的区别，因此还需要将这些实际情况进行勘测，得出具体的数据才能判断符合标准的防洪堤工程类型。

（二）高原地区防洪堤工程施工设计特点

高原地区的地形比较复杂，并且防洪堤工程量比较大，但是高原地区的工程建设一般施工工期比较短，这就给工程增加了一定的难度。在开展防洪堤工程施工的过程中，需要用到大量的混凝土才能完成施工任务，因此，在储存和组织材料的过程中会受到一定的制约。高原地区在地形上是交叉分布的，其工程点比较多，施工范围又比较广，因此施工难度较大，在施工过程中容易发生安全事故，就需要注意施工人员的安全问题。很多高原地区在开展防洪堤工程施工的过程中场地比较狭窄，在布置施工任务的过程就会有一定的难度，因此，在对工程进行设计的过程中，就需要保证在实际的施工过程中施工道路的通畅性。高原地区的防洪堤工程比较复杂，在进行工程设计的过程中就需要结合以上特点对施工任务进行布置，使得工程在实际的施工过程中能够按照工程设计稳定开展。

（三）高原地区防洪堤工程设计要点

1.灌柱桩

在高原地区开展防洪堤工程设计的过程中，要注意灌注桩是一个重要的工程施工设计要点。拦挡坝基础灌注桩的深度比较大，其孔数又比较多，因此其在实际的施工过程中难度比较大，就需要对其进行合理的设计。在设计过程中可以对灌注桩的布置进行探讨，这部分的设计要点需要从灌注桩的整体施工来讨论，当施工人员进场后需要立即进行拦挡坝的开挖，这样能够为灌注桩尽早开挖提供有利条件。工程施工单位还需要对施工技术的实施进行详细的设计，在对具体的施工部分进行设计的过程中，施工单位要让技术专家和权威进行详细的技术分析，根据灌注桩的施工特点制定可行的施工计划和方案，并且在整个探讨过程中不断完善施工方案，与业主和监理部门一定的沟通，使其能够参与设计过程中，协同施工部门共同对设计方案提出建议。由于高原地区的下部地层比较复杂，在开展工程设计的过程中就需要对灌注桩的施工设备需要进行准备，加强造孔设备配置，保证能够为施工进度的增强提供保障。

2.堆石坝施工设计

防洪堤工程的主要施工工艺就是堆石坝施工，这项施工工艺是作为一项新的施工技术，在近几年才在防洪堤工程施工过程中逐渐使用的。在对高原地区的防洪堤工程进行设计的过程中，施工单位要指派专家组成员对这项施工工艺进行研究和分析，经过专业人员对高原地区地势情况和水土条件的考察制定出合理的施工方案。在防洪堤工程中，堆石坝施工的设计要点还应该包括对施工方案的具体实施，很多施工工艺在实际的实施过程中会由于不符合地形条件等出现相关的问题，导致工程不能正常进行，为了防止施工过程中问题的出现，专业的施工设计人员还需要编制切实可行的施工组织方案和措施，完善堆石坝施工设计，为高原地区防洪堤工程的实际施工提供推动力。

3.施工安全问题

施工安全问题一直是建设工程施工设计的要点，安全问题关系着施工人员的人身安全，与企业的经济利益也有直接关系，因此，在开展高原地区防洪堤工程设计的过程中就要重点注意施工过程中的安全问题。在开展施工设计的过程中，施工企业要模拟施工现场实验室的设立，充分应用企业的技术优势，将原材料以及实际施工过程中的质量进行全面化的模拟。施工安全与施工材料及施工人员是有很大的关系的，企业需要做好技术交底工作，并且在开展施工设计的过程中对操作人员进行安全技术交底，保证施工过程中的人员安全。防洪堤工程是需要建立在爆破施工的基础上的，因此设计人员还需要设立专职火工材料管理人员，制定专业的管理制度，要求专职人员严格按照相关规定执行爆破，并且将剩余的火工材料及时退库。在工程设计过程中还需要按照相关部门的安全规定建立现场质量和安全管理制度，针对施工人员的安全可以建立奖惩制度，这样还能够将施工质量的保证包含在工程设计范围之内，最大限度地完善高原地区防洪堤工程设计。

4.施工进度的保证

施工进度的保证作为高原地区防洪堤工程设计的重要部分，在整体的工程设计中占有重要的位置。很多施工企业在开展工程施工的过程中会出现较多的问题，导致工程不能正常进行，从而延缓施工工期，给企业带来严重的经济损失，因此就需要将施工进度的保证包含在工程设计中，便于对实际施工中出现的问题进行及时处理。高原地区的地形条件不允许施工工期的延误，一旦施工工期达不到标准，就很容易导致企业的整体经济效益得不到保障。在开展工程设计的过程中，施工企业需要对施工过程中的环境、气候变化进行预测，并且针对这些情况制定针对性的解决策略，保证施工过程中的问题能够得到有效的解决。防洪堤工程是一项比较复杂的工程，为了方便对施工进行控制，施工企业可以将整体工程分成几个单项工程，然后针对单项工程不同的施工要点编写施工方案和措施，不断优化防洪堤工程的整体设计，从源头上控制施工期。工程进度与施工材料、设备等也有较大的关系，一旦施工材料的质量不达标，就会导致工程暂时不能开展，设备一旦损坏也会使得工程必须延迟，所以，施工设计人员需要将施工材料的质量标准和设备的维护都纳入工程设计细则中，降低由材料和设备带来的工程工期问题。

5.材料、设备的组织和运输

材料的质量和设备的维护是贯穿于高原地区防洪堤工程的整体施工过程中的，因此为了保证工程施工的有效性，就必须保证工程设计的完善。除了材料质量和设备维护之外，在工程设计过程中还需要制定好材料、设备的组织和运输，这样才能全面保证施工材料和设备各方面的使用和保存，最大程度地完善工程设计。在组织和运输材料及设备的过程中，防洪堤工程中所有需要用到的材料都是需要由工程承包商进行组织采购和运输的，而在高原地区开展防洪堤工程的过程中难度比较大，地势条件有限，很多工作面高峰施工强度集中，在组织和运输材料的过程中就存在一定的难度，因此就需要对其进行合理的设计，保证工程设计的有效性。

6.资源配置

在开展防洪堤工程设计的过程中，需要将资源配置看作重点事项，高原地区的可用资源比较少，并且能够在施工过程中使用的资源种类也会受到限制，很多在普通的防洪堤工程中的可用资源不适用于高原地区，所以，资源配置就成了高原地区防洪堤工程设计的重点和难点。在对设备配置进行设计的过程中，需要将重点放在施工企业总部和工程区附近项目便于抽调的设备上，然后根据实际的工程概况确定可用的设备资源，做好设备资源使用设计方案。施工人员也是主要的可用资源配置，由于防洪堤工程的施工地区是高原地区，在选择施工人员的时候，不仅需要选择专业性较高的施工人员，还要选择能吃苦并且具有丰富施工经验的人，这样才能在高原地区持续施工。工程资金也是资源配置中的一部分，工程设计人员在设计施工方案的过程中，需要对施工成本的使用进行合理的规划，并且建立健全的财务管理规章制度，保证工程资金能够发挥最大的作用。

7.人员培训

施工人员作为建设工程的主体，不管是在实际的施工过程中，还是在工程设计中，都应该进行科学合理的规划和管理。人员培训是保证施工质量和人员安全的主要保障，只有做好人员的培训工作，才能在实际的施工过程中保证工程的整体质量。施工企业需要将人员培训放入工程设计的重点内容中，在设计施工方案的同时，对施工人员进行组织，加强其安全意识和专业的施工技能。很多防洪堤施工人员并不能适应高原地区的气候条件，对于高原地区的防洪堤工程设计来说，施工企业首先需要对施工人员的气候适应状况进行了解，保证其能够在高原地区开展工作的前提下进行施工，然后根据施工人员的施工特长对其进行任务分配，从人员的使用上做好工程设计相关内容。

8.施工总程序规划原则

在高原地区开展防洪堤工程设计的过程中，最主要的就是根据实际的施工情况对施工总程序进行规划，为了保证工程规划的有效性和合理性，就需要根据施工总程序的规划原则进行工程设计。施工企业需要按照施工场地的实际情况设计整体的施工总程序，将其转化为施工设计方案，然后对其进行不断地优化。在进行工程设计的过程中，所有的施工部门都需要派专业人员参与讨论和设计方案的制定，便于达到整体施工程度的统一。当然，高原地区防洪堤工程设计还需要包括对施工人员切身利益的保障以及施工周围环境的保护，施工企业要对其进行统筹安排，在工程设计中使得施工人员的利益与其劳动力达到平衡等，按照整体的施工程序原则进行工程设计和规划，从而实现工程设计的合理性。

第二节　农田水利工程设计

一、田间灌排渠道设计

农渠是灌区内末级固定渠道，一般沿耕作田块（或田区）的长边布置，农渠所控制的土地面积称灌水地段。田间灌排渠道系指农渠（农沟）、毛渠（毛沟）、输水沟、输水沟畦。除农渠（农沟）以外，均属临时性渠道。本部分主要介绍地面明渠方式下，田间灌溉渠道的设计。

合理设计田间灌溉渠道直接影响灌水制度的执行与灌水质量的好坏，对于充分发挥灌溉设施的增产效益关系很大。设计时，除上述相关要求以外，还应该注意以下几点：

应考虑田块地形，同时要满足机耕要求，必须制定出兼顾地形和机耕两方面要求的设计方案。

临时渠道断面应保证农机具顺利通过，其流量不能引起渠道的冲刷和淤积。

（一）平原地区

1.田间灌排渠道的组合形式

（1）灌排渠道相邻布置

又称“单非式”“梳式”，适用于漫坡平原地区。这种布置形式仅保证从一面灌水，排水沟仅承受一面排水。

（2）灌排渠道相间布置

又称“双非式”“篦式”，适用于地形起伏交错地区。这种布置形式可以从灌溉渠两面引水灌溉，排水沟可以承受来自其两旁农田的排水。

设计时，应根据当地具体情况（地形、劳力、运输工具等），选择合适的灌排渠道组合形式。

在不同地区，田间灌排渠道所承担任务有所不同，也影响到灌排渠道的设计。在一般易涝易旱地区，田间灌溉渠道通常有灌溉和防涝的双重任务。灌溉渠系可以是独立的两套系统，在有条件地区（非盐碱化地区）也可以相互结合成为一套系统（或部分结合，即农、毛渠道为灌排两用，斗渠以上渠道灌排分开），灌排两用渠道可以节省土地。根据水利科学研究院资料，灌排两用渠系统比单独修筑灌排渠系。可以节省土地约0.5%，但增加一定水量损失是其不足之处。

在易涝易旱盐碱化地区，田间渠道灌溉、除涝以外，还有降低地下水位、防治土壤盐碱化的任务。在这些地区，灌溉排水系统应分开修筑。

2.临时灌溉渠（毛渠）的布置形式

（1）纵向布置（或称平行布置）

由毛渠从农渠引水通过与其相垂直的输水沟，把水输送到灌水沟或畦，这样，毛渠的方向与灌水方向相同。这种布置形式适用于较宽的灌水地段，机械作业方向可与毛渠方向一致。

（2）横向布置（或称垂直布置）

灌水直接由毛渠输给灌水沟或畦，毛渠方向与灌水方向相垂直，也就是同机械作业方向相垂直。因此，临时毛渠应具有允许拖拉机越过的断面，其流量一般不应超过20~40 L/S。这种布置形式一般适用于较窄的灌水地段。

根据流水地段的微地形，以上两种布置形式，又各有两种布置方法，即沿最大坡降和沿最小坡降布置。设计时应根据具体情况选择运用。

3.临时毛渠的规格尺寸

（1）毛渠间距

采用横向布置并为单向控制时，临时毛渠的间距等于灌水沟或畦的长度，一般为50~120m。双向控制时，间距为其两倍，采用纵向布置并为单向控制时，毛渠间距等于输水沟长度，一般为75~100m，双向控制时，为其两倍。综上所述，无论何种情况，毛渠间距最好不宜超过200m。否则，毛渠间距的增加，必然加大其流量和断面，不便于机械通行。

（2）毛渠长度

采用纵向布置时，毛渠方向与机械作业方向一致，沿着耕作田块（灌水地段）的长边，应符合机械作业有效开行长度（800~1000m），但随毛渠长度增加，必然增大其流量，加大断面，增加输水距离和输水损失，毛渠愈长，流速加大，还可能引起冲刷。采用横向布置时，毛渠长度即为耕作田块（灌水地段）的宽度200~400m。因此，毛渠的长度不得大于800~1000m，也不得小于200~400m。

在机械作业的条件下，为了迅速地进行开挖和平整，毛渠断面可做成标准式的。一般来讲，机具顺利通过要求边坡为1：1.5，渠深不超过0.4m。采用半填半挖式渠道。目前，江苏省苏南农村采用地下灌排渠道为机械耕作创造了无比优越的条件。

4.农渠的规格尺寸

（1）农架间距

农渠间距与临时毛渠的长度有着密切的关系。在横向布置时，农渠间距即为临时毛渠的长度，从灌水角度来讲，根据各种地面灌水技术的计算，临时毛渠长度（即农渠的间距）为200~400m是适宜的。从机械作业要求来看，农渠间距（在耕作田块与灌水地段二为一时，即为耕作田块宽度）应有利于提高机械作业效率，一般来讲应使农渠间距为机组作业幅度（一般按播种机计算）的倍数。在横向作业比重不大的情况下，农渠间距在200m以内是能满足机械作业要求的。

（2）农渠长度

综合灌水和机械作业的要求，农渠长度为800~1000m。在水稻地区农渠长宽度均可适当缩短。

水稻地区田间渠道设计应避免串流串排的现象，以便保证控制稻田的灌溉水层深度和避免肥料流失。

（二）丘陵地区

山区丘陵区耕地，根据地形条件及所处部位的不同，可归纳成三类：岗田、土田和冲田。

1.岗田

岗田是位于岗岭上的田块，位置最高。岗田顶平坦部分的田间调节网的设计与平原地区无原则区别，仅格田尺寸要按岗地要求而定，一般较平原地区为小。

2.土田

土田是指岗冲之间坡耕地，耕地面积狭长，坡度较陡，通常修筑梯田。梯田的特点是：每个格田的坡度很小，上下两个格田的高差则很大。

3.冲田（垄田）

冲田（垄田）是三面环山形，如簸箕的平坦田地从冲头至冲口逐渐开阔。沿山脚布置农渠，中间低洼处均设灌排两用农渠，随着冲宽增大，增加毛渠供水。

（三）不同灌溉方式下田间渠道设计的特点

1.地下灌溉

我国许多地区，为了节约土地、扩大灌溉效益，不断提高水土资源的利用率，创造性地将地上明渠改为地下暗渠（地下渠道），建成了大型输水渠道为明渠，田间渠道为暗渠混合式灌溉系统。采用地下渠道形式可节省压废面积达2%。目前地下渠道在上海、江苏、河南、山东等地得到了一些应用。

地下渠道是将压力水从渠首送到渠末，通过埋设在地下一定深度的输水渠道进行送水。采用得较多的是灰土夯筑管道混凝土管、瓦管，也有用块石或砖砌成的。地下渠系是由渠首、输水渠道、放水建筑物和泄水建筑物等部分组成。渠首是用水泵将水引至位置较高的进水池，再从进水池向地下渠道输水；如果水源有自然水头亦可利用进行自压输水入渠。

地下渠系的灌溉面积不宜过大，根据江苏、上海的经验，对于水稻区，一般以1500亩左右为宜。

地下渠道是一项永久性的工程，修成以后较难更改，一般应在当土地规划基本定型的基础上进行设计布置。

地下渠道的平面布置，一般有以下两种形式：

（1）非字形布置（双向布置）

适用于平坦地区，干管可以布置在灌区中间，在干渠上每隔60~80m左右建一个分水池，在分水池两边布置支渠，在支渠上每隔60m左右建一个分水和出水联合建筑物。

（2）梳齿形布置（单向布置）

适用于有一定坡度的地段，干渠可以沿高地一边布置，在干渠上每隔60~80m设一个分水池，再由此池向一侧布置支渠。在支渠上每隔30m左右建一个分水与出水联合建筑物，末端建一个单独的出水建筑物。

2.喷水灌溉

喷灌是利用动力把水喷到空中，然后像降雨一样落到田间进行灌溉的一种先进的灌溉技术。这一方法最适于水源缺乏，土壤保水性差的地区，以及不宜于地面灌溉的丘陵低洼、梯田和地势不平的干旱地带。

喷灌与传统地面灌溉相比，具有节省耕地、节约用水、增加产量和防止土壤冲刷等优点。

与田块设计关系密切的是管道和喷头布置。

（1）管道（或汇道）的布置

对于固定式喷灌系统，需要布置干、支管；对于半固定式喷灌系统，需要布置干管。

①干管基本垂直等高线布置，在地形变化不大的地区，支管与干管垂直，即平行等高线布置。

②在平坦灌区，支管尽量与作物种植和耕作方向一致，这样对于固定式系统减少支管对机耕的影响；对于半固定式关系，则便于装拆支管和减少移动支管对农作物的损伤。

③在丘陵山区，干管或农渠应在地面最大坡度方向或沿分水岭布置，以便向两侧布置支管或毛渠，从而缩短干管或农渠的长度。

④如水源为水井，井位以在田块中心为宜，使干管横贯田块中间，以保证支管最短；水源如为明渠，最好使渠道沿田块长边或通过田中间与长边平等布置。渠道间距要与喷灌机所控制的幅度相适应。

⑤在经常有风的地区，应使支管与主风方向垂直，以便有风时减少风向对横向射程（垂直风向）的影响。

⑥泵站应设在整个喷灌面积的中心位置，以减少输水的水头损失。

⑦喷灌田块要求外形规整（正方形或长方形），田块长度除考虑机耕作业的要求外，要能满足布置喷灌管道的要求。

（2）喷头的布置

喷头的布置与其喷洒方式有关，应以保证喷洒不留空白为宜。单喷头在正常工作压力下，一般都是在射程较远的边缘部分湿润不足，为了全部喷灌地块受水均匀，应使相邻喷头喷洒范围内的边缘部分适当重复，即采用不同的喷头组合形式使全部喷洒面积达到所要求的均匀度。各种喷灌系统大多采用定点喷灌，因此，存在着各喷头之间如何组合的问题。在设计射程相同的情况下，喷头组合形式不同，则支管或竖管（喷点）的间距也就不同。喷头组合原则是保证喷洒不留空白，并有较高的均匀度。

喷头的喷洒方式有圆形和扇形两种，圆形喷洒能充分利用喷头的射程，允许喷头有较大的间距，喷灌强度低，一般用于固定、半固定系统。

二、田间道路的规划布局

田间道路系统规划是根据道路特点与田间作业需要对各级道路布置形式进行的规划。搞好道路规划，有助于合理组织田间劳作，提高劳动生产率。然而，道路的修建，道路网的形成也改变了其周围的景观生态结构，道路的建设、道路的运输活动也会给周围造成一定的生态破坏和环境污染。因而在对田间道路系统规划时还应结合景观生态学、生态水工学等理论对道路进行生态可持续规划。根据田间道路服务面积与功能不同，可以将其划分为干道、支道、田间道和生产路四种。

（一）道路的生态影响

道路在景观生态学中称之为廊道，作为景观的一个重要组成部分，势必对周围地区的气候、土壤、动植物以及人们的社会文化、心理与生活方式产生一定程度的影响。

1.道路的小气候环境影响

道路的小气候主要由下垫面性质及大气成分决定。下垫面性质不同对太阳的吸收和辐射作用不同，道路中水泥、沥青热容量小、反射率大、蒸发耗能极小势必造成下垫面温度高。道路下垫面与周围、温度、湿度、热量、风机土壤条件组成小气候环境，下垫面吸热量小、反射率大极易造成周围出现干热气候。道路两旁栽植树木可以起到遮阴、降温和增加空气湿度等作用，据测量数据显示，道路种植树木可有效降低周围温度达3 t以上，空气湿度也增加10%~20%。树木还可以吸收二氧化碳、释放氧气改变空气成分，另外田间道路两边种植树木还可以降低风速防止土壤风蚀，减少污染物和害虫的传播，对周围农田生态系统有较好的保护作用。

2.道路城镇化效应

道路是地区间的关系纽带，道路运输带动商品的交换发展，对于乡村来说道路的意义更为重要。道路刺激经济发展加快城镇化建设，在道路运输商品的过程中，也传递文化、信息、科技，这些不仅带动了地方的经济发展也促使了人们文化观念的改变。城镇化的直接后果是城市景观不断代替乡村景观，造成乡村景观发生巨变。

3.道路对生态环境破坏

道路对生态环境破坏主要在于道路的建设及道路的运输方面。道路建设过程中开山取石、占用土地、砍伐树木，对土壤、植被、地形地貌不可避免地造成生态破坏。另外道口建成带动周边房屋建设占用田地给周围地区带来较大的干扰。道路运输过程中产生大量的污染物。道路中产生的污染是线性污染，随着运输工具的行驶污染物传播范围广、危害面积大、影响面广。汽车产生的尾气造成空气成分改变，影响太阳辐射，对周边动植物及人类有很大的危害。交通运输的噪声也是一大危害，道路噪声主要由喇叭、马达、振动机轮胎摩擦造成。据测量道路产生的噪声以高达70 dB以上，影响着人们的正常生活。

道路的生态建设是在充分考虑地形地貌、地质条件、水文条件、气候条件已经社会经济条件等基础上，根据生态景观学原理规划设计。道路的曲度、宽度、密度及空间结构要根据实际需要进行合理规划，要因地制宜，不应造成大的生态破坏。

（二）田间道路及生产路规划内容

田间道路规划中干道、支道是农田生态系统内外各生产单位相互联络的道路，可行机动车，交通流量较大，应该采用混凝土路面或泥结碎石路面。根据有利于灌排、机耕、运输和田间管理，少占耕地，交叉建筑物少，沟渠边坡稳定等原则确定其最大纵坡宜取6%~8%，最小纵坡在多雨区取0.4%~0.5%，一般取0.3%~0.4%。田间道路根据规划区原有道路状况、耕作田块、沟渠布局及农村居民点分布状况进行设置，以方便农民出行及下地耕作。

田间道是由居民点通往田间作业的主要道路。除用于运输外，还应能通行农业机械，以便田间作业需要，一般设置路宽为3~4m，在具体设计时交叉道路尽量设计成正交；在有渠系的地区进行结合渠系布置。另外，田间道和生产路是系统内生产经营或居民区到地块的运输、经营的道路，数量大，对农田生态环境影响也较大。因此生态型田间道的设计模式应以土料铺面为主，铺以石料。

生产路的规划应根据生产与田间管理工作的实际需要确定。生产路一般设在田块的长边，其主要作用是为下地生产与田间管理工作服务。在路面有条件的地区考虑生态物种繁衍方面生产路的设计可以选择土料铺面，以有利于花草生存及野生动物栖息，促进物种的多样性。在土质疏松道路不平整地区以满足正常行走为主要目标可以选择泥结碎石路面。道路设计时还应保证居民与田间、田块之间联系方便，往返距离短，下地生产方便；尽量减少占地面积，尽量多地负担田块数量和减少跨越工程，减少投资。

道路两侧种植花草树木，可以营造野生动植物的栖息之所，也可以使斑块内生物更好地流通，有利于生物扩散，促进生物多样性。

第十二章

泵站工程规划与设计

第一节　泵站工程规划的基础

一、泵站工程规划的内容和原则

（一）泵站工程规划的内容

泵站工程规划的内容在很大程度上取决于兴建泵站的目的、规划内容和任务，因建站目的不同而有所差异，所需要的基础性资料也各有侧重。总体而言，泵站工程规划的主要任务包括以下几方面：

①收集当地水文、气象、地质和交通、能源、社会经济状况等资料，勘察地形、行政区划、水源和已有水利工程设施等情况。

②确定工程规模、控制范围及工程等级，确定灌溉或排水设计标准。

③确定工程总体布置方案。

④选择泵站站址，确定泵的设计扬程和设计流量。

⑤进行机组选型及配套，即选择适宜的泵型或提出研制新泵型的任务，选配动力机械和辅助设备，确定总装机容量。

⑥拟定工程运行管理方案。

⑦进行技术经济论证并评价工程的经济效益，为决策部门和泵站工程技术设计提供可靠的依据。

（二）泵站工程规划的原则

①泵站工程规划必须以流域或区域水利规划为依据，按照全面规划、综合治理、合理布局的原则，正确处理灌溉与排水、自流与提水、灌溉排水与其他部门用水的关系，充分考虑泵站工程的综合利用率。

②泵站工程的规模、控制范围和总体布置方案的确定，在很大程度上取决于兴建工程的目的，当地的经济、地形、能源、气象、作物组成，以及现有水利工程设施的情况等因素规划中必须根据灌溉（或排水）区的地形、地貌特征，尽可能地做好行政区划，充分利用现有水利工程设施，确定工程的控制范围和面积。

③工程总体布置应结合现有村镇或规划的居民点、道路、电网、通信线路、水利设施、林带等统筹考虑，合理布局。为了节约能源并便于运行管理，泵站和沟渠的布置必须遵循低田低灌、高水高排、内外分开、水旱作物分开的原则，在梯级提水灌溉工程中，应尽量减少两级泵站之间没有灌溉面积的空流段渠道长度和泵站级数，尽量使用同型号的水泵机组。

④灌溉或排水标准是确定泵站规模的重要依据，应根据灌溉区或排水区的水土资源、水文气象、作物组成，以及对灌排成本、工程效益的要求，按照国家最新颁布的《泵站设计标准》（GB 50265—2022）和《灌溉与排水工程设计规范》（GB 50288—99）等有关规定确定。

⑤泵站工程的技术经济论证和经济效果评价是确定泵站工程合理性与可行性，以及对不同方案进行比较与优化的依据经济分析应按《水利建设项目经济评价规范》（SL 72—2013）的规定进行。

二、设计标准

泵站规划中首先要解决的问题是设计标准问题，如排水泵站每小时的排水量，在选择水泵时按什么标准确定扬程、流量，在设计建筑物时以多高的水位作为防洪水位等，这些都与设计标准有关。

如果设计标准太低，虽然工程投资较少，但工程效益也小；反之，工程效益增加，工程投资也增加因此，设计标准问题是一个技术经济问题，应根据国家统一编制的规范来确定。

（一）泵站工程等级划分

泵站工程的规模是根据流域或地区规划所确定的任务，以近期为目标，兼顾远景发展的要求，综合分析所确定的根据泵站的规划流量或装机容量，灌溉、排水泵站分为5个等级，对于工业、城镇供水泵站的等级划分，应根据供水对象、供水规模和重要性确定。

（二）泵站建筑物级别划分

泵站建筑物的级别是根据泵站所属等级及其在泵站中的作用和重要性进行分级的，建筑物是指泵站运行期间使用的建筑物，根据其重要性分为主要建筑物和次要建筑物。主要建筑物是指失事后造成灾害或严重影响泵站使用的建筑物，如泵房、引渠、进水池、变电设施等；次要建筑物是指失事后不造成灾害或对泵站使用影响不大并易于修复的建筑物，如挡土墙、导水墙和护岸等临时建筑物是指泵站施工期间使用的建筑物，如导流建筑物、施工围堰等。

第二节　灌溉泵站工程规划

一、灌区的划分

提水灌区的划分，须根据当地的地形、水源、能源、交通和行政区划分等条件对灌区进行分片、分级控制，并确定合适的泵站站址，从而达到工程兴建投资省、运行管理费用低、收效快的目的。一般常用的灌区划分方案有以下几种：

（一）单站一级提水，集中灌溉

在水源岸边修建一座水泵站，通过出水管道将水抽送到出水池后，再由干渠分水控制全灌区的面积。这种划分灌区的方法适用于灌区地形等高线基本平行于水源，且高程变化不大、同时灌区面积不大、输水渠道不长、扬程较低（低于水泵扬程）的灌区。一些局部高地和地形高差不大的小型灌区均可采用该类方案。其特点是工程规模小，机电设备较少，机组效率较高，工程布置较集中，便于管理。

（二）多站一级提水，分区灌溉

当灌区的等高线基本平行于水流，灌区土地面积较大时，若仍采用单站一级提水方案，势必导致输水渠道过长，过沟（河）的交叉建筑物增多，水量损耗大，上下游易发生用水纠纷，对灌溉管理造成麻烦。因此，常以渠长或以天然的沟（河）为分界，将灌区划分为几个单独的提水灌区。灌区沿岸边长条分布，每个灌区均在水源边单独建一泵站，均为一级提水，以控制灌区的宜灌面积，这样可以减少跨越大沟的水工建筑物，也可缩短干渠的长度，减小水量和水头损失，从而达到减少工程投资和节约运行费用的目的，但分区灌溉也有机电设备多、输电线路长的缺点，所以分区方案应进行相关技术经济论证，择优而行。

（三）单站分级提水，分区灌溉

此种方式适用于面积不大，但地形坡度较陡的灌区，当水源靠近高山，可以用一座泵站控制有明显高差的几个灌区时，为了避免抽高灌低，而采用在水源岸边修建一处泵站，安装一种或几种扬程的水泵，向不同高程的水池供水，高地用高池灌溉，低地用低池灌溉的方法，采用这种分级供水的方式，可以由各级泵站所控制的面积决定其流量大小，从而达到节能的，但级数过多，不仅会增加工程投资，而且会给管理带来不便。因此，需要通过技术经济比较才能确定分级的最优方案。

（四）多站分级提水，分区灌溉

对于一些地形由缓变陡、面积较大、高差较大，水源与灌区的接壤长度较小的灌区，为了避免将水抽到高处再跌下来灌低地，即所谓的抽高灌低情况，可以将前一级泵站的出水池作为水源，修建二级、三级等泵站，以控制整个灌区面积，一般来说，下级站较上级站的控制面积小，这样不仅可以节省工程投资，降低能源消耗，同时有利于水费征收及行政管理。

二、站址选择

站址选择是根据建站处的具体情况合理地确定泵站的位置，包括取水口、泵房和出水池的位置站址选择是否合理，关系到泵站建成后的安全取水，工程造价和运行管理等问题。灌溉泵站站址的确定，应根据泵站工程的规模、特点和运行要求，与灌区的划分同时进行，选择具体站址还应考虑以下因素：

（一）水源

为了便于控制整个灌区的面积，减小提水高度，泵站建设地点应尽量选在灌区的上游、提水流量有保证、水位稳定、水质良好的地方。

①从渠道引水时，应选在等高线比较集中的地方。

②从河流直接取水时，应尽量选在河段顺直、主流靠近岸边、河床稳定、水深和流速较大的地方，一般选在河床狭窄处，若遇弯曲河段，则选在水深岸陡、泥沙不易淤积的凹岸顶冲的上下游，应力求避免选在有沙滩、支流汇入和分岔的河段。

③当从水库取水时，应首先考虑在坝下游；当在坝上游取水时，应选在淤积范围之外，并且站址选在岸坡稳定、靠近灌区、取水方便的地点。

④当从湖泊中取水时，应选在靠近湖泊出口的地方或远离支流的汇入口。

⑤当从感潮河段上取水时，应选在淡水充沛、含盐量低、可以长期取到灌溉用水的地方。

应该指出的是，在选择站址和取水口位置时，还应注意已有建筑物的影响，如在河段上建有丁坝、码头和桥梁时，由于桥梁的上游、丁坝与码头所在同岸的下游水位被淤高和水流紊乱，易形成淤积，因此站址和取水口位置宜选在桥梁的下游、丁坝和码头的上游，或对岸的偏下游。

（二）地形

站址处地形需开阔，岸坡适宜，这样有利于泵站建筑物的布置，要求开挖土方量较小，且有利于通风采光，便于对外运输和今后扩建等。

（三）地质

站址应选在岩土坚实、抗渗性能好的天然地基上。泵房及进水建筑物常需建在较深的开挖基面上，不仅要求地表附近地质良好，而且开挖基面以下的地质也要求良好，应尽量避开淤泥、泥沙所在地段，减少地基处理费用。若遇淤泥、流沙、膨胀土等不良地基，必须进行加固处理，否则不能作为建站的地址。

（四）电源

为了缩短输电线路的长度，减少工程投资，应尽可能地靠近电源。

（五）其他

站址处交通应方便，并尽可能靠近乡镇、居民点，以利于设备、材料的运输和运行管理。

第三节　排水泵站工程规划

排水泵站的任务是排涝和排渍，在江河、湖泊沿岸修建的排水泵站，兼负引水灌溉任务的，称为排灌结合泵站。在地下水位较高，有防渍或治碱要求的地区修建泵站工程，应兼顾地下水位的控制，防止土壤盐渍化。

一、排水区的划分

（一）划分原则

排水区的划分应从排水区整体规划出发，统筹兼顾，全面安排，因地制宜地采取综合治理措施。在划分时，尽可能满足高低水分开、内外水分开、主客水分开、就近排水、自排为主、提排为辅，并适当考虑便于水利及行政区划管理的要求。

1.高低水分开

高水高排，避免向低地汇集，增加抢排时间，扩大自排面积，也可减小排水泵站的装机容量和降低运行费用。

2.内外水分开

包括洪、涝分开，河、湖、田分开。治涝首先要防洪，而河、湖、田三者在排蓄涝水的关系上，既要充分发挥河道的排蓄作用，又要考虑到湖泊能有效蓄涝和及时抢排田面涝水的作用。

3.主客水分开

为了避免相邻地区的排水矛盾，要使上下游各排水沟渠涝水能畅排入河，防止客水流向下游造成下游农田的涝灾。

4.就近排水

按此原则划分排水区，可以缩短排水时间，提高排水效果。

通过划分排水区的规划工作，合理确定畅排区、半畅排区和非畅排区。对于畅排区，以自排为主；对于半畅排区，以自排和提排兼顾；对于非畅排区，则以提排为主。

（二）划分类型

1.沿江湖圩区排水区的划分

湖区、圩区地面虽然平坦，但也有一定高差，尤其是面积较大的地区，由于地形高差大，各处自流外排的情况不同，必须进行统一规划，分区排水。在分区时，应根据地势特点、承泄区水位条件，适当兼顾原有排水系统。对于地势较高、有自排条件的地区，划为高排区，对于地势较低、排水期间外水位长期高出田面的地区，划为低排区；介于二者之间的地区，采取自排与提排相结合的排水方式。

2.半山半圩地区排水区的划分

这类圩区，耳后是丘陵山区或高地，圩前面临江湖，汛期外水位高于圩区内农田，同时客水流向下游，易成涝灾。分区时，要在山圩或高低分界处，大致沿承泄区设计外水位的等高线开挖截流，使山、圩分排，高、低分排，减小泵站的装机容量。

3.滨海和感潮河道地区排水区的划分

对于滨海和感潮河道地区受洪水影响较小，而潮汐影响较大的排水系统，按地区高程划分排水区，地面高程高于平均高潮位的地区可划为畅排区，低于平均低潮位者为非畅排区，介于二者之间的为半畅排区，畅排区可以自由排水，非畅排区依靠排水站进行提排，而半畅排区则应考虑增加排水口，缩短排水流程，在出口建挡潮闸，利用落潮间隙自流抢排涝水。若这样处理后仍不能满足排水要求，再考虑建排水站，在涨潮期间闭闸提排对这类地区的规划，应详细分析涝水、洪水和潮位的关系，以调整不合理的排水分区和排水出口，尽可能扩大畅排区和缩小非畅排区，减小排水泵站的容量和排水电耗，以求得更大的经济效益。

二、站点布局

（一）集中建站与分散建站

对于面积较大而地形起伏不大的地区，若地势单向倾斜，蓄涝容积大而集中，有骨干排水河道，排水出路单一则宜集中兴建大站，对于排水面积较小、地形较平坦、高差不大、而蓄水容积较大、行政区单一的地区，也以集中建站为宜，对于水网密集、排水出口分散，地势高低不平、高地要灌溉、低地要排水的地区，以分散建站为宜。

集中建大站的优点是：泵站的单位装机容量造价低，输电线路短，便于集中管理，但要求有完整的排水系统，需要开挖排水干沟，土方量较大，挖压耕地面积较大。分散建小站的优点是：工期短，收效快，便于发动群众自办自管，工程量小，挖压面积小，能排能灌，排灌及时，有利于发展农业机械和农村用电。涝区的情况复杂，故应根据具体情况因地制宜，采用以小型泵站为主，大、中、小型泵站结合的方式。

（二）一级排水与二级排水

排水站无论集中建站还是分散建站都有两种排水方式，即一级排水与二级排水。

所谓一级排水，就是由排水站直接将涝水排入承泄区，或由排水站将涝水先排入蓄涝容积，而蓄涝容积的涝水则待外水位降低时再开闸自排。

二级排水方式就是在低洼地区建小站，将涝水排入蓄涝容积内，这种站称为二级站或内排站，一般排水扬程较低，蓄涝容积内的涝水需要另外建站外排，这种站称为一级站或外排站。当蓄涝容积较大时，除利用泵站抽排外，还可以利用蓄涝容积滞蓄涝水，待外水位降低后再开闸排出滞蓄涝水，利用闸站配合排水，以减小外排站装机容量。

在实际工程中，上述两种排水方式也不是截然分开的，有的地方外排站可采用直接排田与排蓄涝容积相结合，在运行上采用先排田后排蓄涝容积的方式。由此可见，当泵站排田时为一级排水方式，而当排蓄涝容积时为二级排水方式。

一般对于排水面积不大、装机容量较小、扬程不高的涝区，宜采用一级排水方式；但对于排水面积较大、地形比较复杂、高低不平、扬程较高的排水区，宜采用二级排水方式；否则不仅低洼地区排水不及时，而且会增加排水沟渠的开挖深度，增加外排站的扬程，使整体工程量和泵站的装机容量相应增加，尤其是大型泵站，由于控制范围大，涝区内地形地势变化复杂，应特别重视二级排水的方式此外，二级站（内排站）运行机动灵活，能适应局部低地排水或部分低地要排、高地要灌的需要。

在滨海和感潮河道的排水区，当可利用退潮排水，而蓄涝容积又较大时，内排站可将低地涝水先排入蓄涝容积，待退潮后再开闸排水，在这种情况下的内排站起外排站的作用，属一级排水方式，若蓄涝容积较小或退潮后外水位仍比较高，不能完全依靠开闸自排，则应另设外排站配合抽排涝水，这就是二级排水方式。

排水方式的选择是排水站规划中的一项重要工作，应该通过技术经济比较来确定。排水泵站建设的实践经验表明，合理的内排站装机容量占总容量的5%~30%，内排站控制的排水面积占全部排水面积的10%~35%比较适宜。

此外，排水站的规划还要考虑综合利用，根据需要，可以把一座排水站建筑物设计成既能抽排提灌，又能自排自灌等形式，以提高工程效益等。

三、站址选择

①站址应选在排水区的较低处，与自然汇流相适应；或利用原有的排水系统，以便减少挖渠的土方工程量，减少占地面积但应注意将来渠系调整对泵站的影响，要靠近河岸，以便缩短排水渠的长度。

②站址应选在外河水位较低的地段（即设在外河下游处），以便降低排水扬程，减小装机容量和能耗。

③要充分考虑自排的条件，尽可能使自排与抽排相结合。

④注意综合利用，注意长期和近期相结合，若有灌溉的要求，则应考虑灌溉引水口与灌溉渠首的高程和布置，尽可能做到排灌结合，提高设备利用率，扩大工程效益。

⑤站址和排水渠应选在河流顺直（或凹岸）、河床稳定、冲刷淤积较少的河段，应有一定的外滩宽度，以利于施工围堰和工料场的布置，但也不宜太宽，以免排水渠太长。尽可能满足正面进水和正面泄水的要求。

⑥站址应选在地质条件较好的地方，尽可能避开淤泥软土和粉细砂地层，避开废河道、水潭、深沟等易淤积的地方。

⑦要尽量靠近居民点，并充分考虑交通、用电等方面的条件。

第四节　泵站建筑物布置

泵站主要建筑物通常包括取水口、引渠、前池、进水池、泵房、出水管道和出水池等。与主要建筑物配套的辅助建筑物一般有变电所、节制闸、进场公路与回车场、修配厂和库房、办公及生活用房等。

泵站建筑物的总体布置应依据站址处地形、地质、水源的水流条件和泵站的性质、泵房结构类型及综合利用的要求等因素全面考虑、合理布局。设计中，首先应把主要建筑物布置在适当的位置上，然后按辅助建筑物的用途及其与主要建筑物的关系分别布置泵站，建筑物总体布置应尽量做到布局紧凑，便于施工及安装，运行安全，管理方便，经济合理，美观协调，少占耕地等。

此外，泵站各建筑物之间应有足够的防火和卫生隔离间距，满足交通道路的布置要求，一般应在引渠末端或前池、进水池的适当位置设 1~2 道拦污栅及其配套的清污设施；当从多泥沙水源取水时，应在水源岸边布置防沙建筑物，或在引渠的适当位置布置沉沙池等。

泵站引渠式输水干渠与铁路或公路干道相交时，站、桥或站、道路宜分建且间距不应小于50m，以避免车辆噪声对值班人员工作的干扰和尘土飞扬污染泵房区域，保证泵站的安全运行，有通航任务的泵站枢纽，泵房、船闸应分建，必须合建时，要采取保证安全通航的有效措施。

一、泵站枢纽配套工程建筑物

（一）公路桥

根据已建泵站工程的运用经验，认为公路桥与站身合建可以利用靠近泵房进出水的墩墙做桥墩，以节省建桥投资，但车辆的频繁过往，容易污染站区环境，直接影响值班人员工作。为了节省建桥投资，又能避免过往车辆对站区的影响，可以考虑公路桥与防洪闸、节制闸或引水渠上的拦污栅桥合建。但在一般情况下还是以单独建公路桥为宜。

（二）船闸

船闸和泵站合建的形式虽然可以节省投资，但因为泵站运行时，进出口的流速较大，有时还可能会出现横向流速，从而影响通航安全；有时为了考虑船闸的布置要求而影响泵站进出水建筑物的布置，致使泵站的进水条件受到影响，在河网地区，航运是重要的运输方式，兴建泵站一般应该考虑航运要求，因而很多采用小型轴流泵的内排站都考虑了泵站与船闸合建的方式，这样节省了工程投资，但水泵进水条件较差，应该引起注意。

（三）自流排水闸

平原湖区，在兴建泵站之前，一般都有排水闸，因此，在兴建泵站时，应该考虑自排和提排相结合的问题。结合的形式应力求简单，可在原排水闸一侧建站，新开排水渠道与原排水渠道相衔接，如果建站前无自流排水闸，则在枢纽规划布置时要慎重考虑自排条件，是建自排闸还是结合泵站的附属建筑物自排，应根据具体情况进行分析比较。一般来说，当扬程较低、内外水位变幅不大时，中、小型轴流泵站可考虑闸站结合的布置形式，以利于自排和提排相结合。

（四）节制闸

对于排灌结合、自流与提水排灌结合的泵站或有综合利用要求的泵站，需要设置各种控制闸。在满足排灌或综合利用的条件下，尽量减少闸的座数，以便于管理，并有利于自动化。

（五）水电站

为了充分利用水利资源，可利用汛后内湖水位高而有余水的情况进行发电。对于这种兼有发电任务的泵站枢纽，有分建和合建两种形式。分建式投资较大，但泵站运行单一，操作简单；合建式可在不影响排灌任务的前提下发电，提高设备利用率，但水泵机组应满足提水和发电的可逆机组的要求，技术上要求较高。

根据泵站担负的任务不同，泵站枢纽布置一般有以下几种布置形式：

二、灌溉泵站建筑物布置

（一）从江河、湖泊或灌溉渠道上取水的泵站

1.有引水渠的布置形式

此形式适用于岸边坡度较缓、水源水位变幅不大、水源距出水池较远的情况，为了减少出水管长度和工程投资，常将泵房建于水池旁，用引水渠将水引至泵房。但在季节性冻土区应尽量缩短引水渠长度。对于水位变幅较大的河流，渠首可设进水闸控制渠中水位，以免洪水淹没泵房。引水建筑物包括进水闸、引水渠（或引水涵管）。当从多泥沙河流取水时，还要在引水渠段设置沉沙及冲沙建筑物。进水建筑物由前池、进水池或进水流道组成，泵房包括主泵房和辅机房。出水建筑物包括压力水管、出水池及分水建筑物等附属建筑物包括变电站、管理处、仓库、修配厂及办公生活用房。

2.无引水渠的布置形式

当河岸坡度较陡、水位变幅不大或灌区距水源较近时，常将泵房与取水建筑物合并，直接建在水源岸边或水中。这种布置形式省去了引水渠，习惯上称为无引水渠泵站枢纽。

（二）从水库中取水的泵站

1.从水库上游取水的泵站

从水库上游取水的泵站的布置形式与有引水渠、无引水渠的布置形式相同，当水库水

位变幅较大，设置固定式泵站有困难时，可采用浮船式或缆车式移动泵站。

2.从水库下游取水的泵站

从水库下游取水的泵站一般有明渠引水和有压引水两种方式，明渠引水是将水库中的水通过泄水洞放入下游明渠中，水泵从明渠中引水。有压引水是将水泵的吸水管直接与水库的压力放水管相接，利用水库的水流，以减小泵站动力机的功率，每个吸水管路上均设闸阀。这样，可提高水泵安装高程，或省去抽真空设备。

3.从井中取水的泵站

从井中取水的泵站通常将泵房布置在井旁的地面上。如果井水位离地面较深，超过水泵允许吸上真空高度，可将泵房建在地下。

三、排水泵站建筑物布置

汛期排水区的涝（渍）水如不能及时顺利地排出，必须利用泵站提排，但在承泄区的枯水期或洪峰过后却可以自流排水。因此，常建成自流排水和泵站提排两套排水系统的泵站枢纽工程。按照自流排水建筑物和泵房的相对关系，排水泵站建筑物布置分为分建式和合建式两类,在分建式中,自流排水闸与泵房是分开建造的,而合建式则是将二者建在一起。

分建式布置与合建式布置相比，便于利用原有排水闸，且泵站有单独的前池和进水池，具有进水平顺、出水池易于布置等优点，因此实际工程中应用较多。

排水泵站的出水方式可以是出水池接明渠，也可以是出水池接暗管。按照泵房与围堤的相对位置，泵站建筑物布置可分为堤身式和堤后式。堤身式因泵房直接抵挡承泄区的洪水，一般应用于扬程不大于5m的场合；堤后式则一般扬程为10m左右。两种方式的布置和设计均应注意堤防安全并符合堤防的有关规定。

四、灌排结合泵站建筑物布置

一般排水区遇暴雨需排水，若承泄区水位低于排水干渠水位，可以自流排水；反之，则需泵站提排由于受地形的影响低处排水时，高处需要灌溉；另外，由于季节间的气候差异，雨季需排水而旱季又需灌溉，这样，使同一泵站兼有排涝和灌溉任务则称为排灌结合泵站。

排灌结合泵站建筑物布置的形式很多，但就其主要特征可分为闸与泵房建在一起的合建式和分开建造的分建式。

排灌结合，并考虑自流排水、自流灌溉要求的泵站，因其承担的任务较多，所以布置形式也多，一般以泵房为主体，需充分发挥其附属建筑物的协调作用，以达到多目标的排灌结合效果。当冬、春季节需要从水源引水或提水灌溉时，各附属建筑物的控制高程、尺寸和水泵安装高程等均应根据引水时期水源的低水位研究确定。

第五节　泵站设计流量和设计扬程的确定

在规划阶段，合理确定泵站的设计流量和设计扬程是选泵和建站的重要依据。泵站设计流量和设计扬程也是衡量泵站规模的重要指标，由该指标可确定泵站等级，泵站建筑物级别及防洪标准。

一、泵站设计流量的确定

泵站类型不同，其设计流量的确定方法也不同。下面就灌溉泵站和排水泵站分别介绍如何确定设计流量。

（一）灌溉泵站设计流量

灌溉泵站设计流量就是在某一设计保证率下的提水灌区内，农作物的灌溉用水量或灌水定额，通常是根据灌区内气象、土壤、作物种类和耕作技术等因素估算作物需水量，再计算灌溉制度及灌溉用水过程线，然后采用灌溉用水过程中持续时间较长的最大一次灌溉用水量作为泵站设计流量。这种方法精确可靠，但较为复杂，一般用于大、中型灌区，对于小型灌区，可针对主要作物，粗略地拟定最大一次灌水定额或灌水率，然后计算泵站设计流量。

在设计灌水率确定的情况下，泵站的设计流量可由下式计算：

$$Q=\frac{24Aq}{t\eta} \tag{12-1}$$

式中：

Q——泵站设计流量，m^3/s；

q——设计灌水率，$m^3/(s \cdot hm^2)$；

A——泵站控制灌溉面积，hm^2；

t——泵站日开机小时数；

η——灌溉水利用系数。

在有调蓄容积的提水灌区，向调蓄容积供水的泵站设计流量应根据灌溉用水量过程线和调蓄容积的大小，适当延长泵站开机天数，减少设计流量。

在确定设计流量时，应同时确定加大流量和最小流量。加大流量是泵站备用机组流量与设计流量之和，一般情况下，不应大于设计流量的1.2倍，对于多泥沙水源和装机台数少于5台的泵站，经过论证，加大流量可以适当提高。最小流量可用0.4倍设计流量确定。

（二）农田排水泵站设计流量

农田排水包括排涝和排渍两部分。所谓排涝，即排除因降雨而引起的农田积水，以缩短淹水时间和深度；所谓排渍，即排除因地下水位过高而引起的农作物产量下降的那部分地下水量，考虑到工程的普遍性问题，这里只讨论排涝泵站。

确定排涝泵站设计流量前，需要首先明确排涝设计标准。排涝设计标准是指在设计暴雨情况下，为避免涝灾所允许的最长排水时间，一般包括设计暴雨频率、降雨历时、排水大数、设计外江水位频率等。目前，我国各地区都制定了自己的排涝设计标准，大多为5~10年一遇的暴雨在3天内排完。

在产流历时小于排水历时的小面积排水区，可用排水模数法计算泵站的设计流量。排水模数是指排水区内平均每平方千米排水面积的最大排水流量，其计算公式为：

$$Q = qA \tag{12-2}$$

式中：

Q——排水设计流量，m^3/s；

q——设计排水模数，$m^3/(s\cdot km^2)$，可以根据各地区经验公式确定；

A——控制排水面积，km^2。

二、泵站设计扬程的确定

一般而言，一个泵站有多个扬程，这是由于在运行期间，泵站上下游水位差经常变化，泵站扬程的变化会引起水泵工作参数的变化，为了保证水泵能够安全经济地运行，需要对泵站可能出现的各种扬程进行计算和分析。通常，选取一些对水泵运行有特殊意义的扬程进行计算，并以此作为泵站设计和水泵选型的依据，这些具有特殊意义的扬程称为特征扬程，特征扬程所对应的水位称为特征水位。下面首先分析特征水位，然后介绍各特征扬程。

（一）特征水位

在讨论特征水位时，需要首先明确的是：进水池水位是指水源水位减去水源至进水池之间的连接建筑物和拦污栅的水力损失，出水池水位是指渠首水位加上出水池与渠首间的连接建筑物的水力损失。

1.灌溉泵站的特征水位

（1）进水池水位

①设计水位：是确定泵站设计扬程的依据。从河流、湖泊或水库取水时，取历年灌溉

期水源保证率为85%~95%的日平均或旬平均水位作为设计水位；从渠道取水时，取渠道通过设计流量时的水位作为设计水位。

②最高运行水位：是指泵站正常运行的上限水位，用以校核水泵的工作点和确定泵房挡水墙及电动机层楼板的高程。从河流、湖泊或水库取水时，取重现期5~10年一遇洪水的日平均水位；从渠道取水时，取渠道通过加大流量时的水位。

③最低运行水位：是指泵站正常运行的下限水位，它与最高运行水位一起作为确定泵站扬程变化范围的依据，同时作为确定水泵安装高程和进水闸底板高程的依据。从河流、湖泊或水库取水时，取历年灌溉期水源保证率为95%~97%的最低日平均水位；从渠道取水时，取渠道通过单泵流量时的水位。

④平均水位：可以反映泵站长期运行过程中的扬程情况，对使泵站具有高的运行效率有重要参考价值。从河流、湖泊或水库取水时，取灌溉期多年日平均水位；从渠道取水时，取渠道通过平均流量时的水位。

⑤防洪水位：是采取防洪措施所依据的最高瞬时水位，要按泵站建筑物的级别所规定的防洪标准（洪水重现期）确定。

（2）出水池水位

①最高水位：当出水池接输水河道时，取输水河道的校核洪水位；当出水池接输水渠道时，取与泵站最大流量相应的水位。

②设计水位：用于确定泵站的设计扬程，它是根据灌溉设计流量的要求，从控制灌溉面积上的控制点地面高程，自下而上逐级推求到渠首（出水池）的水位。

③最高运行水位：用于确定泵站的最高扬程，取与泵站加大流量相应的水位。

④最低运行水位：用于确定泵站的最低扬程，取与泵站单泵流量相应的水位。

⑤平均水位：取灌溉期多年日平均水位，平均扬程是灌溉季节中泵站出现概率最大、运行历时最长的工作扬程。

2.排水泵站的特征水位

（1）进水池水位

①设计水位：是排水泵站经常出现的内涝水位，是计算泵站设计扬程的依据。排水泵站必须满足在设计扬程下排除设计流量的要求。进水池设计水位的确定还与排水区有无蓄涝容积等关系密切。在一般情况下，可根据排田或排湖的要求，由排水渠首端的设计水位推算到站前的水位，作为进水池的设计水位，在有排涝要求且蓄涝容积不大的情况下，一般以较低耕作区（占排水面积90%~95%）的涝水能排除为原则，确定排水渠道的设计水位，取由调蓄区设计水位或内排站出水池设计水位推算到站前的水位。南方一些省常以排水区内耕作区90%以上的耕地不受涝的标准作为排水渠的设计水位。

②最高水位：由于排水泵站的建成，建站前历史上出现过的最高内水位一般不会再现。按我国各地规划的排涝标准，《泵站设计标准》（GB 50265—2022）规定以排水区建站后重现期10~20年一遇的内涝水位作为进水池的最高水位。但是，近年来不少泵站在特大洪涝的年份，经常出现超扬程、超负荷、虹吸式出水形式的外水位超驼峰等现象，迫使泵站无法运行，所以建站后，仍然有可能出现历史最高内水位；在堤防决口或分洪时，还有可能出现更高的内水位。因此，在特大洪涝的年份，有不少泵站出现电机被淹的情况。在排水区规划设计时，应根据泵站的重要性和当地的经济条件，适当考虑上述因素，正确地确定进水池的最高水位。

③最高运行水位：是排水泵站正常运行的最高水位，超过此水位将会增加涝灾损失，蓄涝区的控制工程也可能受到破坏。因此，最高运行水位应在保证排涝效益的前提下，根据排涝设计标准和排涝方式，通过综合分析计算确定。一般情况下，取按排水区允许最高涝水位的要求推算到站前的水位；对有集中调蓄或与内排站联合运行的泵站，取由调蓄区最高调蓄水位或内排站出水池最高运行水位推算到站前的水位。

④最低运行水位：取按降低地下水埋深或调蓄区允许最低水位的要求推算到站前的水位，这是排水泵站正常运行的下限水位，是确定水泵安装高程的依据，低于此运行水位，将会使水泵发生汽蚀和振动，给泵站运行带来困难。在确定最低运行水位时应注意以下要求：第一，满足作物对降低地下水位的要求，一般按大部分耕地的平均高程减去作物的适宜地下水埋深，再减去0.2~0.3m；第二，满足蓄涝区预降最低水位的要求；第三，满足盐碱地区控制地下水位的要求，一般按大部分盐碱地平均高程减去地下水临界深度，再减去排水渠道水头损失在存在多种要求时，选其中最低者作为最低运行水位。

⑤平均水位：是考核泵站是否经常在高效区运行的依据，对于排水泵站而言，可取与设计水位相同的水位。

（2）出水池水位

排水泵站的承泄区往往是河流、湖泊等，因此排水泵站的出水池水位变化较大，而且对泵站工程的造价、安全和经济运行都有很大影响。

①设计水位。取承泄区重现期为5~10年一遇洪水的3~5 d内的平均水位，这是确定泵站设计扬程的依据。在设计扬程下，泵站必须满足设计流量的要求，据调查，我国各地的排涝设计标准有所不同。泵站出水池设计水位多数采用重现期5~10年一遇的3~5 d平均水位：有的采用某一涝灾严重的典型年汛期外河最高水位的平均值，也有的采用泵站所在地大堤防汛警戒水位作为泵站出水池设计水位，由于设计年的选择具有一定的区域局限性，任意性较大。因此，《泵站设计标准》（GB 50265—2022）规定取重现期为5~10年一遇的3~5 d平均水位作为泵站出水池设计水位，具体计算时，可根据历年外河水位资料，选取每年排涝期3~5 d连续最高水位平均值进行排频，然后取相应于重现期为5~10年一遇的外

河水位作为设计水位。对于某些经济发展水平较高的地区或有特殊要求的粮棉基地和大城市郊区，若条件允许，对于特别重要的泵站，可以适当提高出水池设计水位。

②最高运行水位：当承泄区水位变化幅度较小，水泵在设计洪水位能正常运行时，取设计水位。当承泄区水位变化幅度较大时，取重现期10~20年一遇洪水的3~5 d的平均水位，这是确定泵站最高扬程的依据。对于采用虹吸式出水流道的块基型泵房，该水位也是确定驼峰底部高程的主要依据。最高运行水位还与外河水位的变化幅度有关。设计重现期应保证泵站机组在最高运行水位工况下能安全运行，不应低于确定设计水位时采用的重现期标准。因此，规范规定外河水位变化幅度较小时，可取设计洪水位为最高运行水位；外河水位变化幅度较大时，取重现期10~20年一遇的外河3~5 d平均水位作为最高运行水位。对于特别重要的排水泵站，排涝设计标准可适当提高。

③最低运行水位：取承泄区历年排水期最低水位或最低潮水位的平均值，这是确定泵站最低扬程和流道出口淹没高程的依据，在该水位下，要求泵站仍能安全运行。

④平均水位：取承泄区排水期多年日平均水位或多年日平均潮水位，这是考核泵站是否经常在高效区运行的依据，在该水位下，泵站的装置效率高，能源消耗低。

⑤防洪水位：是确定泵站建筑物防洪墙顶部高程的依据，是计算分析泵站建筑物稳定安全的重要参数。直接挡洪的泵站防洪水位应按规定确定，不直接挡水的泵房，因泵房前设有防洪闸（或涵洞）承担防洪任务，泵房设计时可不考虑防洪水位的作用。

3.供水泵站的特征水位

（1）进水池水位

①设计水位：从河流、湖泊或水库取水时，取水源保证率为95%~97%的日平均或旬平均水位；从渠道取水时，取渠道通过设计流量时的水位。

②最高运行水位：从河流、湖泊或水库取水时，取重现期为10~20年一遇洪水的日平均水位；从水库取水时，根据水库调蓄性能论证确定；从渠道取水时，取渠道通过加大流量时的水位。

③最低运行水位：从河流、湖泊或水库取水时，取水源保证率为97%~99%的最低日平均水位；从渠道取水时，取渠道通过单泵流量时的水位。

④平均水位：从河流、湖泊或水库取水时，取多年日平均水位；从渠道取水时，取渠道通过平均流量时的水位。

（2）出水池水位

①设计水位：取与泵站设计流量相应的水位。

②最高运行水位：取与泵站加大流量相应的水位。

③最低运行水位：取与泵站单泵流量相应的水位。

④平均水位：取输水渠道通过平均流量时的水位。

（二）特征扬程

1.设计扬程

设计扬程是指泵站进、出水池设计水位的差值，再加上进水池至出水池间的管道水力损失。

在水泵尚未选型、管道尚未配套的情况下，难以准确计算出管道的沿程水力损失和局部水力损失。因此，在已知设计流量和净扬程的前提下，可根据可能选用的水泵的流量、净扬程和拟采用的管道布置方式，凭经验或参考相似泵站估计水力损失。

如果不计水力损失，将泵站进、出水池设计水位的差值称为设计净扬程。

泵站设计扬程是水泵选型的主要依据，在该工况下，泵站（水泵）必须满足设计流量要求。

2.平均扬程

平均扬程是指在加权平均净扬程的基础上，计入进水池至出水池间的管道水力损失后的结果；或者按泵站进、出水池平均水位差，并计入水力损失来计算。

其中，加权平均净扬程可根据水文系列资料在泵站运行期内所出现的分时段净扬程，流量和历时用下式求出：

$$\bar{H}_{净}=\frac{\sum H_i Q_i t_i}{\sum Q_i t_i} \tag{12-3}$$

式中：

$\bar{H}_{净}$——加权平均净扬程，m；

H_i——第i时段泵站净扬程（进、出水池水位差），m；

Q_i——第i时段泵站提水流量，m^3/s；

t_i——第i时段历时，d。

平均扬程对水泵选型也有重要指导意义，在选择水泵时，应使水泵在该扬程下处于高效区运行，从而使能量消耗最少。

有时，将式（12-3）所确定的加权平均净扬程简称为平均净扬程。

3.最高扬程

最高扬程是指泵站出水池最高运行水位与进水池最低运行水位之差，并计入进水池至出水池间的管道水力损失。在不计入水力损失时，这一扬程称为最高净扬程，也是泵站运行上限扬程。

水泵在该扬程下运行时，其流量虽然小于设计流量，但必须保证其运行稳定性，即必须满足水泵机组的振动和噪声不超过允许的范围、保证机组稳定运行等要求。

4.最低扬程

最低扬程是指泵站出水池最低运行水位与进水池最高运行水位之差，并计入进水池至出水池间的管道水力损失。在不计入水力损失时，这一扬程称为最低净扬程。在该工况下运行时，水泵流量最大，因此必须保证机组不发生汽蚀，机组不发生有害振动和噪声等，对于离心泵站，还要保证电动机不过载。

第十三章

土石坝枢纽设计

第一节　土石坝坝体设计

一、坝型、坝址选择及枢纽布置

（一）坝型、坝址的选择

坝型、坝址的选择及水利枢纽布置是水利枢纽设计的重要内容，二者相互联系。不同的坝址可选用不同的坝型和枢纽布置。例如，当河谷狭窄，地形条件良好时，适宜修建拱坝；河谷宽阔，地质条件较好时，可选用重力坝；河谷宽阔，河床覆盖层深厚，地质条件较差又有适宜的土石料时，可以选用土石坝。

在选择坝址、坝型及枢纽布置时，不仅要研究枢纽附近的自然条件，还需考虑枢纽的施工条件、运行条件、综合效益，投资指标以及远景规划等。

在选择坝址、坝型及枢纽布置时，应选择2~3个不同条件的坝址，不同的坝址选择不同的建筑物形式以及相应的枢纽布置方案，进行方案比较，最终确定一个合理的坝址方案。

1.坝型选择

对于同一个坝址，应分别考虑土石坝、重力坝、拱坝等几种不同的枢纽布置方案进行比较。

水利枢纽坝型选择时，考虑以下几个方面：

（1）拱坝方案

修建拱坝理想的地形条件是左右岸对称，岸坡平顺无凸变，在平面上向下游收缩的峡谷段，若坝址处无雄厚的山脊作为坝肩，峡谷不对称，且下游河床开阔，就没有建拱坝的可能。

（2）重力坝方案

从坝轴线地质图上看，坝址岩层虽为石英砂岩，砂页岩互层，但有第四纪黏土覆盖8~12m，砂卵石层35~45m，若建重力坝清基开挖量大，且不能利用当地材料筑坝，故建重力坝方案不经济。

（3）土石坝方案

土石坝对地形、地质条件要求低，几乎在所有条件下都可以修建且施工技术简单，可实行机械化施工，也能充分利用当地建筑材料，覆盖层也不必挖去，造价相对较低，所以采用土石坝方案较经济。

2.坝址选择

坝址选择应从以下几个方面考虑：

（1）地质条件

地质条件是坝址、坝型选择的重要条件。拱坝和重力坝（低的溢流重力坝除外），需要建在岩基上；土石坝对地质条件要求较低，岩基、土基均可；而水闸多是建在土基上。但天然地基总是存在这样或那样的缺陷，如断层破碎带、软弱夹层、淤泥、细砂层等。在工程设计中应通过勘测研究，了解地质情况，采取不同的地基处理方法，使其满足筑坝的要求。

（2）地形条件

不同的坝型对地形的要求不一样，在高山峡谷地区布置水利枢纽，应尽量减少高边坡开挖。坝址选在峡谷地段，坝轴线短，坝体工程量小，但布置泄水、发电等建筑物以及施工导流均有困难。选用土石坝坝型时，应注意该地区内有无天然的础口或天然冲沟可布置岸边溢洪道，上下游是否便于布置施工场地，因此，经济与否由枢纽的总造价、总工期来衡量。对于多泥沙及有漂木要求的河道，还应注意河流的流态，在坝址选择时，要注意坝址的位置是否对取水防沙及漂木有利。对于有通航要求的枢纽，还应注意上下游河道与船闸、筏道等过坝建筑物的连接。此外，还希望坝轴线上游山谷开阔，在淹没损失尽可能小的情况下，能获得较大的库容。

（3）建筑材料

坝址附近应有足够数量符合要求的建筑材料。采用混凝土坝时，要求有可做骨料用的砂卵石或碎石料场。采用土石坝时，应在距坝址不远处有足够数量的土石料场。对于料场分布、储量、埋深、开采运输及施工期淹没等问题，均应认真考虑。

（4）施工条件

要便于施工导流，坝址附近应有开阔地形，便于布置施工场地；距交通干线较近，便于交通运输。在同一坝区范围内，施工条件往往是决定坝址的重要因素，但施工的困难是暂时的，工程运行管理方便则是长久的。应从长远利益出发，正确对待施工条件的问题。

（5）综合效益

对不同的坝址要综合考虑防洪、灌溉、发电、航运、旅游等各部门的经济效益对环境的影响等。

以上几个条件很难同时满足，应抓住主要矛盾，权衡轻重，做好调查研究，进行方案比较，最后选出合适的坝轴线。

（二）枢纽的组成及布置

1.土石坝枢纽的组成

枢纽建筑物以土石坝为主体，包括泄洪建筑物、灌溉引水建筑物、发电引水建筑物、水电厂房、开关站、排沙建筑物、工业用水引水建筑物、放空水库的泄水建筑物、施工导流建筑物、过船建筑物、过木建筑物、鱼道等这些建筑物。有的可以结合使用，如发电引水和灌溉引水建筑物可合并或部分合并，排沙和放空水库泄水建筑物可以结合；有的则可以分开，如泄洪建筑物可分开成溢洪道和泄洪洞。这些都要按具体情况加以研究。

通常土石坝蓄水枢纽“三大件”，即土石坝、溢洪道和水工隧洞。土石坝用以拦蓄洪水，形成水库；溢洪道则用以宣泄洪水顶保大坝安全；水工隧洞则用以灌溉、发电、导流、泄洪、排沙等。

2.土石坝枢纽布置的一般原则

枢纽布置就是合理安排枢纽中各建筑物的相互位置。在布置时应从设计、施工、运用管理、技术经济等方面进行综合比较，选定最优方案。

枢纽布置应服从以下原则：

①枢纽布置应保证各建筑物在任何条件下都能正常工作。

②在满足建筑物的强度和稳定的条件下，使枢纽总造价和年运行费较低。尽量采用当地材料，节约钢材、木材、水泥等基建用料，采用新技术、新设备等是降低工程造价的主要措施。

③枢纽布置应考虑施工导流、施工方法和施工进度等，应使施工方便、工期短、造价低。

④枢纽中各建筑物布置紧凑，尽量将同一类型的建筑物布置在一起；尽量使一个建筑物发挥多种用途，充分发挥枢纽的综合效益。

⑤尽可能使枢纽中的部分建筑物早日投产，提前受益（如提前蓄水、早发电或灌溉）。

⑥考虑枢纽的远景规划，应对远期扩大装机容量、大坝加高、扩建等留有余地。

⑦枢纽的外观与周围环境要协调，在可能的条件下尽量注意美观。

3.土石坝枢纽布置的方案

在遵循枢纽布置一般原则的前提条件下，从若干具有代表性的枢纽布置方案中选择一个技术上可行、经济上合理、运用安全、施工期短、管理维修方便的最优方案，是一个反复优化的过程，需要对各个方案进行具体分析、全面论证、综合比较而定。

进行方案选择时，通常对以下项目进行比较：

①主要工程量。如钢筋混凝土和混凝土、土石方、金属结构、机电安装、帷幕灌浆、砌石等各项工程量。

②主要建筑材料用量。如钢筋、钢材、水泥、木材、砂石、沥青、炸药等材料的用量。

③施工条件。主要包括施工期、发电日期、机械化程度、劳动力状况、物资供应、料场位置、交通运输等条件。

④运用管理条件。主要包括发电、通航、泄洪、灌溉等是否相互干扰，建筑物和设备的检查、维修和操作运用、对外交通是否方便，人防条件是否具备等。

⑤建筑物位置与自然界的适应情况。如地基是否可靠，河床抗冲能力与下游的消能方式是否适应，地形是否便于泄水建筑物的进、出口的布置和取水建筑物进口的布置等。

⑥经济指标。主要比较分析总投资、总造价、年运行费、淹没损失、电站单位千瓦投资、电能成本、灌溉单位面积投资以及航运能力等综合利用效益。

⑦其他。根据枢纽特定条件有待专门进行比较的项目。

上述比较的项目中，有些项目是可以定量计算的，但有不少项目是难以定量计算的，这样就增加了方案选择的复杂性。因此，应充分掌握资料，实事求是地进行方案选择。

4.泄水和引水建筑物

枢纽中的泄水建筑物是枢纽的重要组成部分，其造价常占工程总造价的很大一部分，所以合理选择其布置、型式，确定其尺寸十分重要。泄水建筑物布置和型式，应根据地形、地质条件和泄水规模、水头大小及防沙要求等综合比较以后选定，可采用开敞式溢洪道和隧洞。

在地形有利的坝址，宜布置开敞溢洪道。溢洪道布置还应从地质、枢纽布置、施工条件等方面综合考虑。从开挖量大小考虑，当坝址附近有高度接近正常蓄水位的马鞍形山口或岸坡平缓，又能很快使下泄洪水回归原河道时，应采用正槽溢洪道。若河岸很陡，宜采用泄洪洞或井式溢洪道。若溢洪道与大坝紧邻，应修建导水墙将二者隔开，临近的坝体要加强防冲保护和做好防渗连接。溢洪道控制段应靠近水库，以减少水头损失。溢洪道布置还应仔细考虑出渣、堆渣及石渣的利用，做到与其他建筑物相互协调，避免干扰。

多泥沙河流应设排沙装置，并在进水口设防淤和防护措施。泄水和引水建筑物进、出口附近的坝坡和岸坡，应有可靠的防护措施。泄水建筑物出口应采用合理的消能措施并使消能以后的水流离开坝脚一定距离。

泄水建筑物应布置在岸边岩基上。对高、中坝不应采用坝下涵管，低坝采用软基上埋管时，必须进行技术论证。

二、剖面设计

（一）土石坝坝型选择

土石坝中应用最广泛的坝型为碾压式土石坝，即用适当的土料，以合理的厚度分层填筑，逐层压实而成的坝体碾压式土石坝的三种坝型：均质坝、土质防渗体分区坝、人工材料防渗体坝。坝型选择应综合考虑坝高、建筑材料、施工条件、枢纽布置、总工程量、总造价、总工期等因素，经技术经济比较后确定。

1.均质坝

均质坝坝体断面不分防渗体和坝壳，坝体基本上是由均质黏性土料（壤土、砂壤土）筑成。整个坝体防渗并保持自身的稳定，由于黏性土料抗剪强度较低，对坝坡稳定不利，坝坡较缓，体积庞大，使用的土料多，铺土厚度薄，填筑速度慢，易受降雨和冰冻的影响因此，多用于低、中坝，坝址处除黏性土料外，缺乏其他材料的情况下才采用。

2.心墙坝

土质心墙坝便于与坝基内的垂直和水平防渗体相连接。这种坝型不仅适用于建低坝，也适用于建高坝心墙位于坝体的中央，适应变形的条件较好，特别是当坝肩很陡时，较斜墙坝优越。但是，心墙在施工时宜于两侧坝壳同时上升，施工干扰大，受气候条件的影响也大。

3.斜墙坝

土质斜墙坝便于与坝基内的垂直和水平防渗体相连接。这种坝型不仅适用于建低坝，也适用于建高坝。斜墙坝的砂砾石或堆石坝壳可以先于防渗体填筑，而且不受气候条件限制，施工干扰小。但是斜墙坝的防渗体位于上游面，所以上游坝坡较缓，坝体工程量也相对较大。上游坝坡较缓，坝脚伸出较远，对溢洪道和输水洞进口布置有一定影响。斜墙对坝体的沉降变形比较敏感，与陡峻河岸连接较困难，故高坝中斜墙坝所占比例较小。

4.斜心墙坝

为了解决心墙坝与斜墙坝的上述问题，近年来，很多高坝采用斜心墙坝，既避免了坝体沉降过大引起斜墙开裂的问题，又有利于克服拱效应和改善坝顶附近心墙的受力条件。

5.堆石坝

以石渣、卵石、爆破石料为主，除防渗体外，坝体的绝大部分或全部由石料堆筑起来的坝称为堆石坝。按防渗体布置，同样也有斜墙坝、心墙坝两种钢筋混凝土面板堆石坝应用最为广泛。最大坝高为233m的水布垭水电站大坝为此种坝型。

堆石坝与普通土坝相比，具有如下优点：

①抗滑稳定性好。水荷载作用在面板上传到坝体，整个堆石坝重量及面板上部分水重抵抗水压；分层碾压的堆石密实度高，抗剪强度大。大多数堆石坝不需做稳定分析，取坝坡1：1.3或1：1.4，对应坡角37.6°或35.5°，接近松散抛填堆石的自然休止角，大大低于碾压土石的内摩擦角（大于45°）。

②坝坡陡，断面小，枢纽布置紧凑。

③透水性好，抗震性能强。排水性好，处于无水状态，地震时不会产生孔隙水压力，不会液化或使坝坡失稳。

④施工导流方便，坝体可过水。

⑤施工受雨季影响小，可分期施工。

⑥可承受水头不大的坝顶漫溢，较之土坝有更大的安全性，施工度汛时也允许有少量漫水。

堆石坝的坝坡与石料性质、坝高、坝型及地基条件有关，下游坡一般取1：1.25~1：1.4。如果石料质量或地基条件较差，则需要放缓边坡，有的达1：2.0~1：2.2。我国有些岩基上的堆石坝下游坡用大块石护面或干砌石护面，坡度可陡至1：1，甚至1：0.5~1：0.7，运用情况良好。上游坡取决于防渗体的材料和结构，变化范围较大，可达1：0.5~1：2.5，在地震区有的达1：3.0，由稳定计算条件确定。

坝体应根据料源及对筑坝材料强度、渗透性、压缩性、施工方便和经济合理等要求进行分区。从上游向下游宜分为垫层区、过渡区、主堆石区、下游堆石区；在周边缝下游侧设置特殊垫层区；100m以上高坝，宜在面板上游面低部位设置上游铺盖区及盖重区。各区坝料的渗透性宜从上游向下游增大，并应满足水力过渡要求。下游堆石区下游水位以上的坝料不受此限制，堆石坝体上游部分应具有低压缩性。下游围堰和坝体结合时，可在下游坝址部位设硬岩抛石体。

（二）土石坝剖面设计

土石坝的基本剖面，根据坝高和坝的等级、坝型和筑坝材料特性，坝基情况以及施工、运行条件等，参照现有工程的实践经验初步拟定，然后通过渗流和趋势分析检验，最终确定合理的剖面形状。土石坝的基本剖面是梯形，所以土石坝剖面的基本尺寸主要包括坝顶高程、坝顶宽度、上下游坡度，以及防渗结构、排水设备的型式及基本尺寸等。

1.坝顶高程

坝顶高程要保证挡水需要，同时要防止波浪超越坝顶。坝顶高程按水库静水位加上防浪超高来确定，《碾压式土石坝设计规范》（SL 274—2020）规定，按下列运用条件计算，取其大者：

①设计洪水位加正常运用条件的坝顶超高；

②正常蓄水位加正常运用条件的坝顶超高；

③校核洪水位加非常运用条件的坝顶超高；

④正常蓄水位加非常运用条件的坝顶超高，再加地震安全超高。

当上游设防浪墙时，以上确定的坝顶高程改为防浪墙顶高程，此时，在正常运用情况下，坝顶高程应至少高于静水位0.5m；在非常运用情况下，坝顶高程应高于静水位。

2.坝顶宽度

坝顶宽度主要满足运行、施工、交通和人防等要求。无特殊要求时，高坝的最小坝顶宽度一般为10~15m，中低坝为5~10m；有交通要求时，应按交通规定修建。

坝顶宽度必须考虑心墙或斜墙顶部及反滤层布置的需要，在寒冷地区，坝顶还需具备足够的厚度，以保护黏性土料防渗体免受冻害。

3.坝坡

坝坡应根据坝型、坝高、坝体材料和坝基情况，还要考虑坝体承受的荷载、施工和运用条件等因素，通过技术经济分析比较确定。一般方法是：根据经验初步拟定坝坡，再进行渗流和稳定分析，根据分析计算结果修改坝坡，直至获得合理的坝坡。

一般情况下，上游坝坡经常浸在水中，工作条件不利，所以当上下游坝坡采用同一种土料时，上游坝坡比下游坝坡缓。心墙坝上下游坝壳多采用强度较高的非黏性土填筑，所以坝坡一般比均质坝陡。塑性斜墙坝上游坝坡较缓，下游坡则和心墙坝相仿地基条件好、土料碾压密实的，坝坡可以陡些，反之则应放缓。黏性土料的稳定坝坡为一曲面，上部坡陡，下部坡缓，所以用黏性土料做成的坝坡，常沿高度分成数段，每段10~30m，从上而下逐渐放缓，相邻坡率差值取0.25或0.5砂土和堆石的稳定坝坡为一平面，可采用均一坡率。当坝基或坝体土料沿坝轴线分布不一致时，应分段采用不同坡率，在各段间设过渡区，使坝坡缓慢变化。

土石坝坝坡确定的步骤是：根据经验用类比法初步拟定，再经过核算、修改以及技术经济比较后确定。

三、细部构造设计

（一）坝顶

坝顶做护面，护面的材料可采用碎石、单层砌石、沥青或混凝土路面。如坝顶有公路交通要求，坝顶结构应满足公路交通路面的相关规定。

坝顶上游侧常设防浪墙，防浪墙应坚固、不透水。一般采用浆砌石或钢筋混凝土筑成，墙底应与坝体中的防渗体紧密连接，以防高水位时漏水。防浪墙的高度一般为1.0~1.2m。

坝顶下方一般设路缘石或栏杆坝顶面应向两侧或一侧倾斜，形成2%~3%的坡度，以便排除雨水，坝的布置与坝顶结构力求经济实用，在建筑艺术处理方面要美观大方。

（二）防渗体

设置防渗设施的目的是：减少通过坝体和坝基的渗漏量，降低浸润线，以增加下游坝坡的稳定性；降低渗透坡降，以防止渗透变形。土石坝的防渗措施应包括坝体防渗、坝基防渗及坝体与坝基、岸坡及其他建筑物连接的接触防渗。防渗体主要是心墙、斜墙、铺盖、截水槽等，它的结构和尺寸应能满足防渗、构造、施工和管理方面的要求。

1.黏性土心墙

黏性土心墙位于土石坝坝体断面的中心部位，并略微偏向上游，有利于心墙与坝顶的防浪墙相连接；同时也可使心墙后的坝壳先期施工，坝壳得到充分的先期沉降，从而避免或减少坝壳与心墙之间因变形不协调而产生的裂缝。

心墙的厚度应根据土料的容许渗透坡降来确定，保证心墙在渗透坡降作用下不至于被破坏，有时也需考虑控制下游浸润线的要求。

轻壤土的容许渗透坡降为3~4，壤土为4~6，黏土为6~8。心墙顶部的水平宽度不宜小于3m，心墙底部厚度不宜小于作用水头的1/4。心墙的两侧坡度一般为1：0.15~1：0.3，有些两侧坡度可达1：0.4~1：0.5。

心墙的顶部应高出设计洪水位0.3~0.6m，且不低于校核水位，当有可靠的防浪墙时，心墙顶部高程也不应低于设计洪水位。

心墙顶部与坝顶之间应设置保护层，以防止冻结、干燥等因素的影响，并按结构要求不小于1m，一般为1.5~2.5m。

心墙与坝壳之间应设置过渡层。过渡层的要求可以比反滤层的要求低，一般采用级配较好的、抗风化的细粒石料和砂砾石料。过渡层除有一定的反滤作用外，主要还是为了避免防渗体与坝壳两种土料之间刚度的突然变化，使应力传递均匀，防止防渗体产生裂缝，或控制裂缝的发展。

心墙与坝基及两岸必须有可靠的连接。对于土基，一般采用黏性土截水槽；对于岩基，一般采用混凝土垫座或混凝土齿墙，齿墙的高度为1.5~2.0m，切入岩基的深度常为0.2~0.5m，有时还要在下部进行帷幕灌浆。

2.黏性土斜墙

黏性土斜墙位于土石坝坝体上游面。它是土石坝中常见的又一种防渗结构填筑材料，与土质心墙材料相近。

斜墙的厚度应根据土壤的容许渗透坡降和结构的稳定性两方面来确定，有时也需考虑控制下游浸润线的要求，以及渗透流量的要求。斜墙顶部的水平宽度不宜小于3m，斜墙底部的厚度应不小于作用水头的1/5。

墙顶应高出设计洪水位0.6~0.8m，且不低于校核水位。同样，如有可靠的防浪墙，斜墙顶部也不应低于设计洪水位。

斜墙的上游侧坡面和斜墙的顶部，必须设置保护层。其目的是防止斜墙被冲刷、冻裂或干裂，一般用砂、砂砾石、卵石或碎石等砌筑而成。斜墙顶部与坝顶之间的保护层按结构要求不小于1m，一般为1.5~2.5m。

斜墙与坝壳之间应设置过渡层。过渡层的作用、构造要求等与心墙与坝体间的过渡层类似，但由于斜墙在受力后更容易变形，因此斜墙后的过渡层的要求应当高一些，且常设置为两层，斜墙与保护层之间的过渡层可适当简单，当保护层的材料比较合适时，可只设一层，有时甚至可以不设保护层。

斜墙及过渡层的两侧坡度，主要取决于土坝稳定计算的结果，一般外坡应为1：2.0~1：2.5，内坡为1：1.5~1：2.0。

（三）坝体排水设施

土石坝坝身排水设施的主要作用是：①降低坝体浸润线，防止渗流逸出处的渗透变形，增强坝坡的稳定性；②防止坝坡受冰冻破坏；③有时也起降低孔隙水压力的作用。

1.堆石棱体排水

堆石棱体排水是在坝址处用块石堆筑而成的棱体，也称为排水棱体或滤水坝趾。堆石棱体排水能降低坝体浸润线，防止坝坡冰冻和渗透变形，保护下游坝脚不受尾水淘刷，同时还可支撑坝体，增加坝的稳定性堆，石棱体排水工作可靠，便于观测和检修，是目前使用最为广泛的一种坝体排水设施，多设置在下游有水的情况下。

棱体排水顶部高程应超出下游最高水位对1、2级坝，不应小于1.0m；对3、4、5级坝，不应小于0.5m；应超过波浪沿坡而的爬高；顶部高程应使坝体浸润线距坝面的距离大于该地区冻结深度；顶部宽度应根据施工条件和检查观测需要确定，且不宜少于1.0m；应避免在棱体上游坡脚处出现锐角。棱体的内坡坡度一般为1：1~1：1.5，外坡坡度一般为1：1.5~1：2.0。排水体与坝体及地基之间应设置反滤层。

2.贴坡排水

贴坡排水是一种直接紧贴下游坝坡表面铺设的排水设施，不伸入坝体内部。因此，又称表面排水，贴坡排水不能缩短渗径，也不影响浸润线的位置，但它能防止渗流溢出点处土体发生渗透破坏，提高下游坝坡的抗渗稳定性和抗冲刷的能力，贴坡排水构造简单，用料节省，施工方便，易于检修。

贴坡排水层的顶部高程应高于坝体浸润线出逸点，超过的高度应使坝体浸润线在该地区的冻结深度以下，对1、2级坝不应小于2.0m；对3、4、5级坝，不应小于1.5m；应超过波浪沿坡面的爬高；底脚应设置排水沟或排水体；材料应满足防浪护坡的要求。

贴坡排水单独使用时，主要用于周期性被淹没的、坝的滩地部分的，下游坝坡上贴坡排水常与其他排水设施结合在一起使用，形成组合式排水。

贴坡排水一般由1~2层足够均匀的块石组成，从而保证有很高的渗透系数，大块的粒径应根据在下游波浪的作用下能够保持稳定的条件来确定。下游最高水位以上的贴坡排水，可只填筑砾石或碎石。

贴坡排水砌石或堆石与下游坡面之间应设置反滤层。

3.褥垫排水

褥垫排水是设在坝体基部、从坝址部位沿坝底向上游方向伸展的水平排水设施。

褥垫排水的主要作用是降低坝内浸润线。褥垫伸入坝体越长，降低坝内浸润线的作用越大，但越长也越不经济。因此，褥垫伸入坝内的长度以不大于坝底宽度的1/3~1/4为宜。褥垫排水一般采用粒径均匀的块石，厚度为0.4~0.5m在褥垫排水的周围，应设置反滤层。

褥垫排水一般设置在下游无水的情况，但由于褥垫排水对地基不均匀沉降的适应性较差，且难以检修，因此在工程中应用得不多。

4.综合式排水

综合式排水是为了充分发挥不同排水设施的功效，根据工程的需要，采用两种或两种以上的排水设施型式组合而成的排水设施。

（四）护坡与坝坡排水

1.护坡

护坡主要是保护坝坡免受波浪和降雨的冲刷；防止坝体的黏性土发生冰结、膨胀、收缩的现象。对于坝表面为上、砂、砂砾石等材料的土石坝，其上、下游均应设置专门的护坡。对于堆石坝，可采用堆石材料中的粗颗粒料或超径石做护坡。

（1）上游护坡

上游护坡可采用抛石、干砌石、浆砌石、混凝土块（板）或沥青混凝土，其中以砌块石护坡最常用。根据风浪大小，干砌石护坡可采用单层砌石或双层砌石，单层砌石厚3~0.35m，双层砌石厚0.4~0.6m，下面铺设0.15~0.25m厚的碎石或砾石垫层。

护坡范围上至坝顶，下至水库最低水位2.5m以下，4、5级坝可降至1.5m，不高的坝或最低水位不确定时常护至坝底。上游护坡在马道及坡脚应设置基座，以增加稳定性。

（2）下游护坡

下游护坡可采用草皮、碎石或块石等，其中草皮护坡是最经济的形式之一。草皮厚度一般为0.05~0.10m，在草皮下部一般先铺垫一层厚0.2~0.3m的腐殖土。

下游面护坡的覆盖范围应由坝顶护至排水棱体；无排水棱体时，应护至坝脚。如坝体为堆石、碎石或卵石填筑，可不设护坡。

2.坝坡排水

在下游坝坡上常设置纵横向连通的排水沟。沿土石坝与岸坡的结合处，也应设置排水沟，以拦截山坡上的雨水，坝面上的纵向排水沟沿马道内侧布置，用浆砌石或排混凝土板铺设成矩形或梯形。若坝较短，纵向排水沟拦截的雨水可引至两岸的排水沟排至下游；若坝较长，则应沿坝轴线方向每隔50~100m设一横向排水沟，以便排除雨水。排水沟的横断面，一般深0.2m，宽0.3m。

第二节　溢洪道设计

一、溢洪道位置选择

河岸溢洪道在枢纽中的位置，应根据地形、地质、工程特点、枢纽布置的要求、施工及运行条件、经济指标等综合因素进行考虑。

溢洪道的布置应结合枢纽总体布置进行全面考虑，避免与泄洪、发电、航运及灌溉等建筑物在布置上相互干扰。

（一）地形条件

溢洪道应位于路线短和土石方开挖量少的地方，比如坝址附近有高程合适的马鞍形垭口，则往往是布置溢洪道较理想之处。拦河坝两岸顺河谷方向的缓坡台地上也适于布置溢洪道。要尽量避免深开挖而形成高边坡，以免造成边坡失稳或处理困难。

（二）地质条件

溢洪道应尽量选取较坚硬的岩基上，当然土基上也能建造溢洪道，但要注意，位于好岩基上的溢洪道可以减少工程量，甚至不衬砌；而土基上的溢洪道，尽管开挖较岩基容易，而衬砌及消能防冲工程量可能大得多。此外，无论如何应避免在可能坍滑的地带修建溢洪道。

（三）泄洪时的水流条件

溢洪道轴线一般宜取直线，如需转弯，应尽量在进水渠或出水渠段内设置弯道，且溢洪道泄水时对枢纽其他建筑物无不利影响。通常应注意以下几个方面：①控制堰上游应开阔，使堰前水头损失小；②控制堰如靠近土石坝，其进水方向应不致冲刷坝的上游坡；③泄水陡槽在平面上最好不设弯段；④泄槽末端的消能段应远离坝脚，以免造成坝身的冲刷；⑤出口水流应与下游河道平顺连接，避免下泄水流对坝址下游河床和河岸的淘刷、冲刷及河道的淤积，保证枢纽中的其他建筑物正常运行；⑥水利枢纽中如尚有水力发电、航运等建筑物时，应尽量使溢洪道泄水时不造成电站水头的波动，不影响通过船筏的安全。

（四）施工条件

使溢洪道的开挖土石方量具有好的经济效益，如将其用于填筑土石坝的坝体；在施工布置时，应仔细考虑出渣路线及弃渣场的合理安排。此外，还要解决与相邻建筑物的施工干扰问题。

二、某水电站泄洪洞设计

（一）工程概况

某水电站泄洪洞布置在左岸，由导流洞后期改建而成，同时具有泄洪和放空水库的功能。电站为Ⅲ等工程，挡水及泄洪建筑物按50年一遇洪水设计，1000年一遇洪水校核；消能防冲建筑物按30年一遇洪水设计。泄洪洞设计最大泄流量约为980m³/s。

（二）地形地质条件

泄洪洞位于坝址区左岸山体斜坡部位，基本顺河床布置。进口段位于坝址区左岸山体斜坡DJ1堆积体前缘陡坎部位，进口段表层为崩坡积块碎石土层，结构松散，厚度0.5~1m；其下为冰水积漂（块）石砂卵砾石层，结构密实，厚度6~10m；冰水积漂（块）石砂卵砾石层之下为白云岩，巨厚层状，坚硬，岩体内裂隙不发育，但风化程度较强，强风化水平深度12~15m，弱风化水平深度25~35m，强、弱风化岩体较破碎，局部呈碎块状。洞身段白云岩和砂质板岩以弱风化、微风化岩体为主，洞顶山岩覆盖厚度均大于40m，成洞条件较好。出口段边坡坡度35°~45°，基岩裸露，为岩质边坡，岩性为白云岩，巨厚层状，裂隙不发育，但风化程度较高，完整性较差。强风化层水平深度10~15m，弱风化层水平深度25~35m，出口段多位于弱风化层内。

（三）泄洪洞设计

1.泄洪洞结构设计

泄洪洞布置在左岸，由导流洞后期改建而成，由进口有压段、事故闸门井段、洞身有压段、工作闸门室段和出口消能等组成，并有交通洞与工作闸门操作室相通。进口高程2751.00m，出口高程2744.84m，全长436.76m（不包括消力池）。

进口有压段长度59.0m，前12m为进水喇叭口段，断面为矩形断面，宽度均为12.7m，顶板为1/4椭圆曲线，将喇叭口段高度由14m渐变为10m；其后47m范围为矩形段，断面尺寸为12.7m×10m（宽×高）。

进口有压段后设事故检修闸门，闸室段长12m，流道中间设隔墩，将流道一分为二，因此事故闸门为两孔，单孔尺寸为5m×10m（宽×高）。

事故闸门井后设20m长的方变圆渐变段，将过水断面由12.7m×10m的矩形渐变为直径为10m的圆形。

洞身段由直线段及两平面转弯段组成，转弯半径为R=50m，采用钢筋混凝土衬砌，Ⅲ类、Ⅳ类围岩洞段的衬砌厚度分别为60cm、80cm。泄0+396.76~0+421.76m段为泄洪洞孔口圆变方渐变段及压坡段，孔口尺寸由直径10m的圆形断面渐变为9m×5m（宽×高）的矩形断面；孔口后15m（泄0+421.76~0+436.76m段）范围为工作闸门室，工作闸室段下游接消力池。

消力池包括25m长泄槽扩散段、70m长消力池池身及尾坎段，其中泄槽扩散段及部分池身段布置在洞内，消力池池宽为16m，消力池池深8.55m，底板高程为2742.28m；尾坎采用差动式，高坎高程为2750.83m，低坎高程为2746.56m。

2.水力学计算

（1）泄流能力计算

根据泄洪洞结构布置及孔口尺寸9m × 5m（宽 × 高），对泄洪洞泄流能力进行计算，泄洪洞泄流能力受工作闸门孔口尺寸控制，其计算公式为：

$$Q = \mu A\sqrt{2gH} \tag{13-1}$$

式中：

Q——泄流量，m^3/s；

μ——流量系数；

H——中心线上水头，m；

A——有压段出口断面面积，m^2。

经模型试验验证校核洪水位、设计洪水位试验值为995.1m^3/s、962.52m^3/s，均较计算值及设计值大，泄洪洞泄流能力满足要求。

（2）消能计算

泄洪洞为有压孔口出流，根据《溢洪道设计规范》（SI 253—2018）及《水力计算手册》相关规定及计算公式，进行校核、设计及消能设计等工况的消力池水力计算。

本电站泄洪洞由导流洞后期改建而成，泄洪洞出口采用半窑洞式消力池进行消能，消力池底板基础全部位于条件较好的基岩上。

三、水电站泄洪洞闸室边墙冲刷破坏原因分析及修复措施

破坏而局部形成冲坑或冲槽，尤其是在高速水流携带悬移质或者推移质时，破坏往往更加明显，会直接影响泄水建筑物乃至水电站的安全运行。而作为径流式水电站来说，泄水建筑物的进出口往往位于水下，日常巡查只能对其水上部分进行检查，对于水下部分往往需要借助水下检查手段方可清楚地进行检查。同时水下破坏部位形成干地施工条件较为困难，费用较高，所以针对具体工程破坏原因进行认真分析，制定具有针对性的措施对以后减小其破损程度，保障泄水建筑物及水电站的安全稳定具有重大意义。

（一）冲刷破坏现状及原因

1.工程概况

某水电站共布置两条泄洪洞，两条泄洪洞均与导流洞按全结合布置，前期作为导流洞，后期对出口改建后，作为永久泄洪洞，在运行期承担 35%~40% 的泄流量。两条导

流洞断面为城门洞型，过水断面尺寸均为 15.5m × 18m（宽 × 高），出口改建后尺寸为 9m × 11.5m（宽 × 高）。进口高程均为 616m，出口高程均为 614m。为防止冲砂工况泄洪洞出口闸室的表层混凝土冲磨破坏，整个闸室段边墙底部设置高 3m 的钢衬（厚 2cm），底板和边墙钢衬上部 5m 范围设置 0.5m 厚 C40HF 混凝土。

2.冲刷破坏现状

某水电站泄洪洞经抽水形成干地条件后进行了检查，检查结果表明出口闸室存在以下问题：

①泄洪洞出口闸室段左边墙钢衬（3m高）发生破损、脱落，部分已被冲走。泄水建筑物在各水电站普遍存在冲刷破坏，尤其是在高速水流携带悬移质或推移质时破坏更为显著，严重时甚至危及泄水建筑物的安全运行。结合某水电站泄洪洞闸室破坏情况，分析其破坏原因，制定采用冲坑先填筑环氧细石混凝土，表面采用环氧砂浆进行修复，并对右侧边墙脱空进行回填灌浆等有针对性的修复措施，并明确质量控制要点，取得了良好的效果。

②工作弧门下游左侧墙原钢衬背后局部有几处混凝土存在淘刷破坏，最大深度 50cm，露筋。从现场抽水形成干地后检查结果来看，闸室左边墙钢衬发生破损、脱落破坏，只是表层破坏，未危及闸室结构安全，因此，闸室整体结构是安全的。由于钢衬范围混凝土为C25，不满足抗磨蚀强度要求，同时，若对冲深槽不及时修复会越冲越大，危及边墙结构安全。

3.冲刷破坏原因分析

关于闸室左边墙钢衬发生破损、脱落且部分已被冲走的原因，初步分析认为。

①出口闸室在施工完成后，可能由于钢板与混凝土之间结合不紧密致使存在一定范围的脱空，在汛期泄洪时，由于出口闸室流速较高，最大为20.57m/s，边墙产生较大的脉动压力，致使空腔部位的钢板不停震动，导致锚筋焊缝疲劳破坏（没有钢筋被拉断的情况），造成空腔范围进一步扩大，最后钢板被撕裂冲走。

②闸室左右边墙镶护钢衬是对称布置的，右边墙的钢衬表观无损坏，而左边墙的钢衬产生破坏，可能左边墙钢衬锚筋的焊接存在质量缺陷。

（二）修补处理措施及质量控制要点

1.修补处理措施

①拆除1号泄洪洞工作闸室左边墙工作闸门至检修闸门之间残余部分钢板。

②混凝土被冲出深槽的部位，将深槽边缘垂直凿除5cm深，在深槽内植入锚筋，

锚筋C20，锚筋长伸入混凝土50cm，距混凝土表面3cm，长度现场确定，锚筋间距30~50cm，然后填筑C40环氧细石混凝土至边墙混凝土表面。

③对左边墙原钢板镶护的混凝土表面用2cm厚的环氧砂浆抹平，环氧砂浆应分层施工，每层厚度不宜超过1cm。

④检查右边墙钢衬是否存在空腔，如存在空腔需进行钻孔灌浆处理。同时对钢板焊缝进行检查，如有缺陷应及时处理。

2.修补质量控制要点

①修复工作是一项专业技术难度大的工作，因此，应由有经验的专业施工队伍承担修补施工，并严格按相关要求、规范进行验收。

②环氧砂浆应采用低毒或无毒、便于施工的改性环氧砂浆。改性环氧砂浆力学控制指标：28 d抗压强度不低于70mPa,抗拉强度不低于10mPa；28 d环氧砂浆与混凝土黏结强度不低于4mPa，线膨胀系数小于15×10^{-6}/℃。

③环氧砂浆修补时，先清除基面松裂混凝土残体，以高压水冲洗干净，并保持干燥。为保持良好的黏结力，环氧砂浆修补前，修补基面需先涂刷一层不超过1mm厚的环氧基液，保证基液涂刷薄且均匀，消除涂层中的气泡，并在用手触摸不粘手并能拔丝时（约30min）再填补环氧砂浆。环氧砂浆修补时，砂浆应摊铺均匀，每层厚度不宜超过1cm，用铁镘反复压抹，使表面翻出浆液，气泡必须刺破压紧；养护：环氧砂浆修补完成后，养护温度控制在20℃±5℃，养护期5~7 d。环氧砂浆修补分多次进行，来回刮和挤压，将气泡孔内的气体排出，保证填充密实，待材料完成收缩后，再进行1次涂刷处理，表面收光。

泄水建筑物过水流道发生冲刷破坏现象在目前运行中的水电站普遍存在，分析破坏原因，并根据破坏原因有针对性地制定修补方案，对后期泄水建筑物控制破坏发生及安全稳定运行具有至关重要的意义。结合某径流式水电站泄洪洞在高速水流作用下发生冲刷破坏的原因，采取对左边墙冲坑先用环氧细石混凝土进行填筑，表面采用环氧砂浆进行修复，对右边墙钢衬脱空部位进行回填灌浆处理，存在焊接缺陷部位进行补焊处理的修复方案，经过几个汛期的运行考验，目前运行情况良好。

第十四章

重力坝设计

第一节　总体布置设计

一、重力坝枢纽分等与建筑物分级

重力坝枢纽根据工程用途的规模、库容等指标确定相应的等别，见表14-1。根据枢纽的等别确定主要建筑物和次要建筑物的级别，见表14-2。多用途的水工建筑物，应根据其不同用途相应的等级中最高者和其本身的重要性，按表14-2确定级别。

表14-1　水利水电枢纽工程等别

工程等别	工程规模	水库总库容（亿m^3）	防洪		治涝	灌溉	供水	发电
			保护城镇及工矿企业的重要性	保护农田（万亩）	治涝面积（万亩）	灌溉面积（万田）	供水对象重要性	装机容量（万kW）
Ⅰ	大（1）型	≥10	特别重要	≥500	≥200	≥150	特别重要	≥120
Ⅱ	大（2）型	10~1.0	重要	500~100	200~60	150~50	重要	120~30
Ⅲ	中型	1.0~0.10	中等	100~30	60~15	50~5	中等	30~5
Ⅳ	小（1）型	0.10~0.01	一般	30~5	15~3	5~0.5	一般	5~1
Ⅴ	小（2）型	0.01~0.001	一般	<5	<3	<0.5	一般	<1

注：1.总库容指水库最高水位以下的静库容。

2.治涝面积和灌溉面积均是指设计面积。

表14-2　水利水电工程永久性建筑物级别

工程等别	主要建筑物	次要建筑物
Ⅰ	1	3
Ⅱ	2	3
Ⅲ	3	4
Ⅳ	4	5
Ⅴ	5	5

二、水利枢纽布置

（一）水利枢纽设计的任务

一般水利枢纽设计可分为初步设计和技术设计及施工图设计两个阶段。

初步设计阶段的主要任务是：①选择合理的坝址、坝轴线和坝型；②通过比较方案选出最优的枢纽布置方案；③确定工程和建筑物的等级标准、主要建筑物的型式，主要尺寸和布置；④选择水库的各种特征水位，选择电站装机容量，电气主接线方式及主要机电设备；⑤提出水库移民安置规划；⑥选择施工导流方案和进行施工组织设计；⑦提出工程总概算，阐明工程效益。

技术设计及施工图设计阶段的主要任务：①根据批准的初步设计进行建筑物的结构设计和细部构造设计；②进一步研究地基处理方案；③制订详细的施工方案和施工技术措施，编制详细的施工组织设计，施工进度计划和施工预算等。

（二）坝址和坝型选择

①地质条件：地质条件是坝址、坝型选择的重要条件。

②地形条件：不同的坝型对地形的要求不一样。

③建筑材料：坝址附近应有足够数量符合要求的建筑材料。

④施工条件：要便于施工导流，坝址附近应有开阔地形，便于布置施工场地；距交通干线较近，便于交通运输。

⑤综合效益：要综合考虑防洪、灌溉、发电等各部门的经济效益对环境的影响等。

（三）枢纽布置的一般原则

①枢纽布置应保证各建筑物在任何条件下都能正常工作。

②在满足建筑物的强度和稳定的条件下，使枢纽总造价和年运行费较低。

③枢纽布置应使施工方便、工期短、造价低。

④枢纽中各建筑物布置紧凑，充分发挥枢纽的综合效益。

⑤尽可能使枢纽中的部分建筑物早日投产，提前受益。

⑥考虑枢纽的远景规划，应对远期扩大装机容量、大坝加高、扩建等留有余地。

⑦枢纽的外观与周围环境要协调，在可能的条件下尽量做到美观。

（四）枢纽布置方案的选择

进行方案选择时，通常对以下项目进行比较：

①主要工程量：如钢筋混凝土和混凝土、土石方、金属结构、砌石等各项工程量。

②主要建筑材料：如钢筋、钢材、水泥、木材、砂石、沥青、炸药等材料的用量。

③施工条件：主要包括施工期、机械化程度、劳动力状况、料场位置、交通运输等条件。

④运用管理条件：发电、通航、泄洪、灌溉等是否相互干扰，建筑物和设备的检查、维修和操作运用，对外交通是否方便，人防条件是否具备等。

⑤建筑物位置与自然界的适应情况：地基是否可靠，河床抗冲能力与下游的消能方式是否适应等。

⑥经济指标：主要比较分析总投资、总造价、年运转费、淹没损失、电站单位千瓦投资、电能成本、灌溉单位面积投资以及航运能力等综合利用效益。

上述比较的项目中，有些项目是可以定量计算的，但有不少项目是难以定量计算的，这样就增加了方案选择的复杂性。因此，应充分掌握资料，实事求是，进行方案选择。

第二节　溢流坝与泄水孔设计

一、溢流坝剖面设计

（一）溢流重力坝的工作特点

溢流坝既是挡水建筑物，又是泄水建筑物，除应满足稳定和强度要求外，还需要满足泄流能力的要求。溢流坝在枢纽中的作用是将规划确定的库内所不能容纳的洪水由坝顶泄向下游，以确保大坝的安全。溢流坝满足泄水要求包括以下几个方面内容：

①有足够的孔口尺寸和较大的流量系数，以满足泄洪能力要求。

②体型和流态良好，使水流平顺地流过坝体，控制不利的负压和振动，避免产生空蚀现象。

③满足消能防冲要求，保证下游河床不产生危及坝体安全的局部冲刷。

④溢流坝段在枢纽中的布置，应使下游流态平顺，不产生折冲水流，不影响枢纽中其他建筑物的正常运行。

⑤有灵活控制水流下泄的机械设备，如闸门、启闭机等。

（二）孔口设计

溢流坝孔口尺寸的拟定包括孔口型式、溢流前缘总长度、堰顶高程、每孔尺寸和孔数。设计时一般先选定泄水方式，再根据泄流量和允许单宽流量，以及闸门形式和运用要求等因素，通过水库的调洪计算、水力计算，求出各泄水布置方案的防洪库容、设计和校核洪水位及相应的下泄流量等，进行技术经济比较，选出最优方案。

1.孔口型式的选择

溢流坝常用的孔口型式有坝顶溢流式和大孔口溢流式。

（1）坝顶溢流式

坝顶溢流式也称开敞式，这种形式的溢流孔除宣泄洪水外，还能用于排除冰凌和其他漂浮物。通常在大中型工程溢流坝的堰顶装有闸门，对于洪水流量较小、淹没损失不大的小型工程，堰顶可不设闸门。

坝顶溢流式闸门承受的水头较小，所以孔口尺寸可以较大。当闸门全开时，下泄流量与堰上水头的2/3次方成正比。随着库里水位的升高，下泄流量可以迅速增大，当遭遇意外洪水时，可有较大的超泄能力。闸门在顶部，操作方便，易于检修，工作安全可靠，因此坝顶溢流式得到广泛采用。

（2）大孔口溢流式

大孔口溢流式，泄水孔的上部设置胸墙，堰顶高程较低。这种形式的溢流孔可根据洪水预报提前放水，以便腾出较多库容储蓄洪水，从而提高调洪能力。当库水位低于胸墙时，泄流和坝顶溢流式相同；当库水位高出孔口一定高度时为大孔口泄流，下泄流量与作用水头H_0的1/2次方成正比，超泄能力不如坝顶溢流式。胸墙为钢筋混凝土结构，一般与闸墩固接，也有做成活动的，遇特大洪水时可将胸墙吊起以提高泄水能力。

2.溢流孔口尺寸的确定

溢流坝的孔口设计涉及很多因素，如洪水设计标准，下游防洪要求，库水位壅高有无限制，是否利用洪水预报，泄水方式，枢纽布置，坝址的地形、地质条件等。

（1）洪水标准

设计永久性建筑物所采用的洪水标准分为正常运用（设计情况）和非常运用（校核情

况）两种情况。应根据工程规模、重要性和基本资料等情况，按山区、丘陵区，平原、滨海区分别确定，见表14-3、表14-4。

表14-3　山区、丘陵区水利水电枢纽工程水工建筑物洪水标准

<table>
<tr><td colspan="3" rowspan="3">设计情况</td><td colspan="5">水工建筑物级别</td></tr>
<tr><td>1</td><td>2</td><td>3</td><td>4</td><td>5</td></tr>
<tr><td>1000~500</td><td>500~100</td><td>100~50</td><td>50~30</td><td>30~20</td></tr>
<tr><td rowspan="2">洪水重现期（年）</td><td rowspan="2">校核情况</td><td>土石坝</td><td>可能最大洪水（PME）或10000~5000</td><td>5000~2000</td><td>2000~1000</td><td>1000~300</td><td>300~200</td></tr>
<tr><td>混凝土坝、浆砌石坝</td><td>5000~2000</td><td>2000~1000</td><td>1000~500</td><td>500~200</td><td>200~100</td></tr>
</table>

在山区、丘陵区，土石坝失事后对下游造成特别重大灾害时，1级建筑物的校核洪水标准应取可能最大洪水（PME）或10000年一遇洪水。2~4级建筑物可提高一级设计，并按提高后的级别确定洪水标准。对混凝土坝、浆砌石坝，如果洪水漫顶将造成严重的损失，1级建筑物的校核洪水标准经过专门论证并报主管部门批准，可取可能最大洪水（PME）或10000年一遇洪水。

表14-4　平原地区水利水电工程永久性水工建筑物洪水标准

<table>
<tr><td colspan="2" rowspan="3">项目</td><td colspan="5">永久性水工建筑物级别</td></tr>
<tr><td>1</td><td>2</td><td>3</td><td>4</td><td>5</td></tr>
<tr><td colspan="5">洪水重现期（年）</td></tr>
<tr><td rowspan="2">设计情况</td><td>水库工程</td><td>300~100</td><td>100~50</td><td>50~20</td><td>20~10</td><td>10</td></tr>
<tr><td>拦河水闸</td><td>100~50</td><td>50~30</td><td>30~20</td><td>20~10</td><td>10</td></tr>
<tr><td rowspan="2">校核情况</td><td>水库工程</td><td>2000~1000</td><td>1000~300</td><td>300~100</td><td>100~50</td><td>50~20</td></tr>
<tr><td>拦河水闸</td><td>300~200</td><td>200~100</td><td>100~50</td><td>50~20</td><td>20</td></tr>
</table>

（2）单宽流量的确定

设 L 为溢流段净长度（不包括闸墩的厚度），则通过溢流孔口的单宽流量 q 为:

$$q = \frac{Q}{L} \tag{14-1}$$

单宽流量是决定孔口尺寸的重要指标。单宽流量愈大，孔口净长愈小，从而减少溢流坝长度和交通桥、工作桥等造价。但是，单宽流量愈大，单位宽度下泄水流所含的能量也愈大，消能愈困难，下游局部冲刷可能愈严重。若选择过小的单宽流量 q，则会增加溢流坝的造价和枢纽布置上的困难。因此，单宽流量的选定，一般首先考虑下游河床的地质条件，在冲坑不危及坝体安全的前提下选择合理的单宽流量。根据国内外工程实践得知：软弱基岩常取q=20~50m^3/（s・m），较好的基岩取q＝50~70m^3/（s・m），特别坚硬完整的基岩取q=100~150m^3/（s・m）；地质条件好、堰面铺铸石防冲、下游尾水较深和消能效果好的工程，可以选取更大的单宽流量。近年来，随着消能技术的进步，选用的单宽流量也不断增大。在我国已建成的大坝中，龚嘴的单宽流量达254.2m^3/（s・m），安康水电站单宽流量达282.7m^3/（s・m）。国外有些工程的单宽流量高达300m^3/（s・m）以上。

（3）孔口尺寸的确定

确定孔口尺寸时应考虑以下因素：

①泄洪要求。对于大型工程，应通过水工模型试验检验泄流能力。

②闸门和启闭机械。孔口宽度愈大，启门力也愈大，工作桥的跨度也相应加长。此外，闸门应有合理的宽高比，常采用$b/H \approx 1.5 \sim 2.0$。为了便于闸门的设计和制造，应尽量采用规范推荐的孔口尺寸标准。

③枢纽布置。孔口高度愈大，单宽流量愈大，溢流坝段愈短；孔口宽度愈小，孔数愈多，闸墩数也愈多，溢流坝段总长度也相应加大。

④下游水流条件。单宽流量愈大，下游消能问题就愈突出。为了对称均衡开启闸门，以控制下游河床水流流态，孔口数目最好采用奇数。

当校核洪水与设计洪水相差较大时，应考虑非常泄洪措施，如适当加长溢流前缘长度；当地形、地质条件适宜时，还可以像土坝一样设置岸边非常溢洪道。

（三）溢流重力坝剖面设计

溢流坝的实用剖面，既要满足稳定和强度要求，也要符合水流条件的需要，还要与非溢流重力坝的剖面相适应，上游坝面尽量与非溢流坝相一致。设计时先按稳定和强度要求及水流条件绘制出基本剖面和溢流面曲线，然后使基本剖面的下游边与溢流面曲线相切。当溢流坝剖面超出基本剖面时，为节约坝体工程量并满足泄流条件，可以将堰顶做成悬臂式（悬臂高度 h_1 如应大于 $H_d/2$，H_d 为堰顶最大水头）。若溢流坝剖面小于基本剖面，则将上游坝面做成折线形，使坝底宽等于基本剖面的底宽。

（四）溢流坝的消能防冲

通过溢流坝下泄的水流具有巨大的能量，它主要消耗在三个方面：一是水流内部的互相撞击和摩擦；二是下泄水体与空气之间的掺气摩阻；三是下泄水流与固体边界（如坝面、护坦、岸坡、河床）之间的摩擦和撞击。

1.消能工设计原则及洪水标准

消能工消能是通过局部水力现象，把一部分水流的动能转换成热能，随水流散逸。实现这种能量转换的途径有：水流内部的紊动、掺混、剪切及旋滚；水股的扩散及水股之间的碰撞；水流与固体边界的剧烈摩擦和撞击；水流与周围空气的摩擦和掺混等消能形式的选择，要根据枢纽布置、地形、地质、水文、施工和运用等条件确定。

消能工的设计原则：①尽量使下泄水流的大部分动能消耗于水流内部紊动及水流与空气的摩擦中；②不产生危及坝体安全的河床冲刷或岸坡局部冲刷；③下泄水流平稳，不影响枢纽中其他建筑物的正常运行；④结构简单，工作可靠；⑤工程量小，经济。

设计洪水标准：消能防冲建筑物设计的洪水标准，可低于大坝的泄洪标准。一等工程消能防冲建筑物宜按100年一遇洪水设计；二等工程消能防冲建筑物宜按50年一遇洪水设计；三等工程消能防冲建筑物宜按30年一遇洪水设计。此外，还需考虑在小于设计洪水时可能出现的不利情况，保证安全运行。

2.消能工形式

常用的消能工形式有底流式消能、挑流式消能、面流式消能、消力身消能及联合式消能（宽尾墩—挑流、宽尾墩—消力身、宽尾墩—消力池等）。设计时应根据地形、地质、枢纽布置、水头、泄量、运行条件、消能防冲要求、下游水深及其变幅等条件进行技术经济比较，选择消能工的形式。

（1）挑流消能

挑流消能是通过挑流鼻坎将高速水流自由抛射远离坝体，并利用水舌在空中扩散、掺气以及水舌跌入下游水垫内的紊动扩散消耗能量。这种消能方式具有结构简单、工程造价低、施工检修方便等优点；但下泄水流会形成雾化，尾水波动较大，且下游冲刷较严重，冲刷坑后形成堆丘等。适用于水头较高，下游有一定水垫深度，基岩条件良好的高、中坝，低坝经过严格论证也可采用这种消能方式。

挑流消能设计的任务是：选择鼻坎形式、反弧半径、鼻坎高程和挑射角，计算水舌挑射距离和冲刷坑深度等。

挑流鼻坎的常用形式有连续式和差动式两种。连续式鼻坎在工程中应用较为广泛。其优点是：构造简单，水流平顺，防空蚀效果较好，但扩散掺气作用较差。连续式鼻坎的挑角可采用15°~35° ，反弧半径尺应在4~10 h范围内选取。鼻坎高程一般应高出下游最高水位约1~2m，以利于挑流水舌下缘的掺气。

为确保冲坑不致危及大坝和其他建筑物的安全，根据经验，安全挑距一般大于最大可能冲坑深度的2.5~5.0倍，具体取值需根据河床基岩节理裂隙的产状发育情况确定。

（2）底流消能

底流消能是在溢流坝坝趾下游设置一定长度的护坦，使过坝水流在护坦上发生水跃，通过水流的旋滚、摩擦、撞击和掺气等作用消耗能量，以减轻对下游河床和岸坡的冲刷。底流消能原则上适用于各种高度的坝以及各种河床地质情况，尤其适用于地质条件差、河床抗冲能力低的情况。底流消能运行可靠，下游流态比较平稳。对通航和发电尾水影响较小。但工程量较大，且不利于排冰和过漂浮物。

设计底流消能时，首先要进行水力计算以判断水流衔接状态。若为远驱水跃，则应采取工程措施，如设置消力池、消力坎或综合消力池等，促使水流在池内发生水跃以消能。为提高消能效果，还可以布置一些辅助消能工，如趾坎、消力墩、尾槛等，以强化消能、减小消力池的深度和长度。

底流式消能的护坦通常用钢筋混凝土修筑，其配筋一般按构造要求配置。护坦厚度可由抗浮稳定和强度条件确定，一般为1~3m。岩基上的护坦可用锚筋和基岩锚固，锚筋直径25~36mm，间距1.5~2.0m，按梅花形布置。当基岩软弱或构造发育时，也可在护坦底部设置排水系统以降低扬压力。护坦一般还应设置伸缩缝，以适应温度带来的变形。护坦表层常采用高强度混凝土浇筑，以提高抗冲和抗磨能力。

（3）面流消能

面流消能是在溢流坝下游面设置低于下游水位、挑角不大（挑角小于10° ~15° ）的鼻坎，使下泄的高速水流既不挑离水面也不潜入底层，而是沿下游水流的上层流动。水舌下有一水滚，主流在下游一定范围内逐渐扩散，使水流流速分布逐渐接近正常水流情况，故此称为面流式消能。这种消能型式适用于水头较小的中、低坝，且下游水深较大，水位变幅小，河床和两岸有较高的抗冲能力，或有排冰和过木要求的情况；虽然水舌下的水滚是流向坝趾的，但流速较低，河床一般不需加固。由于表面高速水流会产生很大的波动，有的绵延数千米还难以平稳，所以对电站运行和下游航运不利，且易冲刷两岸。

（4）消力戽消能

这种消能形式是在坝后设一大挑角（约45° ）的低鼻坎（即戽唇，其高度一般约为下游水深的1/6），其水流形态的特征表现为三滚一浪。戽内产生逆时针方向（当水流方向向右时）的表面旋滚，戽外产生顺时针向的底部旋滚和逆时针向的表面旋滚，下泄水流穿过旋滚产生涌浪，并不断掺气进行消能。

戽式消能的优点是：工程量比底流式消能的小，冲刷坑比挑流消能的浅，不存在雾化问题。其主要缺点与面流式消能相似，并且底部旋滚可能将砂石带入戽内造成磨损。如将戽唇做成差动式，则可以避免上述缺点，但其结构复杂，齿坎易空蚀，采用时应慎重研究。消力戽消能的适用情况与面流式消能基本相同，但不能过木排冰，且对尾水的要求是须大于跃后水深。

（五）溢流坝的结构布置

1.闸门和启闭机

水工闸门按其功用可分为工作闸门、事故闸门和检修闸门。工作闸门用来控制下泄流量，需要在动水中启闭，要求有较大的启门力；检修闸门用于短期挡水，以便对工作闸门、建筑物及机械设备进行检修，一般在静水中启闭，启门力较小；事故闸门在建筑物或设备出现事故时紧急应用，要求能在动水中快速关闭。溢流坝一般只设置工作闸门和检修闸门。工作闸门常设在溢流堰的顶部，有时为了使溢流面水流平顺，可将闸门设在堰顶稍下游一些。检修闸门和工作闸门之间应留有1~3m的净距离，以便进行检修。全部溢流孔通常备有1~2个检修闸门，交替使用。

常用的工作闸门有平面闸门和弧形闸门。平面闸门的主要优点是：结构简单，闸墩受力条件较好，各孔口可共用一个活动式启闭机；缺点是：启门力较大，闸墩较厚。弧形闸门的主要优点是：启门力小，闸墩较薄，且无门槽，水流平顺，闸门开启时水流条件较好；缺点是：闸墩较长，且受力条件差。

检修闸门通常采用平面闸门，小型工程也可采用比较简单的叠梁门。

启闭机有活动式和固定式两种。活动式启闭机多用于平面闸门，可以兼用启吊工作闸门和检修闸门。固定式启闭机有螺杆式、卷扬式和液压式三种。

2.闸墩和工作桥

闸墩的作用是将溢流坝前缘分隔为若干个孔口，并承受闸门传来的水压力（支承闸门），也是坝顶桥梁和启闭设备的支承结构。

闸墩的断面形状应使水流平顺，减小孔口水流的侧收缩。闸墩上游端常采用三角形、半圆形和流线型，下游端多为半圆形和流线型，以使水流平顺扩散。闸墩厚度与闸门型式有关。由于平面闸门的闸墩设有闸槽，工作闸门槽深一般不小于0.3m，宽0.5~1.0m，最优宽深比宜取1.6~1.8；检修门槽深一般为0.15~0.25m，宽0.15~0.3m，故闸墩厚度一般为

2.0~4.0m；弧形闸门闸墩的厚度为1.5~3.0m。如果是缝墩，墩厚要增加0.5~1.0m。闸墩通常需要配置受力钢筋和构造钢筋，并将钢筋伸入坝体受压区内，配筋数量由闸墩结构计算确定。

闸墩的长度和高度，应满足布置闸门、工作桥、交通桥和启闭机械的要求。

工作桥多采用钢筋混凝土结构，大跨度的工作桥也可采用预应力钢筋混凝土结构。工作桥的平面布置应满足启闭机械的安装和运行要求。

溢流坝两侧设边墩，也称边墙或导水墙，一方面起闸墩的作用，同时也起分隔溢流段和非溢流段的作用。边墩从坝顶延伸到坝趾，边墙高度由溢流水面线决定，并应考虑溢流面上水流的冲击波和掺气所引起的水面增高，一般应高出掺气水面1~1.5m。当采用底流式消能工时，边墙还需延长到消力池末端形成导水墙。

3.横缝的布置

溢流坝段的横缝有两种布置方式：①缝设在闸墩中间，各坝段产生不均匀沉陷时不影响闸门启闭，工作可靠，缺点是闸墩厚度增大；②缝设在溢流孔跨中，闸墩可以较薄，但易受地基不均匀沉陷的影响，且水流在横缝上流过，易造成局部水流不顺，适用于基岩较坚硬且完整的情况。

二、泄水孔设计

（一）坝身泄水孔的作用

坝身泄水孔的进口全部淹没在设计水位以下，随时可以放水，故又称深式泄水孔。其作用有：①预泄洪水，增大水库的调蓄能力；②放空水库，以便检修；③排放泥沙，减少水库淤积，延长水库使用寿命；④向下游供水，满足航运和灌溉要求；⑤施工导流。

（二）坝身泄水孔的组成及形式

1.泄水孔的组成

一般由进口段、闸门控制段、孔身段和出口消能段组成。

2.泄水孔的形式

按孔身水流条件，坝身泄水孔可分为无压和有压两种类型。前者指泄水时除进口附近一段为有压外，其余部分均处于明流无压状态。后者是指闸门全开时，整个管道都处于满流承压状态。无压孔的有压段又包括进口段、门槽段和压坡段三个部分，压坡段末端设工作闸门；有压孔的进口段之后为事故检修门门槽段，其后接平坡段或小于1：10的缓坡段，工作闸门设在出口端，其前为压坡段。

发电引水应为有压孔，其他用途的泄水孔可以是有压或无压的。有压孔的工作闸门一般都设在出口，孔内始终保持满水有压状态。无压孔的工作闸门和检修闸门都设在进口，工作闸门后的孔口断面扩大抬高，以保证门后为无压明流。

（三）泄水孔的布置

坝身泄水孔应根据其用途、枢纽布置要求、地形地质条件和施工条件等因素进行布置。泄洪孔宜布置在河槽部位，以便下泄水流与下游河道衔接。当河谷狭窄时，宜设在溢流坝段；当河谷较宽时，则可考虑布置于非溢流坝段。其进口高程在满足泄洪任务的前提下，应尽量高些，以减小进口闸门上的水压力；灌溉孔应布置在灌区一岸的坝段上，以便与灌溉渠道连接，其进口高程则应根据坝后渠首高程来确定，必要时，也可根据泥沙和水温情况分层设置进水口；排沙底孔应尽量靠近电站、灌溉孔的进水口及船闸闸首等需要排沙的部位；发电进水口的高程应根据水力动能设计要求和泥沙条件确定，一般设于水库最低工作水位以下的一倍孔口高度处，并应高出淤沙高程1m以上；为放空水库而设置的放水孔、施工导流孔，一般均布置得较低。

（四）泄水孔的体型与构造

1.有压泄水孔

（1）进水口的体型

为使水流平顺，减少水头损失，避免孔壁空蚀，进口形状应尽可能符合流线变化规律，工程中宜采用四侧或顶、侧面椭圆曲线进水口。

（2）出水口

有压泄水孔的出口控制着整个泄水孔内的内水压力状况。为消除负压，避免出现空蚀破坏，宜将出口断面缩小，收缩量大致为孔身面积的10%~15%，并将孔顶降低，孔顶坡比可取1：10~1：5。

（3）孔身断面及渐变段

有压泄水孔的断面一般为圆形，但进出口部分为适应闸门要求应为矩形断面，故圆形、矩形断面间应设渐变段过渡连接。

（4）闸门槽

有压泄水孔出口的工作闸门，一般采用不设门槽的弧形闸门，而进口检修闸门常采用平面闸门。若闸门槽体型设计不合理，很容易产生空蚀。

（5）通气孔

通气孔的作用是关闭检修闸门后，开工作闸门放水，向孔内充气；检修完毕后，关闭工作闸门，向闸门之间充水时排气。通气孔的断面面积由计算确定，但宜大于充水管或排水管的过水断面面积。为防止发生事故，通气孔的进口必须与闸门启闭室分开，以免影响工作人员的安全。

2.无压泄水孔

无压泄水孔在平面上宜作直线布置，其过水断面多为矩形。

（1）进水口体型

无压泄水孔的有压段与有压泄水孔的相应段体型、构造基本相同。压坡段的坡度一般为1：4~1：6，压坡段的长度一般为3~6m。

（2）明流段

为使水流平顺无负压，明流段的竖曲线通常设计为抛物线。明流段的孔顶在水面以上应有足够的距离，当孔身为矩形时，顶部高出水面的高度取最大流量时不掺气水深的30%~50%；当孔顶为圆拱形时，拱脚距水面的高度可取不掺气水深的20%~30%。明流段的反弧段，一般采用圆弧式，末端鼻坎高程应高于该处下游水位以保证发生自由挑流。

（3）通气孔

检修闸门后的通气孔布置要求与有压泄水孔完全相同。除此之外，为使明流段流态稳定，还应在工作闸门后设通气孔，向明流段不断补气。

第三节 非溢流坝设计

一、重力坝基本剖面

非溢流坝剖面设计的基本原则是：①满足稳定和强度要求，保证大坝安全；②工程量小，造价低；③结构合理，运用方便；④利于施工，方便维修。剖面拟定的步骤为：首先拟定基本剖面；其次根据运用以及其他要求，将基本剖面修改成实用剖面；最后对实用剖面进行应力分析和稳定验算，按规范要求，经过几次反复修正和计算后，得到合理的设计剖面。

重力坝承受的主要荷载是静水压力、扬压力和自重，控制剖面尺寸的主要指标是稳定和强度要求。因为作用于上游面的水压力呈三角形分布，所以重力坝的基本剖面是三角形。

二、非溢流重力坝实用剖面

（一）坝顶宽度

由于运用和交通的需要，坝顶应有足够的宽度。坝顶宽度应根据设备布置、运行、检修、施工和交通等需要确定，并满足抗震、特大洪水时抢护等要求。无特殊要求时，混凝土坝坝顶最小宽度为3m，碾压混凝土坝为5m，一般取坝高的1/10~1/8。若有交通要求或有移动式启闭机设施，应根据实际需要确定。

（二）坝顶超高

实用剖面必须加安全高度，坝顶应高于校核洪水位，坝顶上游防浪墙顶的高程应高于波浪顶高程。坝顶高于水库静水位的高度按式（14–2）计算：

$$\Delta h = h_{1\%} + h_z + h_c \tag{14–2}$$

式中：

Δh——坝顶高于水库静水位的高度，m；

$h_{1\%}$——累积频率为1%时的波浪高度，m；

h_z——波浪中心线至静水面的高度，m；

h_c——安全超高，m，按表14–5选用。

表14–5　安全超高 h_c

坝的安全级别		Ⅱ	Ⅱ	Ⅲ
		1级	2—3级	4—5级
运用情况	正常蓄水位	0.7	0.5	0.4
	校核洪水位	0.5	0.4	0.3

由于影响波浪的因素很多，目前主要用半经验公式确定波浪要素。下列公式适用于峡谷水库：

$$\frac{gh_1}{v_0^2} = 0.0076 v_0^{-\frac{1}{12}} \left(\frac{gD}{v_0^2} \right)^{\frac{1}{3}} \text{(m)} \tag{14–3}$$

$$\frac{gL}{v_0^2} = 0.331 v_0^{-\frac{1}{2.15}} \left(\frac{gD}{v_0^2} \right)^{\frac{1}{3.75}} \text{(m)} \tag{14–4}$$

式中：

v_0——计算风速，m/s，是指水面以上10m处10min的多年风速平均值，水库为正常蓄水位和设计洪水位时，宜采用重现期为50年的年最大风速，校核洪水位时，宜采用多年的平均年最大风速；

D——风区长度（有效吹程），m，是指风作用于水域的长度，为自坝前沿风向到对岸的距离，当风区长度内水面由局部缩窄，且缩窄处的宽度 B 小于12倍计算波长时，用风区长度 $D=5B$（也不小于坝前到缩窄处的距离），水域不规则时，按规范要求计算。

$$h_z = \frac{\pi h_1^2}{L} cth \frac{2\pi H}{L} \tag{14-5}$$

式中：

H——坝前水深，m。

事实上波浪系列是随机的，即相继到来的波高可能随机变动，是个随机过程。天然的随机波列用统计特征值表示，如超值累计概率（又称保证率）为 P，波高值以 h_p 表示，即超高值累计概率为1%、5%的波高记为 $h_{1\%}$，$h_{5\%}$。

官厅公式所得波高 h_l 累计概率为5%，适用于 $v_0 < 20$ m/s，$D < 20$ km, 且 $gD/v_0^2 =$ 20~250的情况。推算1%波高需乘以1.24O波浪几何要素的计算详见《水工建筑物荷载设计规范》（SL 744—2016）。

必须注意，在计算 $h_{1\%}$ 和 h_z 时，由于正常蓄水位和校核洪水位时采用不同的计算风速值，正常蓄水位时，采用重现期为50年的最大风速；校核洪水位时，采用多年平均最大风速，故坝顶高程或坝顶上游防浪墙顶高程应按下列两式计算，并取大值：

$$Z_{坝顶}(坝顶高程) = Z_{正}(正常蓄水位) + \Delta h_{正} \tag{14-6}$$

$$Z_{坝顶}(坝顶高程) = Z_{校}(校核洪水位) + \Delta h_{校} \tag{14-7}$$

式中：$\Delta h_{正}$——计算的坝顶（或防浪墙顶）距正常蓄水位的高度，m；

$\Delta h_{校}$——计算的坝顶（或防浪墙顶）距校核洪水位的高度，m。

（三）上游折坡

有时为了同时满足稳定和强度的要求，重力坝的上游面布置成倾斜面或折面，这样可利用部分水重，以满足坝体抗滑稳定要求，同时也避免施工期下游面产生拉应力。折坡点高度应结合引水管、泄水孔的进口布置等因素确定，一般为坝前最大水头的1/3~1/2。

二、坝体抗滑稳定分析与应力分析

（一）重力坝的荷载

作用在重力坝上的主要荷载有坝体自重、上下游坝面上的水压力、扬压力、浪压力或冰压力、泥沙压力以及地震荷载等。荷载计算包括确定荷载的大小、方向、作用点，一般按单位坝长进行分析，对溢流坝段则通常取一个坝段进行计算。

1.自重（包括永久设备重）

坝体自重是维持大坝稳定的主要荷载，其大小可根据坝的体积和材料重度计算确定。

$$G=\gamma_c V \tag{14-8}$$

式中：

G——坝体自重，kN；

V——坝的体积，m^3；

γ_c——筑坝材料的重度，kN/m^3。

筑坝材料重度选用的是否合适，直接影响坝的安全和经济，对此必须慎重。在初步设计阶段可根据材料种类按表14-6选取，施工图设计阶段应通过现场试验确定。

表14-6　筑坝材料的重度

筑坝材料	混凝土	浆砌石	浆砌条石	细骨料混凝土砌石
重度（kN/m^3）	23.5~24	21~23	23~25	23~24

2.水压力

（1）挡水坝的静水压力

静水压力可按水力学的原理计算。坝面上任意一点的静水压强为$p=\gamma_0 y$，其中γ_0为水的重度，y为该点距水面深度。当坝面倾斜或为折面时，为了计算方便，常将作用在坝面上的水压力分为水平水压力和垂直水压力分别计算。

（2）溢流坝的静水压力

溢流坝段坝顶闸门关闭挡水时，静水压力计算与挡水坝段完全相同。在泄水时，作用在上游坝面的水压力可按式（14-9）近似计算。

$$P=\frac{1}{2}\gamma_0\left(H_1^2-h^2\right) \tag{14-9}$$

式中：

P——单位坝长的上游水平压力，kN/m，作用点位于压力图形的形心；

H_1——上游水深，m；

h——坝顶溢流水深，m；

γ_0——水的重度，一般采用9.81 kN/m^3。

（3）溢流坝下游反弧段的动水压力

溢流坝下游反弧段的动水压力可根据流体动量方程求得。若反弧段始、末两断面的流速相等，则单位坝长在该反弧段上动水压力的总水平分力 P_x 与总垂直分力 P_y 的计算公式如下：

$$P_x = \frac{\gamma_0 q v}{g}\left(\cos\theta_2 - \cos\theta_1\right) \tag{14-10}$$

$$P_y = \frac{\gamma_0 q v}{g}\left(\sin\theta_2 + \sin\theta_1\right) \tag{14-11}$$

式中：

q——鼻坎处单宽流量，m^3/s；

v——反弧段上的平均流速，m/s；

θ_1、θ_2——反弧段圆心竖线左、右的中心角（°）。

近似地认为 P_x，P_y 的作用点在反弧段中央。溢流面上的脉动水压力和负压对坝体稳定和坝内应力影响很小，可以忽略不计。

3.扬压力

扬压力由上、下游水位差产生的渗透水压力和下游水深产生的浮托力两部分组成，其大小可按扬压力分布图形进行计算。影响扬压力分布及数值的因素很多，设计时根据坝基地质条件、防渗及排水措施、坝体的结构型式等综合考虑选用扬压力计算图形。

（1）坝基设有防渗帷幕和排水幕的实体重力坝

防渗帷幕和排水幕是重力坝减小渗透压力的常用措施。防渗帷幕是通过在岩基中钻孔灌浆而成的，其渗透系数远小于周围岩石的渗透系数，渗透水流绕过或渗过帷幕时要消耗很大的能量，从而使帷幕后的渗透压力大为降低。排水幕是一排由钻机钻成的排水孔组成，能使部分渗透水流自由排出，使渗透压力进一步降低。

（2）采用抽排降压措施的实体重力坝

防渗帷幕和排水幕不能降低浮托力，当下游水深较大时，浮托力对扬压力的影响很大。为了更有效地降低扬压力，可以采用抽排降压措施，即在坝体廊道内设置抽水设备及排水系统，定时抽排，使扬压力进一步降低。

4.泥沙压力

水库建成蓄水后，入库水流挟带的泥沙将逐年淤积在坝前，对坝体产生泥沙压力。取淤积计算年限为50~100年，参照经验数据，按主动土压力公式计算泥沙压力：

$$P_n = \frac{1}{2}\gamma_n h_n^2 \tan^2\left(45^\circ - \frac{\varphi_n}{2}\right) \tag{14-12}$$

式中：

P_n——泥沙压力，kN/m；

γ_n——泥沙的浮重度，一般为6.5~9.0 kN/m^3；

h_n——泥沙的淤积厚度，m；

φ_n——泥沙的内摩擦角，对于淤积时间较长的粗颗粒泥沙，φ_n=18°~20°，对于黏土质泥沙，φ_n=12°~14°，对于淤泥、黏土和胶质颗粒，φ_n=0°。

当上游坝面倾斜时，除计算水平向泥沙压力P_n外，还应计算铅直向泥沙压力。铅直向泥沙压力可按作用在坝面上的土重计算。

5.浪压力

水库表面波浪对建筑物产生的拍击力叫浪压力。浪压力的影响因素较多，是动态变化的，可取不利情况计算。

当坝前水深大于半波长，即$H > L/2$时，波浪运动不受库底的约束，这样条件下的波浪称为深水波；水深小于半波长而大于临界水深H_{cr}，即$L/2 > H > H_{cr}$时，波浪运动受到库底的影响，称为浅水波；水深小于临界水深，即$H < H_{cr}$时，波浪发生破碎，称为破碎波。临界水深H_{cr}的计算公式为：

$$H_{cr} = \frac{L}{4\pi}\ln\left(\frac{L+2\pi h_{1\%}}{L-2\pi h_{1\%}}\right) \tag{14-13}$$

三种波态情况的浪压力分布不同，浪压力计算公式如下：

（1）深水波

$$P_{\mathrm{L}} = \frac{\gamma_{\mathrm{w}} L}{4}\left(h_{1\%} + h_{\mathrm{z}}\right) \tag{14-14}$$

对于其他建筑物，如水闸，应根据其级别换算成相应的超值累积频率P%下的波高值。

（2）浅水波

$$P_L = \frac{1}{2}\left[\left(h_{1\%} + h_z\right)\left(\gamma_w H + P_{Lf}\right) + HP_{Lf}\right] \tag{14-15}$$

$$P_{Lf} = \gamma_w h_{1\%}\,\mathrm{sech}\frac{2\pi H}{L}$$

式中：

P_{Lf}——水下底面处浪压力的剩余强度，kN/m^2。

（3）破碎波

$$P_L = \frac{P_0}{2}\left[(1.5-0.5\lambda)h_{1\%} + (0.7+\lambda)H\right] \tag{14-16}$$

式中：

λ——水下底面处浪压力强度的折减系数，当$H \leqslant 1.7\ h_{1\%}$时，采用0.6，当$H > 1.7\ h_{1\%}$时，采用0.5；

P_0——计算水位处的浪压力强度，kN/m²；

K_0——建筑物前底坡影响系数，与i有关，见表14-7。

表14-7　河底坡i对应的K_0值

底坡i	1/10	1/20	1/30	1/40	1/50	1/60	1/80	＜1/100
K_0值	1.89	1.61	1.48	1.41	1.36	1.33	1.29	1.25

6.地震力

在地震区筑坝，必须考虑地震的影响。地震对建筑物的影响程度常用地震烈度表示。地震烈度划分为12度，烈度越大，对建筑物的影响越大。在抗震设计中常用到基本烈度和设计烈度两个概念。基本烈度是指该地区今后50年期限内，可能遭遇超越概率P_{50}可为0.10的地震烈度。设计烈度是指设计时采用的地震烈度。一般情况下，采用基本烈度作为设计烈度，但对1级建筑物，可根据工程重要性和遭受震害的危险性，在基本烈度的基础上提高1度作为设计烈度。设计烈度为6度及以下时，一般不考虑地震力；设计烈度为7度及以上的地震区应考虑地震力；设计烈度超过9度时，应进行专门研究。

地震力包括由建筑物重量引起的地震惯性力、地震动水压力和动土压力。地震对扬压力、坝前泥沙压力和浪压力的影响可不考虑。

7.其他荷载

常见的其他荷载有冰压力、土压力、温度荷载、灌浆压力、风荷载、雪荷载、坝顶车辆荷载、永久设备荷载等，在此不做介绍。

（二）荷载的作用及其组合

1.荷载的作用

作用在重力坝上的各种荷载，除坝体自重外，都有一定的变化范围。例如，在正常运行、放空水库、设计或校核洪水等情况下，其上下游水位各不相同。当水位发生变化时，相应的水压力、扬压力亦随之变化。又如在短期宣泄最大洪水时，就不一定会同时发生强烈地震。因此，在进行坝的设计时，应该根据“可能性和最不利”的原则，把各种荷载合理地组合成不同的设计情况，然后进行安全核算，以妥善解决安全和经济的矛盾。

作用于重力坝上的荷载，按随时间变异分三类：

（1）永久作用

①坝体自重和永久性设备自重；②淤沙压力（有排沙设施时可列为可变作用）；③土压力。

（2）可变作用

①静水压力；②扬压力（包括渗透压力和浮托力）；③动水压力（包括水流离心力、水流冲击力、脉动压力等）；④浪压力；⑤冰压力（包括静冰压力和动冰压力）；⑥风雪荷载；⑦机动荷载。

（3）偶然作用

①地震作用；②校核洪水位时的静水压力。

2.荷载的组合

在设计混凝土重力坝坝体剖面时，应按照承载能力极限状态并算基本组合和偶然组合。

（1）荷载作用的基本组合

荷载作用的基本组合包括下列作用：

①坝体（建筑物）的自重（应包括永久性机械设备、闸门、起重设备及其他结构自重）。

②以发电为主的水库，上游用正常蓄水位，下游按照运用要求泄放最小流量时的水位，且防渗及排水设施正常工作时的水作用：大坝上、下游面的静水压力；扬压力。

③大坝上游淤沙压力。

④大坝上下游侧向土压力。

⑤以防洪为主的水库（取代②），上游用防洪高水位，下游用其相应的水位，且防渗及排水设施正常工作时的水作用：大坝上、下游面的静水压力；扬压力；相应泄洪时的动水压力。

⑥浪压力：取50年一遇风速引起的浪压力（约相当于多年平均最大风速的1.5~2倍引起的浪压力）；多年平均最大风速引起的浪压力。

⑦冰压力：取正常蓄水位时的冰作用。

⑧其他出现机会较多的作用。

（2）荷载作用的偶然组合

除计入一些永久作用和可变作用外，还应计入下列的一个偶然作用。

当水库泄放校核洪水（偶然状况）流量时，上下游水位的作用（取代⑤），且防渗排水正常工作时的水作用：①坝上、下游面的静水压力；②扬压力；③相应泄洪时的动水压力。

地震力一般取正常蓄水情况时相应的上、下游水深。

其他出现机会很少的作用。

上述各种荷载的基本组合为三种情况，偶然组合为两种情况。基本组合是在持久状况或短暂状况下，永久作用与可变作用的效应组合；偶然组合是在偶然状况下，永久作用、可变作用与一种偶然作用的效应组合。

（三）重力坝的稳定分析

抗滑稳定分析是重力坝设计中的一项重要内容，其目的是核算坝体沿坝基面或沿地基深层软弱结构面抗滑稳定的安全性能。因为重力坝沿坝轴线方向用横缝分隔成若干个独立的坝段，假设横缝不传力，则稳定分析可以按平面问题进行，取一个坝段或单位宽度作为计算单元。

岩基上的重力坝常见的失稳形式有两种：一种是沿坝体抗剪能力不足的薄弱面滑动，这种薄弱面包括坝体与坝基的接触面和坝基岩体内有连续的断层破碎带；另一种是在各种荷载作用下，上游坝踵出现拉应力导致裂缝，或下游坝趾压应力过大，超过坝基岩体或坝体混凝土的允许强度而被压碎，从而产生倾覆破坏。当重力坝满足抗滑稳定和应力要求时，通常不必校核抗倾覆的安全性。

核算坝体沿坝基面的抗滑稳定性时，应按抗剪强度公式或抗剪断强度公式进行计算。

1.抗剪强度公式（摩擦公式）

抗剪强度分析法把坝体与基岩间看成是一个接触面，而不是胶结面，其抗滑稳定安全系数K_s为：

$$K_s=\frac{f\sum W}{\sum P} \tag{14-17}$$

式中：

K_s——按抗剪强度公式计算的抗滑稳定安全系数；

$\sum W$——作用在坝体上全部荷载（包括扬压力，下同）对滑动平面法向分力的代数和，kN；

$\sum P$——作用在坝体上全部荷载对滑动平面切向分力的代数和，kN；

f——坝体混凝土与坝基的接触面间的抗剪摩擦系数。

由于抗剪强度公式未考虑坝体混凝土与基岩间的胶结作用，因此该公式不能完全反映坝的实际工作状态，只是一个抗滑稳定的安全指标，《混凝土重力坝设计规范》（SL 319—2005）给出的控制值也较小。

2.抗剪断强度公式

抗剪断强度公式计算坝基面的抗滑稳定安全系数，认为坝体与基岩胶结良好，滑动面上的阻滑力包括抗剪断摩擦力和抗剪断凝聚力，其抗滑稳定安全系数由式（14-18）计算：

$$K_s' = \frac{f'\sum W + c'A}{\sum P} \tag{14-18}$$

式中：

K_s'——按抗剪断强度公式计算的抗滑稳定安全系数；

f'——坝体混凝土与坝基接触面间的抗剪断摩擦系数；

c'——坝体混凝土与坝基接触面间的抗剪断凝聚力；

A——坝体与坝基接触面的面积；

其他符号意义同前。

该公式考虑了坝体的胶结作用，计入了摩擦力和凝聚力，是比较符合坝的实际工作状态的，物理概念也比较明确。

3.提高坝体抗滑稳定性的措施

当坝体的抗滑稳定安全系数不能满足要求时，除改变坝体的剖面尺寸外，还可以采取以下的工程措施提高坝体的稳定性：

①利用水重。将坝体的上游面做成倾向上游的斜面或折坡面，利用坝面上的水重增加坝的抗滑力，以达到提高坝体稳定性的目的。

②减小扬压力。通过结构措施或工程措施加强防渗排水，以达到减小扬压力的目的。

③提高坝基面的抗剪断参数 f'、c' 值。其措施有：将坝基开挖成“大平小不平”等形式；对整体性较差的地基进行固结灌浆；设置齿墙或抗剪键槽等。

④加固地基。包括帷幕灌浆、固结灌浆以及断层、软弱夹层的处理等。

⑤预应力锚固措施。一般是在靠近坝体上游面采用深孔锚固预应力钢索，既增加了坝体稳定性，又可消除坝踵处的拉应力。

⑥增大筑坝材料重度（在坝体混凝土中埋置重度大的块石），或将坝基面开挖成倾向上游的斜面，借以增加抗滑力，提高稳定性。

三、重力坝细部构造与地基处理

（一）坝顶构造

非溢流坝坝顶上游侧一般设有防浪墙，防浪墙宜采用与坝体连成整体的钢筋混凝土结构，高度一般为1.2m，防浪墙在坝体横缝处应留伸缩缝并设止水。坝顶路面一般为实体结构，并布置排水系统和照明设备，也可采用拱形结构支承坝顶路面，以减轻坝顶重量，有利于抗震。

（二）坝体分缝与止水

为了适应地基不均匀沉降和温度变化，以及施工期混凝土的浇筑能力和温度控制等要求，常须设置垂直于坝轴线的横缝、平行于坝轴线的纵缝以及水平施工缝。横缝一般是永久缝，纵缝和水平施工缝则属于临时缝。

1.横缝及止水

永久性横缝将坝体沿坝轴线分成若干坝段，其缝面常为平面，各坝段独立工作。横缝可兼作伸缩缝和沉降缝，间距（坝段长度）一般为12~20m，当坝内设有泄水孔或电站引水管道时，还应考虑泄水孔和电站机组间距；对于溢流坝段还要结合溢流孔口尺寸进行布置。

当遇到下述情况时，可将横缝做成临时性横缝：①河谷狭窄时做成整体式重力坝，可适当发挥两岸的支撑作用，有利于坝体的强度和稳定；②岸坡较陡，将各坝段连成整体，以改善岸坡坝段的稳定性；③坐落在软弱破碎带上的各坝段，连成整体可增加坝体刚度；④在强地震区，各坝段连成整体可提高坝段的抗震性能。临时性横缝在缝面设置键槽，埋设灌浆系统，施工后灌浆连接成整体。

横缝内需设止水设备，止水材料有金属片、橡胶、塑料及沥青等。高坝的横缝止水应采用两道金属止水铜片和一道防渗沥青井。对于中、低坝的止水可适当简化，中坝第二道止水片，可采用橡胶或塑料片等，低坝经论证也可仅设一道止水片。金属止水片的厚度一般为1.0~1.6mm，加工，以便更好地适应伸缩变形。第一道止水片距上游坝面0.5~2.0m，以后各道止水设备之间的距离为0.5~1.0m，止水片每侧埋入混凝土的长度20~25cm。沥青井为方形或圆形结构，边长或内径为15~25cm，为便于施工，后浇坝段一侧可用预制混凝土块构成，井内灌注石油沥青和设置加热设备。

止水片及沥青井须放入基岩30~50cm，止水片必须延伸到最高水位以上，沥青井须延伸到坝顶。溢流孔口段的横缝止水应沿溢流面至坝体下游水位以下，穿越横缝的廊道和孔洞周边均须设止水片。

2.纵缝

为了适应混凝土的浇筑能力和减少施工期的温度应力，常在平行坝轴线方向设纵缝，将一个坝段分成几个坝块，待坝体降到稳定温度后再进行接缝灌浆。常用的纵缝型式有竖直纵缝、斜缝和错缝等。纵缝间距一般为15~30m。为了在接缝之间传递剪力和压力，缝内还必须设置足够数量的三角形键槽。斜缝适用于中、低坝，可不灌浆。错缝也不做灌浆处理，施工简便，可在低坝上使用。

3.水平工作缝

水平工作缝是由于分层施工的在新老混凝土之间产生的接缝，是临时性的。为了使工作缝结合好，在新混凝土浇筑前，必须清除施工缝面的浮渣、灰尘和水泥乳膜，用风水枪或压力水冲洗，使表面成为干净的麻面，再均匀铺一层2~3cm的水泥砂浆，然后浇筑。国内外普遍采用薄层浇筑，浇筑块厚1.5~3.0m。在基岩表面须用0.75~1.0m的薄层浇筑，以便通过表面散热，降低混凝土温升，防止开裂。

（三）坝体排水

为了减少坝体渗透压力，靠近上游坝面应设排水管幕，将渗入坝体的水由排水管排入廊道，再由廊道汇集于集水井，由抽水机排到下游。排水管距上游坝面的距离，一般要求不小于坝前水头的1/25~1/15，且不小于2m，以使渗透坡降在允许范围以内。排水管的间距为2~3m，上、下层廊道之间的排水管应布置成垂直的或接近于垂直方向，不宜有弯头，以便检修。

排水管可采用预制无砂混凝土管、多孔混凝土管，内径为15~25cm。排水管施工时用水泥浆砌筑，随着坝体混凝土的浇筑而加高。在浇筑坝体混凝土时，须保护好排水管，以防止水泥浆漏入而造成堵塞。

（四）廊道系统

为了满足施工运用要求，如灌浆、排水、观测、检查和交通的需要，须在坝体内设置各种廊道。这些廊道互相连通，构成廊道系统。

1.基础灌浆廊道

帷幕灌浆须在坝体浇筑到一定高程后进行，以便利用混凝土压重提高灌浆压力，保证灌浆质量，为此，须在坝踵部位沿纵向设置灌浆廊道，以便降低渗透压力。基础灌浆廊道的断面尺寸，应根据钻灌机具尺寸及工作要求确定，一般宽度可取2.5~3m，高度可为3.0~3.5m，断面形式采用城门洞形。灌浆廊道距上游面的距离可取0.05~0.1倍水头，且不小于4~5m，廊道底面距基岩面的距离不小于1.5倍廊道宽度，以防廊道底板被灌浆压力掀动开裂。廊道底面上下游侧设排水沟，下游排水沟设坝基排水孔及扬压力观测孔。灌浆廊道沿地形向两岸逐渐升高，坡度不宜大于40°~45°，以便进行钻孔、灌浆操作和搬运灌浆设备。对坡度较陡的长廊，应分段设置安全平台及扶手。

2.检查坝体排水廊道

为了检查巡视和排除渗水，常在靠近坝体上游面沿高度方向每隔15~30m设置检查排水廊道。其断面形式多采用城门洞形，最小宽度为1.2m，最小高度为2.2m，距上游面距离应不小于0.05~0.07倍水头，且不小于3m。寒冷地区应适当加厚。对设引张线的廊道，宜在同一高程上呈直线布置。廊道与泄水孔、导流底孔净距离宜小于3~5m。廊道内的上游侧设排水沟。

为了检查、观测的方便，坝内廊道要相互连通，各层廊道左右岸各有一个出口，要求与竖井、电梯井连通。

对于坝体断面尺寸较大的高坝，为了检查、观测和交通的方便，还须另设纵向和横向的廊道。此外，还可根据需要设专门性廊道。

3.廊道的应力和配筋

因廊道的存在，破坏了坝体的连续性，改变了周边应力分布，其中廊道的形状、尺寸大小和位置对应力分布影响较大。

目前，对于廊道周边的应力分析方法有两种：①对于距离坝体边界较远的圆形、椭形、矩形孔道，用弹性理论方法，作为平面问题按无限域中的小孔口计算应力；②对于靠近边界的城门洞形廊道，主要靠试验或有限元法求解。

廊道周边是否配筋，有以下两种处理方法。过去假定混凝土不承担拉应力配受力筋和构造筋。近年来，西欧和美国对于坝内受压区的孔洞一般都不配筋，位于受拉区、外形复杂，有较大拉应力的孔洞才配钢筋。

工程实践证明，施工期的温度应力是廊道、孔洞周边产生裂缝的主要原因，施工中采取适当的温控措施十分重要。为防止产生裂缝后向上游坝面贯穿，靠近上游坝面的廊道应进行限裂配筋。

（五）地基处理

重力坝承受较大的荷载，对地基的要求较高，它对地基的要求介于拱坝和土石坝之间。除少数较低的重力坝可建在土基上外，一般须建在岩基上。然而天然基岩经受长期地质构造运动及外界因素的作用，多少存在着风化、节理、裂隙、破碎等缺陷，在不同程度上破坏了基岩的整体性和均匀性，降低了基岩的强度和抗渗性。因此，必须对地基进行适当的处理，以满足重力坝对地基的要求，这些要求包括：①具有足够的强度，以承受坝体的压力；②具有足够的整体性、均匀性，以满足坝基抗滑稳定和减少不均匀沉陷；③具有足够的抗渗性，以满足渗透稳定，控制渗流量；④具有足够的耐久性，以防止岩体性质在水的长期作用下发生恶化。

重力坝的地基处理一般包括坝基开挖清理，对基岩进行固结灌浆和防渗帷幕灌浆，设置基础排水系统，对特殊软弱带如断层、破碎带进行专门的处理等。

1.坝基的开挖与清理

坝基开挖与清理的目的是使坝体坐落在稳定、坚固的地基上。开挖深度应根据坝基应力、岩石强度及完整性，结合上部结构对地基的要求和地基加固处理的效果、工期及费用等研究确定。我国现行重力坝设计规范要求，凡100m以上的高坝须建在新鲜、微风化或弱风化下部基岩上；50~100m的坝可建在微风化至弱风化中部基岩上；坝高小于50m时，可建在弱风化层中部或上部基岩上。同一工程中，两岸较高部位的坝段，其利用基岩的标准可比河床部位适当放宽。

坝基开挖的边坡必须保持稳定。在顺河方向，各坝段基础面上、下游高差不宜过大，为有利于坝体的抗滑稳定，可开挖成略向上游倾斜。两岸岸坡应开挖成台阶形，以利于坝块的侧向稳定。基坑开挖轮廓应尽量平顺，避免有很大的落差，以免应力集中造成坝体裂缝。当地基中存在局部工程地质缺陷时，也应予以挖除。

为保持基岩完整性，避免开挖爆破震裂，基岩应分层开挖。当开挖到距设计高程0.5~1.0m的岩层时，宜用手风钻造孔，小药量爆破，如岩石较软弱，也可用人工借助风镐清除。基岩开挖后，在浇筑混凝土前，需进行彻底的清理和冲洗。对易风化、泥化的岩体，应采取保护措施，及时覆盖开挖面。

2.坝基的固结灌浆

在重力坝工程中采用浅孔低压灌注水泥浆的方法对地基进行加固处理，称为固结灌浆。固结灌浆的目的是提高基岩的整体性和强度，降低地基的透水性。现场试验表明，在节理裂隙较发育的基岩内进行固结灌浆后，基岩的弹性模量可提高2倍甚至更多，在帷幕灌浆范围内先进行固结灌浆可提高帷幕灌浆的压力。固结灌浆孔一般布置在应力较大的坝踵和坝趾附近，以及节理裂隙发育和破碎带范围内。灌浆孔呈梅花形布置，孔距、排距和孔深根据坝高、基岩的构造情况确定，一般孔距3~4m，孔深5~8m。帷幕上游区的孔深一般为8~15m，钻孔方向垂直于基岩面。当无混凝土盖重灌浆时，压力一般为0.2~0.4mPa（2~4 kg/cm^2），有盖重时为0.4~0.7mPa，以不掀动基础岩体为原则。

3.帷幕灌浆

帷幕灌浆的目的是降低坝底的渗透压力，防止坝基内产生机械或化学管涌，减少坝基和绕渗渗透流量。帷幕灌浆是在靠近上游坝基布设一排或几排深钻孔，利用高压灌浆充填基岩内的裂隙和孔隙等渗水通道，在基岩中形成一道相对密实的阻水帷幕。帷幕灌浆材料目前最常用的是水泥浆，水泥浆具有结石体强度高、经济和施工方便等优点。在水泥浆灌注困难的地方，可考虑采用化学灌浆。化学灌浆具有很好的灌注性能，能够灌入细小的裂隙，抗渗性好，但价格昂贵，又易造成环境污染，因此使用时需慎重。

防渗帷幕的深度应根据基岩的透水性、坝体承受的水头和降低坝底渗透压力的要求确定。当坝基下存在可靠的相对隔水层时，帷幕应伸入相对隔水层内3~5m。不同坝高所要求的相对隔水层的透水率q（1m长钻孔在1MPa水压力作用下，1min内的透水量）应采取下列不同标准：坝高在100m以上，q=1~3Lu；坝高在50~100m，q=3~5 Lu；坝高在50m以下，q=5 Lu。如相对隔水层埋藏很深，帷幕深度可根据降低渗透压力和防止渗透变形的要求确定，一般可在0.3~0.7倍水头范围内选取。

防渗帷幕的排数、排距及孔距，应根据坝高、作用水头、工程地质、水文地质条件确定。在一般情况下，高坝可设两排，中坝设一排。当帷幕由两排灌浆孔组成时，可将其中的一排钻至设计深度，另一排可取其深度的一半左右。帷幕灌浆孔距为1.5~3.0m，排距宜比孔距略小。

帷幕灌浆需要从河床向两岸延伸一定的范围，形成一道从左到右的防渗帷幕。当相对不透水层距地面较近时，帷幕可伸入岸坡与相对不透水层相衔接。当两岸相对不透水层很深时，帷幕可以伸到原地下水位线与最高库水位相交点附近。在最高库水位以上的岸坡可设置排水孔以降低地下水位，增加岸坡的稳定性。帷幕灌浆必须在浇筑一定厚度的坝体混凝土作为盖重后进行，灌浆压力由试验确定，通常在帷幕孔顶段取1.0~1.5倍的坝前静水压强，在孔底段取2~3倍的坝前静水压强，但应以不破坏岩体为原则。

4.坝基排水设施

为了进一步降低坝底扬压力，需在防渗帷幕后设置排水系统。坝基排水系统一般由排水孔幕和基面排水组成。主排水孔一般设在基础灌浆廊道的下游侧，孔距2~3m，孔径15~20cm，孔深常采用帷幕深度的0.4~0.6倍，方向则略倾向下游。除主排水孔外，还可设辅助排水孔1~3排，孔距一般为3~5m，孔深为6~12m。

如基岩裂隙发育，还可在基岩表面设置排水廊道或排水沟（管）作为辅助排水。排水沟（管）纵横相连形成排水网，以增加排水效果和可靠性。在坝基上布置集水井，渗水汇入集水井后，用水泵排向下游。

5.坝基软弱破碎带的处理

当坝基中存在断层破碎带或软弱结构面时，则需要进行专门的处理。处理方式应根据软弱带在坝基中的位置、走向、倾角的陡缓以及对强度和防渗的影响程度而定。对于走向与水流方向大致垂直、倾角较大的断层破碎带，常采用混凝土梁（塞）或混凝土拱进行加固。混凝土塞是将破碎带挖除至一定深度后回填混凝土，以提高地基局部的承载能力。当破碎带的宽度小于2~3m时，混凝土塞的深度可采用破碎带宽度的1~2倍，且不得小于1m。若破碎带的走向与水流方向大致相同，与上游水库连通，则须同时做好坝基加固和防渗处理，常用的方法有钻孔灌浆、混凝土防渗墙、防渗塞等。

对于某些倾角较缓的断层破碎带，除应在顶部做混凝土塞外，还应沿破碎带开挖若干个斜井和平洞，用混凝土回填密实，形成斜塞和水平塞组成的刚性骨架，封闭破碎物，增加抗滑稳定性和提高承载能力。

第四节 泄水消能建筑物设计

一、水库泄水建筑物泄洪消能设计分析

泄水建筑物是水利工程枢纽中一个重要工程部分，其在水利枢纽工程的建设与运行期间发挥着重要作用，特别是在泄水方面上起到的作用十分明显。因此，在水利工程建设过程中，要依据水利工程的具体设计情况，选择一个合理的实际方案，确保工程建设的经济性与合理性，以及工程竣工后的作用能够达到期望要求。

（一）水库中的泄水建筑物

泄水建筑物就是水利枢纽工程中的用于排放多余泥沙、水量，以及各种不同类型设备的水工建筑物，其在水利工程中发挥的主要作用是放空水库和泄洪，通常情况下，其被设置在水库、渠道或前池工程中，其在水库工程中能够起到太平门的作用，其作用较大，因此得到了人们的重视，在工程具体建设过程中，需要加强对它的重视。

建设泄水建筑物时，可以依据进口的具体高程情况，选择不同的形式，其中几种比较常见的形式有表孔、中孔、深孔、底孔等。不同类型的孔的特点也会有所不同，通常来说，表孔自身的泄洪能力较强，并且其在具体应用过程中相对来说比较安全，因此表孔成为现代水利工程在具体建设过程中，溢洪道和溢流坝中比较常用的一种形式。深孔或隧洞通常情况下不会单一地应用在大型水利枢纽工程中。导流洞一般在水利工程施工中的作用就是承担泄水任务，但是需要注意的是，在工程竣工后，需要对其进行封堵，该建筑是一种临时性建筑，因此在具体设计期间，通常会设计为底孔。如果工程建设过程中，泄洪道需要设计为底孔形式，泄洪道与底孔所具有的泄水功能相同。由此可见，水利工程具体设

计过程中，需要通过合理的方式，将两者联合在一起，可以使工程泄洪道兼导流的泄水建筑物。

（二）泄水建筑物的具体设计原则

水利工程建设过程中，泄洪建筑物的具体设计依据具体情况进行设计，具体设计原则如下：

①确定水流量、水文、系统的工程、轴线、位置、孔口的具体尺寸和形式，确保具体设计能够满足枢纽在具体应用过程中的正常泄洪需求，以及相应的枢纽安全性，使其可以具有一定超泄洪能力，避免泄洪建筑物在具体应用过程中发生安全事故，造成巨大的经济损失，以及人员伤亡。水利枢纽、总泄流量、各泄水建筑物承担的泄流量、尺寸、形式等应当依据当地的地质条件、水文情况、地形特点等各项内容进行设计，确保设计的合理性。

②在具体设计过程中，应当合理地结合系统水文条件的具体分析情况，以及相应的造价情况，进行对比分析，通过综合考虑，对最终的设计情况加以确定；表孔、中孔和深孔3种不同的形式，通常都被应用在大型或窄河谷、高水头、大流量的水利枢纽中，在具体设计过程中，可以选择坝身与坝体外泄流、坝与厂房顶泄流等联合的泄水建筑形式，大量的工程实践证明，该形式在具体水利枢纽中应用具有不错的效果。

③依据水利枢纽工程的实际任务对布置的泄水建筑物的具体情况进行确定。例如，防洪任务、发电任务，针对导流建筑需要采用导流布置形式，泄水建筑物应当与导流合理结合在一起，通过这样的布置方式，可以使泄水建筑物的作用得到充分发挥。依据水利枢纽工程在具体运行过程中的要求，对泄水建筑物的方案进行合理布置，例如常见的排沙任务、放空任务等，在水利枢纽工程中，如果导流建筑物采用的为导流洞布置形式，泄水建筑物可以与导流洞相结合，完成相应的布置；依据地质条件、地形，选择一种合理的消能防冲方式，通过该方式可以使下游流态能够保持一个相对平稳的状态，从而有效避免两岸发生过度冲刷，最终达到减少防护工程量的目的回。此外，在具体设计过程中，还需要确保工程运行的安全性，以及管理的方便性，确保其作用能够得到充分发挥。

二、泄水建筑物工程设计中需要注意的事项

（一）设计

1.陡坡布置

一般情况下，在进行陡坡设计时，为保证其高流速水流平稳通过，应尽可能采取对称

扩散或自线等底宽的布置方式。

2.进口处未设置连接段

进口处连接渐变段的主要作用在于给进口泄流创造良好条件。出口消能设计多采用将出口槽向下伸延至河道正常水深处，以形成底流式消能。这种消能布置，出口水流波动不平顺，两侧出现大量漩涡，消能效果极为不理想，两侧边墙和挡浪墙基础因受冲刷而架空。

（二）管理问题

1.修缮

泄水建筑物的冲刷破坏是个渐进的过程，在病害初期如及时采取修缮措施，可以避免多数较大的破坏。

2.使用规范

有些村民在使用中，为抬高泄流或塘坝水位，私自于泄水槽内加设堰体，致使水力条件前后迥异，加速了水流对衬护层的冲刷破坏。

泄洪建筑物对于水利水电工程功能的发挥是至关重要的，只有对实际的工程地形以及相关的数据进行系统分析，才能够设计出最合理的方案。此外，在泄洪建筑的设计过程中，一定要仔细核定计算结果，以减少错误，提高建筑物设计的准确性。

第十五章

河道生态治理设计

第一节　河流概述

一、河流概述

（一）河流的基本概念

1.河流的概念

河流（River）一词来自法文Rivere及拉丁文Riparia，是岸边的意思。不同出处对河流的定义也有所差异。

《辞海》中定义：河流是沿地表线低凹部分集中的经常性或周期性水流。较大的叫河，较小的叫溪。

《中国水利百科全书》中定义：河流是陆地表面宣泄水流的通道，是溪、川、江、河的总称。

《中国自然地理》中定义：由一定区域内地表水和地下水补给，经常或间歇地沿着狭长凹地流动的水流。

《河流泥沙工程学》明确：河流是水流与河床交互作用的产物。

综合以上各种解释，可以把河流定义为：河流是汇集地表水和地下水的天然泄水通道，是水流与河床的综合体，也就是说，水流和河床是构成河流的两个因素。水流与河床相互依存、相互作用，促使相互变化发展。水流塑造河床，适应河床，改造河床；河床约束水流，改变水流，受水流所改造。

通常人们理解的河道是河流的同义词，简而言之，河道就是水流的通道。笔者采用人们通常理解的河道是河流的同义词的说法。为尊重约定俗成的表述，在笔者的阐述中有时称河道，有时称河流。

2.河流相关概念

天然河谷中被水流淹没的部分，称为河床或河槽。河谷是指河流在长期的流水作用下所形成的狭长凹地。水面与河床边界之间的区域称为过水断面，相应的面积为过水断面面积，或简称为过水面积，它随水位的涨落而变化。显然，过水断面面积随水位的升高而增大。

天然河道的河床，包括河底与河岸两部分。河底是指河床的底部；河岸是指河床的两边。河底与河岸的划分，可以枯水位为界，以上为河岸，以下为河底。面向水流方向，左边的河岸称为左岸，右边的河岸称为右岸。弯曲河段沿流向的平面水流形态呈凹形的河岸称为凹岸，呈凸形的河岸称为凸岸。在河流的凹岸附近，水深较大，称为深槽：两反向河湾之间的直段，水深相对较浅，称为浅滩。深槽与浅滩沿水流方向通常交替出现，具有一定的规律。

深泓线是指沿流程各断面河床最低点的平面平顺连接线。主流线（水流动力轴线）指沿程各断面最大垂线平均流速处的平面平顺连接线。中轴线指河道在平面上沿河各断面中点平顺连线，一般依中水河槽的中心点为据定线，它是量定河流长度的依据。

（二）河流的补给来源

河流的水源补给是指河流中水的来源，河流的水文特性在很大程度上取决于水源补给类型，我国河流的水源补给有以下几种类型：

1.雨水补给

河流的雨水补给是我国河流补给的主要水源，由于各地气候条件的差异，不同地区的河流雨水补给所占的比例有较大的差别。我国雨水补给量的分布，基本上与降水的分布一致，一般由东南向西北递减。

秦岭以南，青藏高原以东地区，雨量充沛，河流主要是雨水补给，补给量一般占冰川年径流量的60%~80%。在这些地区冬天虽有降雪，但一般不能形成径流，东北、华北地区的河流虽有季节性积雪融水和融冰补给，但这部分水源仍占次要地位，雨水仍是各河流的主要补给源。黄淮海平原河流的雨水补给比重最大，占年径流量的80%~90%，东北和黄土高原诸河雨水补给量占年径流量的50%~60%。西北内陆地区雨量少，河流以高山冰雪融水补给为主，雨水补给量居次要地位，一般只占年径流量的5%~30%。

以雨水补给为主的河流，其水情特点是水位与流量增减较快，变化较大，在时程上与降水有较好的对应关系。由于雨量的年内分配不均匀，径流的年内分配也不均匀，且年际变化也比较大，丰、枯水现象悬殊。

2.冰雪融水补给

冰雪融水包括冰川、永久积雪融水及季节性积雪融水。冰川和永久积雪融水补给的河流，主要分布在我国西北内陆的高山地区。位于盆地边缘面临水汽来向的高山地区，气候相对较温润，不仅有季节雪，而且有永久积雪和冰川，因此高山冰雪融水成为河流的重要补给源。在某些地区，甚至成为河流的唯一水源。

季节性积雪融水补给主要发生在东北地区，补给时间主要在春季。由于东北地区冬季漫长，降雪量比较大，如大、小兴安岭地区和长白山地区，积雪厚度一般都在0.2m以上，最厚年份可达0.5m以上，春季融雪极易形成春汛，这种春汛正值桃花盛开之时，所以也称为桃花汛。这种春汛形成的径流，可占年径流量的15%左右。华北地区积雪不多，季节性积雪融水补给量占年径流量的比重不大，但春季融水有时可以形成不甚明显的春汛。季节性积雪融水补给的河流，其水量的变化在融化期与气温变化一致，径流的时程变化比雨水形成的径流平缓。

冰雪融水补给主要发生在气温较高的夏季，其水文特点是具有明显的日变化和年变化，水量的年际变化幅度要比雨水补给的河流小，这是因为融水量与太阳辐射、气温的变化一致，且气温的年际变化比降雨量的年际变化小。

3.地下水补给

地下水补给是我国河流补给的普遍形式，特别是在冬季和少雨或无雨季节，大部分河流的水量基本上都来自地下水。地下水在年径流中的比例，由于各地区和河道本身水文地质条件的差异较大。例如，东部湿润地区一般不超过40%，干旱地区更小。青藏高原由于地处高寒地带，地表风化严重，岩石破碎，有利于下渗，此外还有大量的冰水沉积物分布，致使河流获得大量的地下水，如狮泉河地下水占年径流量的比重可达60%以上。我国西南岩溶地区（也称为喀斯特地区），由于具有发达的地下水系，暗河、明河交替出现，成为特殊的地下水补给区。

地下水实际上是雨水或冰雪融水渗入地下转化形成的，由于地下水流运动缓慢，又经过地下水位的调节，所以地下径流过程变化平缓，消退也缓慢。因此，以地下水补给为主的河流，其水量的年内分配和多年变化都较均匀。对于干旱年份，或者人工过量开采地下水以后，常使地下水的收支平衡遭受破坏，这时河流的枯水（基流）将严重减少，甚至枯竭。

除少数山区间歇性小河外，一般河流常有两种及以上的补给形式，既有雨水补给也有地下水补给，或者还有季节性积雪融水补给。河流从这些补给中获得的水量，对不同的地区或同一地区不同的河流都是不同的。如淮河到秦岭一线以南的河流，只有雨水和地下水补给，以北的河流还有季节性融雪补给，西北和西南高原河流，各种补给都存在。山区河流补给还具有垂直地带性，随着海拔的变化，其补给形式也不同。如新疆的高山地带，河流以冰雪融水、季节性积雪融水补给为主；而在低山地带以雨水补给为主；中山地带冰雪融水、雨水和地下水补给都占有一定比重。同一河流的不同季节，各种水源的补给量所占的比例亦有明显差异。如以雨水补给为主的河流，雨季径流的绝大部分为降雨所形成，而枯水期则基本靠地下水补给来维持。东北的河流在春汛径流中，大部分为季节性融水，而雨季的径流主要由雨水形成，枯水季节则以地下水补给为主。

虽然地下水是河流水量的补给来源之一，这主要是指在河流水位低于地下水位的条件下，但在洪水期或高水位时期，如果河流水位高于地下水位，这时河流又会补给河流两侧的地下水。河流与地下水之间的这种相互补给，在水文学上称之为“水力联系”。水力联系的概念，在水资源评价和水文分析计算中具有重要意义。需要指出的是，这种水力联系必须是河流贯通地下含水层时才会发生的相互补给。在某些特殊情况下，水力联系只是单方面的，河流只补给地下水，而地下水无法补给河流，如黄河的中下游地区。

（三）河流的分类、分段

1.河流的分类

根据不同的划分标准，河流可以有以下6种分类：

（1）按照流经的国家分类

按照河流流经的国家，可分为国内河流与国际河流。国内河流简称“内河”，是指完全处于一国境内的河流。国际河流是指流经或分隔两个及两个以上国家的河流。这类河流由于不完全处于一国境内，所以流经各国领土的河段，以及分隔两国界河的分界线两边的水域，分属各国所有。国际河流有时特指已建立国际化制度的河流，一般允许所有国家的船舶特别是商船无害航行。

联合国《国际法第四十六届会议工作报告》把国际河流的概念统一到“国际水道”中，它包括了涉及不同国家同一水道中相互关联的河流、湖泊、含水层、冰川、蓄水池和运河。

我国是国际河流众多的国家，包括珠江、黑龙江、雅鲁藏布江在内共有40余条，其中主要的国际河流有15条。

（2）按照最终归宿分类

按照河流的归宿不同，可分为外流河和内流河（内陆河）。通常把流入海洋的河流称为外流河；流入内陆湖泊或消失于沙漠之中的河流称为内流河。如亚马孙河、尼罗河、长江、黄河、海河、珠江等属于外流河；我国新疆的塔里木河、伊犁河，甘肃的黑河等属于内流河。

（3）按照河流的补给类型和水情特点分类

按照河流水源补给途径将河流划分为以融水补给为主（具有汛水的河流）、以融水和雨水补给为主（具有汛水和洪水的河流）和以雨水补给为主（具有洪水的河流）的3种类型。

在我国以融水补给为主的河流，主要分布在大兴安岭北端西侧、内蒙古东北部及西北的高山地区，汛水可分为春汛、春夏汛和夏汛三种类型；由融水和雨水补给的河流，主要分布在东北和华北地区；以雨水补给为主的河流，主要分布在秦岭—淮河以南、青藏高原以东的地区。

（4）按照河水含沙量大小分类

按照河水含沙量大小，可分为多沙河流与少沙河流。多沙河流，每立方米水中的泥沙含量常在几十千克、几百千克甚至千余千克；而少沙河流，则河水清澈，每立方米水中的泥沙含量常在几千克甚至不足1 kg。所谓“泾渭分明”的词语，正是对两条河流河水含沙量的显著差异的反映。

（5）按照流经地区分类

在河床演变学中，一般将河流分为山区河流与平原河流两大类。

①山区河流。山区河流为流经地势高峻、地形复杂的山区和高原的河流。山区河流以侵蚀下切作用为主，其地貌主要是水流侵蚀与河谷岩石相互作用的结果。内应力在塑造山区河流地貌上有重要作用，旁向侵蚀一般不显著，两岸岩石的风化作用和坡面径流对河谷的横向拓宽有极为重要的影响，河流堆积作用极为微弱。

②平原河流。平原河流是流经地势平坦、土质疏松的冲积平原的河流。平原本身主要由水流挟带的大量物质堆积而成，其后由于水流冲蚀或构造上升运动原因，河流微微切入原来的堆积层，形成开阔的河谷，在河谷上常留下堆积阶地的痕迹。河流的堆积作用在河口段形成三角洲，三角洲不断延伸扩大，形成广阔的冲积平原。

（6）通常又将冲积平原河流按其平面形态及演变特性分为顺直型、蜿蜒型、分汊型及游荡型4类。顺直型即中心河槽顺直，而边滩呈犬牙交错状分布，并在洪水期间向下游平移。蜿蜒型即呈现蛇形弯曲，河槽比较深的部分靠近凹岸，而边滩靠近凸岸。分汊型分为双汊或者多汊。游荡型河床分布着较密集的沙滩，河汊纵横交错，而且变化比较频繁。

2.河流的分段

一条大河从源头到河口，按照水流作用的不同以及所处地理位置的差异，可将河流划分为河源、上游、中游、下游和河口（段）。

河源就是河流的发源地，河源以上可能是冰川、湖泊、沼泽或泉眼等。对于大江大河，支流众多，一般按“河源唯长”的原则确定河源，即在全流域中选定最长、四季有水的支流对应的源头为河源。

上游指紧接河源的河谷窄、比降和流速大、水量小、侵蚀强烈、纵断面呈阶梯状并多急滩和瀑布的河段。上游一般位于山区或高原，以河流的侵蚀作用为主。

中游大多位于山区与平原交界的山前丘陵和平原地区，以河流的搬运作用和堆积作用为主。其特点是水量逐渐增加，比降和缓，流水冲击力开始减小，河床位置比较稳定，侵蚀和堆积作用大致保持平衡，纵断面往往呈平滑下凹曲线。

下游多位于平原地区，河谷宽阔、平坦，河道弯曲，河水流速慢而流量大，以河流的堆积作用为主，到处可见沙滩和沙洲。

河口是指河流与海洋、湖泊、沼泽或另一条河流的交汇处，可分为入海河口、入湖河口、支流河口等。河口段位于河流的终端，处于河流与受水盆（海洋、湖泊以及支流注入主流处）水体相互作用下的河段。

许多江河在分段时，一般只分为上游、中游和下游三段。对于大江大河而言，上游一般位于山区或高原，下游位于平原，而中游则往往为从山区向平原的过渡段，可能部分位于山区、部分位于平原。

在我国西南、华南地区，受喀斯特地貌发育影响，形成了许多特殊的河流，如从岩洞中流出的无头河，河流下游止于落水洞的无尾河，以及隐藏地下的暗河，潜行一段距离后又冒出地面的明河。对于这类河流，则难以明确分段。

二、水文特征

水文特征主要是指某一河流降雨、流量、径流、水位、洪水、泥沙、潮汐、水质、结冰期长短等。

（一）降雨

从天空降落到地面上的雨水，未经蒸发、渗透、流失而在水面上积聚的水层深度，称为降雨。气象部门按24 h雨量的大小，将降雨分为7级，如表15-1所示。

表15-1　降雨等级

24h降雨量（mm）	＜0.1	0.1~10	10~25	25~50	50~100	100~200	＞200
等级	无雨或微雨	小雨	中雨	大雨	暴雨	大暴雨	特大暴雨

把一点（或面上）的降水量、降水历时与降水强度称为降水三要素。降水量是指一场降水或一定时段内降落在某点或某一面积上的水层深度，以 P 表示，单位为mm。降水历时是指一场降水从开始到结束持续的时间，以 t 表示，单位为min、h或d。降水强度是指单位时间的降水量，又称为雨率，以 i 或mm/h表示。某时段内的平均降水强度与降水量、降水历时的关系为：

$$i=\frac{P}{t} \tag{15-1}$$

除了降水三要素外，描述一场降雨还需要知道降水面积和暴雨中心等。其中，降水面积是指降雨笼罩的水平范围，以 F 表示，单位为km^2；暴雨中心是指雨量很集中的局部地区或某点，由等雨量线图可以了解暴雨中心所在位置。

（二）流量

流量（Q）是指单位时间通过某河流断面的水量，以m^3/s计。流量有瞬时流量与平均流量之分。瞬时流量指某时刻通过河流断面的水量，一般用流量过程线表示。流量过程线的上升部分为涨水段，下降部分为退水段，最高点称为洪峰流量，简称洪峰，记为Q_{max}。平均流量指某时段内通过河流断面的水量与时段的比值，常用的时段有日、月、年、多年，对应的为日平均流量、月平均流量、年平均流量、多年平均流量，也有某些特定时段的平均流量。多年平均流量是各年流量的平均值，如果统计的实测流量年数无限大，多年平均流量趋于一个稳定的数值，即正常流量，它是反映一条河流水量多少的指标，是径流的重要特征值。

（三）径流

径流是指由大气降水所形成的，在重力作用下沿着流域地面向河川、湖泊或水库等水体流动的水流。其中，沿着地面流动的水流称为地面径流（或地表径流）；在土壤中沿着某一界面流动的水流称为壤中流；在饱和土层及岩石中沿孔隙流动的水流称为地下径流；汇集到河流后，沿着河床流动的水流称为河川径流。

流域内，自降雨开始到水流汇集到流域出口断面的整个过程，称为径流形成过程。径流的形成是一个复杂的过程，大体可概化为两个阶段，即产流阶段和汇流阶段。当降水满足了蒸发、植物截留、洼地蓄水和表层土壤储存后，后续降雨强度超过下渗强度，超渗雨沿坡面流动注入河槽的过程为产流阶段。降雨产生的径流，汇集到附近河网后，又从上游流向下游，最后全部流经流域出口断面，叫河网汇流，即为汇流阶段。

径流的特征值通常有流量、径流量、径流深、径流模数、径流系数等。

（四）水位

河流的自由水面距离某基面零点以上的高程称为水位。

1.水深

水深是指河流的自由水面离开河床底面的高度。河流水深是绝对高度指标，可以直接反映出河流水量的大小，而水位是相对高度指标，必须明确某一固定基面才有实际意义。

2.起涨水位

起涨水位是指一次洪水过程中，涨水前最低的水位。

3.警戒水位

当水位继续上涨达到某水位时，河道防洪堤可能出现险情，此时防汛护堤人员应加强巡视，严加防守，随时准备投入抢险，该水位即定为警戒水位。警戒水位主要根据堤防标准及工程现状、地区的重要性、洪水特性确定。

4.保证水位

保证水位是指按照防洪堤设计标准，保证在此水位时堤防不决堤。

5.水位过程线与水位历时曲线

以水位为纵轴，时间为横轴，绘出水位随时间的变化曲线，称为水位过程线。某断面上一年水位不小于某一数值的天数，称为历时。在一年中按各级水位与相应历时点绘制的曲线称为水位历时曲线。

（五）洪水

河流洪水是指短时间内大量来水超过河槽的容纳能力而造成河道水位急涨的现象。洪水发生时，流量剧增，水位暴涨，可能造成堤防满溢或决口成灾。按洪水成因可分为暴雨洪水、风暴潮洪水、冰凌洪水、溃坝洪水、融雪洪水等。

河流洪水从起涨至峰顶到退落的整个过程称为洪水过程。描述一场洪水的指标要素很多，主要有洪峰流量及洪峰水位、洪水总量及时段洪量、洪水过程线、洪水历时与传播时间、洪水频率与重现期、洪水强度与等级等。在水文学中，常将洪峰流量（或洪峰水位）、洪水总量、洪水历时（或洪水过程线）称为洪水三要素。

一般来说，山区河流暴雨洪水的特征是坡度陡、流速大、水位涨落快、涨落幅度大，但历时较短、洪峰形状尖瘦，传播时间较快；平原河流的洪水坡度较缓、流速较小、水位涨落慢、涨幅也小，但历时长、峰形矮胖、传播时间较短。中小河流因流域面积小，洪峰多单峰；大江大河因为流域面积大、支流多，洪峰往往会出现多峰。

（六）泥沙

随河水运动和组成河床的松散固体颗粒，叫作泥沙。挟带泥沙的数量，不同河流有显著差异。河流泥沙的主要来源是流域表面的侵蚀和河床的冲刷，因此泥沙的多少和流域的气候、植被、土壤、地形等因素有关。

天然河流中的泥沙，按其是否运动可分为静止和运动两大类。组成河床静止不动的泥沙称为床沙质；运动的泥沙又分为推移质和悬移质两类，两者共同构成河流输沙的总体。推移质泥沙较粗，沿河床滚动、滑动或跳跃运动；悬移质泥沙较细，在水中浮游运动。

河流的泥沙情况通常用含沙量、输沙量等指标来描述。

1.含沙量

含沙量指单位体积水中所含悬移质的质量。天然河道中悬移质含沙量沿垂线分布是自水面向河底增加的。泥沙颗粒愈小，沿垂线分布愈均匀。含沙量在断面内分布，通常靠近主流处较两岸大。黄河是世界上含沙量最大的一条河流。

2.输沙量

输沙量指单位时间内通过单位面积的断面所输送的沙量。绝大多数河流的含沙量与输沙量高值集中在汛期。如黄河7~9月输沙量约为全年的85%；长江5~10月输沙量约为全年的95%；我国西北干旱地区的河流，沙峰多在春汛高峰稍前出现；北方有的河流全年的输沙量，往往主要由江河洪水的几次沙峰组成。

（七）潮汐

河流入海河口段在日、月引潮力作用下引起水面周期性的升降、涨落与进退的现象，称潮汐。河流潮汐是河流入海口河段的一种自然现象，古代称白天的为“潮”、晚上的为“汐”，合称为“潮汐”。入海河口段受径流、潮汐的共同作用，水动力条件复杂，通常把潮汐影响所及之地作为河口区。

潮汐通常用潮位、潮差等特征值来描述。

1.潮位

受潮汐影响周期性涨落的水位称为潮位，又称潮水位。

2.平均潮位

某一定时期的潮位平均值称该时期的平均潮位。某一定时期内的高（低）潮位的平均值称该时期平均高（低）潮位。

3.最高（低）潮位

某一定时期内的最高（低）潮位值。

4.潮差

在一个潮汐周期内，相邻高潮位与低潮位间的差值称为潮差。

5.平均潮差

某一定时期内潮差的平均值称为平均潮差。我国东海沿岸平均潮差约5m，渤海、黄海的平均潮差2~3m，南海的平均潮差小于2m。

6.最大潮差

某一定时期内潮差的最大值称为最大潮差。

钱塘江涌潮被誉为“世界八大奇观”之一，由于钱塘江河口独特的喇叭形态和沙坎，钱塘江河口平均潮差5.6m，最大潮差达8.93m。世界上最大潮差发生在加拿大的芬地湾，可达19.6m。

（八）水质

水质是指水和其中所含的物质组分所共同表现的物理、化学和生物学的综合特性，也称为水的质量，通常用水的一系列物理、化学和生物指标来反映。

第二节　传统河道治理

一、传统河道治理规划

（一）传统河道治理原则

河道治理首要的是拟定治理规划，包括全河规划和分段规划。规划的原则是全面规划、综合治理、因势利导、因地制宜。

1.全面规划

全面规划就是规划中要统筹兼顾上下游、左右岸的关系，调查了解社会经济、河势变化及已有的河道治理工程情况，进行水文、泥沙、地质、地形的勘测，分析研究河床演变的规律，确定规划的主要参数，如设计流量、设计水位、比降、水深、河道平面和断面形态指标等，提出治理方案。对于重要的工程，在方案比较选定时，还需进行数学模型计算和物理模型试验，拟订方案，通过比较选取优化方案，使实施后的效益实现最大化。

2.综合治理

综合治理就是要结合具体情况，采取各种措施进行治理，如修建各类坝垛工程、平顺护岸工程，以及实施人工裁弯或爆破、清障等。对于河道由河槽与滩地共同组成的河段，治槽是治滩的基础，治滩有助于稳定河槽，因此必须滩槽综合治理。

3.因势利导

“因势”就是遵循河流总的规律性、总的趋势，“利导”就是朝着有利于建设要求的方向、目标加以治理。然而，“势”是动态可变的，而规划工作一般是依据当前河势而论，这就要求必须对河势变化作出正确判断，抓住有利时机，勘测、规划、设计、施工，连续进行。

河流治理规划强调因势利导。只有顺乎河势，才能在关键性控导工程完成之后，利用水流的力量与河道自身的演变规律，逐步实现规划意图，以收到事半功倍的效果；否则，逆其河性，强堵硬挑，将会引起河势走向恶化，从而造成人力、物力的极大浪费和不必要的治河纠纷。

4.因地制宜

治河工程往往量大面广、工期紧张、交通不便，因此在工程材料及结构型式上，应尽量因地制宜，就地取材，降低造价，保证工程需要。在用材取料方面，过去是土石树草，现在应注意吸纳各类新技术、新材料、新工艺，并应根据当地情况加以借鉴和改进。

（二）河道治理的要求

治理河道首先要考虑防洪需要。治理航道及设计保护码头、桥渡等的治理建筑物时，要符合防洪安全的要求，不能单纯考虑航运和码头桥渡的安全需要。

1.防洪对河道的要求

防洪部门对河道的基本要求是：河道应有足够的过流断面，能安全通过设计洪水流量；河道较顺畅，无过分弯曲或束窄段。在两岸修筑的堤防工程，应具有足够的强度和稳定性，能安全挡御设计的洪水水位；河势稳定，河岸不因水流顶冲而崩塌。

2.航运对河道的要求

从提高航道通航保证率及航行安全出发，航运对河流的基本要求是：满足通航规定的航道尺度，包括航深、航宽及弯曲半径等；河道平顺稳定，流速不能过大，流态不能太乱；码头作业区深槽稳定，水流平稳；跨河建筑物应满足船舶的水上净空要求。

3.其他部门对河道的要求

最常遇到的其他工程有桥梁及取水口等。

桥梁工程对河道的要求，主要是桥渡附近的河势应该稳定，防止因河道主流摆动造成主通航桥孔航道淤塞，或桥头引堤冲毁而中断运输。同时，桥渡附近水流必须平缓过渡，主流向与桥轴线法向交角不能过大，以免造成船舶航行时撞击桥墩。

取水工程对河道的要求是：取水口所在河段的河势必须稳定，既不能脱溜淤积无法取水，也不能大溜顶冲危及取水建筑物的安全；河道必须有足够的水位，以保证设计最低水位的取水，这点对无坝取水工程和泵站尤为重要；取水口附近的河道水流泥沙运动，应尽可能使进入取水口的水流含沙量较低，避免引水渠道严重淤积，减少泵站机械的损耗。

（三）河流治理规划的关键步骤

1.河道基本特性及演变趋势分析

河道基本特性及演变趋势分析包括对河道自然地理概况，来水、来沙特性，河岸土质，河床形态，历史演变，近期演变等特点和规律的分析，以及对河道演变趋势的预测。对拟建水利工程的河道上、下游，还要就可能引起的变化作出定量评估。这项工作一般采用实测资料分析、数学模型计算、实体模型试验相结合的方法。

2.河道两岸社会经济、生态环境情况调查分析

河道两岸社会经济、生态环境情况调查分析包括对沿岸城镇、工农业生产、堤防、航运等建设现状和发展规划的了解与分析。

3.河道治理现状调查及问题分析

通过对已建治理工程现状的调查，探讨其实施过程、工程效果与主要的经验教训。

4.河道治理任务与治理措施的确定

根据各方面提出的要求，结合河道特点，确定本河段治理的基本任务，并拟定治理的主要工程措施。

5.治理工程的经济效益和社会效益、环境效益分析

治理工程的经济效益和社会效益、环境效益分析包括河道治理后可能减少的淹没损失，论证防洪经济效益；治理后增加的航道和港口水深、改善航运水流条件、增加单位功率的拖载量、缩短船舶运输周期、提高航行安全保证率等方面，论证航运经济效益。此外，还应分析对取水、城市建设等方面的效益。

6.规划实施程序的安排

治河工程是动态工程，具有很强的时机性。应在治理河道有利时机的基础上，对整个实施程序作出合理安排，以减少治理难度，节约投资。

（四）河流治理规划的主要内容

河流治理规划的主要内容为拟定防洪设计流量及水位、拟定治导线、拟定工程措施。

1.拟定防洪设计流量及水位

洪水河槽整治的设计流量，是指某一频率或重现期的洪峰流量，它与防洪保护地区的防洪标准相对应，该流量也称河道安全泄量；与之相应的水位，称为设计洪水位，它是堤防工程设计中确定堤顶高程的依据，此水位在汛期又称防汛保证水位。

中水河槽整治的设计流量，常采用造床流量。这是因为中水河槽是在造床流量的长期作用下形成的。通常取平滩流量为造床流量，与河漫滩齐平的水位作为整治水位。该水位与整治工程建筑物（如丁坝坝头）高程大致齐平。

枯水河槽治理的主要目的是解决航运问题，其中特别是保证枯水航深问题。设计枯水位一般应根据长系列日均水位的某一保证率（即通航保证率）来确定。通航保证率应根据河流实际可能通航的条件和航运的要求，以及技术的可行性和经济的合理性来确定。设计枯水位确定之后，再求其相应的设计流量。

2.拟定治导线

治导线又称整治线，是布置整治建筑物的重要依据，在规划中必须确定治导线的位置。山区河道整治的任务一般仅需要规划其枯水河槽治导线。平原河道治导线有洪水河槽治导线、中水河槽治导线和枯水河槽治导线，中水河槽通常是指与造床流量相应的河槽，固定中水河槽的治导线对防洪至关重要，它既能控导中水流路，又对洪、枯水流向产生重要影响，对河势起控制作用。河口治导线的确定取决于河口类型与整治的河道。对有通航要求的分汊型三角洲河口，宜选择相对稳定的主槽作为通航河汶。对于喇叭形河口，治导线的平面形式宜自上而下逐渐放宽呈喇叭形，放宽率应能满足涨落潮时保持一定的水深和流速，使河床达到冲淤相对平衡。对有围垦要求的河口，应使口门整治与滩涂围垦相结合，合理开发利用滩涂资源。

平原河道整治的洪水河槽一般以两岸堤防的平面轮廓为其设计治导线。两岸堤防的间距应经分析，使其能满足宣泄设计洪水和防止洪水期水流冲刷堤岸的要求。中水河槽一般以曲率适度的连续曲线和两曲线间适当长度的直线段为其设计治导线。有航运与取水要求的河道，需确定枯水河槽治导线，一般可在中水河槽治导线的基础上，根据航道和取水建筑物的具体要求，结合河道边界条件确定。一般应使整治后的枯水河槽流向与中水河槽流向的交角不大。

对平原地区的单一河道，其治导线沿流向是直线段与曲线段相间的曲线形态。对分汊河段，有整治成单股和双汊之分。相应的治导线即为单股或为双股。由于每个分汊河段的特点和演变规律不同，规划时需要考虑整治的不同目的来确定工程布局。一般双汊道有周期性主、支汊交替问题，规划成双汊河道时，往往需根据两岸经济建设的现状和要求，兴建稳定主、支汊的工程。

3.拟定工程措施

在工程布置上，根据河势特点，采取工程措施，形成控制性节点，稳定有利河势，在河势基本控制的基础上，再对局部河段进行整治。建筑物的位置及修筑顺序，需要结合河势现状及发展趋势确定。以防洪为目的的河道整治，要保证有足够的行洪断面，避免过分弯曲和狭窄的河段，以免影响宣泄洪水，通过整治建筑物保持主槽相对稳定。以航运为目的的河道整治，要保证航道水流平顺、深槽稳定，具有满足通航要求的水深、宽度、河湾半径和流速流态，还应注意船行波对河岸的影响。以引水为目的的河道整治，要保证取水口段的河道稳定及无严重的淤积，使之达到设计的取水保证率。

二、常见传统河道治理工程

河道工程是重要的民生工程，因此当河道中存在对堤防、河岸和河床等稳定不利的因素时，必须根据具体情况采取工程措施进行治理。常见的传统河道治理工程包括护岸工程、裁弯取直工程、拓宽河道工程和疏浚、爆破及清淤工程等。

（一）护岸工程

护岸工程是指为防止河流侧向侵蚀及因河道局部冲刷而造成的坍塌等灾害，在主流线偏离被冲刷地段的保护工程措施。其主要作用是控制河道主流、保护河岸、稳定河势与河槽。护岸工程有平顺式、坝垛式、桩墙式和复合式等各种型式，其中前两者最为常用。平顺式即平顺的护脚护坡型式；坝垛式是指丁坝、顺坝、矶头或垛等型式。

1.平顺护岸工程

平顺护岸工程是用护岸材料直接保护岸坡并能适应河床变形的工程措施。平顺护岸工程以设计枯水位为界，其上部为护坡工程，作用是保持岸坡土体，防止近岸水流冲刷和波浪冲蚀以及渗流破坏；其下部为护脚工程，又称护底护根工程，作用是防止水流对坡脚河床的冲刷，并能随着护岸前沿河床的冲刷变形而自动适应性调整。进一步，可将护坡工程的上部与滩唇结合的部分称为滩顶工程。

（1）护脚工程

护脚工程是抑制河道横向变形的关键工程，是整个护岸工程的基础。因其常年潜没水中，时刻都受到水流的冲击及侵蚀作用。其稳固与否，决定着整个护岸工程的成败。

护脚工程及其建筑材料要求能抵御水流的冲刷及推移质的磨损，具有较好的整体性并能适应河床的变形，较好的水下防腐性能，便于水下施工并易于补充修复等。护脚工程的型式很多，如抛石护脚、石笼护脚、沉枕护脚、沉排护脚。

（2）护坡工程

护坡工程除受水流冲刷作用外，还要承受波浪的冲击力及地下水外渗的侵蚀。此外，因护坡工程处于河道水位变动区，时干时湿，因此要求建筑材料坚硬、密实、耐淹、耐风化。护坡工程的型式与材料很多，如混凝土护坡、混凝土异形块护坡，以及条石、块石护坡等。

块石护坡又分抛石护坡、干砌石护坡和浆砌石护坡三类。其中抛石和干砌石，能适应河床变形，施工简便，造价较低，故应用最为广泛。干砌石护坡相对而言所需块石质量较小，石方也较为节省，外形整齐美观，但需人工操作，要有技术熟练的施工队伍。而抛石护坡可采用机械化施工，其最大优点是当坡面局部损坏走石时，可自动调整弥合。因此，在我国一些地方，常常是先用抛石护坡，经过一段时间的沉陷变形，根基稳定下来后，再进行人工干砌整坡。

护坡工程的结构，一般由枯水平台、脚槽、坡身、导滤沟、排水沟和滩顶工程等部分组成。枯水平台、脚槽或其他支承体等位于护坡工程下部，起支承坡面不致坍塌的作用。

（3）护岸新材料、新技术

随着科学技术的发展，护岸工程新材料、新技术也不断涌现。主要有以下几种：土工织物软体排固脚护岸、钢筋混凝土板护岸、汊链混凝土排护脚、模袋混凝土（砂）护坡、四面六边透水框架群护脚、网石笼结构护岸、铰接式或超强联锁式护坡砖护坡、土工网垫草皮及人工海草护坡等。

2.坝垛式护岸工程

坝垛式护岸工程主要有丁坝、顺坝和矶头（垛）等形式。

（1）丁坝

丁坝由坝头、坝身和坝根三部分组成，坝根与河岸相连，坝头伸向河槽，在平面上呈“丁”字形。

按丁坝坝顶高程与水位的关系，丁坝可分为淹没式和非淹没式两种。用于航道枯水整治的丁坝，经常处于水下，为淹没式丁坝；用于中水整治的丁坝，洪水期一般不全淹没，或淹没历时较短，这类丁坝可视为非淹没式丁坝。

根据丁坝对水流的影响程度，可分为长丁坝和短丁坝。长丁坝有束窄河槽，改变主流线位置的功效；短丁坝只起迎托主流、保护滩岸的作用，特别短的丁坝，又有矶头、垛、盘头之类。

按照坝轴线与水流方向的交角，可将丁坝分为上挑、下挑和正挑3种。根据丁坝附近水流泥沙运动规律和河床冲淤特性分析，对于淹没式丁坝，以上挑形式为好；对于非淹没式丁坝，则以下挑形式为好。因此，在丁坝设计时，凡非淹没式丁坝，均设计成下挑形式；而淹没式丁坝一般都设计成上挑或正挑形式。

丁坝的类型和结构型式很多。传统的有沉排丁坝、抛石丁坝、土心丁坝等。此外，近代还出现了一些轻型的丁坝，如井柱坝、网坝等。

（2）顺坝

顺坝又称导流坝。它是一种纵向整治建筑物，由坝头、坝身和坝根三部分组成。顺坝坝身一般较长，与水流方向大致平行或有很小交角。其顺导水流的效能，主要取决于顺坝的位置、坝高、轴线方向与形状。较长的顺坝，在平面上多呈微曲状。

（3）矶头（垛）

矶头（垛）这类工程属于特短丁坝，它起着保护河岸免遭水流冲刷的作用。这类形式的特短丁坝，在黄河中下游干支流河道有很多。其材料可以是抛石、埽工，或埽工护石。其平面形状有挑水坝、人字坝、月牙坝、雁翅坝、磨盘坝等。这种坝工因坝身较短，一般无远挑主流作用，只起迎托水流、消杀水势、防止岸线崩退的作用。但是如果布置得当，且坝头能连成一平顺河湾，则整体导流作用仍很可观。同时，由于施工简便，耗费工料不多，防塌效果明显，在稳定河湾和汛期抢险中经常采用。特别是雁翅坝，其效能较大而使用最多。

（二）裁弯取直工程

由于水流条件、泥沙变化、自然条件改变、河床地质等的作用，河床演变使河道形成弯曲，这是河流非常普遍的一个规律。如果河道弯曲不大，则对河水泄洪影响比较小。但如果河道弯曲很大，洪水期内水流会受到弯曲的阻碍，水面的纵坡减缓，使弯道河段上游洪水位抬高，从而对堤防工程的威胁增加，造成防汛抢险困难。特别是在河道的凌汛期，弯道处很可能会有冰凌堆积，形成阻水流、阻冰凌的冰坝，很容易引起堤防的决口。

1.河道裁弯取直的特点

对于弯曲河段治理的方法，目前我国主要是采取裁弯取直的工程措施。但是，在河流进行裁弯取直时，将涉及很多不利的方面，所以采用河流的裁弯取直工程要充分论证，采取极其慎重的态度。河流的裁弯取直工程彻底改变了河流蜿蜒的基本形态，使河道的横断面规则化，使原来急流、缓流、弯道及浅滩相间的格局消失，水域生态系统的结构与功能也会随之发生变化。所以，在一些国家和地区，提出要把已经取直的河道恢复为原来自然的弯曲，还河流以自然的姿态。

2.河道裁弯取直的方法

根据多年治理河流的实践经验，河道裁弯取直的方法大体上可以分为两种：一种是自然裁弯，另一种是人工裁弯。

当河环起点和终点距离很近时，洪水漫滩时由于水流趋向于坡降最大的流线，在一定条件下，会在河漫滩上开辟出新的河路，沟通畸湾河环的两个端点，这种现象称为河流的自然裁弯。自然裁弯往往为大洪水所致，裁弯点由洪水控制，常会带来一定的洪水灾害现象，其结果可使河势发生变化，发生强烈的冲淤现象，给河流的治理带来被动，同时侵蚀农田等其他设施，在有通航要求的河道，还会严重影响航运。为了防止自然裁弯所带来的弊害，一些河流常采取人工裁弯措施。

人工裁弯取直是一项改变河道天然形状的大型工程措施，应遵循因势利导的治河原则，使裁弯新河与上、下游河道平顺衔接，形成顺乎自然的发展河势。常采用的方法是“引河法”。所谓“引河法”，即在选定的河湾狭颈处，先开挖一较小断面的引河，利用水流自身的动力使引河逐渐冲刷发展，老河自行淤废，从而使新河逐步通过全部流量而成为主河道。引河的平面布置有内裁和外裁两种形式。

裁弯取直始于19世纪末期，当时一些裁弯取直工程曾把新河设计成直线，且按过水流量需要的断面全部开挖，同时为促进弯曲老河段淤死，在老河段上修筑拦河坝，一旦新河开通，让河水从新河中流过。但是，这些做法造成裁弯取直后的河滩岸变化迅速，不仅对航运不利，而且维持新河稳定所需费用较人。20世纪初期，总结河道裁弯取直的经验和教训，改变了以上做法，对于新河线路的设计，按照上、下河势成微弯的河线，先开挖小断面引河，借助水流冲至设计断面，取得较好的效果，得到广泛的应用。

人工裁弯工程的规划设计，主要包括引河定线、引河断面设计和引河崩岸防护三个方面。人工裁弯存在的问题，主要是新河控制工程不能及时跟上，回弯迅速；其法是对上下游河势变化难以准确预测，以致出现新的险工，有时为了防止崩塌而投入的护岸工程费用甚至大大超过裁弯工程，并形成被动局面。因此，有必要特别强调的是，在大江大河实施人工裁弯工程时须谨慎。在规划设计时，须对新河、老河、上下游、左右岸，以及近期和远期所能产生的有利因素和不利因素，予以认真研究和高度重视。

在进行河道裁弯取直的实践中，我们可以深刻地体会到，当将裁弯取直作为一种主要的河道整治工程措施时，应当全面进行规划，上、下游通盘考虑，充分考虑上、下游河势变化及其所造成的影响。盲目地遇到弯曲就裁直，将违背河流的自然规律，最终会以失败而告终。在裁弯取直工程实施过程中，还应对河势的变化进行密切观测，根据河势的变化情况，对原设计方案进行修正或调整。

3.裁弯工程规划设计要点

河流裁弯取直的效果如何涉及各个方面，科学地进行裁弯工程的规划设计，掌握规划设计的要点是非常必要的。

①明确进行河道裁弯取直的目的，目的不同，所采用的裁弯线路、工程量和实施方法也不相同。

②对河道的上下游、左右岸、当前与长远、对环境和生态产生的利弊、对取得的经济效益、工程投资等方面，要进行认真分析和研究，要使裁弯取直后的河道能很好地发挥综合效益。

③引河进口、出口的位置要尽量与原河道平顺连接。进口布置在上游弯道顶点的稍下方，引河轴线与老河轴线的交角以较小为好。

④裁弯取直后的河道能与上、下游河段形成比较平顺的衔接，可以避免产生剧烈河势的变化和长久不利的影响。

⑤人工河道裁弯取直是一项工程量巨大、投资较大、效果多样的工程，应拟订几种不同的规划设计方案进行优选确定。

⑥在确定规划设计方案后，需要对新挖河道的断面尺寸、护岸位置长度以及其他相关项目进行设计。

⑦河道裁弯取直通水后，需要对河道水位、流量、泥沙、河床冲淤变化等进行观测，为今后的河道管理提供参考。

4.取直河道的“复弯”工程

河道裁弯取直使河流的输水能力增强，也可以减少占地面积，易于施工，但是裁弯取直工程也会造成一定的不利影响。如中游河道的坡降增加或裁弯取直会导致洪水流速加快，加大中下游洪水灾害，减少木地降雨入渗量和地下水的补给量，从而改变了水循环状态，最直接的后果是地下水位下降，以及湿地面积大幅度减少、生态系统严重退化。

在十分必要的情况下，对于取直河道可以进行“复弯”工程。弯曲河道的恢复是比较复杂的，同样有很多工程和其他问题需要研究与分析，如原河道修复后的冲刷稳定问题、现有河道和原河道的分流比例问题、原河道的生态恢复问题等。有时还需要在分析计算或模型试验的基础上进行规划和设计。

（三）拓宽河道工程

拓宽河道工程主要适用于河道过窄的或有少数凸出山嘴的卡口河段。通过退堤、劈山等以拓宽河道，扩大行洪断面面积，使之与上、下游河段的过水能力相适应。拓宽河道的办法有：两岸退堤建堤防或岸退堤建堤防、切滩、劈山、改道，当卡口河段无法退堤、切滩、劈山或采取上述措施不经济时，可局部改道。河道拓宽后的堤距，要与上下游大部分河段的宽度相适应。

（四）疏浚、爆破及清淤工程

疏浚工程是指利用挖泥船等设备，进行航道、港口水域的水下土石方挖除并处理的工程。航道疏浚主要限于河道通航水域范围内。实施航道疏浚工程，首先要进行规划设计。设计内容主要包括挖槽定线，挖槽断面尺寸确定，挖泥船选择和弃土处理方法等。挖槽定线须尽量选择航行便利、安全和泥沙回淤率小的挖槽轴线。挖槽断面尺寸的确定，既要满足船舶安全行驶，又要避免尺寸过大导致疏浚量过多，它包括挖槽的宽度、深度及断面形状等。挖泥船有自航式耙吸挖泥船、铰吸挖泥船、铲斗挖泥船、抓斗挖泥船等不同类型。选用时，应根据疏浚物质的性质，以及施工水域的气象、水文、地理环境等条件而定。

爆破工程需事先根据工程情况设计好实施方案，岸上可采用空压机打眼或人工挖孔等方式成孔装药进行爆破；水下按装药与爆破目标的相对位置，分为水下非接触爆破、水下接触爆破和水下岩层内部爆破三种。河道爆破工程的主要目的是爆开淤塞体、炸除河道卡口、爆除水下暗礁，扩大过水断面，降低局部壅水，提高河道泄流能力，或改善航行条件。

清淤工程是指利用挖掘机等机械设备，进行河道淤积体清除的工程。目的是疏通河道，恢复或扩大泄流。例如，山区河道因地震山崩或山洪泥石流，都有可能形成堰塞湖。堰塞湖形成之后，必须尽快清除堰塞体，而机械挖除通常是首选的方案之一。

对于山区河道，通过爆破和机械开挖，切除有害的石梁、暗礁，以治理滩险，满足行洪和航运的要求；对于平原河道，对采用挖泥船等机械疏浚，切除弯道内的不利滩地，浚深扩宽河道，以提高河道的行洪、通航能力。

第三节　生态河道及河道生态治理

一、生态河道的内涵与特征

（一）生态河道的内涵

生态河道的构建起源于生态修复，是时下的热门话题，但生态河道目前尚无公认的、统一的界定。多数学者认为生态河道是指在保证河道安全的前提下，以满足资源、环境的可持续发展和多功能开发为目标，通过建设生态河床和生态护岸等工程技术手段，重塑一个相对自然稳定和健康开放的河流生态系统，以实现河流生态系统的可持续发展，最终构建一个人水和谐的理想环境。

生态河道是具有完整生态系统和较强社会服务功能的河流，包括自然生态河道和人工建设或修复的生态河道。自然生态河道指不受人类活动影响，其发展和演化的过程完全是自然的，其生态系统的平衡和结构完全不受人为影响的河道。人工建设或修复的生态河道，是指通过人工建设或修复，河道的结构类似自然河道，同时能为人类提供诸如供水、排水、航运、娱乐与旅游等诸多社会服务功能的河道。

由此可见，在生态河流建设中，特别强调河流的自然特性、社会特性及其生态系统完整性的恢复。生态河道是河流健康的表现，是水利建设发展到相对高级阶段的产物，是现代人渴望回归自然和与自然和谐相处的愿望，是河道传统治理技术向现代综合治理技术转变的必然趋势。

（二）生态河道的特征

1.形态结构稳定

生态河道往往具有供水、除涝、防洪等功能，为了保证这些功能的正常发挥，河道的形态结构必须相对稳定。在平面形态上，应避免发生摆动；在横断面形态上，应保证河滩地和堤岸的稳定；在纵断面形态上，应避免发生严重的冲刷或淤积，或保证冲淤平衡。

2.生态系统完整

河道生态系统完整包括河道形态完整和生物结构完整两个方面。源头、湿地、湖泊及干支流等构成了完整的河流形态，动物、植物及各种浮游微生物构成了河流完整的生物结构。在生态河道中，这些生态要素齐全，生物相互依存、相互制约、相互作用，发挥生态系统的整体功能，使河流具备良好的自我调控能力和自我修复功能，促进生态系统的可持续发展。

3.河道功能多样化

传统的人工河道功能单一，可持续发展能力差。生态河道在具备自然功能和社会功能的同时，还具备生态功能。

4.体现生物本地化和多样性

生态河道河岸选择栽种林草，应尽可能用本地的、土生土长的、成活率高的、便于管理的林草，甚至可以选择当地的杂树杂草。生物多样性包括基因多样性、物种多样性和生态系统多样性。生态河道生物多样性丰富，能够使河流生物有稳定的基因遗传和食物网络，维持系统的可持续发展。水利工程本身是对自然原生态的一种破坏，但是从整体上考虑，对于人类来说，一般利大于弊。生态也不是一成不变的，而是动态平衡的。因此，建设生态河道时必须极大地关注恢复或重建陆域和水体的生物多样性形态，尽可能地减少那些不必要的硬质工程。

5.体现形态结构自然化与多样化

生态河道以蜿蜒性为平面形态基本特征，强调以曲为美，应尽量保持原河道的蜿蜒性。不宜把河道整治成河床平坦、水流极浅的单调河道，致使鱼类生息的浅滩、深潭及植物生长的河滩全部消失，这样的河道既不适于生物栖息，也无优美的景观可言。生态河道应具有天然河流的形态结构，水陆交错，蜿蜒曲折，形成主流、支流、河湾、沼泽、急流和浅滩等丰富多样的生境，为众多的河流动物、植物和微生物创造赖以生长、生活、繁衍的宝贵栖息地。

6.体现人与自然和谐共处

一般认为，生态河道就是亲水型的，体现以人为本的理念。这种认识并不全面，以人为本不能涵盖人与自然的关系，它主要是侧重于人类社会关系中的人文关怀，现代社会中河道治理不再是改造自然、征服自然，因此不是强调以人为本，而是提倡人与自然和谐共处。强调人与自然和谐相处，可以避免水利工程建设中的盲目性，也可以避免水利工程园林化的倾向。

二、河道生态治理的基本概念

河道生态治理，又称为生态治河或生态型河流建设等，它是融治河工程学、环境科学、生物学、生态学、园林学、美学等学科于一体的系统水利工程，是综合采取工程措施、植物措施、景观营造等多项技术措施而进行的多样性河道建设。经过治理后的河流，不仅具有防洪排涝等基本功能，还有良好的确保生物生长的自然环境，同时能创造出美丽的河流景观，在经历一定时间的自然修复之后，可逐渐恢复河流的自然生态特性。

河道生态治理的目标是，实现河道水清、流畅、岸绿、景美。水清是指采取截污、清淤、净化及生物治理等措施，或通过调水补水、增加流量，改善水质，达到河道水功能区划要求。流畅是指采取拓宽、筑堤、护岸、疏浚等措施，提高河道行洪排涝能力，确保河道的防洪要求。岸绿即指绿化，通过在河道岸坡、堤防及护堤地上植树种草，防止水土流失，绿化美化环境。景美是结合城区公园或现代化新农村建设，以亲水平台、文化长廊、旅游景点等形式，营建水景、挖掘文化、展现风貌，把河道建设成为人水和谐的优美环境。

（一）水清

水清是指水流的清洁性，它反映了水体环境的特征，决定了河流的自净能力。河流的自净能力在一定程度上反映着河流的稀释能力，而河流纳污能力又受到河川径流量以及社会经济对河流废污水排放量的影响。当社会经济产生的未达标的污水、废水等污染物大量排放到河流时，一旦污水、废水的排放量超过河流的水环境容量或水环境承载能力，河流的自净能力将会减弱或丧失，导致水体受污、水质恶化，进而丧失河流的社会经济服务功能。因此，河流水环境承载能力是影响河流清洁性的主要因素。水清主要体现在水质良好和水面清洁两个方面，它描述了河流健康对水环境状况的要求。

1.良好的水质

河流中生物的生长、发育和繁殖都依赖于良好的水环境条件，农田灌溉、工业生产等社会生产活动以及居民用水、休闲娱乐等社会生活也同样需要良好的水环境条件，河流自净能力的强弱也与水环境条件密切相关。可见，良好的水质是河流提供良好生态功能和社会功能的基本保障。健康的河流应该能够保持良好的水体环境，满足饮用水源、工农业生产、生物生存、景观用水等功能要求的水质要求。

2.清洁的水面

水面是河流的呼吸通道，健康的河流应该保持这一通道的通畅，即保证水体与大气氧气交换通道的畅通。如果河道水面的水草、藻类大量繁殖，水葫芦、水花生等植物疯长，甚至将整个水面完全覆盖，将阻断水体与大气间的氧气交换通道，使水体富营养化进入恶性循环。因此，健康的河流应该保持清洁的水面，没有杂草丛生，也没有过敏的水花生、水葫芦、水藻等富营养化生物，更没有杂乱漂浮的生活垃圾。

（二）流畅

流畅包含了流和畅双层含义。流是指水体连续的流动性，水体营养物质的输送和生物群体迁移通道的通畅，水体生态系统的物质循环、能量流动、信息传递的顺畅，水体自净能力的不断增强；畅是指水流的顺畅和结构的通畅，使河流具有足够的泄洪、排水能力，从而为人类社会活动提供一定的安全保障。由此可见，流畅反映了河流的水文条件和形态结构特征，具体地讲，就是在水文特征上体现为水量安全、流态正常和水沙动态平衡；在形态结构上体现为横向结构稳定、纵向连通顺畅以及适宜的调节工程。

1.安全的水量

水是河流生命的最基本要素，河道内生物生存、河道自然形态的变化以及各种服务均要求河流能保持一定的水量。河流只有在维持基本水量以上水平时，才能保证河道的产流、汇流、输沙、冲淤过程的正常运转，才能维持生物正常的新陈代谢和种群演替，从而保证河道各项功能的正常发挥。另外，河道的水量也并非越大越好。在汛期，洪水对河道稳定、生物生存以及社会生产均会造成很大的危害。可见，水量的安全性要求控制在基本水量和最大水量范围之内。

2.连续的径流

河道水流流动代表着河流生命的活力。没有流动，河流就丧失了进行水文循环的功能；没有流动，河床缺少冲刷，河流挟沙入海的能力就会削弱；没有流动，水体复氧能力就会下降，水体自净作用就会减缓，水质就要退化，成为一潭死水；没有流动，湿地得不到水体和营养物质补充，依赖于湿地的生物群落就丧失了家园。与此同时，河流径流应保持适度的年内和年际变化。适度的年内和年际径流变化对河流的生态系统起着重要的作用，生活在给定河流内的植物、鱼类和野生动物经过长时间的进化已经适应了该河流特有的水力条件。如洪水期的水流会刺激鱼类产卵，并提示某类昆虫进入其生命循环的下一阶段，流量较小时，此时的水流条件有利于河边植物数量的增长。

3.顺畅的结构形态

河道结构是河水的载体和生物的栖息地，河道结构的状况会直接决定河水能否畅通无阻的流动和宣泄以及生物能否正常生存和迁徙。流畅的河道结构是保证水量安全、河水流畅和生物流畅的基础条件。河道结构流畅是指在水沙动态平衡条件下，河岸、河床相对稳定，形成良好的水流形态，从而促进河流功能的正常发挥，包括横向结构稳定、纵向形态自然流畅。河道横向结构状态是水流条件对河岸、河床的冲击和人类活动对河岸、河床改造的综合结果。健康的河流要求河岸带与河床均能保持动态的稳定性，即河岸带不会发生崩塌、严重淘刷等现象，水体的挟沙能力处于动态平衡状态，河床不发生严重淤积或冲坑，以保证水体的正常流动空间。纵向形态自然流畅是河流系统的上中下游及河口等不同区段保持通畅性，而且不同层次级别的系统间又是相互连通的。河流纵向连通顺畅是水体流畅的前提，并能保证物质循环和生物迁徙通道的顺畅，形成多样的、适宜的栖息环境，从而促进河流生物的多样发展，充分体现了河流的健康。

4.适宜的调节工程

天然河流的发展，无法有效地为人类社会经济的发展提供服务。为了充分发挥河流的各项社会功能，通常会在河流系统上兴建一些调节工程，如闸站、堰坝、电站、水库等，各类调节工程在完成蓄水、防洪、灌溉、发电的同时，在不同程度上也对生态环境造成了一定的负面影响。因此，在河流系统中兴建跨河调节工程应在充分考虑各方面因素的基础上，保持适宜的数量和规模。

（三）岸绿

岸绿是从营造良好生态系统的角度描述河流的健康特征的，这里的“绿”并不是单纯的“感官上的绿色”，而是“完整生态系统的营造”，是一种“生态建设的理念”。这一特征既表示了健康河流系统应具有的较高的植被覆盖率，又表征了健康河流具有良好的植被数量和栖息环境。河流的绝大部分植被是生存在河岸带区域的，该区域是水域生态系统与陆地生态系统间的过渡带，它既是生物廊道和栖息地，又是河流的重要屏障和缓冲区，它对维护河流的健康具有极为重要的作用。因此，岸绿的特征主要是通过良好的河岸带生态系统来体现的。良好的河岸带生态系统应保证河岸带具有较高的植被覆盖率、良好的植被组成、适宜的河岸带宽度以及适度的硬质防护工程，这不仅能为多种生物提供良好的栖息地，增加生物多样性，提高生态系统的生产力，还可以有效地保护岸坡稳定性，吸收或拦截污染物，调节水体微气候。综上所述，岸绿既是河道结构和调节工程等结构健康内涵的体现，又是生态功能健康内涵的体现。岸绿主要体现在较高的植被覆盖率、良好的植被组成、适宜的河岸带宽度和适度的硬质防护工程4个方面。

1.较高的植被覆盖率

河岸带内植被可以有效地减缓水流冲刷，减少水土流失，增强岸坡稳定性。植被的根、茎、叶可以拦截或吸收径流所挟带的污染物质，可以过滤或缓冲进入河流水体的径流，有效地减轻面源污染对河流水体的破坏，从而有效保护河流水体环境。一定量的植被可以为生物提供良好栖息地和繁育场所，一些鸟类在夜晚将栖息地选择在河边芦苇丛中，许多龟类喜欢将卵产在水边的草丛中。它还可以有效补给地下水，涵养水源。因此，保持较高的河岸带植被覆盖率是岸绿的首要要求。

2.良好的植被组成

组成部件单一的系统其自我组织、自我调节能力也相对较差，所以良好的生态系统不仅要保证植被的数量，要求具有较高的植被覆盖率，还要保证植被的合理配置，这就要求植被组成不能过于单一，而应当具有丰富的植被种群和较高的生物多样性，以增强生态系统的自我组织能力。因此，河岸带植被应合理配置，保证良好的植被组成。良好的植被组成不仅可以使河岸保持良好绿色景观效果，更重要的是可以营造良好的生物生存环境，完善生态系统的组成，增强生态系统的复杂度，提高生态系统的初级生产力，从而提高河流的生态承载力和自我恢复能力。

3.适宜的河岸带宽度

河岸带是河流的边缘区域，它是生物的主要廊道与栖息地，也是河流的屏障与缓冲带，其宽度大小将直接影响河流的稳定性、生物多样性、生态安全性以及水质状况。只有保持适宜的河岸带宽度，才能充分发挥河岸带的通道与栖息地功能以及屏障与缓冲功能，以保证结构稳定、维持防洪安全、保持水土、减少污染源、保护生物多样性，从而有效地发挥河流的自然调节功能、生态功能以及社会功能。

4.适度的硬质防护工程

河道稳定性是生物生存的首要条件。对于一些地质条件、水文条件较差的区段，稳定性要求得不到满足，这些区段应实施一定的硬质防护工程，以增强河岸的稳定性。硬质防护工程的实施有利于保护河岸或堤防的稳定，但是也会造成生物栖息地的丧失、水体与土壤间物质交换路径的阻断，水体自净能力的下降等问题的出现。因此，对一条健康河流来说，在保证河岸安全稳定的条件下，应保持适度的河岸硬质防护工程，尽量避免过度硬质化工程。

（四）景美

景美是指河流的结构形态、水体特征、生物分布、建筑设施等给人以美观舒心、和谐舒适、安全便利的感受。它是人们对河流自然结构、生态结构、文化结构与调节工程的直接感官，是河流建设成效的综合体现，也是前三个特征的综合反映。结构形态、水体特征、生物分布、调节工程在前面三个特征中已作阐述，以下重点说明建筑设施和文化结构。良好的建筑设施和文化结构必须具有多样性、适宜性、亲水性等特点，与周围环境相协调，成为人与自然和谐的优美生活环境的组成部分。它可以给人们带来安逸、舒适的生活环境，可以为人们提供休闲娱乐的亲水平台和休憩场所，提供学习历史、宣传环保知识的平台。它主要体现在丰富多样的自然形态、和谐的人水空间、完备的景观与便民设施、充分的文化内涵表现等方面。

1.丰富多样的自然形态

景美的河道在纵向上应保持多样的自然弯曲形态，在横向上具有多样变化的结构。

2.和谐的人水空间

景美的河道在滨水区，在保证安全的基础上，应保证足够的亲水空间和亲水设施，满足人亲水的天性要求。它是人们日常生活不可缺少的部分，是人们娱乐休闲和接触大自然的便利场所。

3.完备的景观与便民设施

景美的河流具有良好的景观资源和便民的设施，健康的河流能给人们的日常生活提供便利，具有较齐全的河埠头、生活码头、休憩场所等便民与休闲设施。

4.充分的文化内涵表现

河流蕴含着其所在区域深厚的文化底蕴，既包括历史文化，又包括现代文明。景美的河流应能充分表现历史文化与现代文明的内涵。

因此，在河道规划设计与建设中，要按照科学发展、可持续发展的要求，体现人与自然和谐的治水理念，在恢复和强化河道行洪、排涝、供水、航运等基本功能的同时，重视河道的生态、景观建设，尽量满足河道的自然性、安全性、生态性、观赏性和亲水性要求。

第四节　生态河道治理规划设计

一、生态河道治理的原则

生态河道治理是在遵循自然规律的基础上，通过人为的作用，根据技术上适当、经济上可行、社会上能够接受的原则，使受到破坏或退化的河流生态系统得到恢复，为人类社会的发展提供生态服务功能。生态河道治理的原则一般包括自然法则和社会经济技术原则。

（一）自然法则

自然法则是生态河道治理的基本原则，只有遵循自然规律，河流生态系统才能得到真正的恢复。

1.地域性原则

由于不同区域具有不同的生态背景，如气候条件、地貌和水文条件等，这种地域差异性和特殊性要求在恢复与重建退化生态系统的时候，要因地制宜，具体问题具体分析，在定位试验或实地调查的基础上，确定优化模式。

2.生态学原则

生态学原则包括生态演替原则、保护食物链和食物网原则、生态位原则、阶段性原则、限制因子原则、功能协调原则等。这些原则要求我们根据生态系统的演替规律，分步骤、分阶段，循序渐进，不能急于求成。生态治理要从生态系统的层次开始，从系统的角度，根据生物之间、生物与环境之间的关系，利用生态学相关原则，构建生态系统，使物质循环和能量流动处于最大利用和最优状态，使恢复后的生态系统能稳定、持续地维持和发展。

3.顺应自然原则

充分利用和发挥生态系统的自净能力和自我调节能力，适当采用自然演替的自我恢复，不仅可以节约大量的投资，而且可以顺应自然和环境的发展，使生态系统能够恢复到良好的状态。

4.本地化原则

许多外来物种与本土的对应物种竞争，影响其生存，进而影响相关物种的生存和生态系统结构功能的稳定，造成极大的损害。生态恢复应该慎用非本土物种，防止外来物种的入侵，以恢复河流生态系统原有的功能。

（二）社会经济技术原则

社会经济技术条件和发展需求影响河流生态系统的目标，也制约生态恢复的可能性及恢复的水平和程度。

1.可持续发展原则

实现流域的可持续发展，是河流生态治理的主要目的。河流生态治理是流域范围的生态建设活动，涉及面广、影响深远，必须通过深入调查、分析和研究，制订详细而长远的恢复计划，并进行相应的影响分析和评价。

2.风险最小和效益最大原则

由于生态系统的复杂性以及某些环境要素的突变性，人们难以准确估计和把握生态治理的结果和最终的演替方向，退化生态系统的恢复具有一定的风险。同时，生态治理往往具有高投入的特点，在考虑当前经济承受能力的同时，还要考虑生态治理的经济效益和收益周期。保持最小风险并获得最大效益是生态系统恢复的重要目标之一，是实现生态效益、经济效益和社会效益有效统一的必然要求。

3.生态技术和工程技术结合原则

河流生态治理是高投入、长期性的工程，结合生态技术不仅能大大降低建设成本，还有助于生态功能的恢复，并降低维护成本。生态恢复强调“师法自然”，并不追求高技术，实用技术组合常常更加有效。

4.社会可接受性原则

河流是社会、经济发展的重要资源，恢复河流的生态功能对流域具有积极的意义，但也可能影响部分居民的实际效益。河流生态治理计划应该争取当地居民的积极参与，得到公众的认可。

5.美学原则

河流常常是流域景观的重要组成部分，美学原则要求对退化生态系统的恢复重建应给人以美好的享受。

二、生态河道治理规划设计的要求

在进行生态河道治理规划设计时，各地应根据当地河道的实际情况和建设目标要求，创造性地选用适于本地河情的技术方案与措施。以下阐述生态河道治理规划设计的几项具体要求。

（一）确保防洪安全，兼顾其他功能

在生态河道治理规划设计中，防洪安全应放在首位，同时须兼顾河道的其他功能，也就是说要尽可能地照顾其他部门的利益。例如，不能确保了防洪安全，却影响了通航要求；或不能整治了河道，却造成了工农业生产和生活引水的困难等。

（二）增强河流活力，确保河流健康。

生态功能正常是河流健康的基本要求。河流健康的关键在于水的流动，因此规划设计时，需要明确维持河流活力的基本流量（或称生态用水流量），并采取措施确保河道流量不小于这个流量。

（三）改造传统护岸，建造生态河岸

传统的护岸工程多采用砌石、混凝土等硬质材料施工，这样的河岸，生物无法生长栖息。生态型河道建设，应尽量选用天然材料构造多孔质河岸，或对现有硬质护岸工程进行改造，如在砌石、混凝土护岸上面覆土，使之变成隐性护岸，再在其上面种草实现绿色

河岸。

（四）营造亲水环境，构建河流景观

生态河流应有舒适、安全的水边环境和具有美感的河流景观，适宜人们亲水、休闲和旅游。但在营造河流水边环境及景观时，应注意与周围环境相融合、相协调。设计时，最好事先绘制效果图，并在充分征求有关部门和当地居民意见的基础上确定方案。

（五）重视生物多样性，保护生物栖息地

在生态型河流建设中，对于河流生物的栖息地，要尽可能地加以保护，或只能最小限度地改变。若河流形态过于规则单一，则可能会造成生物种类减少。确保生物多样性，需要构造多样性的河道形态。例如，连续而不规则的河岸；丰富多样的断面形态；有滩有槽的河床；泥沙有的地方冲刷，有的地方淤积等。这样的河流环境，有利于不同种类生物的生存与繁衍。

三、生态河道治理规划设计的总体布局

河道生态治理要达到人水和谐的目标，要对现状自然河流网络充分利用并进行梳理，采取疏、导、引的手法，使水系网络贯通为有机的整体；水系、绿化、道路、用地相互依存，构成整个区域生态廊道的骨架。与城市总体规划、土地利用规划等规划相衔接。具体要做好保、截、引、疏、拆、景、态、用、管9个方面的工程布局。

（一）保——防洪保安

防止洪水侵袭两岸保护区，保证防洪安全及人们沿河的活动安全。河道应有足够的行洪断面，满足两岸保护区行洪排涝的需要，河道护岸及堤防结构必须安全。在满足河道防洪、排涝、蓄水等功能的前提下，建立生态性护岸系统满足人们亲水的要求。采取疏浚、拓宽、筑堤、护岸等工程手段，提高河道的泄洪、排水能力，稳定河势，避免水流对堤岸及涉河建筑物的冲刷，使河道两岸保护区达到国家及行业规定的防洪排涝标准。

（二）截——截污水、截漂流物

摸清河道两岸污染物来源，进行河道集水范围内的污染源整治，撤销无排水许可的排污口，满足最严格水资源管理的“水功能区限制纳污红线”要求。对工农业及生产生活污染源进行整治，新建、改建污水管道及兴建污水泵站和污水处理厂，提高污水处理率，通过对沿河地块的污水截污纳管，逐步改善河道水质；兴建垃圾填埋场及农村垃圾收集点，建立垃圾收集、清运、处理处置系统。

（三）引——引水配水

对水体流动性不强，季节性降水补充不足的平原河网和城市内河的治理，须从天然水源比较充沛的河道，引入一定量的干净水源，解决流速较小、水量不充沛的问题，补充生态用水，并对河道污染起到一定的稀释作用。

（四）疏——疏浚

对河岸进行衬砌和底泥清淤，改变水体黑臭现象。

（五）拆——拆违

拆即集中拆除沿河两侧违章建筑，还河道原有面貌，并为河道综合治理提供必要的土地。

（六）景——景观建设

加强对滨水建筑、水工构筑物等景观元素的设计，恢复河道生态功能，改善滨水区环境，优化滨水景观环境。河道应具有亲水性、临水性和可及性，在沿岸开辟一定的绿化面积，美化河道景观，尽可能保持河道原有的自然风光和自然形态，设置亲水景点，从河道的平面、断面设计及建筑材料的运用中注重美学效果，并与周边的山峰、村落、集镇、城市相协调。

（七）态——保护生态

建设生态河道，保护河道中生物多样性，为鱼类、鸟类、昆虫、小型哺乳动物及各种植物提供良好的生活及生长空间，改善水域生态环境。

（八）用——开发利用

开发利用沿河的旅游资源和历史文化遗存，注重对历史文化的传承，充分挖掘河道的历史文化内涵。开发利用河道两岸的土地，从各地的河道综合整治实例看，河道整治后，河道两岸保护区原来受洪水威胁的土地得到恢复，临近河道区块成为用地的黄金地带。

在河道治理规划设计中要充分开发和利用这些新增和增值的土地，通过招商引资的办法，使公益性的河道治理工程产生经济效益，走开发性治理的新路子。

（九）管——长效管理

理顺管理体制，落实管理机构、人员、经费，划定河道管理和保护范围，明确管理职责，建立规章制度，强化监督管理。开展河道养护维修、巡查执法、保洁疏浚，巩固治理效果，发挥治理效益。

四、生态河道治理规划设计的内容

生态河道治理规划设计的内容主要包括河道的平面设计、断面设计、护岸设计、生态景观设计、施工组织设计、环境保护设计、工程管理设计、经济评价等方面，其设计应执行相关的技术标准和规范。其中和水利关系密切的为平面布置、堤（岸）线布置、堤距设计、堤防型式、断面设计、护岸设计等，以下作简单介绍。

（一）平面布置

在平面布置上，尽量将沿岸两侧滩地纳入规划河道范围之内，并尽可能地保留河畔林。主河槽轮廓以现行河道的中水河槽为依据，河道形态应有滩有槽、宽窄相间、自然曲折。必要时，可用卵石或泥沙在河槽中央堆造江心滩，或在河槽两侧构造边滩，使河道形成类似自然河道的分流或弯曲形态。

（二）堤（岸）线布置

堤（岸）线的布置与拆迁量、工程量、工程实施难易、工程造价等密切相关，同时也是景观和生态设计的要素，流畅和弯曲变化的防洪堤纵向布置有助于与周边景观相协调，堤线的蜿蜒曲折也是河流生态系统多样性的基础。

堤（岸）线应顺河势，尽可能地保留河道的天然形态。山区河流保持两岸陡峭的形态，顺直型及蜿蜒型河道维持其河槽边滩交错的分布，游荡型河道在采取工程措施稳定主槽的基础上，尽可能地保留其宽浅的河床。

（三）堤距设计

在确定堤防间距时，遵循宜宽则宽的原则，尽量给洪水以出路，处理好行洪、土地开发利用与生态保护的关系。在确保河道行洪安全的前提下，兼顾生态保护、土地开发利用等要求，尽可能保持一定的浅滩宽度和植被空间，为生物的生长发育提供栖息地，发挥河流自净功能。

在不设堤防的河段，结合林地、湖泊、低洼地、滩涂、沙洲，形成湿地、河湾；在建堤的河段，可在堤后设置城市休闲广场、公共绿地等，以满足超标准洪水时洪水的淹没。

（四）堤防型式

堤防型式很多，常见的有直立式、斜坡式、复合式，应根据河道的具体情况进行选择。选择时，除了满足工程渗透稳定和抗滑、抗倾稳定外，还应结合生态保护或恢复技术要求，应尽量采用当地材料和缓坡，为植被生长创造条件，保持河流的侧向连通性。

（五）断面设计

断面设计包括河床纵断面与横断面设计。自然河流的纵、横断面浅滩与深潭相间，高低起伏，呈现多样性和非规则化的形态。天然河道断面滩地和深槽相间及形态尺寸多样是河流生物群落多样性的基础，因此应尽可能地维持断面原有的自然形态和断面型式。

河床纵剖面应尽可能接近自然形态，有起伏交替的浅滩和深槽，不做跌水工程，不设堰坝挡水建筑物。

横断面设计，在满足河道行洪泄洪要求前提下，尽量做到河床的非平坦化，采用非规则断面，确定断面设计的基本参数，包括主槽河底高程、滩地高程及不同设计水位对应的河宽、水深和过水断面面积等。根据其不同综合功能、设计流量、工程地形、地质情况，确定不同类型的断面形式，如选用准天然断面、不对称断面、复式断面或多层台阶式结构，尽量不用矩形断面，特别是宽浅式矩形断面。不用硬质材料护底，岸坡最好用多孔性材料衬砌，为鱼类、两栖动物、水禽和水生植物创造丰富多样的生态环境。

（六）护岸设计

在河流治理工程中，对生态系统冲击最大的因素是水陆交错带的岸坡防护结构。水陆交错带是动物的觅食、栖息、产卵及避难所，植物繁茂发育地，也是陆生、水生动植物的生活迁移区。岸坡防护工程材料设计在满足工程安全的前提下，应尽量使用具有良好过滤和垫层结构的堆石，多孔混凝土构件和自然材质制成的柔性结构，尽可能避免使用硬质不透水材料，如混凝土、浆砌块石等，为植物生长，鱼类、两栖类动物和昆虫的栖息与繁殖创造条件。

护岸设计应有利于岸滩稳定，易于维护加固和生态保护。易冲刷地基上的护岸，应采取护底措施，护底范围应根据波浪、水流、冲刷强度和床质条件确定。护底宜采用块石、软体排和石笼等结构。河道护砌以生态护砌为主，可采用预制混凝土网格、土工格栅、草皮结构，低矮灌木结合卵石游步路，使河道具有防洪、休闲和亲水功能。

采用水生植物护坡，具有净化水质、为水生动物提供栖息地、固堤保土、美化环境的功能，是目前河道生态护坡的主要型式。

第五节　生态河道河槽形态与结构设计

生态河道河槽形态与结构设计应根据自然河道的形态特点，遵循河道形态多样性与流域生物群落多样性相统一的原则，在参考同流域内自然河道形态基础上，结合河道现状条件进行规划设计，做到弯、直适宜，断面形态多样，深潭、浅滩相间。

一、生态河道横断面形态及横断面形态设计

（一）生态河道横断面形态

生态河道横断面形态的主要特点是断面比较宽浅，一般由主河槽、行洪滩地和边缘过渡带三部分组成。主河槽一般常年有水流动；行洪滩地（也称洪泛区）是指在河道一侧或两侧行洪时被洪水淹没的区域；边缘过渡带指行洪滩地与河道外的过渡区域或边缘区域。

在满足河道行洪能力要求的前提下，遵循自然河道横断面的结构特点，确定断面形式，以下说明复式断面、梯形断面及矩形断面的适用条件。

1.复式断面

复式断面适用于河滩地开阔的山溪性河道，山溪性河道洪水暴涨暴落，汛期和非汛期流量差别较大，对河道断面需求也差别较大。因此，河道断面尽量采用复式断面，主槽与滩地相结合，设置不同高程的亲水平台，充分满足人们亲水的要求，增加人与自然沟通的空间。

2.梯形断面

梯形断面相对复式断面较少，是农村中河道常用的断面形式。为防止冲刷，基础可采用混凝土或浆砌石大方脚，一般采用土坡，或常水位以下采用砌石等护坡，常水位以上以草皮护坡，有利于两栖动物的生存繁衍。

3.矩形断面

城镇等人口密集地区为节省土地或受地形所限，河段常采用矩形断面。通常水位以下采用砌石、块石等护坡，常水位以上以草皮护坡，以增加水生动物的生存空间，有利于堤防保护和生态环境改善。

（二）横断面设计

对于人工调控流量的生态河道，主河槽断面尺寸（包括主河槽底宽、主河槽深和平滩宽度）宜由非汛期多年平均最大流量或生态需水流量确定，对于无人工控制的自然河道，主河槽断面宜根据非行洪期多年平均最大流量或平滩流量（相当于造床流量）来确定，行洪滩地断面应根据规定的防洪标准所对应的设计流量来确定。生态河道横断面设计与传统河道横断面设计的主要区别是在于横断面形态设计和主河槽设计方法有所不同。

1.横断面形态设计

生态河道横断面设计要遵循如下原则：①充分考虑生态河道的形态特点，即河床较为

宽浅、有季节性行洪要求时应采用复式断面；②要尽量保护原有植物群落，维持河道原有自然景观；③避免采用统一的标准断面，体现断面形态的多样性；④绘制横断面图时尽可能不用规尺，尽量少绘直线，增加设计思想及施工方法的标注说明，体现横断面的自然特性。

2.主河槽横断面设计

生态河道主河槽横断面设计往往引入河相的概念。河道在水流与河床的长期作用下，形成了某种与所在河段条件相适应的河道形态，表述这些形态的有关因素（如水深、河宽、比降、曲率半径等）与水力、泥沙条件（如流量、含沙量、泥沙粒径等）之间存在的某种稳定的函数关系，称为河相关系，包括平面、断面和纵剖面河相关系。通常断面的河相关系称为河相关系。

河床横断面形态很复杂，如果忽略其细节而只考虑造床流量情况，可用河宽与水深的关系表示。

严格来说，生态河道横断面是自然的不规则断面。为了计算方便，在设计时可概化为梯形复式断面，并按明渠均匀流计算。但在具体实施时，应考虑实际情况，依据生态河道断面形态的基本特征和自然河道地貌特征，河岸边坡选用适宜的坡度和宽度，以便既能通过设计流量，又能构成横断面空间形态多样性。

二、生态河道平面形态及结构设计

（一）生态河道平面形态

生态河道平面形态特性主要表现为蜿蜒曲折。在自然界的长期演变过程中，河道的河势也处于演变之中，使得弯曲与自然裁直两种作用交替发生。弯曲是河道的趋向形态，蜿蜒性是自然河道的重要特征。蜿蜒性河流在生态方面具有如下几个优点：

1.提供更丰富的生境

河道的蜿蜒性使得河道形成主流、支流、河湾、沼泽、深潭和浅滩等丰富多样的生境，形成丰富的河滨植被和河流植物群落，为鱼类的产卵创造条件，成为鸟类、两栖动物和昆虫的栖息地和避难所。大量研究表明，河流的这些形态结构，有利于稳定消能、净化水质以及生物多样性的保护，也有利于降低洪水的灾害性和突发性。

2.有利于补充地下水

蜿蜒性加大了河道长度，减缓了河流的流速，因而有利于地表水与地下水的交换，即有利于地下水的补给。

3.有利于改善水质

蜿蜒性河道中水的流动路径更长，有利于净化水质。

4.更有美感

蜿蜒性河道比顺直的河道更有美感，特别是在风景区整治河道时，更应该“以曲为美”，减少人工痕迹，充分融入自然。

保持河道的蜿蜒性是保护河道形态多样性的重点之一。在河道治理工程中应保持天然河道形态，尽量维护河道原有的蜿蜒性。

（二）蜿蜒结构设计

河流蜿蜒不存在固定的模式，但为设计方便，可以进行适当概化。生态河道设计中蜿蜒性的构造有如下几种方法：

1.复制法

这种方法认为影响河流蜿蜒模式的诸多因素（如流域状况、流量、泥沙、河床材料等）基本没有发生变化，完全采用干扰前的蜿蜒模式。这要求对河道历史状况进行认真调查，争取获得一些定量数据，除此之外，也可参考其他同类河流未受干扰河段的蜿蜒模式。在生态河道的蜿蜒性设计中，可以把附近未受干扰河段的蜿蜒模式作为参照模式。

2.经验公式法

蜿蜒性河道概化为类似正弦曲线的平滑曲线。作为近似，可以用一系列方向相反的圆弧和直线段来拟合这一曲线。构造河道蜿蜒性时，也要尊重河道现有地貌特征，顺应原有的蜿蜒性，确保河道的连续性，这样更有利于河道的稳定，并降低工程造价。在河道治理设计时，可利用蜿蜒性增加河道长度，从而减缓河流坡降，提高河流的稳定性。

三、生态河道纵断面形态及结构设计

（一）生态河道纵断面形态特征

生态河道纵断面的基本特征是具有浅滩和深潭交替的结构，创建浅滩—深潭序列是生态河道设计的重要内容。

浅滩、深潭交替的结构具有重要的生态功能。由于浅滩和深潭可产生急流、缓流等多种水流条件，有利于形成丰富的生物群落，河流中浅滩和深潭是不同生命周期所必需的生存环境，是形成多样性河流生态环境不可缺少的重要因素。

在浅滩地带，由于水流流速快，促进河水充氧；细粒被冲走，河床常形成浮石状态，石缝间形成多样性孔隙空间，有利于栖息水生昆虫和藻类等生物；浅滩有时露出水面，可为鱼类和多种无脊椎动物群落提供产卵栖息地；通过过滤、曝气和生物膜作用，对水质具有净化作用。

深潭地带，具有水深遮蔽性好及流速慢的特点，是鱼类良好的栖息场所。在洪水期，深潭成为水生动物重要的避难场所；在枯水期，深潭则成为维系生命的重要水域。另外，深潭具有重要的休闲娱乐价值，可进行垂钓、划船等活动。

（二）浅滩—深潭结构设计

根据自然河流的地貌特征，以及计算得出的浅滩—深潭间距参考值，在适当位置布置浅滩和深潭。在蜿蜒性河道上，一般在河流弯道近凹岸处布置深潭，在相邻弯道间过渡段上布置浅滩。

由浅滩至深潭的过渡段纵坡一般较陡，为防止冲刷，须布置一些块石。在变道凹岸处也易于冲刷，常常须布置块石护坡。

需要说明的是，自然河道的浅滩—深潭结构是在洪水作用下自然形成的，但自然形成需要一个较长的时间过程。人工修复河道或开挖河道，创建浅滩—深潭结构只是为了加速良好生态环境的形成。

第六节　河道生态护岸技术与缓冲带设计

一、生态护岸的基本概念

（一）生态护岸的功能

生态护岸是一种新型河道护岸技术。其主要功能如下：

1.防洪功能

抵御江河洪水的冲刷是河岸的首要任务，因此设计时应把防洪安全放在第一位，所采取的各类生态护岸技术措施，都须满足护岸工程的结构设计要求。

2.生态功能

生态护岸的岸坡植被，可为鱼类等水生动物和两栖类动物提供觅食、栖息和避难的场所，对保持生物多样性具有重要意义。此外，由于生态护岸主要采用天然材料，避免了混凝土中掺杂的大量添加剂（如早强剂、抗冻剂、膨胀剂等）在水中发生反应对水质、水环境带来的不利影响。

3.景观功能

生态护岸改变了过去传统护岸“整齐划一、笔直单调”的视觉效果，满足了现代人回归自然的心理要求，为人们亲水、休闲提供了良好的场所，从而有助于提升滨河城市的文化品位与市民的生活质量。

4.净化功能

岸坡上种植的水生植物，能从水中吸收无机盐类营养物，其庞大的根系也是大量微生物吸附的好介质，有利于水质净化；生态护岸营造的水边环境，如人造边滩、堆放的石头等所形成的河水的紊流，可把空气中的氧带入水中，增加水体的含氧量，有利于好氧微生物、鱼类等水生生物的生长，促进水体净化，使河水变得清澈，水质得以改善。

（二）生态护岸与传统护岸的区别

生态护岸与传统护岸都属于治河工程。两者的区别在于：从设计理念上讲，传统护岸强调的是“兴利除害”，尤其是防洪安全这一基本功能；而生态护岸，则除了要满足堤岸安全要求外，还须重视人与自然和谐相处以及生态环境建设，即还要考虑亲水、休闲、旅游、景观、生态及环保等其他功能。

从河道形态讲，传统护岸规划的河道，岸线平行，岸坡硬化，断面形态规则，断面尺度沿程不变；而生态护岸，岸线蜿蜒自如，岸坡接近自然，断面形态具有多样性、自然性和生态性。

从所用材料看，传统护岸工程主要采用抛石、砌石、混凝土及土工模袋等硬质材料；而生态护岸，所用材料一般为天然石、木材、植物、多孔渗透性混凝土及土工材料等柔性材料。

从设计施工看，传统护岸工程的设计施工比较规范，但工程建完后的管理维护工作不容忽视；而生态护岸，其设计施工方法因河因地各异，现阶段尚无成熟的设计施工技术规范，但相对传统护岸来说，其长期管理维护的工作要相对轻松一些。

从工程效果看，传统护岸工程建完后，生态环境往往会恶化，尤其是在人口高密区，工程措施一般不能满足河流生态和自然景观的要求；而生态护岸，生态环境得以改善，与常规的抛石、混凝土等硬质护岸结构相比，外观更接近自然状态，因而更能满足生态和环境要求。

综上所述，可以认为生态护岸是传统护岸的改进，是治河工程学科发展到相对高级阶段的产物，是现代人渴求与自然和谐相处的需要。生态护岸既源于传统护岸，也有别于传统护岸。随着社会生态环保理念的日益深入，人们将不断地提高对护岸工程生态环境效益的要求，因而传统护岸必然要向着生态护岸方向发展。

在今后的河道护岸工程建设中，除了一些重要的防洪岸段外，尤其是城市中小河流治理，应尽可能地考虑应用生态护岸。对于现有的硬质护岸，也可采取覆土改造等措施将其变为具有一定生态特性的护岸，这样既可以做到确保河道的防洪安全，又能使其发挥出一定的生态环境效益。

（三）生态护岸的设计要求

1.符合工程设计技术要求

生态护岸设计首先须满足结构稳定性与工程安全性要求，在此前提下，兼顾生态环境效益与社会效益，因此工程设计应符合相关工程技术规范要求。设计方案应尽量减少人为对河岸的改造，以保持天然河岸蜿蜒柔顺的岸线特点，以及拥有可渗透性的自然河岸基底，以确保河岸土体与河流水体之间的水分交换和自动调节功能。

2.满足生态环境修复需要

河流及其周边环境本是一个相对和谐的生态系统。在河流生态系统中，食物链关系相当复杂，水和泥沙是滩岸和河道内各种生物生存的基础。生态护岸把河水、河岸、河滩植被连为一体，构成一个完整的河流生态系统。生态护岸的岸坡植被为鱼类等水生动物和两栖动物提供觅食、栖息和避难的场所。设计时，应通过水文分析确定水位变幅，选择适合当地生长的、耐淹、成活率高和易于管理的植物物种。

为了保持和恢复河流及其周边环境的生物多样性，生态护岸应尽量采用天然材料，避免含有大量添加剂的对水质、水环境有不利影响的材料，尽量减少不必要的硬质工程。此外，在岸坡上设置多孔质构造，为水生生物创造安全适宜的栖息空间。

3.体现人水和谐理念，构建滨水自然景观

生态河道应是亲水型河道，因此必须考虑市民的亲水要求。可设计修建格式多样、高低错落、水陆交融的平台、石阶、栈桥、长廊、亭榭等亲水设施，使城市河流成为人们亲近自然、享受自然的好去处。

城市生态河道建设中的滨水景观设计，要遵循城市历史文脉，并与提升城市品位和回归自然相结合。河流滩岸的景观效果，应按照自然与美学相结合的原则，进行河道形态与

断面的设计，但应避免防洪工程建设的园林化倾向。

4.因地制宜，就地取材，节省投资

城市生态河道建设，通常是以防洪为主的综合治理工程，其效益不仅体现在防洪安全上，还体现在环境效益与社会效益上。规划建设时，要妥善协调好各有关方面的矛盾，处理好投资与利益的关系。注意因地制宜、就地取材，尽可能地利用原有和当地材料，节省土地资源，保护不可再生资源，降低工程造价，减少管理维护费用。

二、生态护岸技术措施

随着新材料、新技术的不断涌现，国内外河道生态护岸的方法很多，现择其几种主要的进行介绍。

（一）植被护坡

1.植被护坡的原理

植被护坡主要依靠坡面植物的地上茎叶及地下根系的作用护坡，其作用可概括为茎叶的水文效应和根系的力学效应两个方面。茎叶的水文效应包括降雨截留、削弱溅蚀和抑制地表径流。根系的力学效应对于草本类植物根系和木本类植物根系有所不同，草本植物根系只起固定作用，木本植物根系主要起锚固作用。锚固作用是指植物的垂直根系穿过边坡浅层的松散风化层，锚固到深处较稳定的土层上，从而起到锚杆的作用。另外，木本植物浅层的细小根系也能起到固定作用，粗壮的主根则对土体起到支承作用。

2.植被选择的原则

国内很多河道治理中都应用植被护坡技术。植物种类的选择，应在确保河道主导功能正常发挥的前提下，遵循生态适应性、生态功能优先、本土植物为主、抗逆性、物种多样性、经济适用性等基本原则。

（1）生态适应性原则

植物的生态习性必须与立地条件相适应。植物种类不同，其生态习性必然存在差异。因此，应根据河道的立地条件，遵循生态适应性原则，选择适宜生长的植物种类。比如，沿海区河道土壤含盐量较高，应选用耐盐性的植物种类才能生存，如木麻黄、盐地碱蓬等，否则植物不易成活或生长不良。河道常水位附近土壤含水量较高，应选择耐水湿的植物种类，如水杉、银叶柳、蒲苇等。

（2）生态功能优先原则

众所周知，植物具有生态功能、经济功能等多种功能。从生态适应性的角度看，在同

一条河道内应该有多种适宜的植物。河道生态建设植物措施的应用主要基于植物固土护坡、保持水土、缓冲过滤、净化水质、改善环境等生态功能，因此植物种类选择应把植物的生态功能作为首要考虑的因素，根据实际需要优先选择在某些生态功能方面优良的植物种类，如南川柳、狗牙根等具有良好的固土护坡效果；其次根据河道的主导功能和所处的区域不同，兼顾植物种类的经济功能等，如山区河道可以选用生态经济植物杨梅、油桐等。

（3）本土植物为主原则

与外来植物相比，本土植物最能适应当地的气候环境。因此，在河道生态建设中，应用本土植物有利于提高植物的成活率，减少病虫害，降低植物管护成本。另外，本土植物能代表当地的植被文化并体现地域风情，在突出地方景观特色方面具有外来植物不可替代的作用。本土植物在河道建设中不仅具有一般植物的防护功能，而且具有很高的生态价值，有利于保护生物多样性和维持当地生态平衡。因此，选用植物应以本土植物为主。外来植物往往不能适应本地的气候环境，成活率低、抗性差、管护成本较高，不宜大量应用。外来植物中有一些种类生态适应性和竞争力特别强，又缺少天敌，如果使用不当，可能会带来一系列生态问题，如凤眼莲、喜旱莲子草等，这类植物绝对不能引入。对于那些被实践证明不会引起生态入侵的优良外来植物种类，也是可以采用的。

（4）抗逆性原则

平原区河道，雨季水位下降缓慢，植物遭受水淹的时间较长，因此应选用耐水淹的植物，如水杉、池杉等；山丘区河道雨季洪水暴涨暴落、土层薄、砾石多、土壤贫瘠、保水保肥能力差，故需要选择耐贫瘠的植物，如构树、盐肤木等；沿海区河道土壤含盐量高，尤其是新围垦区开挖的河道，应选择耐盐性强的植物，如木麻黄、海滨木槿等。另外，河道岸顶和堤防坡顶区域往往长期受干旱影响，要选择耐干旱的植物，如合欢、黑麦草等。因此，根据各地河道的具体情况，选用具有较强抗逆性的植物种类，否则植物很难生长或生长不良。采用抗病虫害能力强的植物种类，能降低管护成本。

（5）物种多样性原则

稳定健康的植物群落往往具有丰富的物种多样性，因此要使河道植物群落健康、稳定，就必须提高河道的物种多样性。物种多样性有利于保持群落的稳定，避免外来生物的入侵。多样的植物可为更多的动物提供食物和栖息场所，有利于食物链的延伸。不同生活型的植物及其组合，为河流生态系统创造多样的异质空间，从而可容纳更多的生物。只有丰富的植物种类才能形成丰富多彩的群落景观，满足人们不同的审美要求，也只有多样性的植物种类，才能构建不同生态功能的植物群落，更好地发挥植物群落的生态作用，取得更好的景观效果。

（6）经济适用性原则

采取植物措施进行河道生态建设与传统治河方法相比，不仅具有改善环境、恢复生态、有利于河流健康等优点，还具有降低工程投资、增加收益等优势。为此，应选用种子、苗木来源充足，发芽力强，容易育苗并能大量繁殖的植物种类，同时选用耐贫瘠、抗病虫害和其他恶劣环境的植物种类，以减少植物对养护的需求，达到种植初期少养护或生长期免养护的目的。对于景观上没有特别要求的河道或河段，应多选用当地常见、廉价的植物种类，这样可以降低工程建设投资和工程管理养护费用。同时在河流边坡较缓处或护岸护堤地内，尽量选择能产生经济效益的植物种类，以此增加工程收益。

3.河道植物种类选择要点

根据地形、地貌特征和流经地域的不同，河道可划分为山丘区河道、平原区河道和沿海区河道。根据河道的主导功能，河道可划分为行洪排涝河道、交通航运河道、灌溉供水河道、生态景观河道等。根据河流流经的区域，河道可分为城市（镇）河段、乡村河段和其他河段。根据河道水位变动情况，可将河坡划分为常水位以下、常水位至设计洪水位和设计洪水位以上等坡位。以下重点介绍不同类型、不同功能的河道和河道不同河段、不同坡位植物种类选择的要点。

（1）不同类型河道的植物选择

①山丘区河道。山丘区河道的主要特点是坡降大、流速快、洪水位高、水位变幅大、冲刷力强、岸坡砾石多、土壤贫瘠且保水性差。往往需要砌筑浆砌石、混凝土等硬质基础、挡墙等，以确保堤防（岸坡）的整体稳定。针对山丘区河道的上述特点，应选用耐贫瘠、抗冲刷的植物种类，如美丽胡枝子、细叶水团花、硕苞蔷薇等。应选用须根发达、主根不粗壮的植物；否则粗壮的树根过快生长或枯死都会对堤防（护岸）、挡墙的稳定与安全造成威胁。

②平原区河道。平原区河道具有坡降小、汛期高水位持续时间较长、水流缓慢、水质较差、岸坡较陡等特点。通航河道，船行波淘刷作用强，河岸易坍塌。因此，平原区河道应选用耐水淹、净化水质能力强的植物种类，如池杉、芦苇、美人蕉等。

③沿海区河道。沿海区河道土壤含盐量高，土壤有机质、氮、磷等营养物含埴低，岸坡易受风力引起的水浪冲刷，植物生长受台风影响很大。因此，要选用耐盐碱、耐瘠薄、枝条柔软的中小型植物种类，如柽柳、夹竹桃、海滨木槿等；否则，冠幅大，承受的风压大，在植物倒伏的同时，河岸也可随之剥离坍塌。在河岸迎水坡应多选用根系发达的灌木和草本植物。

（2）不同功能河道的植物选择

一般来说，河道具有行洪排涝、交通航运、灌溉供水、生态景观等多项功能，某些河道因所处的区域不同，可具有多项综合功能，但因其主导功能的差异，所采取的植物措施也应有所不同。

①行洪排涝河道。在设计洪水位以下选种的植物，应以不阻碍河道泄洪、不影响水流速度、抗冲性强的中小型植物为主。由于行洪排涝河道在汛期水流较急，为防止植被阻流及植物连根拔起，引起岸坡局部失稳坍塌，选用的植物茎秆、枝条等，还应具有一定的柔韧性。例如，选用南川柳、木芙蓉、水团花等。

②交通航运河道。船舶在河道中航行，由于船体附近的水体受到船体的挤压，过水断面发生变形，因而引起流速的变化而形成波浪，这种波浪称为船行波。当船行波传播到岸边时，波浪沿岸坡爬升破碎，岸坡受到很大的动水压力作用而遭到冲击。在船行波的频繁作用下，常常导致岸坡淘刷、崩裂和坍塌。在通航河道岸边常水位附近和常水位以下应选用耐水湿的树种和水生草本植物，如池杉、水松、香蒲、菖蒲等，利用植物的消浪作用削减船行波对岸坡的直接冲击，保护岸坡稳定。

③灌溉供水河道。为防止土壤和农产品污染，国家对灌溉用水专门制定了《农田灌溉水质标准》（GB 5084—2021）。为保护和改善灌溉供水河道的水质，植物种类选择应避免选用释放有毒有害的植物种类，同时应注重植物的水质净化功能，选用具有去除污染物能力强的植物，如池杉、水葱、芦竹等。利用植物的吸收、吸附、降解作用，降低水体中污染物含量，达到改善水质的目的。

④生态景观河道。对于生态景观河道植物种类的选用，在强调植物固土护坡功能的前提下，应更多地考虑植物本身美化环境的景观效果。根据河道的立地条件，选择一些固土护坡能力较强的观赏植物，如蓝果树、木槿、美人蕉等。为构建优美的水体景观，应选用一些水生观赏植物，如黄菖蒲、睡莲等。

为保障行人安全在堤防（河岸）马道（平台）结合居民健身需要设为慢行（步行）道的区域，两边应避免选用叶片硬或带刺的植物，如刺槐、刺桐、剑麻等。

（3）不同河段的植物选择

一条河流往往流经村庄、城市（镇）等不同区域。考虑河道流经的区域和人居环境对河道建设的要求，将河道进行分段。

①城市（镇）河段。城市（镇）河段是指流经城市和城镇规划区范围内的河段。河道建设除满足行洪排涝要求外，通常还有景观休闲的要求。

良好的河道水环境是城市的形象，是城市文明的标志，代表城市的品位，体现城市的特色。城市河道首先要能抵御洪涝灾害，满足行洪排涝要求，使人民群众能够安居乐业，使社会和经济发展成果能得到安全保护；其次是要自然生态，人水和谐，突出景观功能，使人赏心悦目，修身养性。城市河道两岸滨水公园、绿化景观，为城市营造了休憩的空间，对提升城市的人居环境、提高市民的生活质量具有十分重要的意义和作用。因此，城市河道应多选用具有较高观赏价值的植物种类，如垂柳、紫荆、萱草等，使城市河道达到“水清可游、流畅可安、岸绿可闲、景美可赏”。

另外，节点区域的河段，如公路桥附近、经济开发区、交通要道两侧等局部河段，对景观要求较高。可根据河道的主导功能，结合景观建设需要，多选用一些观赏植物，如香港四照花、玉兰、紫薇、山茶花等。

②乡村河段。乡村河段是指流经村庄的河段，一般不宜进行大规模人工景观建设。流经村庄的乡村河段，可根据乡村的规模和经济条件，结合社会主义新农村建设，适当考虑景观和环境美化。因此，应多采用常见、价格便宜的优良水土保持植物，如苦楝、榔榆、桑树等。

③其他河段。其他河段是指流经的区域周边没有城市（镇）、村庄的山区河段，如果能够满足行洪排涝等基本要求，应维持原有的河流形态和面貌；流经田间的其他河段，主要采取疏浚整治措施达到行洪排涝、供水灌溉的要求。这类河道应按照生态适用性原则，选用当地土生土长的植物进行河道堤（岸）防护，如枫杨、朴树、美丽胡枝子、狗牙根等。

（4）河道不同坡位的植物选择

从堤顶（岸顶）到常水位，土壤含水量呈现出逐渐递增的规律性变化。因此，应根据坡面土壤含水量变化，选择相应的植物种类。从堤顶（岸顶）到设计洪水位、设计洪水位到常水位、常水位以下，土壤水分逐渐增多直至饱和。因此，选用的植物生态类型应依次为中生植物、湿生植物、水生植物。

①常水位以下。常水位以下区域是植物发挥净化水体作用的重点区域。种植在常水位以下的植物不仅起到固岸护坡的作用，而且应充分发挥植物的水质净化作用。常水位以下土壤水分长期处于饱和状态。因此，应选用具有良好净化水体作用的水生植物和耐水湿的中生植物，如水松、菖蒲、苦草等。另外，通航河段，为了减缓船行波对岸坡的淘刷，可以选用容易形成屏障的植物，如芦苇等。而对于有景观需求的河段，可以栽种观叶、观花植物，如黄菖蒲、窄叶泽泻等。

②常水位至设计洪水位。常水位至设计洪水位区域是河岸水土保持、植物措施应用的重点区域。在汛期，常水位至设计洪水位的岸坡会遭受洪水的浸泡和水流冲刷；枯水期，岸坡干旱，含水量低，山区河道尤其如此。此区域的植物应有固岸护坡和美化堤岸的作用。因此，应选择根系发达、抗冲性强的植物种类，如枫杨、细叶水团花、荻、假俭草等。对于有行洪要求的河道，设计洪水位以下应避免种植阻碍行洪的高大乔木。有挡墙的河岸，在挡墙附近区域不宜种植侧根粗壮的大乔木。

③设计洪水位至堤（岸）顶。设计洪水位至堤（岸）顶区域是河道景观建设的主要区域，起到居高临下的控制作用，土壤含水量相对较低，种植在该区域的植物夏季可能会受到干旱的胁迫。因此，选用的植物应具有良好的景观效果和一定的耐旱性，如樟树、栾树、构骨冬青等。

④硬化堤（岸）坡的覆盖。在河道建设中，为了满足高标准防洪要求，或是为了节约土地，或是为了追求形象的壮观，或是由于工程技术人员的知识所限，有些河段或岸坡进行了硬化处理。为了减轻硬化处理对河道景观效果带来的负面影响，可以选用一些藤本植物对硬化的区域进行覆盖或隐蔽，以增加河岸的“柔性”感觉。常用的藤本植物有云南黄馨、中华常青藤、紫藤、凌霄等。

（二）生态型硬质护坡

传统的硬质护坡，如混凝土护坡和浆砌石护坡等，阻断了河流生态系统的横向联系，破坏了水生生物和湿生生物的理想生境，降低了河流的自净能力。然后对于大江大河以及一些土质特别疏松的河堤，完全采用植被护坡有时可能难以满足护坡的要求。因此，常采用生态型硬质护坡。所谓生态型硬质护坡，是指既有传统硬质护坡强度大、护坡性能好的优点，又能维持河流生态系统的新型硬质护坡。下面介绍几种较常用的生态型硬质护坡。

1.多孔质结构护岸

多孔质结构护岸是指用自然石、框石或混凝土预制件等材料构造的孔状结构护岸，其施工简单快捷，不仅能抗冲刷，还为动植物生长提供有利条件，此外还可净化水质。这种型式的护岸，可同时兼顾生态型护岸和景观型护岸的要求，因此被广泛应用。

多孔质结构护岸的优点：①多为预制件结构，施工简单快捷；②多孔结构符合生态设计原理，利于植物生长、小生物繁殖；③有一定的结构强度，耐冲刷；④护坡起着保护作用，防止泥土的流失；⑤对于水质污染有一定的天然净化作用。

混凝土预制件是最为常用的多孔质结构护岸工程，以下简要介绍混凝土预制件的特点、设计与施工注意问题等。

（1）混凝土预制件特点

混凝土块可单块放置，也可通过多种方式连接，如相互咬合或用缆索连接等，使其充分发挥结构柔性和整体性的优点。为避免护坡结构的硬质化，可采用空心混凝土块，这不仅使护坡结构具有多孔性和透水性，而且利于植物生长发育，改善岸坡栖息地条件，增加审美效果。结构底面必须铺设反滤层和垫层，可选用土工布或碎石。这项技术适用于水流和风浪淘刷侵蚀严重、坡面相对平整的河流岸坡。

（2）混凝土预制件设计注意问题

①混凝土自锁块两腰部有槽，以便自锁。水泥强度等级可选用C20，混凝土最大水灰比为0.55，坍落度3~5cm，掺20%~30%粉煤灰和0.5%的减水剂，以降低用水量和水泥用量，进而降低成本。为了提高混凝土耐久性，宜掺用引水剂，控制新拌混凝土含气量4%~5%。预制浇筑混凝土块时宜采用钢模，并用平板振捣器捣实，以确保混凝土浇筑质

量。钢模的尺寸应比设计图周边缩小2mm，以防止制出的预制块嵌不进去。预制块的龄期至少满14 d后方可铺设。

②混凝土块的预留孔中宜充填本土植物物种、腐殖土、卵石（粒径30~50mm）和肥料等主要材料组成的混合物，也可同时扦插长度为0.3~0.4m、直径为10~25mm的插条。

（3）混凝土预制件施工注意问题

施工中，应首先将边坡整平，在最下缘应建浆砌石挡墙，在坡面上铺设土工布反滤层，搭接长度不少于20cm。要自下而上安放混凝土块，然后在预留孔中放置卵石、植物种子（多种物种混合）、原表层土或腐殖土和肥料等，或同时扦插活枝条。枝条下端应穿透反滤垫层，并进入土体至少10~20cm。

2.生态混凝土护坡

生态混凝土亦称绿色混凝土，所谓生态混凝土，就是通过材料筛选，采用特殊工艺制造出来的具有特殊结构与表面特性、能够适应绿色植物生长、与自然相融合的具有环境保护作用的混凝土。生态混凝土的研究与开发时间还不长，它的出现标志着人类在处理混凝土材料与环境的关系过程中采取了更加积极的态度。近几年，我国在生态混凝土方面进行了大量的研究。

生态混凝土由多孔混凝土、保水材料、难溶性肥料和表层土组成。

①多孔混凝土由粗骨料、水泥和适量的细掺和料组成，是生态混凝土的骨架部分。一般要求混凝土的孔隙率达到18%~30%，且要求孔隙尺寸大，孔隙连通，有利于为植物的根部提供足够的生长空间，肥料等可填充在孔隙中，为植物的生长提供养分。

②在多孔混凝土的孔隙内填充保水性材料和肥料，植物的根部生长深入这些填充材料之间，吸取生长所必要的养分和水分。保水性填充材料以有机质保水剂为主，并掺入无机保水剂混合使用，由各种土壤颗粒、无机人工土壤以及吸水性的高分子材料配制而成。

③表层土多铺设在多孔混凝土表面，形成植被发芽空间，同时防止生态混凝土硬化体内的水分蒸发过快，以提供植被发芽初期的养分和防止在草生长初期混凝土表面过热。

经验表明，很多草本都能在生态混凝土上很好地生长。应用中还发现生态混凝土具有较好的抗冲刷性能，上面的覆草具有缓冲功能，由于草根的锚固作用，抗滑力增加，草生根后，草、土、混凝土形成整体，更加提高了堤防边坡的稳定性。

在城市河道护岸结构中，可以利用生态混凝土预制块体进行铺设，或直接作为护坡结构，既实现了混凝土护坡，又能在坡上种植花草：美化环境，使江河防洪与城市绿化完美结合。

生态混凝土护坡施工作业的主要工序如下：

①边坡修整。边坡修整成型应符合设计边坡的比例要求，对原地形进行开挖或者回填，回填后基础强度必须要达到设计要求，避免坡面发生过大的不均匀沉降。

②土工布铺设。无纺布铺设时，采用“U”形钉将无纺布与边坡固定，以免产生滑移。

③播撒草籽。播撒草籽播种量为15~20 g/m^2。

④在绿化混凝土表面铺设2~3cm厚的客土。在无砂混凝土表面铺设2~3cm的松散、粉状的客土。

⑤混凝土框格梁的现浇。现场浇筑混凝土框格梁。

⑥铺盖地膜（或草帘）浇水养护。在播种完草籽的土层上覆盖湿草帘等遮光透气物，进行洒水养护。要求每天2~4遍，连续养护5 d以上即可。

⑦根据护面要求，采用混凝土框格梁进行加固防护，也可结合锚杆（钉）对坡体进行支护。

3.生态型砌石护坡

为防止河岸冲刷崩塌，于崩塌地坡脚处或河岸崩塌堆积坡脚处，用块石或砾石材料砌筑成一挡土构造物。生态型砌石护坡可分为单阶砌石、阶梯式砌石等，砌石之间的胶结方式可分为干砌和半干砌两种形式，应依护岸所在河川的区域与流速大小因地制宜地选择。

干砌石护坡采用直径在30cm以上的块石砌筑而成，块石之间有缝隙，水生动物可以在石缝间栖息，植物也能在石缝间生长，这种形式适用于边坡较缓、水流冲击较弱的边坡。其设计要求如下：

①底层砌石应埋置于河床线下，埋置深度需在150cm以上，防止基础淘空。

②河床基础应满足承载力要求、满足结构沉降要求。

③建议设计护岸高度小于3m，砌石平均粒径（D）大于30cm，石缝间以小于30cm的粒径石块填充。

④砌石背侧填料需满足强度和渗透稳定要求。

⑤护岸凹岸处应设置混凝土基础，增加护岸稳定性，其余岸趾可采用抛石，制造蜿蜒水域，增加生物栖息空间。

半干砌石护坡块石直径一般取35~50cm，采用水泥砂浆灌砌部分块石间隙，这样既能提高护坡的强度，又能维护生物生存条件。半干砌石护坡适用于水流冲击强度较大的边坡。城区河道也常常采用半干砌石护坡，以便构造景观。

以上两种护坡的基础均应埋置在冲刷线以下0.5~1m处。当冲刷较轻时，可用塌石铺砌基础；当冲刷较重时，宜采用浆砌块石或混凝土脚墙基础。若基础的埋置深度不足，则应采取合适的防淘措施（如抛石、石笼等）。

4.生态型抛石护坡

生态型抛石护坡是以不同粒径的块石抛置护岸，用以保护河岸，适用于中、低流速区域（4m/s以下），稳定高度3m以下，其块石粒径应加以验算。构筑此种护岸的石材最好是角状块石，使其能适度相嵌，以提高抵抗块石移动阻力。其视觉景观亦较为自然，且施工设置容易；但设置不当时可能造成冲蚀现象。

当河道遭受大洪水时，利用抛石所具有的天然石抵抗力来防止洪水冲刷堤岸、保护河岸，损坏后抛石护岸修复快速简单。块石之间有很多间隙，可成为鱼类以及其他水生生物的栖息所及避难所，兼作小型鱼草之用，从而为河道的生态功能修复起到一定的积极意义。其设计须注意以下几点要求：

①水下抛石的稳定坡面约为1∶1.5，护岸坡面坡度应缓于此坡比。

②护岸趾部应嵌入预期的冲蚀线下。

③抛石底层根据现状河岸的土质条件铺设过滤垫层，以防止基础土层的细粒土冲刷流失，过滤垫层可采用卵砾石、碎石级配料，也可采用土工织物滤层。

④表层抛石的尺寸需满足抗起动流速的要求。

⑤抛石埋深由水深及预计冲刷深度确定。

5.生态型浆砌石

生态型浆砌石是指以卵石或块石混凝土灌砌成墙面，石材间隙以混凝土填充，增加黏结强度砌石表面自然景观、隙缝可提供动植物栖息生长，同时兼具安全性及生态性的要求。浆砌石护岸适用于流速较快、天然石材丰富的河流。施工良好的砌石护岸可作为挡墙结构，抵挡河岸坡面后方的土压力，防止坡面局部崩塌破坏。浆砌石应错落叠置，以求石面的美观稳定，可搭配较大石块，增加景观性。

6.石笼结构生态护岸

当堤岸因防护工程基础不易处理，或沿河护坡基础局部冲刷深度过大时，可采用石笼防护。石笼护岸，即利用铁丝、镀锌铁丝或竹木制作成网笼，内装石块。编制石笼的铁丝直径一般为3~4mm，普通铁丝石笼时用3~5年，镀锌铁丝石笼的使用寿命可长达8~12年；竹木石笼耐久性差，只能用于临时性防护工程。石笼内装填的石料应选用坚硬、未风化、浸水不崩解的石块，石块粒径应大于石笼的网孔。石笼一般制成圆柱体、长方体或箱形，圆柱体石笼便于滚动就位，长方体石笼便于多层铺砌，无论何种形状的单个石笼的大小均以不被水流或波浪冲移为宜。

石笼抗冲刷力强；柔性好、挠度性大，允许护堤坡面变形；透水性好，有利于植物生长与动物的栖息；施工简单，对现场环境适应性强。但是，石笼多为应急防护措施采用，或用于局部险段的防护，作为常规的防护措施应用不多。

在生态护岸中，可以构造铁丝网与碎石复合种植基，即由铁丝石笼装碎石、肥料及种植土组成。其最大优点是抗冲刷能力强、整体性好、适应地基变形能力强，避免了预制混凝土块体护坡的整体性差，以及现浇混凝土护坡与模袋混凝土护坡适应地基变形能力差的缺点，同时能满足生态护坡的要求，即使进行全断面护砌，生物与微生物都能生存。

石笼设计须注意以下几点：

①石笼单体尺寸及类型可根据护岸高度及坡度选用。

②石笼填充石材的粒径为网目孔径的1.5~2.0倍。

③根据岸坡的土质情况，设置过渡层，以排除孔隙水，避免细粒料流失并增加基础承载力。

④水位线以上的石笼表面可利用土工网植生或覆土植生。

⑤河岸区的土层有不均匀沉陷，或大量沉陷时可运用其柔性结构以抵抗变形。

⑥根据地质条件，可以结合格栅等筋材，形成加筋石笼挡墙。

（三）生态型柔性人工材料护坡

1.土工材料复合种植技术

（1）土工网复合植被

土工网是一种新型土工合成材料。土工网复合植被技术，也称草皮加筋技术，是近年来随着土工材料向高强度、长寿命方向研究发展的产物。

土工网复合植被的构造方法是，先在土质坡面上覆盖一层三维高强度土工塑料网，并用“U”形钉固定，然后种植草籽或草皮，植物生长茂盛后，土工网可使草更均匀而紧密地生长在一起，形成牢固的网、草、土整体铺盖，对坡面起到浅层加筋的作用。

土工网因其材料为黑色聚乙烯，具有吸热保温作用，能有效地减少岸坡土壤的水分蒸发和增加入渗量，因而可促进种子发芽，有利于植物生长。坡面上生成的茂密植被覆盖层，在表土层形成盘根错节的根系，不仅可有效抑制雨水对坡面的侵蚀，还可抵抗河水的冲刷。

（2）土工网垫固土种植基

土工网垫固土种植基，主要由聚乙烯、聚丙烯等高分子材料制成的网垫和种植土、草籽等组成。固土网垫由多层非拉伸网和双向拉伸平面网组成，在多层网的交接点经热熔后黏接，形成稳定的空间网垫。该网垫质地疏松、柔韧，有合适的高度和空间，可充填并存储土壤和沙粒。植物的根系可以穿过网孔均衡生长，长成后的草皮可使网垫、草皮、泥土表层牢固地结合在一起。固土网垫可由人工铺设，植物种植一般采用草籽加水力喷草技术完成。这种护坡结构目前运用较多。

（3）土工格栅固土种植基

土工格栅固土种植基，是利用土工格栅进行土体加固，并在边坡上植草固土。土工格栅是以聚丙烯、高密度聚乙烯为原料，经挤压、拉伸而成的，有单向、双向土工格栅之分。设置土工格栅，增加了土体摩阻力，同时土体中的孔隙水压力也迅速消散，所以增加了土体整体稳定性和承载力。由于格栅的锚固作用，抗滑力矩增加，草皮生根后，草、土、格栅形成一体，更加提高了边坡的稳定性。

（4）土工单元固土种植基

土工单元固土种植基，是利用聚丙烯、高密度聚乙烯等片状材料，经热焰黏接成蜂窝状的网片整体，在蜂窝状单元中填土植草，实现固土护坡的作用。

2.植物纤维垫护坡

植物纤维垫一般采用椰壳纤维、黄麻、木棉、芦苇、稻草等天然植物纤维制成（也可应用土工格栅进行加筋），可结合植被一起应用于岸坡防护工程。在一般情况下，这类防护结构下层为混有草种的腐殖土，植物纤维垫可用活木桩固定，并覆盖一薄层表土；可在表土层内撒播种子，并穿过纤维垫扦插活枝条。

由于植物纤维腐烂后能促进腐殖质的形成，可增加土壤肥力。草籽发芽生长后通过纤维垫的孔眼穿出形成抗冲结构体。插条也会在适宜的气候、水力条件下繁殖生长，最终形成的植被覆盖层，可营造出多样性的栖息地环境，并增强自然美观效果。

这项技术结合了植物纤维垫防冲固土和植物根系固土的特点，因而比普通草皮护坡具有更高的抗冲蚀能力。它不仅可以有效减小土壤侵蚀、增强岸坡稳定性，而且可起到减缓流速、促进泥沙淤积的作用。

在工程施工中，首先将坡面整平，并均匀铺设20cm厚的混有草种的腐殖土，轻微碾压，然后自下而上铺设植物纤维垫，使其与坡面土体保持完全接触。利用木桩固定植物纤维垫，并根据现场情况放置块石（直径10~15cm）压重。然后在表面覆盖一薄层土，并立即喷播草种、肥料、稳定剂和水的混合物，密切观察水位变化情况，防止冲刷侵蚀，最后扦插活植物枝条。植物纤维垫末端可使用土工合成材料和块石平缓过渡到下面的岸坡防护结构，顶端应留有余量。

三、缓冲带设计

（一）缓冲带的功能

植被缓冲带是位于河道与陆地之间的植被带。专家认为，如果要恢复和保持一条小河流的自然价值，仅改变河道而不保护河岸和缓冲带只能是徒劳的。因此，应该重视缓冲带的设计。缓冲带具有如下功能：

①过滤径流，防止泥沙和其他污染物进入水体。

②吸收养分，减轻农业污染源对水体的影响。

③降低径流速度，防止冲刷，从而保护河岸。

④通过缓冲带的拦截，使更多的雨水进入地下，从而削减了洪水量。

⑤为鸟类等野生动物提供了理想的栖息场所，林冠层遮阴，可以调节水温，在炎热的夏季为水生生物提供庇护地。

⑥具有非常显著的边缘效应，可利于保护当地物种。

⑦缓冲带上经济林草的经济效益显著，一般高于农田的经济效益。

⑧美化河流景观，改善人居环境，增强河流的休闲娱乐功能。

（二）缓冲带的宽度

宽度设计应随各种不同功能要求，邻近的土地利用类型、植被、地形、水文以及鱼类和野生动物种类而改变，其中保护水质是宽度设计最重要的功能要求。

缓冲带减少营养物是显而易见的。虽然对减少农田营养物流失、保护河流的生态环境和保护鸟类所需求的缓冲带宽度的详细情况还需要进一步研究，但缓冲带应有几行树（而不是一行树）的宽度这一点是明确的。3~5棵树宽的缓冲带（8~10m）将为保护鸟类的多样性提供合适的生态环境。因此，综合考虑减少营养物质的流失和保护鸟类的栖息地，作为一个恢复目标，建议河流两岸的缓冲带宽度至少为8~10m。在耕地比较短缺的地区，可能不得不采用更窄的缓冲带。但即使采用5m宽缓冲带，对防治农业面源污染和保护河道稳定也有积极的作用。

（三）缓冲带植被

缓冲带植被组成应该是乔木、灌木和草地的综合体，它们应适合气候、土壤和其他条件。缓冲带的物种组成设计，可以参考当地天然的缓冲带植被组成。一个含有丰富物种的群落相对具有更大的弹性和生态系统稳定性，同时提供系统不同的功能要求，提供不同动物的栖息地，包括取食、冬季覆盖和繁殖要求。

在设计缓冲带植被组成时，还应注意一般生态河道与有景观要求的生态河道的区别，一般生态河道缓冲带宜栽植经济林草，如水杉、杞柳、果树等。具有景观要求的生态河道则应注重景观效果，可选择栽植香樟、女贞、广玉兰、紫薇、红叶楠、美人蕉、白三叶等植物。

四、生态防护稳定性分析

（一）河岸抗侵蚀稳定性

天然河流的河床表层材料通常是黏土、草垫、粗粒料或基岩，除基岩河床面外，其余河床在水流力下往往会发生局部冲淤变化，使得河流的地貌不断演变。

河岸侵蚀破坏，其实质也是一种动态演变过程，其破坏形式主要包括侵蚀、冲刷、团粒破坏、表层挟带和冲刷破坏等类型。研究河岸破坏特征，需首先鉴定破坏机制和原因，而大多数侵蚀破坏的物理过程是表面挟带作用。

堤脚侵蚀发生于河湾段或河道直线段，河岸侵蚀成因主要包括以下几点：

①河岸植被减少，是引起堤岸侵蚀的常见原因。滨水植物不仅能改善河流廊道的栖息地环境，而且具有显著的水土保持作用。植物地上部分可有效减少坡面外力与土壤的直接接触面积，植物根系的深根锚固和浅根加筋作用，可改善土壤结构，提高坡面稳定性。

②人为因素导致河床糙率降低。河道疏浚或河岸硬化等人工措施，使得木质残骸和河床粗粒单元被清理，也使得河流产生过大能量作用于河岸和河床，从而引起河岸侵蚀。

③河湾水流剪切应力偏大，当水流经过河湾处时，河谷深泓线游荡至河道外侧转角，河湾处的最大剪切应力可能是河床的2倍以上，高于土体剪切应力的强度而导致河岸侵蚀。

④当河岸沿线不连续或水流受阻时，在内障碍物周围产生的紊流，形成局部冲刷。例如，水流遇到桥墩时，水流在桥墩前下冲，形成次生环流而向障碍物侧向运动，由此导致障碍基础的流速增加和漩涡，从而会进一步加剧桥墩周围的侵蚀力，带走更多的河床沉积物，并产生冲刷坑。

传统的河道侵蚀分析方法分为两类，即起动流速和拖曳力（或临界剪应力）。前一种方法的最大优点在于流速是可以通过测量而获得的，而剪应力则无法直接测量，必须通过其他参数进行计算。但是，剪应力方法在定量描述水流对河道边界的作用力方面优于流速方法。传统的一些国际性导则，包括ASTM标准，都采用剪应力方法评价在不同防护措施下河道岸坡的抗侵蚀稳定性。因此，以下阐述该方法。

剪应力方法，即判断作用于河床颗粒的平均剪切应力与临界剪切应力的关系。其中，平均剪切应力是水流作用对河床表面形成的拖曳力或冲刷力，可表示为：

$$\tau_0 = \gamma RS \tag{15-2}$$

式中：

γ 为水的容重；

R 为水力半径（为过水断面面积 A 和湿周 χ 的比值）；

S 为河床坡降。

平均剪切应力还可以表示为流速、水力半径、糙率的函数关系为：

$$\tau_0 = \frac{\rho v^2}{\left(\frac{1}{\kappa}\ln\frac{R}{k_s}\right)+6.25} \tag{15-3}$$

式中：

ρ 为水的密度；

v 为深度方向的平均流速；

κ 为冯・卡门常数（通常取0.4）；

k_s 为粗糙高度。

临界剪切应力 τ_c 是河床泥沙对水流拖曳力的抵抗力，可表示为：

$$\tau_c = \tau^*\left(\gamma_s - \gamma_w\right)D \tag{15-4}$$

式中：

τ^* 为 shield s系数；

γ_s 为泥沙容重；

γ_w 为水容重；

D 为泥沙颗粒。

河道侵蚀的稳定评价是一个迭代过程，因为衬砌材料和结构将影响阻力系数，一般可按下列步骤进行分析。

（1）估算平均水力条件

河道水流流速会受流量、水力梯度、河道几何尺寸和糙率等因素的影响，可采用常规的水力学方法进行计算。对于非规则的河道断面，可能需采用计算机软件进行分析。在此基础上，计算每一个断面的流速和平均剪应力。

（2）估算局部或瞬时水流状态

应根据局部和瞬时条件变化对剪应力的计算值进行调整。

对顺直河道，局部最大剪应力计算公式为：

$$\tau_{max} = 1.5\tau_0 \tag{15-5}$$

对蜿蜒河道，最大剪应力是平面形态的函数，计算公式为：

$$\tau_{max} = 2.65\tau_0\left(\frac{R_c}{W}\right)^{-0.5} \tag{15-6}$$

式中：

R_c 为河湾曲率半径；

W 为弯曲段河道横断面顶宽度。

上述公式对剪应力的空间分布进行了调整，但湍流时的瞬时最大值可能还要高于该值

10%~20%，因此应进行适当调整，可在上述公式的基础上乘以1.15的系数。

（3）分析当前条件下的稳定性

综合考虑下部土层和土/植被条件，并把上述计算获得的局部和瞬时流速及剪应力与经验值进行比较，如果认为当前状态是稳定的，评价工作基本完成，否则要进行下面几个方面的工作。

①选择河道衬砌材料。如果当前状态不稳定，或要实现其他工程目标，应选用侵蚀极限值高于上述计算值的其他材料。

②重新进行水力计算。水力计算中的阻力值应根据所选择的材料进行相应调整，重新进行水力计算，并对河段和断面的平均状态进行局部和瞬时条件调整。

③验证衬砌的稳定性。根据重新计算的水力条件和衬砌材料的侵蚀极限值，对河道抗侵蚀稳定性进行评价。如果所选择的各种河道衬砌材料均不满足抗侵蚀稳定要求，则应寻求其他方法，比如在非通航河道上引入低水头跌水结构或其他消能设施，或者在流域范围内采取减小河道径流等措施。

（二）河岸抗滑稳定性

植物对河岸边坡抗滑稳定性影响包括水文效应和力学效应两个方面，这些效应对河岸边坡稳定既有正面作用，也有负面影响，但总体上前者大于后者。通过吸收和蒸腾作用，调节土体内水分，降低土体内孔隙水压力，从而提高了土体的抗剪强度。但当土体水分过度蒸发时，土体会产生张力裂缝，降雨时反而增加入渗水量，不利于河岸边坡的稳定。

木本植物较其他类型植物对河岸边坡的稳定作用最为有利，原因在于木本植物的根系强度及密度较高、主根锚固深度较深并且具有拱效应等，因此对于抵抗河岸边坡的浅层滑动非常有效。某些树种具有非常长的主根，如水杉等，它对于抵御河岸边坡的深层滑动也非常有利。

河岸边坡稳定性，需根据河岸结构类型分别考虑。对于缓坡型河岸（包括采用了抛石护岸、生态混凝土护岸、植被等防护措施的河岸），工程设计需考虑河岸边坡的整体抗滑稳定性；对于直立型河岸（包括采用了砌石、石笼、土工材料等挡墙式防护措施的河岸），工程设计时不仅须考虑河岸的整体稳定性，还须考虑挡墙结构的自身抗滑、抗倾稳定性。

边坡的整体稳定性与上述侵蚀类似，可以以滑动力与阻滑力的比值，即安全系数加以核算：

$$K=\frac{\sum F_{阻滑力}}{\sum F_{滑动力}} \tag{15-7}$$

式中：

$\sum F_{阻滑力}$ 为边坡土体的抗剪强度及加筋作用形成的阻滑作用合力，其中土体抗剪强度可由摩尔–库仑强度公式表示；

$\sum F_{滑动力}$ 为边坡土体承受的剪切作用力的合力。

当安全系数 $K<1$ 时，边坡不稳定而塌滑破坏；当 $K=1$ 时，表示边坡处于临界状态；当 $K>1$ 时，边坡稳定。

第七节　河道特殊河段的治理方法

水是一种运动的物质，时刻发生着变化。由于水流条件和河床边界条件的不同，不同河流或者同一河流的不同河段，河道的特性是不相同的。水流条件及河道状况的千差万别，必然决定在特殊河段需要进行特殊治理。

对于冲积河流的河床，每时每刻都可能受冲淤而变化，河流与河道中构造物相互作用明显。冲淤河段、与道路交叉河段都需要采用适应自然条件并与社会需求相和谐的治理方案。对于具有河心滩、分汊、弯曲、汇流、感潮、崩岸等复杂形态的河段，治理工作则要求必须十分慎重。因此，逐渐达到最终目标的治理方法常常被优先采用。

一、冲淤河段的治理方法

当河道发生弯曲时，由于水的流向和流速均发生较大变化，所以天然河流的含沙量条件与河床形态也要发生改变。河道外侧的流量流速变大，水流挟带泥沙能力以及对河岸的冲刷增强，形成冲刷区；而在河道内侧的流速减缓，泥沙在此处产生沉积形成淤积区。为保护堤防工程安全和冲淤河段特有的生态系统特征，可以采用修建低水护岸，实施散布石工程等对其进行治理。

（一）冲淤河段的治理措施

1.低水护岸的施工

低水护岸就是在河道转弯处的外侧，为确保被冲刷的河岸安全和稳定，选用较大的石块，采用干砌的方法，把河道岸边保护起来，以抵抗转弯水流的冲击，保证河床不发生大的变化，同时减少河道内侧泥沙的淤积。从安全角度出发，低水护岸所用的石块宜选用2 t左右的巨石，但施工中搬运较为困难，因此石材最好是施工地点附近生产的，否则采石及运输费用非常大。低水护岸施工完成后，等到植物移植期，在巨石的缝隙间插植本地植物，可以起到绿化、防淘的作用。

2.散布石的施工

在河底及其河床的低水路之间，把巨石排成纵列状，以提高河床的抗冲能力和改变水流的方向，这种工程称为散布石工程。在散布石工程的顶端设置了高程较低的开口，以便使冲刷河段的水位随着主流低水路的流量变化而变动，这样可以有效地防止水流对河底的冲刷。

（二）确保水循环和湿润状态的方法

在布置散布石的河床附近，为了维持不同河岸的水循环，应当根据实际需要设置木笼栅栏和透水管等设施。设置这些设施是为了在水位较低或产生堆积砂子的情况下，尽可能地维持群落交错区的湿润状态，改善河道的环境湿度，防止因天气干燥而出现河道扬尘现象。此外，考虑到群落交错区内的幼鱼、小虾和螃蟹等栖息环境及防御天敌措施，群落交错区内平时最深的水位应确保在1m左右。

（三）草本植物生长地的整治

草本植物在保护河滩和堤岸方面有着重要的作用，所以尽可能地利用各种条件对草本植物生长地进行整治。在低水护岸的上部利用河道施工开挖的土壤，提供草本植物生长的条件；对于河道的堤岸，依据布置在那里的散布石，构成适应于草本植物生长的地形；在散布石工程施工刚结束时，石块露出滩地面很不美观，但等草本植物生长繁茂后，这些散布石则逐渐被隐蔽起来。但是，对于高水河滩上的巨石设置，应考虑与河道景观吻合问题，在采用草本植物时要慎重对待。

二、与道路交叉河段的治理方法

与道路交叉的河流，由于桥梁中的引堤、桥墩和桥台等建筑物对水流的束狭和阻碍干扰作用，河道中的水流状况发生很大变化，从而促使河床的形态也发生相应的调整。这种水流与河床的重新调整作用，在许多情况下不仅涉及桥梁的安全运行问题，而且也会对沿河水利设施以及桥梁的上游、下游河段的河床演变产生新的影响。因此，在进行跨河桥梁设计时,必须事先对上述问题作出正确的预测,以确保工程安全并预防河道可能出现的问题。

在与道路交叉河段的整治过程中，不仅要考虑设施的安全问题，还要考虑与环境生态的密切结合。对于安全问题的处理，一般是采用修建导流坝、对桥墩进行防护等措施，同时结合周边区域进行综合治理，确保工程安全、环境优美。

（一）修建导流坝

平原河流上桥梁的引堤隔断洪水的漫滩水流，使水流沿着堤坝横向流动，然后急转方向进入桥孔收缩口，形成一股流速较大的集中水流斜冲河道主槽，从而使桥孔的有效长度减少，水流处于紊乱状态。

为了解决这一问题，常采用修建导流坝的方法。导流坝是使引导桥孔以外河滩的水流平顺进入桥孔的主要导流建筑物。导流的坝体一般依据河道设计洪水位确定，要求有足够的高度，避免出现洪水漫顶而破坏桥梁。如果导流坝的线型设计不当，水流不能平顺地进入桥孔，桥的边孔将不能完全发挥其泄洪能力，甚至在桥梁下游两侧产生漩涡，危及两岸的河岸安全。

导流坝的平面布置应符合以下要求：

①在河流上游区段转变为中游区段的过渡型河段，洪水从上游河床输移来大量泥沙，河床上多余的泥沙沉积形成各式各样的边滩地状和岛状沙滩。当桥位河段比较顺直时，导流坝体可采用非封闭式曲线导流坝，必要时在上游岸边加设丁坝或种植防水林，并对桥头引道路堤进行加固。

②流经坡度平缓的平原地区的河段，一般洪水涨落比较缓慢。这类河段的河槽一般都比较窄，河滩比较宽阔。被阻断的河滩水流将在桥台处转一个急弯而进入桥孔。这样，桥下河滩部分的流量非常集中，并易在桥台处产生漩涡，使桥下冲刷集中在桥台周围，严重威胁桥台的安全。

是否需要设置导流坝，主要应根据河滩流量占总流量的比例而定。通常认为，单侧河滩阻断河滩流量占总流量的15%以上，双侧河滩阻断河滩流量占总流量的25%以上时，应当设置导流坝；当小于上述数值时，可设置梨形导流坝。当小于5%时，加固桥头锥形护坡即可；当河滩水深小于1m或桥下一般冲刷前平均流速小于1m/s时，一般不需要设置导流坝。

（二）桥墩的防护

在多数河流环境中，冲刷孔围绕桥墩基础形成。由于桥墩导致的强大漩涡运动冲走了桥墩基础周围的河床沉积物，桥梁浅基础的防护问题成为桥梁设计和施工中的重要课题。根据近年来科研和生产实践的经验，可把桥梁浅基础防护工程分成以下几种类型：

1.桥墩的生物防护与加固

桥墩的生物防护与加固，即指根据河水的流速及河水深度，采取不同形式的生物防护与加固措施。

①如果河水流速较高，可采取“抛石挂柳”的形式对桥墩进行防护。这样，抛石能阻止洪水淘刷桥墩基础，挂柳（柳枝）可降低墩身附近的水流流速，有利于减缓冲刷及墩身外围泥沙沉积。

②如果河水流速较低，可于枯水期在桥墩冲刷严重部位分层填埋（或栽植）亲水性强的树木。这样，桥墩局部冲刷坑内填埋的树枝被洪水淤积后会与泥沙紧密结合，形成加固的土体结构，有利于阻止洪水冲刷；若填埋的树枝成活，其防护效果会不断增强。

2.抛石防护技术措施

最常用的抗侵蚀作用技术是采用给河床布置“铠甲”，如抛石防护，即以适量的抛石充当自然屏障，来承受水流的冲蚀力，达到防护桥墩的目的。

3.桥梁整孔防护措施

桥梁整孔防护工程的主要类型有浆砌片石护底、混凝土护底、拦沙坝等。

（三）交叉口治理的要求

对桥梁道路和河流的交叉口区域的治理，不但要满足交通方面的要求，还要满足河流防洪泄洪的要求，同时要注意与周围环境的协调，以及考虑生态的保护与恢复。根据桥墩、堤防、道路三者之间的关系，桥和堤防的连接有多种类型。

三、汊道浅滩河段的治理方法

治理汊道浅滩河段时应当慎重选择汊道，采取工程措施调整分流比和改善通航汊道的通航条件。

（一）汊道浅滩的状况

在河道分汊的进出口或汊道内，由于水流所具有的特点常常形成浅滩。在汊道入口处，由于河心洲的壅水作用和两个汊道间阻力的差异，以及分汊时水流发生的弯曲，形成水面横比降及环流，泥沙往往在汊道口沉积，致使枯水期航道水深不足。

有一些河心洲在遇到中等洪水时，洲头及其两侧受到水流冲刷，冲下的泥沙在环流的作用下，一部分输送到两岸边滩的末端，形成口门下部的浅区，有时大部分泥沙被水流带到汊道内部和河心洲的尾部。当汊道内河床宽度不一样时，泥沙常在较宽的区域沉积，从而形成汊道内浅滩。

输送到河心洲尾部的泥沙，由于河心洲尾部两股水流相汇，互相撞击消耗能量，流速减小，也很容易形成洲尾下部浅滩。汊道浅滩的淤积部位，因来沙量、水量及当地河床形态和地质条件不同而异。

分汊河段各汊道的分流比及分沙比随着水位的不同而变化，汊道的河床冲淤也因此而发生变化。汊道演变的一般趋势是：一分汊有利于通行方向发展；另一分汊则逐渐淤塞而衰退。

（二）汊道浅滩的整治措施

1.通航和泄洪汊道的选择

在选择通航和泄洪汊道时，应当根据下列各因素综合分析比较：①汊道的稳定性与发展趋势；②分流比和分沙比；③输沙能力和河床的粒径；④通航条件；⑤与城镇工业、交通、水利布局的关系；⑥施工条件；⑦工程投资。

2.通航和泄洪汊道的判断

通航和泄洪汊道必须选择在发展的汊道上，判断汊道的发展与衰退时，应注意以下几个方面：①一般有冲刷或河床质较粗的汊道为发展的汊道，淤积、河床质较细的汊道为衰退的汊道；②底部沙量分配较少的汊道为发展的汊道；③汊道内分流比大于分沙比时，多为发展的汊道。

3.用整治建筑物稳定优良的汊道

有些汊道虽然可以满足航道水深要求，但在河势发生变化时，可能会引起航道处河水深度的减小，这就需要采取稳定汊道的措施。例如，保护节点及附近的河床，程定汊道进口段的边界；用洲头分流堤坝控制河心洲的洲头，用岛尾部堤坝控制周围方向，使其有利于船舶的航行。

4.改善通航汊道的通航条件

当选定的通航汊道的分流量已能满足要求时，一般应稳定现有的分流比，否则应在非通航汊道建锁坝或采取其他工程措施，以满足通航汊道所需流量。

当汊道进口有浅滩而不能完全满足航行要求时，一般可采用洲头分流坝，改变分流点的位置，从而人为调整流势，使水流集中，冲刷进口浅滩。当汊道的中部有浅滩时，可采用丁坝等建筑物调整水流，冲刷航槽。

如果汊道流量不足，可用洲头分流的堤坝来调节进口的流量，从而加大汊道的冲刷能力。当河心洲尾部有浅滩存在时，通常在周围建岛尾坝，以减小两股水流交汇的角度，集中水流冲刷浅区。

5.根据实际情况堵塞支汊

当河道中的流量较小时，分汊后两汊的流量会更小，致使在枯水期通航汊道内的水深不能满足通航要求。此时可采用丁坝或锁坝，将不通航的支汊堵塞，集中部分或全部水流于通航汊道内，从而增加航道的水深。

四、崩岸河段的治理方法

我国平原地区的河流两岸有许多泥沙淤积形成的滩地，这种滩地抗冲性能较差，大部分堤防工程经过多年维修加高而筑成。随着人类活动的加剧和自然因素的破坏，这些滩地和堤防都存在着多种隐患，每年都有许多崩岸险情的发生。崩岸有多种不同类型的大体积坍塌事故，包括延深破裂面的滑坡、浅层滑动以及大块塌陷。在洪水期和枯水季节都有可能发生崩岸事故，同样在水位上升期或水位下降期也会出现崩塌。

由于崩岸险工给江岸堤防工程、两岸工农业生产及人民生命财产带来严重威胁，因此开展对河道崩岸治理问题的研究，具有重要的现实与长远意义。

（一）河流崩岸的形式与成因

崩岸是指由土石组成的河岸、湖岸因受水流冲刷，在重力作用下土石失去稳定，沿河岸、湖岸的岸坡产生崩落、崩塌和滑坡等现象。一般的崩岸分为条形倒崩、弧形坐崩和阶梯状崩塌等类型。崩岸的发展可使河床产生横向变形。

河流崩岸是堤防临水面滩岸土体产生崩落的重要险情，是河床演变过程中水流对河岸的冲刷、侵蚀作用产生累积后的突发性事件。这一险情具有发生突然、不可预测、发展迅速、后果严重等特点。崩岸从破坏形式上可分为滑落式和倾倒式两种。滑落式崩岸的破坏过程是以剪切力破坏为主，分为主流顶冲产生的弧形坐崩（窝崩）和高水位状态下水位快速下降过程中产生的溜崩。倾倒式崩岸的破坏过程主要是拉裂破坏，可分为主流顺着河岸水流造成的条崩和表面流入渗产生的洗崩。一般坐崩强度最大，一些重要崩岸段大多数都属于弧形坐崩，主要分布于弯道顶部和下部；条形倒崩（条崩）多位于深泓近岸，且平行于岸线，水流不直接顶冲的河段。

出现崩岸的原因是复杂的，也有可能是各种因素综合造成的后果。崩岸险情发生的主要原因是水流冲淘刷深堤岸的坡脚，造成坡岸悬空失稳而崩塌。在河流的弯道处，主流逼近凹岸，深泓紧逼堤防。在水流侵袭、冲刷和弯道环流的作用下，堤外滩地或堤防基础逐渐被淘刷，岸坡变陡，上层土体失稳而最终崩塌，危及堤防工程。同时，根据崩岸险工实际工程观察可知，地质条件差、土质疏松是崩岸的内在基本因素，而水流条件（主流顶冲、弯道环流、高低水位突变等）则是造成崩岸的重要外在原因。另外，土壤中孔隙水压力增大，会使土壤抗剪强度降低甚至丧失，当承受瞬时冲击荷载时，土壤即发生液化，这是土力学因素；还有人为因素（河道非法采砂、河岸顶部超载、堤边取土成塘、船行波浪等）加剧了崩岸的强度和频率。

（二）国内外崩岸治理工程概况

国内外实践经验证明，治理崩岸险工首先要确保堤防工程安全和防洪安全；其次是稳定现有河势，为今后河道综合治理创造条件；同时要兼顾国民经济各部门的要求，满足沿河地区社会经济发展的需要。

由于崩岸发生的机制比较复杂，对不同的河段，应根据崩岸成因、现场施工条件、堤防运行要求及综合经济效益等因素综合考虑，选择最优的治理措施。崩岸险情的抢护措施，应根据近岸水流的状态、崩岸后的水下地形情况以及施工条件等因素，酌情选用。首先要稳定坡脚，固基防冲；待崩岸险情稳定后，再酌情处理岸坡。

目前，崩岸治理的方法和形式有很多，如采用抛石护坡、各种沉排护底等平顺式护坡或采用木桩、钢板桩等垂直护岸方法，在河床宽阔、水流较缓的地方还可以修建丁坝、顺坝等间断性护岸方法。近年来，随着土工合成材料在堤防除险加固工程中的应用，各种复合式护岸方法不断被采用和推广。通常堤防护岸工程包括水上护坡和水下护脚两部分。水上与水下之分均指枯水施工期而言。

河流水上护坡工程是堤防或河岸坡面的防护工程，它与护脚工程是一个完整的防护体系。

河流水下护脚工程位于水下，经常受水流的冲击和淘刷，需要适应水下岸坡和河床的变化，所以需采用具有柔性结构的防护型式，常采用的有抛石护坡、石笼护脚、沉枕护脚、铰链混凝土板沉排、铰链混凝土板聚酯纤维布沉排、铰链式模袋混凝土沉排、各种土工织物软体的沉排等。抛石护脚是平顺式护岸下部固基的主要方法，也是处理崩岸险情的一种常见的、优先选用的措施。抛石护脚具有就地取材、施工简单、造价较低、可以分期实施的特点。平顺坡式护岸方式较均匀地增加了河岸对水流的抗冲能力，对河床边界条件改变较小。所以在水深、流速较大以及迎流顶冲部位的护岸，通常宜采用抛石护脚的方式。

此外，为了减缓崩岸险情的发展，必须采取措施（如抢修短丁坝等）防止急流顶冲的破坏作用。

参考文献

[1] 丁亮，谢琳琳，卢超.水利工程建设与施工技术[M].长春：吉林科学技术出版社，2022.

[2] 潘晓坤，宋辉，于鹏坤.水利工程管理与水资源建设[M].长春：吉林人民出版社，2022.

[3] 朱卫东，刘晓芳，孙塘根.水利工程施工与管理[M].武汉：华中科技大学出版社，2022.

[4] 崔永，于峰，张韶辉.水利水电工程建设施工安全生产管理研究[M].长春：吉林科学技术出版社，2022.

[5] 于萍，孟令树，王建刚.水利工程项目建设各阶段工作要点研究[M].长春：吉林科学技术出版社，2022.

[6] 张昊，凌颂益.施工组织设计[M].北京：中国水利水电出版社，2022.

[7] 郑国旗.水利工程建设监理要务[M].北京：中国水利水电出版社，2021.

[8] 钱巍，于厚文.水利工程建设监理[M].北京：中国水利水电出版社，2021.

[9] 王腾飞.水利工程建设项目管理总承包PMC工程质量验收评定资料表格模板与指南（上、中、下）[M].郑州：黄河水利出版社，2021.

[10] 刘志浩，樊永强，刘文忠.土木工程与道路桥梁水利建设[M].北京：中国石化出版社，2021.

[11] 束东.水利工程建设项目施工单位安全员业务简明读本[M].南京：河海大学出版社，2020.

[12] 梁建林，王飞寒，张梦宇.建设工程造价案例分析（水利工程）解题指导[M].郑州：黄河水利出版社，2020.

[13] 王永强，苗兴皓，李杰.建设工程计量与计价实务[M].北京：中国建材工业出版社，2020.

[14] 赵庆锋，耿继胜，杨志刚.水利工程建设管理[M].长春：吉林科学技术出版社，2020.

[15] 张义.水利工程建设与施工管理[M].长春：吉林科学技术出版社，2020.

[16] 宋美芝，张灵军，张蕾.水利工程建设与水利工程管理[M].长春：吉林科学技术出版社，2020.

[17] 王立权.水利工程建设项目施工监理概论[M].北京：中国三峡出版社，2020.

[18] 甄亚欧，李红艳，史瑞金.水利水电工程建设与项目管理[M].哈尔滨：哈尔滨地图出版

社，2020.
[19] 刘景才，赵晓光，李璇.水资源开发与水利工程建设[M].长春：吉林科学技术出版社，2019.
[20] 孙玉玥，姬志军，孙剑.水利工程规划与设计[M].长春：吉林科学技术出版社，2019.
[21] 周苗.水利工程建设验收管理[M].天津：天津大学出版社，2019.
[22] 高爱军，王亚标，孙建立.水资源与水利工程建设[M].长春：吉林科学技术出版社，2019.
[23] 初建.水利工程建设施工与管理技术研究[M].北京：现代出版社，2019.
[24] 刘明忠，田森，易柏生.水利工程建设项目施工监理控制管理[M].北京：中国水利水电出版社，2019.
[25] 李宝亭，余继明.水利水电工程建设与施工设计优化[M].长春：吉林科学技术出版社，2019.
[26] 王东升，苗兴皓.水利水电工程安全生产管理[M].北京：中国建筑工业出版社，2019.
[27] 刘春艳，郭涛.水利工程与财务管理[M].北京：北京理工大学出版社，2019.
[28] 张云鹏，戚立强.水利工程地基处理[M].北京：中国建材工业出版社，2019.
[29] 高喜永，段玉洁，于勉.水利工程施工技术与管理[M].长春：吉林科学技术出版社，2019.
[30] 牛广伟.水利工程施工技术与管理实践[M].北京：现代出版社，2019.09.
[31] 贺芳丁，刘荣钊，马成远.水利工程施工设计优化研究[M].长春：吉林科学技术出版社，2019.
[32] 侯超普.水利工程建设投资控制及合同管理实务[M].郑州：黄河水利出版社，2018.
[33] 兰士刚.上海市水利建设工程质量检测[M].上海：同济大学出版社，2018.
[34] 邱祥彬.水利水电工程建设征地移民安置社会稳定风险评估[M].天津：天津科学技术出版社，2018.
[35] 鲍宏喆.开发建设项目水利工程水土保持设施竣工验收方法与实务[M].郑州：黄河水利出版社，2018.
[36] 李平，王海燕，乔海英.水利工程建设管理[M].北京：中国纺织出版社，2018.
[37] 盖立民.农田水利工程建设与管理[M].哈尔滨：哈尔滨地图出版社，2018.
[38] 贺骥.社会资本参与大中型水利工程建设运营模式及政策研究[M].南京：河海大学出版社，2018.